高等职业教育"十四五"规划畜牧兽医宠物大类新形态纸数融合教材

动物药理与毒理

DONG WU YAO LI YU DU LI

主　编　王　利　李爱心　陈张华

副主编　杨庆稳　叶秀娟　陈　爽　郭凤英　周玉照

编　者　（按姓氏笔画排序）

王　利　商丘职业技术学院

文星星　湖南生物机电职业技术学院

叶秀娟　金华职业技术学院

任　璐　黑龙江农业经济职业学院

刘　超　荆州职业技术学院

刘本君　黑龙江职业学院

李爱心　河南农业职业学院

杨庆稳　重庆三峡职业学院

杨兴涛　内江职业技术学院

何　博　达州职业技术学院

张苗苗　湖北生物科技职业学院

陈　爽　黑龙江农业工程职业学院

陈　霞　伊犁职业技术学院

陈张华　内江职业技术学院

周玉照　大理农林职业技术学院

赵　敏　河南农业职业学院

郭凤英　内蒙古农业大学职业技术学院

诸明欣　内江职业技术学院

華中科技大學出版社
http://press.hust.edu.cn
中国·武汉

内容简介

本教材分为动物药理和动物毒理两大模块。动物药理模块包括动物药理基础知识，抗微生物药，抗寄生虫药，内脏系统药物，神经系统药物，抗组胺药、解热镇痛抗炎药和肾上腺皮质激素类药，水盐代谢调节药和营养药，抗肿瘤药，解毒药九个项目四十三个任务，项目后有该项目内容的实验实训。动物毒理模块包括动物毒理基础知识、安全性毒理学评价及动物源食品中兽药及化学残留两个项目六个任务。本教材内容体系分为模块、项目和任务三级结构，项目下设"项目导入""知识目标""能力目标""素质与思政目标""案例导入""案例分析""链接与拓展""执考真题""复习思考题"等学习内容。另外，项目中的教学课件、微课视频等可通过扫描二维码获取，从形式和内容上达到了纸数融合，为广大读者的学习提供了丰富的形式和内容。本教材在编写时收入了兽医临床中近年来常用的一些新药，删除了国家明令禁用的一些兽药。

本教材除了适合高职高专动物医学、动物科学、宠物养护、宠物诊疗、兽药相关专业的师生使用外，也可作为企业技术人员的培训教材，还可作为广大畜牧兽医工作者继续学习的参考书。

图书在版编目(CIP)数据

动物药理与毒理/王利，李爱心，陈张华主编. —武汉：华中科技大学出版社，2022.7(2024.1 重印)
ISBN 978-7-5680-8445-1

Ⅰ. ①动… Ⅱ. ①王… ②李… ③陈… Ⅲ. ①兽医学-药理学 ②动物学-毒理学 Ⅳ. ①S859.7 ②R996.3

中国版本图书馆 CIP 数据核字(2022)第 111041 号

动物药理与毒理 王 利 李爱心 陈张华 主编
Dongwu Yaoli yu Duli

策划编辑：罗 伟
责任编辑：郭逸贤
封面设计：廖亚萍
责任校对：王亚钦
责任监印：周治超
出版发行：华中科技大学出版社(中国·武汉) 电话：(027)81321913
武汉市东湖新技术开发区华工科技园 邮编：430223
录 排：华中科技大学惠友文印中心
印 刷：武汉市籍缘印刷厂
开 本：889mm×1194mm 1/16
印 张：15.5
字 数：461 千字
版 次：2024 年 1 月第 1 版第 3 次印刷
定 价：49.80 元

高等职业教育“十四五”规划
畜牧兽医宠物大类新形态纸数融合教材

编审委员会

委员（按姓氏笔画排序）

网络增值服务

使用说明

欢迎使用华中科技大学出版社医学资源网 yixue.hustp.com

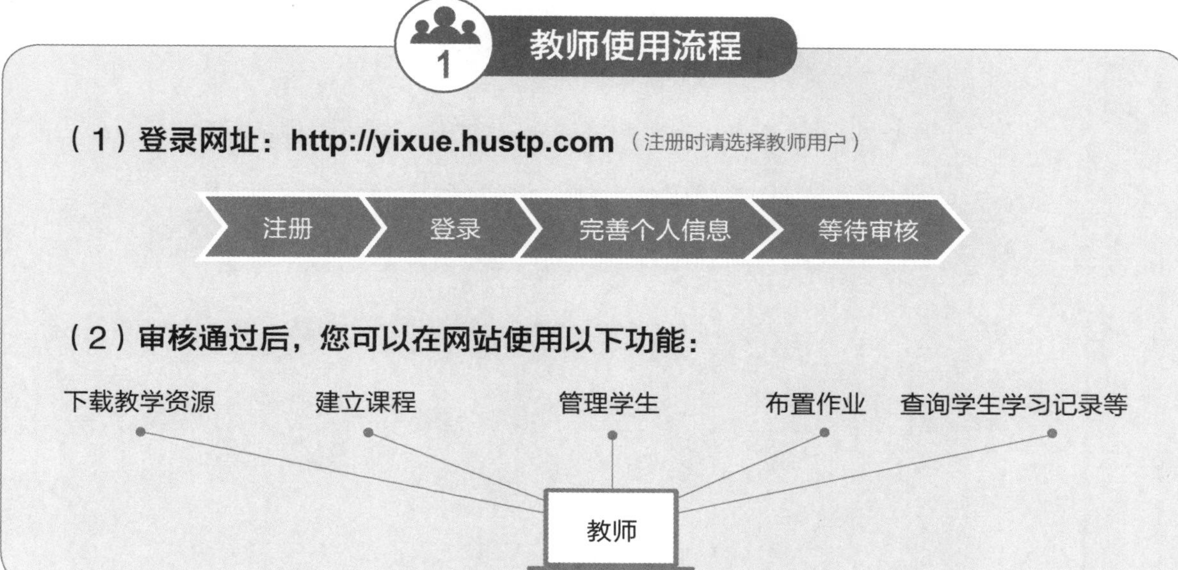

学员使用流程

（建议学员在PC端完成注册、登录、完善个人信息的操作）

（1）PC端操作步骤

①登录网址：http://yixue.hustp.com（注册时请选择普通用户）

注册 → 登录 → 完善个人信息

②查看课程资源：（如有学习码，请在个人中心-学习码验证中先验证，再进行操作）

（2）手机端扫码操作步骤

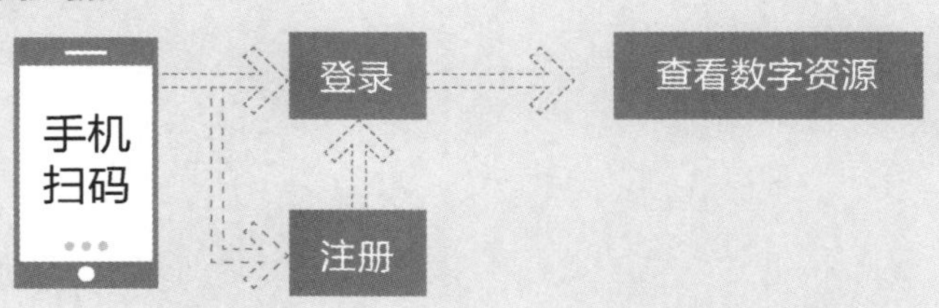

出版说明

随着我国经济的持续发展和教育体系、结构的重大调整，尤其是2022年4月20日新修订的《中华人民共和国职业教育法》出台，高等职业教育成为与普通高等教育具有同等重要地位的教育类型，人们对职业教育的认识发生了本质性转变。作为高等职业教育重要组成部分的农林牧渔类高等职业教育也取得了长足的发展，为国家输送了大批“三农”发展所需要的高素质技术技能型人才。

为了贯彻落实《国家职业教育改革实施方案》《“十四五”职业教育规划教材建设实施方案》《高等学校课程思政建设指导纲要》和新修订的《中华人民共和国职业教育法》等文件精神，深化职业教育“三教”改革，培养适应行业企业需求的“知识、素养、能力、技术技能等级标准”四位一体的发展型实用人才，实践“双证融合、理实一体”的人才培养模式，切实做到专业设置与行业需求对接、课程内容与职业标准对接、教学过程与生产过程对接、毕业证书与职业资格证书对接、职业教育与终身学习对接，特组织全国多所高等职业院校教师编写了这套高等职业教育“十四五”规划畜牧兽医宠物大类新形态纸数融合教材。

本套教材充分体现新一轮数字化专业建设的特色，强调以就业为导向、以能力为本位、以岗位需求为标准的原则，本着高等职业教育培养学生职业技术技能这一重要核心，以满足对高层次技术技能型人才培养的需求，坚持“五性”和“三基”，同时以“符合人才培养需求，体现教育改革成果，确保教材质量，形式新颖创新”为指导思想，努力打造具有时代特色的多媒体纸数融合创新型教材。本教材具有以下特点。

(1)紧扣最新专业目录、专业简介、专业教学标准，科学、规范，具有鲜明的高等职业教育特色，体现教材的先进性，实施统编精品战略。

(2)密切结合最新高等职业教育畜牧兽医宠物大类专业课程标准，内容体系整体优化，注重相关教材内容的联系，紧密围绕执业资格标准和工作岗位需要，与执业资格考试相衔接。

(3)突出体现“理实一体”的人才培养模式，探索案例式教学方法，倡导主动学习，紧密联系教学标准、职业标准及职业技能等级标准的要求，展示课程建设与教学改革的最新成果。

(4)在教材内容上以工作过程为导向，以真实工作项目、典型工作任务、具体工作案例等为载体组织教学单元，注重吸收行业新技术、新工艺、新规范，突出实践性，重点体现“双证融合、理实一体”的教材编写模式，同时加强课程思政元素的深度挖掘，教材中有机融入思政教育内容，对学生进行价值引导与人文精神滋养。

(5)采用“互联网+”思维的教材编写理念，增加大量数字资源，构建信息量丰富、学习手段灵活、学习方式多元的新形态一体化教材，实现纸媒教材与富媒体资源的融合。

(6)编写团队权威，汇集了一线骨干专业教师、行业企业专家，打造一批内容设计科学严谨、深入浅出、图文并茂、生动活泼且多维、立体的新型活页式、工作手册式、“岗课赛证融通”的新形态纸数融合教材，以满足日新月异的教与学的需求。

本套教材得到了各相关院校、企业的大力支持和高度关注，它将为新时期农林牧渔类高等职业教育的发展做出贡献。我们衷心希望这套教材能在相关课程的教学中发挥积极作用，并得到读者的青睐。我们也相信这套教材在使用过程中，通过教学实践的检验和实践问题的解决，能不断得到改进、完善和提高。

高等职业教育"十四五"规划畜牧兽医宠物大类
新形态纸数融合教材编审委员会

前言

动物药理与毒理是动物医学、动物科学和畜牧兽医等专业必修的专业基础课。本教材贯彻落实《国家职业教育改革实施方案》(即职教20条)、《国务院关于加快发展现代职业教育的决定》和《关于加强高职高专教育教材建设的若干意见》等文件精神和国家示范骨干高职院校畜牧兽医专业建设规划，切实做到专业设置与行业需求对接、课程内容与职业标准对接、教学过程与生产过程对接、毕业证书与执业资格证书对接、职业教育与终身学习对接。本教材在编写时以培养高等职业教育学生的职业能力为重要核心，围绕职业需要对教材内容进行系统化设计，以"符合人才培养需求，体现教育改革成果，确保教材质量，形式新颖创新"为指导思想，组织了国家级和省级示范院校的具有省级以上精品课程建设经验的教学团队，努力打造具有时代特色的新形态纸数融合教材。

本教材的内容体系分为模块、项目和任务三级结构，项目下又设"项目导入""知识目标""能力目标""素质与思政目标""案例导入""链接与拓展""执考真题""复习思考题"等学习内容。另外，项目中的教学课件、微课视频等可通过扫描二维码获取，从形式和内容上达到了纸数融合，为广大读者的学习提供了丰富的形式和内容。本教材以生产指导性、实用性及知识结构的完整性为原则选取内容，结合执业兽医资格考试大纲，增删了多种兽药及制剂。为提高学生的实践技能，接轨"双证书"制度，设立了"案例导入""案例分析"与"执考真题"等内容。为有效激发学生的学习热情和兴趣，设置了大量的二维码，通过扫描二维码，学生可获取相关内容的教学课件、微课视频等数字资源。为贯彻落实习近平总书记在全国高校思想政治工作会议上的重要讲话精神，本教材在编写时设立了"素质与思政目标"，在教材内容中尽量凸显思政元素，帮助学生在学习专业知识的同时塑造正确的世界观、人生观和价值观。本教材在编写时收入了兽医临床近年来常用的一些新药，介绍了常用的宠物用药，删除了国家明令禁用的一些兽药。

本教材在编写过程中得到了编写人员所在单位的大力支持，也得到了兽医临床相关专家的鼎力相助，在此一并表示感谢！本教材所引用的参考文献附列在书后，在此对参考文献的作者表示衷心感谢！

本教材的编写力求做到内容简洁、通俗易懂、突出实用、纸数融合。但由于编者水平与兽医临床经验有限，书中错误和不当之处在所难免，欢迎广大师生和专业人员在使用过程中提出宝贵的意见和建议。

编　者

目录

绪　　论

扫码学课件
绪论

项目导入

动物药理与毒理课程主要包括两大部分内容，即动物药理和动物毒理。动物药理主要介绍动物药理基础知识和各类药物的作用规律、作用机理及临床适应证等；动物毒理主要阐述动物毒理基础知识、安全性毒理学评价及动物源食品中兽药及化学残留。动物药理与毒理一方面为临床正确、合理选用药物提供理论依据，另一方面还可预防由于滥用药物造成的不良危害，如耐药性产生、变异菌株产生、兽药残留、环境污染、影响人类健康等。

学习目标

▲知识目标

1. 掌握动物药理研究的主要内容。
2. 明确学习动物药理与毒理的目的与任务。
3. 了解动物毒理一般知识及安全性毒理学评价等。
4. 了解动物药理与毒理在本专业中的地位及动物药理学的发展概况。

▲能力目标

1. 自学能力：讲授课堂重点和难点，指导学生查阅资料，提高学生的自学能力和理解能力，调动学生学习的积极性和主动性。

2. 分析、解决问题能力：突出课程内容层次和讲课思路，阐明药物作用及作用机理，使学生能够结合临床实际病例，分析原因并给出具体解决办法，以理论指导实践，培养学生的实际运用能力。

3. 理解共性与个性的关系：介绍各类药物的共同特点，及典型代表药物的作用及应用，使学生掌握共性与个性之间的关系，为动物临床用药提供理论指导。

▲素质与思政目标

1. 动物性产品是人类膳食的重要来源之一，动物药物是否合理应用，影响其在动物体内的残留及排泄物中的残留，进而会影响人类健康和环境，因此，培养学生形成社会责任意识和环境保护意识。

2. 通过学习绪论，学生了解我国医药发展的历史，激发爱国主义情怀及民族自豪感。

3. 通过学习药物与毒物之间的关系，学生学会辩证分析问题。

一、动物药理与毒理课程简介

动物药理与毒理是从事动物疾病诊治工作人员需学习和掌握的基本知识和基本理论，是推动动物疾病防治发展的重要理论基础和技术指南，是畜牧兽医专业重要的专业基础课，包括动物药理知识和动物毒理知识两部分。动物药理与毒理主要阐明药物的理化性质、药理作用、临床适应证和禁忌证、毒物及其安全性评价，为兽医临床合理用药提供理论依据。在现代动物生产中，动物疾病预防

控制发挥着重要的作用，是决定动物是否健康生长的关键因素。提高动物生产性能，除加强饲养管理外，在很大程度上取决于对疾病的预防，而疾病预防的主要手段就是药物预防。

二、课程性质

动物药理与毒理是畜牧兽医及其相关专业的专业基础课程，具有较强的理论性和生产实践性。一方面，本课程以动物生物化学、动物解剖生理、动物微生物与免疫学等专业基础课程为基础，衔接临床实践课，是联系基础医学、药学及临床医学的桥梁。阐述药物的基本作用及作用规律、作用机理及临床应用，进而为临床合理用药、兽药产品开发提供理论支持。另一方面，作为专业基础课程，它所阐述的基本理论与方法具有更多的疾病防治的指导意义，能为学生学习其他专业课程和毕业后从事畜牧兽医工作奠定扎实的理论基础。

三、课程内容

药物治疗是临床上最常用的一种治疗手段。如果用药得当，可以消除或减轻疾病症状，治疗疾病；如果用药不当，不仅不能治疗疾病，还可增加患畜的不适和痛苦，甚至造成严重后果。作为一个合格的兽医，不仅要懂得兽医诊断理论与操作技术，更应当熟练掌握动物药理与毒理的相关理论知识，提高医疗技术水平，从而为临床正确合理使用兽药奠定良好的基础。

动物药理专门研究兽用药物与动物机体（包括病原体）之间相互作用的规律及原理，主要内容包括总论和各论两大部分：总论主要介绍动物药理学基本概念及基本理论，学习目的及意义，动物药理学研究的主要任务和影响药物作用的因素等方面内容；各论包括各系统药物、抗生素、抗肿瘤药及解毒药等。

动物毒理研究外源性化合物对机体的损伤作用及两者之间相互作用，主要内容包括动物毒理学基础知识、安全性毒理学评价及动物源食品中兽药及化学残留等内容。

四、课程目标

本课程主要介绍药物的一般知识及常用药物的理化性质、药理作用和临床应用，动物毒理的一般知识，常见毒物的毒性、中毒及解救方法，药房管理、处方开写、药物配制、动物给药方法等基础知识和基本技能。本课程主要培养学生运用基础知识观察、分析、解决实际病例的能力，为今后从事临床医疗工作奠定基础。

五、动物药理学的学习目的和方法

动物药理学是阐明兽药的理化性质、药效学、药动学、不良反应、临床应用、配伍作用、用法用量、注意事项、休药期及相关制剂等基础知识的学科，可为兽医临床合理用药提供基础。

动物药理学的学习目的主要是学会正确选药、合理用药、提高疗效、减少不良反应，并为临床前药理实验研究、开发新药及新制剂提供基础知识和培养实验技能。如何学好动物药理学？首先，要紧密结合基础课，在此基础上，掌握药物作用的基本理论及各类药物的共性，对重点药物要掌握其作用原理及临床应用；其次，要足够重视药理实验实训，掌握药理实验实训的基本操作技能，并能紧密联系临床实际，加强、加深对药物知识的理解和掌握。

六、动物药理学的发展概况

动物药理学是药理学的组成部分，也可以说是以动物为研究对象的药理学的拓展，其学科发展与药理学的发展密不可分。

公元1世纪已有民间医药实践经验的积累和流传积累本草，如我国的《神农本草经》，为托名“神农”所作，是中医四大经典著作之一，是目前已知最早的中药学著作。此书共载药365种，这些药物至今仍是临床常用药。公元659年，唐朝政府在此基础上修订并正式颁布的《新修本草》，是我国由政府颁布的第一部药典，也是世界上的第一部药典，比西方最早的《纽伦堡药典》还要早。但闻名于世的还属明朝李时珍的《本草纲目》，该书收载药物1892种，插图1160幅，医方11096条，促进了我国医药研究的发展，并被译成日、朝、法、德、英等7种文字，成为世界上重要的药物学文献之一。明

代喻本元和喻本亨编纂的《元亨疗马集》共收载400多种药物，400余条药方，是我国最早的兽医著作。

药理学从19世纪中期开始形成一门独立的现代学科。在此之前，所有研究药物的学科都被称为药物学。药理学作为独立的学科应从德国R. Buchheim建立第一个药理研究所算起，他写出第一本药理学教科书，也是世界上的第一位药理学教授。药理学从20世纪初开始迅速发展，1907年，德国微生物学家P. Ehrlich筛选出了能有效治疗梅毒的新胂凡纳明。1935年，Domagk发现对氨基苯磺酰化物对许多细菌感染有确切疗效，开创了合成药物先河。1928年，英国微生物学家A. Fleming发现了青霉素，于1942年开始较大量提取并应用于临床。

近几十年来，随着生物化学、有机化学、分子生物学等学科的迅速发展，药理学也迅速发展起来，已经从过去的器官、组织研究对象，转向探讨药物分子在体内代谢过程中与酶、受体等生物大分子的相互关系，从而使药物的作用原理、结构和效应的关系等研究都深入到了分子水平。另一方面，药理学在受体研究方面的突出成果，具有普遍的生物学意义；作为生物化学和分子生物学的研究工具，抗生素等推进了核酸的分子生物学研究，也使蛋白质的生物合成机制得到进一步阐明，这进一步说明药物学的研究成果促进了生物科学的发展。

科学技术的发展及药理学的深入发展必然会引起更为广泛的学科交叉，一些新兴交叉学科或边缘学科逐渐成为人们研究的热点，包括细胞药理学，研究药物对动物细胞的作用；分子药理学，在分子水平上阐明药物化学结构与其生物活性之间的关系；生化药理学，探索药物在各作用靶点上的生物化学与分子生物学机制；定量药理学，定量研究解析药理学现象，包括群体药物代谢动力学、药物代谢动力学、药物效应动力学、模型化与仿真技术等及其他药理学，如转运药理学、仿生药理学、免疫药理学、遗传药理学、时辰药理等。

我国动物药理学的建立是在中华人民共和国成立以后，20世纪50年代初，我国的高等院校成立了独立的农业院校，大多数院校设立了兽医专业，并开设了兽医药理学课程。1959年正式出版了全国试用教材《兽医药理学》。此后，又接连出版了《兽医临床药理学》《兽医药物代谢动力学》《动物毒理学》等著作。改革开放以后，科学研究蓬勃发展，动物药理学取得了一些重要研究成果，新兽药的研制开发也取得了突出成就，为保障我国畜牧业发展和公共卫生安全等起到了重要的作用。

模块一　动 物 药 理

项目一　动物药理基础知识

项目导入

本项目主要介绍药物的一般知识，药物效应动力学、药物代谢动力学、影响药物作用的因素及兽药管理与处方、实验实训等内容，这些内容为动物药理总论部分，是整个动物药理的核心内容之一，在动物药理中占据重要地位。

学习目标

▲知识目标

1. 识记动物药理的基本概念及相关概念、动物药理的研究任务。

2. 掌握药物效应动力学研究的主要内容，包括药物作用的基本表现、量效关系、构效关系及药物作用机理。

3. 掌握药物代谢动力学研究的主要内容，包括药物的跨膜转运、药物的体内过程及药物代谢动力学的基本概念等。

4. 掌握影响药物作用的因素及合理用药原则。

5. 了解兽药管理和处方的相关内容及法规。

▲能力目标

1. 通过学习，能够理解并掌握动物药理研究的主要内容，能指导各论内容的学习。

2. 通过查阅相关资料，加深对课堂知识的理解，培养自学能力、理解和综合分析能力。

3. 了解相关法律法规后，可根据不同情况，采取相应的解决措施，提高解决问题的能力。

▲素质与思政目标

1. 遵守《兽药管理条例》《中华人民共和国兽药典》等相关法律法规和标准，做一名具有较高的职业素养和职业道德的畜牧工作者。

2. 通过介绍药物作用机理，让学生了解科学研究精神及科学研究道路之艰难，鼓励学生爱岗敬业、积极探索，不断为我国的畜牧业发展贡献自己的微薄之力。

3. 具有较强的自我管控能力和团队协作能力，有较强的责任感和科学认真的工作态度。

案例导入

案例一：2015 年 12 月，某养殖户的鸡得了肠炎，使用喹乙醇治疗时将喹乙醇添加于水中，导致鸡中毒，直接经济损失达数万元。喹乙醇微溶于水，如果采用饮水给药，药物就会发生沉淀，常常是刚开始饮水的鸡摄入的药量不够，后来饮水的鸡因摄入的药量过大而中毒。

案例二：某养殖户的鸡表现出呼吸道症状，在饲料中添加丁胺卡那进行防治，效果不佳。丁胺卡那在肠道内不易被吸收，对肠道病效果较好，由于其不能被吸收进入血液循环，

Note

因而对全身疾病和呼吸道疾病没有明显效果。

药物的理化性质不同、特性不同，吸收和作用途径也不同，因此，用药时要根据不同的疾病选择合适的药物。

扫码学课件 1-1

任务一　药物的一般知识

一、基本概念

药物是指用于预防、治疗、诊断疾病的一类安全、有效、稳定、质量可控的物质；从广义上讲，凡是可影响机体器官生理功能或细胞代谢活动的化学物质，都属于药物。

应用于动物的药物统称为兽药（veterinary drug），包括能促进动物生长发育、提高生产性能的各种物质，主要有动物保健品和药物饲料添加剂。

毒物是指较小剂量就能够对机体产生损害作用的物质。一般来说，药物超过一定剂量或用法不当，可能会对机体产生毒害作用。因此，药物与毒物之间并没有绝对的界限，它们的区别仅在于剂量和使用方法的差别。

普通药是指在治疗量时不产生明显毒性作用的药物，如青霉素。

二、药物的来源

药物的种类有很多，按其来源，大体可分为三类。

1. 天然药物　来源于自然界，经过简单调制加工而成的药物，包括植物性药物，如龙胆、黄芪等；动物性药物，如牛黄、地龙等；矿物性药物，如硫酸钠、石膏等；以及微生物发酵产生的抗生素，如青霉素。

2. 合成药物　用化学合成或生物合成等方法制成的药物。合成药物在医药工业中占极重要的地位，如磺胺类药物、喹诺酮类药物。

3. 生物技术药物　通过细胞工程、基因工程、酶工程等新技术生产的药物，如干扰素、细胞因子、疫苗、酶制剂等。

视频：1-1 药物的一般知识

三、药物制剂与剂型

根据《中华人民共和国兽药典》或药品规范，将原料药加工制备成安全、有效、稳定且适于应用的具体形态和规格，称为制剂，如土霉素片、葡萄糖注射液。任何药物在应用于临床前，都必须制成安全、稳定且适于应用的形态，称为剂型，即制剂的形态，如散剂、片剂、软膏剂、注射剂、气雾剂等。

兽药的剂型种类较多，分类方法有多种。

1. 按形态分类

（1）液体剂型，如溶液剂、酊剂、注射剂等。

（2）半固体剂型，如软膏剂、浸膏剂、栓剂等。

（3）固体剂型，如可溶性粉剂、预混剂、片剂、膜剂等。

（4）气体剂型，如气雾剂、喷雾剂等。

2. 按给药途径分类

（1）消化道给药剂型：经消化道给药剂型是指药物制剂经口内服后进入胃肠道，在局部发挥作用或经吸收而发挥全身作用的剂型，如散剂、片剂、颗粒剂、乳剂等。但易受胃肠道中的酶或酸影响的药物，一般不宜制成消化道给药剂型。

（2）非消化道给药剂型：非消化道给药剂型是指除消化道给药剂型外所有的剂型，这些剂型可在给药部位发挥局部作用或经吸收后发挥全身作用。常见剂型有以下几种。

①注射给药剂型：如注射剂，包括静脉注射、肌内注射、皮下注射、腹腔注射等多种注射途径。

②呼吸道给药剂型：如气雾剂、喷雾剂等。

Note

③皮肤给药剂型：如洗剂、搽剂、软膏剂、糊剂、贴剂等。

④黏膜给药剂型：如滴眼剂、滴鼻剂、眼用软膏剂、舌下贴片等。

⑤腔道给药剂型：如栓剂等，常用于直肠、阴道、尿道、耳道等给药。

3. 按分散系统分类 一种或几种物质（分散相）分散于另一种物质（分散介质）形成的系统称为分散系统。此法将所有的剂型看作分散系统，为了便于应用物理化学原理说明各种类型制剂的特点，按剂型内在的分散特性分类如下。

（1）溶液型剂型：溶液型剂型是指药物以分子或离子状态分散在一定分散介质中，形成均匀分散系统的液体制剂，分散相直径小于 1 nm，如芳香水剂、溶液剂、糖浆剂、甘油剂、注射剂等。

（2）胶体溶液型剂型：胶体溶液型剂型是指固体或高分子药物分散在分散介质中所形成的不均匀（溶胶）或均匀（高分子溶液）分散系统的液体制剂，分散相直径在 1～100 nm 之间，如胶浆剂、溶胶剂、涂膜剂等。

（3）乳剂型：乳剂型是指液体分散相（油类药物或药物的油溶液）分散在液体分散介质中组成不均匀分散系统的液体制剂，分散相直径通常在 0.1～100 μm 之间，如乳剂、静脉乳剂、部分滴剂、微乳剂、亚微乳剂、纳米乳剂等。

（4）混悬型剂型：混悬型剂型是指固体药物以微粒状态分散在液体分散介质中组成不均匀分散系统的液体制剂，分散相直径通常在 0.1～100 μm 之间，如洗剂、混悬剂、混悬注射剂、混悬软膏剂、混悬滴剂等。

（5）气体分散型剂型：气体分散型剂型是指液体或固体药物以微滴或微粒状态分散在气体分散介质中形成不均匀分散系统的制剂，如气雾剂、喷雾剂等。

（6）固体分散型剂型：固体分散型剂型是指药物与辅料混合成固态的制剂，如散剂、丸剂、片剂等。

（7）微粒型剂型：微粒型剂型是指药物与辅料经微囊化后，形成微米级的微囊、微球、脂质体，或形成纳米级的纳米囊、纳米球、纳米脂质体等。

近年来，一些新剂型，如缓释制剂、控释制剂、靶向制剂、脂质体、微囊和植入剂等，在畜禽等动物疾病的防治上发挥着巨大作用，越来越受养殖市场的欢迎。

任务二 药物效应动力学

扫码学课件

1-2

药物效应动力学简称药效学，是研究药物对机体的作用及其规律，阐明药物防治疾病原理的一门学科，是药理学研究的主要任务之一。

一、药物的基本作用

（一）药物作用的基本表现

药物作用是指药物与机体细胞间的初始反应，是动因，是反应机制，有其特异性。药理效应是药物作用的结果，是机体反应性表现，即机体生理、生化功能的改变，对不同组织器官有一定的选择性。药物作用阐明的是机体细胞内部变化，药理效应阐明的是机体外在表现，因此两者之间呈“因果关系”。

药物作用的基本表现为兴奋作用和抑制作用。兴奋作用是指在药物作用下，机体器官、组织的原有生理、生化功能增强。如咖啡因可兴奋中枢神经系统而提高机体的功能活动，使动物表现为兴奋，因此咖啡因属于兴奋药。抑制作用是指在药物作用下，机体器官、组织原有生理、生化功能减弱或降低。如巴比妥类药物可减弱中枢神经系统的功能活动，因此巴比妥类药物属于抑制药。对动物机体整体而言，兴奋作用和抑制作用不是一成不变的，在不同器官、组织表现可能不同。如咖啡因对心脏呈现直接兴奋作用，使心肌收缩力加强；而对血管却呈扩张和松弛作用，表现为抑制。因此，药

Note

物治疗疾病的根本原因是通过调节机体生理、生化功能进而使之恢复到正常状态。

（二）药物作用的方式

1. 直接作用和间接作用　药物对直接接触的组织器官所产生的作用称为直接作用，又称为原发作用。由药物的直接作用而引起的其他组织、器官的作用称为间接作用，又称为继发作用。如强心苷类药物洋地黄可直接作用于心脏而加强心肌收缩力，使心率减慢，改善心脏功能和血液循环，此为直接作用；而由于血液循环改善间接增加肾血流量，使尿量增多，缓解心源性水肿，此为间接作用。

2. 局部作用和吸收作用　药物未被吸收进入血液循环之前在用药部位产生的作用称为局部作用，如普鲁卡因在局部浸润产生局麻作用。药物被吸收进入血液循环后所呈现的全身作用称为吸收作用或全身作用，如巴比妥类药物的全身麻醉作用。

视频：1-2
药物作用的选择性

（三）药物作用的选择性

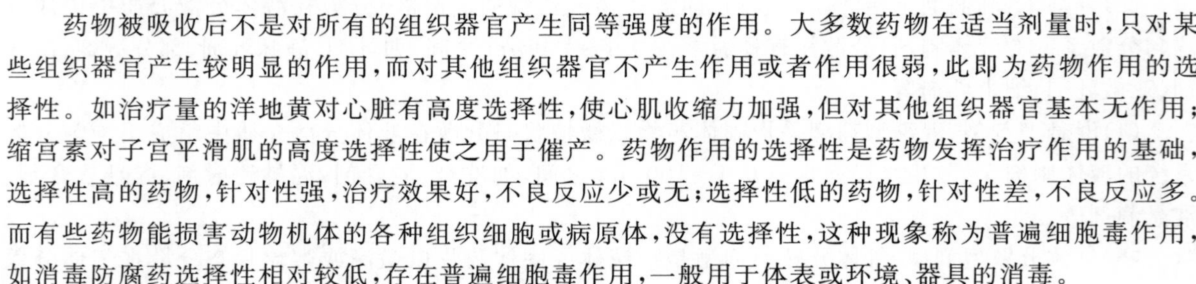

药物被吸收后不是对所有的组织器官产生同等强度的作用。大多数药物在适当剂量时，只对某些组织器官产生较明显的作用，而对其他组织器官不产生作用或者作用很弱，此即为药物作用的选择性。如治疗量的洋地黄对心脏有高度选择性，使心肌收缩力加强，但对其他组织器官基本无作用；缩宫素对子宫平滑肌的高度选择性使之用于催产。药物作用的选择性是药物发挥治疗作用的基础，选择性高的药物，针对性强，治疗效果好，不良反应少或无；选择性低的药物，针对性差，不良反应多。而有些药物能损害动物机体的各种组织细胞或病原体，没有选择性，这种现象称为普遍细胞毒作用，如消毒防腐药选择性相对较低，存在普遍细胞毒作用，一般用于体表或环境、器具的消毒。

（四）药物作用的临床效果

药物在临床使用时可能会产生多种药理效应。对动物疾病产生治疗效果的作用称为治疗作用；产生的作用与治疗无关，甚至对机体产生不利影响的称为不良反应。多数药物在发挥治疗作用的同时，会存在不同程度的不良反应，此即药物作用的两重性。临床使用药物时，要充分分析药物作用的利弊，在发挥治疗作用的同时，尽可能采取措施减少不良反应的发生。但有些不良反应，如变态反应、特异质反应等，是不可预期的，可根据动物反应的具体情况采取相应的防治措施。

1. 治疗作用　治疗作用根据其针对对象的不同，可分为对因治疗和对症治疗。对因治疗指的是针对原发性致病因子进行的治疗，如抗生素杀灭病原微生物以控制感染。对症治疗指针对疾病所表现的症状进行的治疗，如解热药可降低升高的体温，镇痛药可减轻剧烈的疼痛等。对因治疗和对症治疗是相辅相成的，临床上应根据疾病的情况，选择适宜的治疗手段，遵循“急则治其标，缓则治其本，标本兼治”的治疗原则。

2. 不良反应　药物在发挥其治疗作用的同时，可能会出现副作用、毒性作用、过敏反应、继发性反应、后遗效应及特异质反应等不良反应。

（1）副作用：副作用是指药物在治疗量时所产生的与治疗目的无关的作用。一般表现较轻微，危害不大，是可以预见的。有些药物选择性低，作用范围广，涉及多个效应器官，若把其中一个效应作为治疗目的，其他作用便成了副作用。如阿托品用于治疗肠痉挛时，利用的是其松弛平滑肌效应，而其抑制腺体分泌、引起口干的作用便成了副作用；当用于麻醉前给药时，则利用的是其抑制腺体分泌的作用，而其松弛平滑肌，引起肠臌气、便秘等作用则成了副作用。由此可见，副作用是随治疗目的的改变而改变的，当某一效应被用作治疗目的时，其他效应就成为副作用。

（2）毒性作用：毒性作用是指用药剂量过大或用药时间过长而导致的机体生理、生化功能紊乱或结构的病理变化。多数药物有一定的毒性，但毒性作用的性质和程度各不相同。用药后立即发生的毒性称为急性毒性，多由用药剂量过大所引起，常表现为心血管、呼吸功能的损害；用药时间过长逐渐蓄积而产生的毒性称为慢性毒性，多表现为肝、肾、骨髓的损害；少数药物还可产生特殊毒性作用，即致畸、致癌、致突变反应（简称“三致”作用）。毒性作用一般是可预知的，因此，用药时要注意用药的剂量和疗程，避免毒性反应的发生。

(3)过敏反应:过敏反应也称变态反应,是动物受到某些药物刺激后所发生的免疫病理反应。药物过敏反应的发生与剂量无关,但反应严重程度差异较大。停药后反应逐渐消失,再用时可能再发。致敏物质可能是药物本身,也可能是其代谢产物,也可能是药剂中的杂质。对一些轻微患畜可给予苯海拉明等抗过敏药物治疗,对过敏性休克患畜则应及时使用肾上腺素或糖皮质激素等进行抢救。

(4)继发性反应:继发性反应是指药物治疗作用引起的不良后果,也称治疗矛盾。如成年食草动物胃肠道内有许多微生物寄生,正常情况下菌群之间维持着平衡的共生状态,如果长期服用四环素类等广谱抗生素,对药物敏感的菌株受到抑制,菌群间相对平衡遭到破坏,导致不敏感的细菌或耐药菌株(如葡萄球菌、大肠杆菌等)大量繁殖,可引起中毒性肠炎或全身感染,这种继发性感染又称为"二重感染"。

(5)后遗效应:后遗效应是指停药后血药浓度已降至阈浓度以下时残存的药理效应。后遗效应可能是由于药物与受体结合牢固,靶器官药物尚未清除,或由药物造成的不可逆的组织损害所致。后遗效应可能对机体产生不良影响,如长期应用肾上腺皮质激素,由于垂体前叶的负反馈作用,引起肾上腺皮质萎缩,一旦停药后,肾上腺皮质功能低下数月难以恢复。有些药物也可能对机体产生有利的后遗效应,如抗生素后效应(PAE),使抗菌药的作用时间延长。如大环内酯类及氟喹诺酮类药物有较长的抗菌后效应。

二、量效关系与构效关系

1. 药物的量效关系 在一定范围内,随着药物剂量或浓度的增加或减少,药物的药理效应也相应增强或减弱,这种药物剂量与药理效应在一定范围内呈正相关的关系,叫作量效关系(DER)。量效关系定量地分析和阐明药物剂量与药理效应之间的规律,有助于了解药物作用的性质,也可为临床用药提供参考资料。

药物剂量的大小关系到进入体内的药物浓度的高低和药效的强弱。药物剂量过小,不产生任何药理效应,称为无效量;药物在体内的浓度达到一定阈值时才开始出现药理效应的剂量称为最小有效量或阈值量;随着剂量增加,药理效应也逐渐增强,其中对50%个体有效的剂量称为半数有效量(ED_{50});临床上用于防治疾病的剂量称为治疗量或常用量;直至达到最大药理效应,亦称最大效能,这是量变过程,出现最大药理效应的剂量,称为极量;此时若再增加剂量,药理效应也不再增强,反而会出现毒性反应,此时,药物的药理效应发生了质变。出现中毒现象的最低剂量称为最小中毒量;引起动物死亡的剂量称为致死量;引起半数动物死亡的剂量称为半数致死量(LD_{50})。

上述量效关系可用量效关系曲线图来表示,纵坐标表示效应强度,横坐标表示剂量,可得一平滑曲线,见图1-1;若以剂量对数作为横坐标,效应强度作为纵坐标,则可得到一条对称的S形曲线,此即为典型的量效关系曲线图,见图1-2。

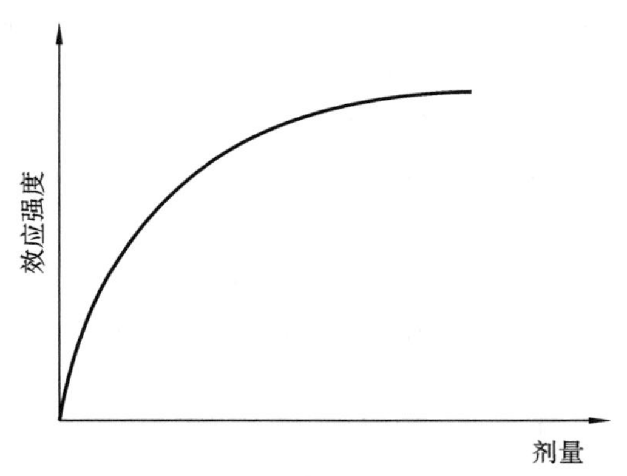

图1-1 量效关系曲线图

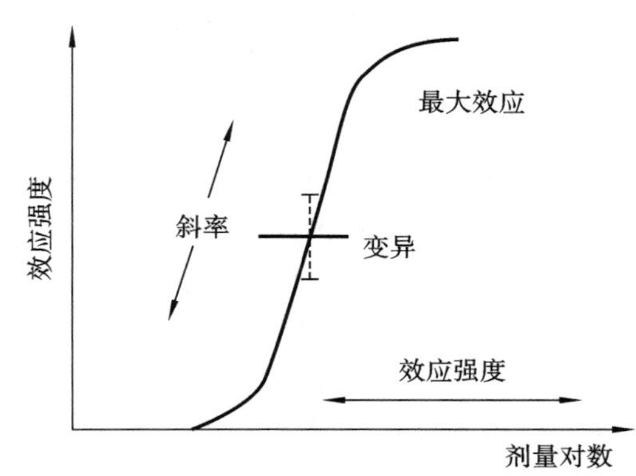

图1-2 典型的量效关系曲线图

量效关系曲线在横轴上的位置，可说明药物作用的强度，是指产生一定效应所需药物剂量的大小，剂量越小，表示药物的效应强度越大。药物的最大药理效应（或效能）与强度是两个不同的概念，不能混淆。在临床用药时，由于药物具有不良反应，其剂量是有限度的，可能达不到真正的最大效能，所以临床上药物的效能比效应强度重要得多。如噻嗪类利尿药比呋塞米有更强的效应强度，但后者有较高的效能，是高效利尿药。

药物的半数致死量（LD_{50}）与半数有效量（ED_{50}）的比值称为治疗指数，此值越大，药物越安全。但仅依靠治疗指数来评价一个药物的安全程度是不够精准的，因为在高剂量时可能出现严重的毒性反应甚至死亡。因此，有人提出以 LD_5 和 ED_{95} 的比值作为安全范围来评价药物的安全性比治疗指数更为可靠。

2. 药物的构效关系 除少数药物是由其物理性能（如溶解度、水溶性、挥发性、吸附力等）发挥作用外，大多数药物是通过化学反应而产生药理效应的。药理作用的特异性取决于化学反应的专一性，而化学反应的专一性则又取决于药物的化学结构，这种药物的化学结构与其药理效应之间的关系，称为构效关系。

一般来说，化学结构非常相似的药物可与同一受体结合，产生相似（拟似药）或相反（拮抗药）的作用。如麻黄碱与肾上腺素的化学结构相似，两者的药理作用也相似；又如组胺与抗组胺药化学结构相似，但药理作用却相反；又如卡巴胆碱的结构与神经递质乙酰胆碱相似，因此具有拟胆碱作用，称为拟胆碱药。此外，许多化学结构完全相同的药物还存在光学异构体，具有不同的药物作用，多数化合物左旋体有药理活性，而右旋体无药理作用或作用较弱，如左旋咪唑有抗线虫作用，其右旋体则无药理作用。因此，掌握药物的构效关系不仅有助于理解药物作用的性质和机理，也可为寻找和合成新药打下坚实的基础。

三、药物作用机理

药物作用机理是药效学研究的主要问题之一。了解药物作用的机理，有助于阐明药物防治疾病的原理，从而更好地指导临床合理使用药物。由于药物本身的性质不同，其作用机理也是多种多样的，但大体上可以概括为受体机理和非受体机理两种。

1. 药物作用的受体机理 目前，关于受体的学说主要是一些假说和模型，如占领学说、速率学说、诱导契合学说、二态模型等。

受体是一类位于细胞膜上或细胞内具有细胞信号转导功能的蛋白质。根据受体位置、蛋白结构、信息传导过程、效应性质等特点，受体可大致分为下列四类：①离子通道受体，又称配体门控通道型受体，存在于快速反应细胞的膜上。如乙酰胆碱受体、γ-氨基丁酸（GABA）受体、甘氨酸受体、谷氨酸/天门冬氨酸受体等。②G-蛋白偶联受体，存在于细胞膜内侧。G-蛋白是鸟苷酸结合调节蛋白的简称，实际上是一大类有信号转导功能的蛋白质的总称，其效应特点是作用缓慢而复杂。如肾上腺素受体、M 胆碱受体、前列腺素受体、5-羟色胺受体、多巴胺受体、阿片类受体及一些多肽激素受体等。③酪氨酸激酶受体，由单一肽链组成，胞外有识别部位，胞内含有酪氨酸激酶或偶联蛋白激酶，与其他底物作用，能激活胞内偶联蛋白激酶，调节细胞内信号转导和基因转录。如胰岛素受体、细胞因子受体、生长因子受体等。④细胞内受体，位于细胞质和细胞核内，有配体识别区域，能调节细胞信号转导和基因转录。如甾体激素受体存在于细胞质内，甲状腺激素受体存在于细胞核内。这两种受体触发的细胞效应很慢，需若干小时。

受体在药物效应的发挥中主要起传递信息的作用。药物作为配体，首先需通过与相应的受体结合，诱导受体蛋白的构型改变并引发有关蛋白的功能变化，如 G 蛋白激活、受体胞内部分酶活性或偶联的蛋白激酶活性被激活、离子通道开放等。受体被激活后，配体与受体分离，受体恢复至失活状态。第一信使使配体与受体结合，受体被激活后产生第二信使，如环磷酸腺苷（cAMP）、环磷酸鸟苷（cGMP）、二酰甘油（DG）、三磷酸肌醇（IP_3）、Ca^{2+}，传递和放大信号，作用于效应器并产生生理效应。

2. 药物作用的非受体机理 药物的化学结构多种多样，同时机体的功能千变万化，因此药物对机体的作用机理是一个非常复杂的生理、生化过程。药物作用机理除上述受体机理外，还存在着以下各种非受体机理。

(1)理化条件的改变:有的药物通过改变细胞周围环境的理化条件而发挥作用。如抗酸药通过简单的化学中和作用使胃液的酸度降低,以治疗溃疡病;甘露醇高渗溶液进入血液循环后,其高渗作用可消除脑水肿;硫酸镁提高肠腔渗透压从而产生导泻作用等。

(2)参与或干扰细胞物质代谢过程:某些药物通过参与或干扰机体生化过程而发挥作用。如维生素、氨基酸、矿物质等可直接参与细胞的正常生理、生化过程,使缺乏症得到纠正。磺胺类药与细菌的对氨基苯甲酸(PABA)竞争,阻断细菌的叶酸代谢,从而使敏感菌受到抑制。

(3)改变酶的活性:酶是机体生命活动的基础,种类繁多,分布广泛。药物的许多作用是通过影响酶的功能来实现的。除了受体介导某些酶的活动外,不少药物可直接对酶产生作用而改变机体的生理、生化过程。如苯巴比妥诱导肝微粒体酶,咖啡因抑制磷酸二酯酶,胰岛素通过促进己糖激酶的活性而产生降血糖作用,新斯的明通过抑制胆碱酯酶而发挥拟胆碱作用。

(4)影响离子通道:有些药物可通过影响细胞膜上的离子通道而发挥作用。如普鲁卡因胺等能够稳定心肌细胞膜,抑制细胞膜对 Na^+、K^+、Ca^{2+} 的通透性,从而产生抗心律失常作用;苯妥英钠通过稳定大脑细胞膜而产生抗癫痫作用;表面活性剂和卤素类等通过降低细菌的表面张力,增加菌体细胞膜的通透性,而发挥抗菌作用。

(5)影响神经递质和自身活性物质的释放:神经递质或自身活性物质在体内的生物合成、储存、释放或消除的任何环节受到干扰或阻断,均可产生明显的药理效应。如麻黄碱促进肾上腺素能神经末梢释放去甲肾上腺素,产生升压作用;溴苄铵抑制去甲肾上腺素的释放,产生降压和抗心律失常作用;解热镇痛抗炎药通过抑制前列腺素的合成而发挥作用。

(6)影响核酸代谢:核酸(DNA 和 RNA)是控制蛋白质合成及细胞分裂的生命物质。许多抗癌药是通过干扰癌细胞 DNA 或 RNA 的代谢过程而发挥疗效的。许多抗微生物药物(如喹诺酮类)也是通过影响细菌核酸代谢而发挥抑菌或杀菌效应的。

(7)影响免疫功能:有些药物通过影响机体的免疫功能而发挥作用。如免疫增强药(左旋咪唑)及免疫抑制药(环孢霉素)通过影响免疫功能而发挥疗效。

扫码学课件
1-3

任务三　药物代谢动力学

药物从进入机体至排出体外的过程,称药物的体内过程,又称药物代谢动力学,这一过程包括吸收、分布、生物转化(代谢)和排泄。药物代谢动力学简称药动学,是研究机体对药物的处置(吸收、分布、生物转化和排泄)及药物浓度随时间变化的动态规律的一门学科。

一、药物的跨膜转运

药物从用药部位进入血液循环,分布到机体各组织器官,经过生物转化后最终从体内排出,都必须透过体内各种细胞膜(生物膜),这一过程称为药物的跨膜转运。

(一)生物膜的结构特点

生物膜是细胞膜和亚细胞膜(线粒体膜、微粒体、细胞核膜、小囊泡膜)的总称,主要由蛋白质和液态的脂质双分子层组成,膜上有膜孔及特殊转运系统。

(二)药物跨膜转运的方式

药物跨膜转运的方式主要有被动转运、载体转运和膜动转运。

1. 被动转运　被动转运是指药物顺浓度梯度以简单扩散或滤过的方式通过生物膜。其特点如下:顺浓度差,不耗能,也无载体参与,故无饱和限速及竞争性抑制。扩散速度取决于膜两侧的浓度梯度和药物的性质。

(1)滤过:水溶性的极性或非极性药物分子借助流体静压或渗透压随体液通过生物膜膜孔的转

Note

运方式，又称为水溶性扩散。

大多数毛细血管上皮细胞间的孔隙较大，故绝大多数药物可经毛细血管上皮细胞间的孔隙滤过。但脑内除了垂体、松果体、正中隆起、极后区、脉络丛外，大部分毛细血管壁无孔隙，药物不能以滤过方式通过这些毛细血管而进入脑组织。

(2)简单扩散：脂溶性药物溶解于生物膜的脂质双分子层，顺浓度差通过生物膜，又称脂溶性扩散。绝大多数药物按此种方式通过生物膜。

简单扩散的速度主要取决于药物的油水分配系数(脂溶性)和膜两侧药物浓度差。油水分配系数和膜两侧药物浓度差越大，扩散速度就越快。但是因为药物必须先溶于体液才能抵达细胞膜，水溶性太低同样不利于通过细胞膜，故药物在具备脂溶性的同时，仍需具有一定的水溶性才能迅速通过生物膜。

2. 载体转运　由载体(生物膜中的蛋白质)介导的跨膜转运称为载体转运。跨膜蛋白在生物膜一侧与药物或内源性物质结合后发生构型改变，在生物膜另一侧将药物或内源性物质释出。载体转运包括主动转运和易化扩散两种方式。

(1)主动转运：药物通过生物膜转运时，借助载体或酶促系统，从膜的低浓度一侧向高浓度一侧转运。特点：①对转运物质有选择性；②载体转运具饱和性；③结构相似的药物或内源性物质可发生竞争性抑制。主动转运主要发生在肾小管、胆道、血脑屏障和胃肠道。

(2)易化扩散：也称促进扩散，是指药物通过膜上特殊蛋白质(包括载体、通道)的介导，顺浓度梯度或电位梯度进行的跨膜转运。主要特点：转运不需要消耗能量，属被动过程。

3. 膜动转运　生物膜具有一定的流动性，它可以通过主动变形，膜凹陷吞没液滴或微粒，将某些物质摄入细胞内或将细胞内物质释放到细胞外，此过程称为膜动转运。膜动转运包括胞饮和胞吐作用，摄取固体颗粒时称为吞噬作用。某些液态蛋白质或大分子物质主要通过胞饮或入胞的方式进行转运，如母源抗体的吸收；而细胞内的大分子物质则以胞吐或出胞的方式转运，如腺体的分泌及递质的释放等。

二、药物的体内过程

药物从进入机体至排出体外的过程称为药物的体内过程，包括吸收、分布、生物转化和排泄(图1-3)。

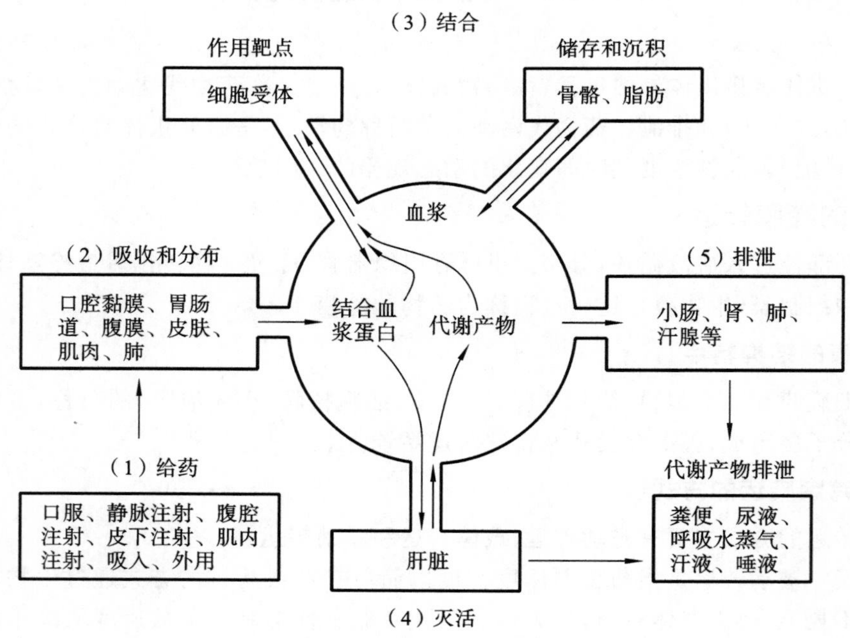

图 1-3　药物的体内过程

（一）药物的吸收

药物自用药部位进入血液循环的过程称为药物的吸收。除静脉注射药物直接进入血液循环外，其他给药方式均有吸收过程。影响药物吸收的因素很多，如药物的理化性质、剂型、制剂和给药途径等，不同种属的动物对同一药物的吸收也有差异。给药途径可直接影响药物吸收的程度和速度，从而影响药效发挥的快慢，甚至会影响药物的作用性质。不同的给药途径，药物吸收的速度为静脉注射＞吸入给药＞肌内注射＞皮下注射＞直肠给药＞内服给药＞皮肤给药。

1. 内服给药　内服给药是最常用的给药方式，其主要吸收部位为小肠，吸收方式主要为脂溶性扩散。影响药物内服吸收的因素主要有以下几种。

（1）药物的理化性质：药物的脂溶性、解离度、分子量等均可影响药物的吸收。

（2）药物的剂型：不同剂型的药物，其吸收速度、药效快慢与强度都有明显的差异。

（3）排空率及胃肠内容物的充盈度：排空率会影响药物进入小肠的快慢。不同动物以及采食不同饲料时均有不同的排空率；饱食或饥饿状态也会影响药物在胃肠道的停留时间。

（4）pH 值：胃肠液的 pH 值能明显影响药物的解离度。弱酸性药物在酸性环境下不易解离而易被吸收，在碱性环境中则易解离而较难被吸收。

（5）药物间的相互作用：有些金属或矿物质元素（如钙、镁、铁、锌等）的离子可与四环素类、氟喹诺酮类等药物在胃肠道发生螯合作用而阻碍药物吸收或使药物失活。

（6）首过效应：首过效应（也称首过消除，又叫第一关卡效应）是指内服药物由胃肠道吸收经门静脉进入肝脏后，在肝药酶和胃肠道上皮酶的联合作用下进行首次代谢，导致进入体循环的药量减少，药效降低的现象。首过效应明显的药物一般不宜内服给药（如硝酸甘油片经内服后 90%被灭活），但首过效应也有饱和性，若加大剂量，仍可使血液中药物浓度明显升高。

2. 注射给药　将无菌药液注入体内，达到预防和治疗疾病的目的，适用于需要药物迅速发生作用，或因各种原因不能经口给药者。常用的注射给药方式主要有静脉注射、肌内注射、皮下注射和皮内注射，其他还包括腹腔注射、关节内注射椎管内注射等。

静脉注射可立即产生药效，并可以控制用药剂量。药物从肌肉、皮下注射部位吸收一般 30 min 内血药浓度达峰值。

注射给药适用于在胃肠中易被破坏（如青霉素 G 等）、不易被吸收（如庆大霉素等）和在肝脏中首过效应明显（如硝酸甘油等）的药物。

3. 吸入给药　气体或挥发性液体麻醉药和其他气雾剂型药物可通过呼吸道被吸收。肺泡表面积大，血流量大，经肺的血流量为全身的 10%～12%，且肺泡细胞膜较薄，故药物极易被吸收。

吸入给药的优点是吸收快、可避免首过效应，特别适用于呼吸道感染，可直接局部给药使药物到达感染部位而发挥作用。但操作时难于掌控剂量，给药方法比较复杂。

4. 皮肤给药　一般完好的皮肤，除少数脂溶性极强的有机溶剂或有机磷酸酯类药物能被吸收外，多数药物不易被吸收。但是，近年来研究发现，有些药物仍能经皮肤被吸收，尤其是在皮肤较单薄部位（如耳后、臂内侧、胸前区、阴囊皮肤等）或有炎症等病理变化的皮肤。因此，经皮肤给药也不失为一种方便、有效的给药途径。临床也有不少透皮剂或浇淋剂的应用，如左旋咪唑透皮剂、特比萘芬涂膜剂等。目前的浇淋剂生物利用度不足 20%，所以，临床驱虫或治疗某些深部真菌感染时，全身用药比局部用药效果好。

（二）药物的分布

药物的分布是指被吸收后的药物随血液循环转运到机体各组织器官的过程。药物在体内的分布多数是不平衡的。一般来说，药物在组织器官内的浓度越大，对该组织器官的作用就越强。但也有例外，如强心苷主要分布于肝脏和骨骼肌组织，却选择性地作用于心脏。

影响药物分布的因素主要有以下几种。

1. 药物与血浆蛋白的结合力 药物吸收后不同程度地与血浆蛋白结合，结合后的药物称为结合型，没有结合的药物称为游离型。其结合有以下特点。

(1)差异性：不同药物的结合率差异很大。

(2)暂时失活和暂时储存：药物与血浆蛋白结合后，分子量增大，不能再透出血管到达靶器官而暂时失活，也不能到达代谢和排泄器官被消除，故又为暂时储存。

(3)可逆性：药物与血浆蛋白的结合是疏松的、可逆的，且游离型和结合型药物始终处于动态平衡中，当血液中游离型药物减少时，结合型药物又可转化为游离型药物，透出血管，恢复其药理活性。

(4)饱和性及竞争性：血浆蛋白总量和结合能力有限，当某个药物结合已达饱和，再继续增加药量时，游离型药物可迅速增加，药物效应或不良反应可明显增强。药物与血浆蛋白的结合是非特异性的，多种药物可竞争性地与血浆蛋白结合，当同时使用两种或两种以上血浆蛋白结合率都很高的药物时，可发生竞争性置换。例如，同时口服抗凝药双香豆素(与血浆蛋白的结合率为99%)及解热镇痛药保泰松(与血浆蛋白的结合率为98%)时，前者可被后者置换，结合率下降1%时，其药效在理论上可增加100%，将导致抗凝过度而发生出血倾向。

2. 组织屏障 组织屏障又称细胞膜屏障。药物在血液和器官组织之间转运时，会受到某些阻碍，称为屏障现象。影响药物分布的组织屏障主要有两种。

(1)血脑屏障：血管壁与神经胶质细胞形成的血浆与脑细胞外液间，由脉络丛膜形成的血浆与脑脊液间的屏障。它对药物的通过具有重要的屏障作用。这主要是因为脑内的毛细血管内皮细胞间连接紧密，间隙较小，加之基底膜外还有一层内脂质的星状细胞包围，故许多分子量大、极性高、与血浆蛋白结合率高的药物不能透过血脑屏障而进入脑组织。例如，抗菌药磺胺嘧啶(SD)的血浆蛋白结合率低于磺胺噻唑(ST)，较易通过血脑屏障，故可治疗细菌性脑脊髓膜炎，而后者则无效。但应注意新生幼畜血脑屏障发育不全，或当脑膜有炎症时血脑屏障的通透性会明显增加，许多药物较易透过血脑屏障进入脑组织中而发挥药理作用或发生毒性反应。如青霉素一般情况下大剂量也难以进入血脑屏障，但当脑膜炎时则可达有效浓度。

(2)胎盘屏障：胎盘绒毛与子宫血窦间的屏障，它能将母体与胎儿的血液分开。但对药物而言，胎盘屏障的通透性与一般毛细血管没有明显的区别，所以大多数药物能透过胎盘屏障进入胎儿体内，只是程度和快慢不同。故在妊娠期间，应特别注意某些药物进入胎儿循环可能出现毒性作用和妊娠早期的致畸作用。

3. 其他因素 药物的理化特性、局部组织的血流量以及药物与组织的亲和力等因素也影响药物在体内的分布，脂溶性药物或小分子水溶性药物易透过毛细血管壁；组织器官血流量越大，则药物在该器官的浓度也越大；对某组织有特殊亲和力的药物，在该组织中的分布多。

(三)药物的生物转化

药物在机体内经酶或其他作用发生化学结构改变的过程称为生物转化，又称为代谢。药物的生物转化通常分两个阶段进行，包括第一阶段的氧化、还原和水解反应以及第二阶段的结合反应。

绝大多数药物通过第一阶段的代谢后失去药理活性，少数药物经代谢后仍具有药理活性或药理活性更强，如非那西丁的代谢产物扑热息痛的解热作用更强，甚至极少数药物经代谢后才具有药理活性，如百浪多息在体内分解产生对氨基苯磺酰胺(简称磺胺)。

经第一阶段代谢生成的代谢产物或未经代谢的原形药物能与内源性物质(如葡萄糖醛酸、硫酸、氨基酸和谷胱甘肽等)结合(称为结合反应)，生成极性更强、水溶性更高、更利于尿液或胆汁排出的代谢产物，药理活性完全消失，称为解毒作用。

不同药物的代谢过程不同，有的不被代谢以原形排泄；有的只经过第一阶段或第二阶段，有的先经第一阶段后经第二阶段，有多种反应过程。

药物的生物转化主要在肝脏进行，也可在血浆、肾、肺、脑、胃肠道及胎盘等处进行。肝细胞内存在参与生物转化的微粒体药物代谢酶系，是催化药物等外来物质反应的酶系统，简称药酶。当肝功

能不良时，药酶的活性降低，可使某些药物的转化减慢而发生毒性反应。药酶的活性还受某些药物的影响，有些药物能兴奋药酶，使药酶的合成增加或活性增强，使得药物本身或其他药物代谢速率提高，药效减弱，这些药物称为药酶诱导剂，这是某些药物产生耐受的重要原因。相反，某些药物可使药酶的合成减少或使药酶的活性降低而致药物本身或其他药物的代谢减慢，这些药物称为药酶抑制剂。

常见的药酶诱导剂主要有苯巴比妥、安定、水合氯醛、氨基比林、保泰松、苯海拉明等。有机磷制剂、氯霉素、异烟肼、利福平等则为常见的药酶抑制剂。临床上同时使用两种以上药物时应注意药物对药酶的影响。

（四）药物的排泄

药物代谢产物或原形通过各种途径从体内排出体外的过程称为排泄。排泄是药物从体内消除的重要组成形式。除内服不易吸收的药物多经肠道排泄外，其他被吸收的药物主要经肾脏通过尿液排泄。此外还可通过肺、胆汁、乳汁、唾液腺、支气管腺、汗腺等途径排泄。

1. 肾脏排泄 肾脏排泄药物主要通过三种方式进行：肾小球滤过、肾小管的重吸收和分泌。

肾小球毛细血管的基底膜通透性较强，除了血细胞、大分子物质以及与血浆蛋白结合的药物外，绝大多数非结合型的药物及其代谢产物可经肾小球滤过，进入肾小管管腔内。肾小球滤过药物的数量，取决于药物在血浆中的浓度和肾小球滤过率。

进入肾小管管腔内的药物中，脂溶性高、非解离型的药物及其代谢产物又可经肾小管上皮细胞以脂溶性扩散的方式被动重吸收进入血液，而重吸收的程度取决于药物在肾小管液中的浓度和解离度。此时，若改变尿液 pH 值，则可因影响药物的解离度，从而改变药物的重吸收程度。如弱酸性药物在碱性尿液中解离度增加，可减少其在肾小管的重吸收，加速其排泄速度，而在酸性尿液中则解离度降低，增加重吸收而延缓排泄。一般食肉动物尿液呈酸性，如犬、猫尿液 pH 值为 5.5～7.0，而食草动物马、牛、绵羊等的尿液呈碱性，其 pH 值为 7.2～8.0。因此，同一药物在不同种属动物体内的排泄速度有很大差别。这也是同一药物在不同动物体内有不同动力学行为的原因之一。临床上可通过调节尿液 pH 值（通过内服氯化铵酸化尿液或内服碳酸氢钠碱化尿液等）来加速或延缓药物的排泄，用于解毒急救或增强药物疗效。

从肾脏排泄的原形药物或代谢产物由于肾小管液中水分被重吸收，在终尿中可达到很高的浓度，有的可产生治疗作用，如青霉素、链霉素、氧氟沙星等大部分以原形从尿液排泄，可用于治疗尿路感染；但有的则可产生毒副作用，如磺胺类药的代谢产物乙酰磺胺由于浓度高易析出结晶而引起结晶尿或血尿，尤其在酸性尿液中更容易发生，故需同服碳酸氢钠以提高尿液 pH 值，增加磺胺类药及其代谢产物的溶解度。

此外，增加尿量可降低尿中的药物浓度，减少重吸收，促进排泄。肾功能不良时药物排泄的速度减慢，因此反复用药易致蓄积中毒。

2. 胆汁排泄 胆汁排泄对于因为极性太强而不能在肠内重吸收的有机阴离子和阳离子是重要的消除机制。分子量在 300 Da 以上并有极性基团的药物主要从肝脏进入胆汁排泄。从胆汁排泄进入小肠的药物中，某些具有脂溶性的药物可被直接重吸收，而葡萄糖醛酸结合物则可被肠道微生物的 β-葡萄糖苷酸酶水解并释放出原形药物，然后被重吸收，即所谓的肝肠循环。一些肝肠循环明显的药物，其血浆 $t_{1/2}$ 会明显延长，如洋地黄毒苷、己烯雌酚、消炎痛、地西泮等均能形成肝肠循环而使药物作用时间延长。

3. 乳汁排泄 大部分药物可经乳汁排泄，一般为被动扩散机制。由于乳汁的 pH 值（6.5～6.8）较血浆低，故碱性药物在乳汁中的浓度要高于血浆，酸性药物则相反；血浆蛋白结合率高的药物也不易分布到乳汁中。药物从乳汁排泄关系到消费者健康，尤其是抗菌药、毒性作用强的药物以及与食品安全密切相关的药物要确定弃乳期。

三、药物代谢动力学的基本概念

药物代谢动力学简称药代动力学或药动学，主要是定量研究药物在生物体内的过程（吸收、分布、生物转化和排泄），并运用数学原理和方法阐述药物在机体内的动态变化规律的一门学科。在药动学研究中，利用测定的数据，以及采用一定的模型推算的药动学参数，可作为确定药物的给药剂量和间隔时间的依据，可为临床制订合理的给药方案或对药剂做出科学的评价。

（一）血药浓度与药时曲线

1. 血药浓度的概念 血药浓度一般指血浆中的药物浓度，是体内药物浓度的重要指标，虽然它不等于作用部位（靶组织或靶受体）的浓度，但作用部位的浓度与血药浓度以及药理效应一般呈正相关。血药浓度随时间发生的变化，不仅能反映作用部位的浓度变化，而且能反映药物在体内吸收、分布、生物转化和排泄过程中总的变化规律。另外，由于血液的采集比较容易，对机体损伤小，故常用血药浓度来研究药物在体内的变化规律。当然，在某些情况下也利用尿液、乳汁、唾液或某种组织作为样本，研究体内的药物浓度变化。

2. 血药浓度与药物效应 一种药物要产生特征性的效应，必须在它的作用部位达到有效的浓度。由于不同种属动物对药物在体内的处置过程存在差异，对执业兽医来说，要达到这个要求的操作是比较复杂的。当一种药物以相同的剂量给予不同的动物时，常可观察到药效的强度和维持时间有很大的差别，药物效应的差异可以归结为药物的生物利用度或组织受体部位的内在敏感性不同而造成的种属差异。

3. 血药浓度-时间曲线 药物在体内的吸收、分布、生物转化和排泄是一个连续的过程。在药动学研究中，给药后不同时间采集血样，测定其药物浓度，以时间作为横坐标、以血药浓度作为纵坐标，绘出的曲线称为血药浓度-时间曲线，简称药时曲线（图 1-4），从曲线可定量地分析药物在体内的浓度变化与药物效应的关系。

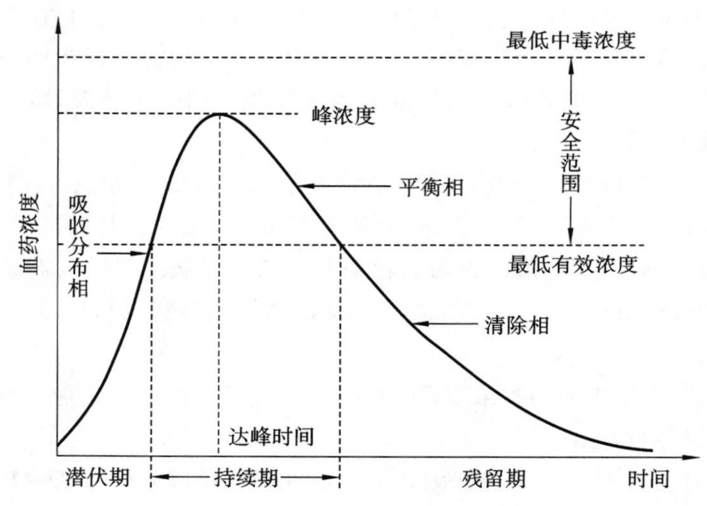

图 1-4 药时曲线

一般把非静脉注射给药体内过程分为三个时期：潜伏期、持续期（有效期）和残留期。潜伏期是指给药后到产生药效的一段时间，快速静脉注射一般无潜伏期。持续期是指药物维持有效浓度的时间。残留期是指体内药物浓度下降到最低有效浓度以下，但尚未完全从体内消除的时间。持续期和残留期长短与消除速度有关，残留期长反映药物在体内有较多的储存。一方面要注意多次反复用药可引起蓄积作用甚至中毒，另一方面对于食品动物，要确定较长的休药期。

4. 峰浓度与达峰时间 曲线的最高点叫作峰浓度，达到峰浓度所需的时间叫达峰时间。曲线升段反映药物的吸收和分布过程，曲线的峰值反映给药后能达到的最高血药浓度；曲线的降段反映药物的消除过程。当然，药物吸收时消除过程已经开始，达峰值时吸收也未完全停止，只是升段时吸收

大于消除，降段时消除大于吸收，达峰值时吸收等于消除。

（二）生物利用度

生物利用度是指药物经血管外途径给药后吸收进入全身血液循环的速度和程度，一般用吸收百分率来表示，即

$$F=\frac{\text{实际吸收量}}{\text{给药量}}\times 100\%$$

生物利用度是评价药剂质量的重要指标。影响生物利用度的因素包括剂型因素和生理因素两个方面：剂型因素如药物的脂溶性、水溶性和 pK_a 值，药物的剂型特性（如崩解时限、溶出速率）及一些工艺条件的差别；生理因素包括胃肠道内液体的作用，药物在胃肠道内的转运情况，吸收部位的表面积与局部血流量，药物代谢的影响，肠道菌株及某些影响药物吸收的疾病等。内服剂型的生物利用度存在相当大的种属差异。另外，同一药物，因剂型、原料、赋形剂等的不同，甚至生产批号的不同等，其生物利用度都可能有很大差别。因此，为了保证药剂的有效性，必须加强生物利用度的测定工作。

（三）体清除率

体清除率即血浆清除率，是指单位时间内多少容积血浆中的药物被清除干净，是肝肾等消除药物能力的总和，与机体的肝、肾等功能状态密切相关。一般来说，肝功能不良主要影响脂溶性药物的清除率；肾功能不良主要影响水溶性药物的清除率。临床可依据动物机体的肝、肾功能状态选择药物或适当调整剂量。药物的清除是有规律的，按其性质可分两种类型。

1. 恒比清除　恒比清除是指血浆中药物清除的速率与血浆中药物浓度成正比，即一定时间内药物浓度按恒定比值降低，也称恒比消除或一级清除（一级动力学过程）。

2. 恒量清除　血浆中药物的清除速率与原来的药物浓度无关，而是在一定时间内药物浓度按恒定的数量降低，称为恒量消除或零级清除（零级动力学过程）。

有些药物在浓度较低时呈现恒比清除（一级清除），但在浓度较高时则转成恒量清除（零级清除）。这一现象意味着机体对该药物的代谢速率存在着极限现象。例如，乙醇在体内主要是由肝脏的乙醇脱氢酶降解，此酶的活力和含量有限，一个人饮少量酒时有足够的酶降解，呈现一级清除，清除速率快；当乙醇浓度超过酶限而饱和时，清除速率减慢，呈现零级清除过程，到达脑脊液中的浓度升高，就会出现醉酒现象。

（四）其他概念

1. 残效期　有的药物半衰期较长，药物大部分经过生物转化排出体外，仍有少量在体内转化不完全或排泄不充分，而在体内潴留较长时间，称为残效期。重金属及类金属药物（如铅、汞、磷、砷等）可储存于骨骼、肌肉、肝、肾等组织达数月或数年之久而临床上并不表现出症状，测定血浆浓度也不高，甚至降到仪器定量限以下，但体内的储存量却不少，因此反复用药时易引起蓄积中毒。了解药物的残效期，在食品卫生检验方面具有重要的实践意义。例如，牛乳中六六六的残留量应不超过 0.1 mg/kg。

2. 生物半衰期　血浆中药物的浓度从最高值下降到一半时所需的时间，又称为血浆半衰期或消除半衰期等，一般称为半衰期，常用 $t_{1/2}$ 表示。它反映了药物在体内的消除速率，是临床决定给药剂量和给药次数的主要依据。临床用药时可根据药物 $t_{1/2}$ 的长短来决定给药次数和给药间隔时间，以维持较稳定的有效血药浓度。若长于半衰期给药，血药浓度波动大、不稳定，当血药浓度低于最低有效浓度时，则起不到治疗效果；若短于半衰期给药，则易导致药物蓄积中毒。

视频：1-3
生物半衰期

绝大多数药物的清除属于一级动力学过程，因此其半衰期是固定的数值，不因血浆药物浓度的变化而改变。零级清除的药物的 $t_{1/2}$ 可随血浆药物浓度的变化而改变。

血药浓度与代谢时间曲线见图 1-5。

3. 蓄积作用　反复使用代谢较慢、毒性较大的药物，体内药物来不及代谢和排泄，或机体肝、肾功能不良，对药物的代谢、排泄功能发生障碍，使得药物在体内不断蓄积而致中毒，严重时甚至危及生命。

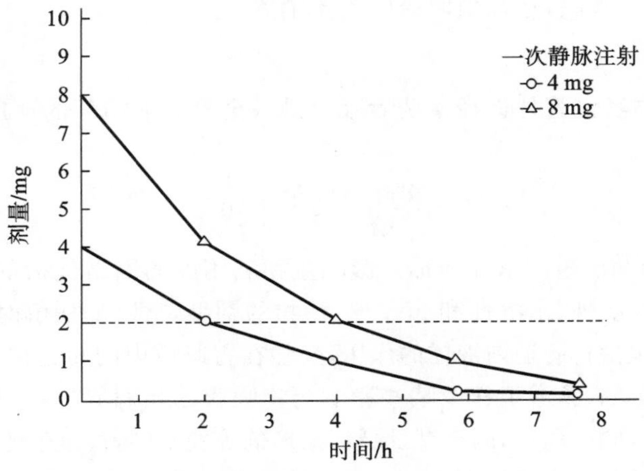

图 1-5　血药浓度与代谢时间曲线

扫码学课件

1-4

任务四　影响药物作用的因素及合理用药

药物的作用或效应是药物与机体相互作用过程的综合表现，其影响因素很多，主要包括药物方面、动物方面及饲养管理和环境因素。这些因素不仅会影响药物作用的强度，有时还能改变药物作用的性质。因此，在临床用药时，一方面要考虑药物固有的药理作用，另一方面还需了解影响药物作用的各种因素，合理制订给药方案。

视频：1-4

影响药物作用的因素-药物方面

一、药物方面因素

1. 药物的理化性质与化学结构　药物的理化性质与化学结构均能影响药物作用，包括药物的脂溶性、pH 值、溶解度、旋光性及药物的化学结构等。一般来说，化学结构相似的药物，其作用相似或相反，例如，卡巴胆碱与乙酰胆碱结构相似，作用也相似，而阿托品与乙酰胆碱结构相似，作用却相反。此外，化学结构完全相同的药物还存在光学异构体，其旋光性不同，药理作用也不同，例如左旋咪唑有抗线虫作用，而它的右旋体无药理活性。

2. 药物的剂型与剂量　一种药物的不同剂型，其生物利用度往往不同，会使血药浓度出现较大差异，影响药物的疗效。对于传统剂型，如溶液剂、粉剂、片剂、注射剂等，不同剂型的药物其吸收速度与程度不同，影响药物的生物利用度，从而影响药物的起效快慢和疗效。例如，口服溶液剂比片剂吸收速度快，因为片剂中的有效成分在胃肠液中有一个崩解与释放的过程。随着新剂型研究不断取得进展，缓释、控释及靶向制剂先后应用于临床，剂型对药物的影响越来越明显。通过新剂型的应用可提高药物的疗效、减少毒副作用及方便临床给药。

在一定剂量范围内，药物的作用随着剂量的增加而增强，但超过一定范围时，剂量的增加则会引起毒性反应，甚至中毒死亡。也有少数药物，随着剂量或浓度的增加，会发生作用性质的变化，例如大黄小剂量有健胃作用，中等剂量有收敛止泻作用，大剂量有泻下作用。因此，临床用药应严格掌握剂量。

3. 给药途径　不同的给药途径一般主要通过影响药物的吸收速度、吸收量以及血药浓度，从而影响药物作用的快慢和强弱。一般而言，药物吸收速度为静脉注射＞吸入给药＞肌内注射＞皮下注射＞直肠给药＞内服给药＞皮肤给药。有些药物不同的给药途径能使药物作用产生质的差异，如硫酸镁内服可产生泻下作用，静脉注射时则产生抗惊厥作用。在选择给药途径时，除根据疾病治疗需要外，还应考虑药物的性质，如氨基糖苷类抗生素内服很难吸收，作全身治疗时必须注射给药。有的药物内服时有很强的首过效应，生物利用度很低，全身用药时则应选择肠外给药。此外，现代集约化家禽饲养，注射给药要消耗大量人力、物力，且易引起应激反应，多用混饲和混饮的群体给药方法。

因此，临床上选择何种给药途径时，应根据具体情况和需求来决定。

4. 重复用药与联合用药 在一段时间内，反复使用同一药物以维持其在体内的有效浓度，使药物持续发挥作用，称为重复用药。多数药物治疗疾病时必须重复用药，依据药物的半衰期和最小抑菌浓度确定给药间隔时间。有些药物给药一次即可奏效，如解热镇痛药等，但多数药物必须按一定的剂量和间隔时间多次给药，才能达到治疗效果，称为疗程。重复给药必须达到一定的疗效方可停药，但重复用药时间过长，可使机体产生耐受性和蓄积中毒，也可使病原体产生耐药性而使药物疗效减弱，因此，若重复用药已经很长时间而患畜病情无明显好转时，应考虑改用其他药物。

同时使用两种或两种以上的药物治疗疾病，称为联合用药。其目的在于提高疗效、减少或消除不良反应，抗菌药适当联合还可减少耐药性的产生。但是，联合用药时，药物之间有时会产生相互作用，影响原有药物效应。主要包括体外与体内相互作用两个方面。

(1)体外相互作用：体外相互作用指患畜用药之前，药物混合在一起发生的物理或化学反应，如出现混浊、沉淀，产生气体或变色等现象，使药物性质发生变化，影响药物效应。如红霉素只能配制在葡萄糖溶液中进行静脉滴注，若配制在生理盐水中，则易析出结晶和沉淀。

(2)体内相互作用：主要包括药动学方面相互作用及药效学方面相互作用。

药动学方面相互作用：药物在动物机体内的吸收、分布、生物转化和排泄过程中可能相互影响，使药动学参数发生变化。①影响吸收：主要发生在内服药物合用时在胃肠道的相互作用，例如四环素、恩诺沙星等可与铁、钙等金属元素的离子发生螯合反应，影响药物吸收或使药物失活。②影响分布：药物的器官摄取率和清除率取决于血流量，因此，影响血流量的药物便可影响药物的分布。此外，两种血浆蛋白结合率都很高的药物合用，由于亲和力不同，可以相互取代，例如抗凝血药华法林可被三氯醛酸(水合氯醛代谢物)取代，使游离华法林大大增加，抗凝血作用增强，容易诱发出血。③影响生物转化：药物的生物转化速率主要受肝药酶活性影响，主要表现为酶的诱导或抑制。例如，苯巴比妥能诱导肝药酶的合成，提高其活性，从而加速药物本身或其他药物的代谢，使药效降低。④影响排泄：任何排泄途径均能发生药物相互作用，以肾排泄为例，通过影响尿液的 pH 值，使药物的解离度发生变化，从而影响药物的重吸收。如碱化尿液可以加速水杨酸盐的排泄。

药效学方面相互作用：联合用药时，药物效应或作用机理的不同可使总效应发生改变，这称为药效学方面的相互作用。联合用药后，能使药效增加的称为协同作用，能使药效减弱的称为拮抗作用。协同作用又分为相加作用和增强作用。药物联合应用时，总药效大于各药单用时药效的总和，称为增强作用；药物联合应用时，总药效等于各药单用时药效的总和，称为相加作用。例如，磺胺类药与抗菌增效剂甲氧苄啶合用，其抗菌作用远超各药单用时药效的总和，产生增强作用；溴化钠、溴化钾、溴化钙三药合用，即三溴合剂，其总药效为三药药效总和，产生相加作用；青霉素类药物与大环内酯类药物合用，总药效不如单用青霉素类药物，即产生拮抗作用。

二、动物方面因素

1. 种属差异 动物品种繁多，解剖结构、生理特点各异，大多数情况下不同种属动物对同一药物的反应有很大差异。一般表现为量的差异，即作用的强弱和维持时间的长短不同。如家禽对敌百虫很敏感，而猪则比较能耐受；磺胺间甲氧嘧啶在猪的半衰期为 8.87 h，在奶山羊则为 1.45 h。少数药物还可表现出质的差异，如吗啡对人、犬、大鼠、小鼠表现为抑制作用，但对猫、马和虎则表现为兴奋作用。此外，同一种属的不同品系动物对同一药物的敏感性也有不同，如硫双二氯芬对水牛与黄牛的敏感性不一样。

2. 生理差异 不同年龄、性别和生理时期的动物对同一药物的反应往往有一定差异，如幼龄动物各种生理功能尚未完善，老龄动物肝、肾功能减退，所以对药物的敏感性较成年动物高；妊娠动物对拟胆碱药、泻药或能引起子宫收缩加强的药物比较敏感，可能引起流产，临床用药需谨慎；哺乳期动物则因多数药物可从乳汁排泄，会造成乳中的药物残留；成年食草动物(如牛、羊)长期内服广谱抗生素能抑制胃肠道微生物正常活动，会造成消化障碍，甚至引起继发性感染。

3. 病理状态 动物处于不同的功能状态时，对药物的反应性存在一定程度的差异。如解热镇痛

Note

药能使发热动物体温恢复正常，而对正常体温动物无影响；洋地黄对充血性心力衰竭动物有很好的强心作用，而对正常功能的心脏则无明显作用。肝、肾功能障碍可影响药物的代谢和排泄，易引起药物蓄积，发生中毒；炎症过程使动物的生物膜通透性增高，影响药物的转运，如头孢西丁在实验性脑膜炎犬脑内的药物浓度比健康犬增加了5倍。

4. 个体差异　在基本条件相同的情况下，同种动物的不同个体对同种药物的敏感性存在量和质的差异，这种差异称为个体差异。某些个体对某种药物特别敏感，应用小剂量即可产生强烈反应甚至中毒，称为高敏性。相反，有的个体则敏感性特别低，甚至应用中毒量也不引起反应，称为耐受性。此外，还可能出现质的差异，即个别动物应用某些药物后产生过敏反应。

三、饲养管理和环境因素

1. 饲养管理　由于机体的功能状态对药物效应可产生直接或间接的影响，因此患畜在用药治疗时，应配合良好的饲养管理，对患畜细心护理，保证其营养需要，提高机体的抵抗力，这对药物发挥有效治疗作用至关重要。如磺胺类药治疗感染性疾病时，病原体的最后清除必须靠机体的防御系统；应用水合氯醛麻醉后，患畜苏醒期长、体温下降，应注意保温，给予易消化的饲料，使患畜尽快恢复健康。

2. 环境生态条件　环境生态条件对药物作用也能产生直接或间接的影响。如不同季节、不同温度和不同湿度均可影响消毒药、抗寄生虫药的疗效；环境中若存在大量的有机物可大大减弱消毒药的作用；通风不良，密度过大，空气污染（如高浓度的氨气）时，动物的应激反应增加，加重疾病，最终影响药物疗效。

3. 病原体状态和抵抗力　各种抗菌药都有其一定的抗菌谱，即敏感细菌的种类。但同一种药物对不同状态的敏感细菌，药效也不尽一致。如青霉素对繁殖型的细菌效果好，对生长型的细菌效果差。有的抗寄生虫药只对成虫有效，对幼虫却无效果。化学治疗中更普遍存在的严重问题是病原体对药物产生耐受性，即耐药性问题。一旦病原体对某药物产生耐药性，必须改用其他药物才能奏效。因此，应用化学治疗药物时，应特别注意防止耐药性的产生。

四、合理用药原则

动物药理学为指导临床合理用药提供理论依据，在临床上，应根据动物的病理表现，理论联系实际，不断总结临床用药的实际经验，在充分考虑上述影响药物作用各种因素的基础上，正确选择药物，制订对动物和病情都合适的给药方案。一般应遵循以下几个原则。

1. 正确诊断，准确选药　正确诊断是合理用药的基础和前提，没有对动物发病过程的正确认识，药物治疗不但没有好处，反而可能延误诊断，耽误疾病的治疗。临床用药需有明确的用药指征，要针对患畜的具体病情，选用药效可靠、安全、方便、价廉易得的药剂。反对滥用药物，尤其是抗菌药。此外，应正确处理对因治疗和对症治疗的关系，一般用药首先要考虑对因治疗，但也要重视对症治疗，两者巧妙结合才能取得更好的疗效。我国传统中医理论对此有精辟的论述：治病必求其本，急则治其标，缓则治其本，标本兼治。

2. 科学制订给药方案，合理调整用药计划　确定药物后，应根据药物的作用和在动物体内的药动学特点，制订科学的给药方案，包括药物品种、给药途径、给药剂量、间隔时间和疗程等。同时，根据疾病的病理生理学过程和药物的作用特点，以及它们之间的相互关系，可以预期药物的疗效和不良反应。临床用药时需对治疗过程做好详细的用药记录，认真观察出现的药效和毒副作用，根据病情变化及治疗效果，随时调整用药计划。

3. 科学的药物配伍　在用药过程中，应避免使用多种药物或规定剂量的联合用药。一般情况下不应同时使用多种药物（尤其是抗菌药），因为多种药物会增加药物相互作用的概率，也会给患畜增加危险。除具有确切协同作用的联合用药外，要慎重使用固定剂量的联合用药（如某些复方制剂），因为它使兽医不能根据动物病情需要调整药物剂量。

4. 采取综合治疗措施 在临床用药时，除考虑病情外，还应根据患畜的种属、年龄、生理、病理状况等因素，采取综合性的治疗措施，如纠正机体酸碱平衡失调、补充能量、扩充血容量等辅助治疗，以增强抗病能力，促进动物疾病康复。

扫码学课件

1-5

任务五 兽药管理与处方

一、兽药的管理

（一）兽药监督管理机构

兽药监督管理：主要包括兽药国家标准的发布，兽药监督检查的行使，假劣兽药的查处，原料药和处方药的管理，上市兽药不良反应的报告，生产许可证和经营许可证的管理，新兽药上市的审批，兽药产品批准文号的发放以及兽医行政管理部门、兽药检验机构及其工作人员的监督等。

根据新《兽药管理条例》，国务院兽医行政管理部门负责全国的兽药监督管理工作。县级以上地方人民政府兽医行政管理部门负责本行政区域内的兽药监督管理工作。

水产养殖中的兽药使用、兽药残留检测和监督管理以及水产养殖过程中违法用药的行政处罚，由县级以上人民政府渔业主管部门及其所属的渔政监督管理机构负责。但水产养殖业的兽药研制、生产、经营、进出口仍然由兽医行政管理部门管理。

国家实行兽药储备制度。发生重大动物疫情、灾情或者其他突发事件时，国务院兽医行政管理部门可以紧急调用国家储备的兽药；必要时，也可以调用国家储备以外的兽药。

（二）兽药管理的法律、法规文件

《兽药管理条例》（以下简称《条例》）于 2004 年 3 月 24 日国务院第 45 次常务会议通过，2004 年 4 月 9 日中华人民共和国国务院令第 404 号公布，于 2004 年 11 月 1 日起施行。凡从事兽药研制、生产、经营、进出口、使用和监督管理者，必须遵守本《条例》的规定。为确保《条例》的实施，配套的规章包括《兽药生产质量管理规范》（简称《兽药 GMP》）、《兽药经营质量管理规范》（简称《兽药 GSP》）、《新兽药研制管理办法》、《兽药产品批准文号管理办法》、《兽药标签和说明书管理办法》、《兽药注册管理办法》、《兽用处方药和非处方药管理办法》等。

《中华人民共和国兽药典》（简称《中国兽药典》）属国家兽药标准，是国家为保证兽药产品质量所制定的具有法律约束性的技术法规，是兽药生产、经营、进出口、使用、检验和监督管理部门共同遵守的法定依据。根据《中华人民共和国标准化法实施条例》，《中国兽药典》属强制性标准。我国第一版《中国兽药典》是 1990 年版《中国兽药典》，分一部、二部，共收载 878 个品种。其中一部收载化学药品、生物制品，收载品种共 379 个；二部收载中药，收载品种共 499 个。2000 年版《中国兽药典》仍然分为一部、二部，共收载 1125 个品种。一部收载化学药品、抗生素、生物制品和各类制剂共 469 个，二部收载中药材、中药成方制剂共 656 个。以后每 5 年修订一次。2005 年版《中国兽药典》分一、二、三部，一部收载化学药品、抗生素及各类制剂 449 个，二部收载中药材、中药成方制剂共 685 个，三部收载生物制品 115 个。目前使用的是 2020 年版《中国兽药典》，共收载 2221 个品种。已于 2020 年 11 月 19 日由中华人民共和国农业农村部批准颁布，并于 2021 年 7 月 1 日起施行。

为了更好地指导兽药使用者科学、合理用药，促进动物健康的同时，保证动物性食品安全，我国还出版了《兽药使用指南》作为《中国兽药典》的配套用书。为了指导兽药的规范使用，还出版了《兽药产品说明书范本》。

（三）几个概念

1. 兽用处方药与非处方药 兽用处方药是指凭兽医的处方才能购买使用的兽药。兽用非处方药是指由国务院兽医行政管理部门公布的、不需要凭兽医处方即可自行购买并按照说明书使用的

兽药。

兽用处方药的标签和说明书上应当标注“兽用处方药”字样，兽用非处方药的标签和说明书上应当标注“兽用非处方药”字样。前款字样应当在标签和说明书的右上角以宋体红色标注，背景应当为白色，字体大小根据实际需要设定，但必须醒目、清晰。兽用处方药凭兽医处方笺可买卖，但下列情形除外：进出口兽用处方药的；向动物诊疗机构、科研单位、动物疫病预防控制机构和其他兽药生产企业、经营者销售兽用处方药的；向聘有依照《执业兽医管理办法》规定注册的专职执业兽医的动物饲养场（养殖小区）、动物园、实验动物饲育场等销售兽用处方药的。

2. 假兽药与劣兽药 《兽药管理条例》规定，有下列情形之一的，为假兽药：①以非兽药冒充兽药或者以他种兽药冒充此种兽药的；②兽药所含成分的种类、名称与兽药国家标准不符合的。有下列情形之一的，按照假兽药处理：①国务院兽医行政管理部门规定禁止使用的；②依照《兽药管理条例》应当经审查批准而未经审查批准即生产、进口的，或者依照《兽药管理条例》，应当经抽查检验、审查核对而未经抽查检验、审查核对即销售、进口的；③变质的；④被污染的；⑤所标明的适应证或者功能主治超出规定范围的。

《兽药管理条例》规定，有下列情形之一的，为劣兽药：①成分含量不符合兽药国家标准或者不标明有效成分的；②不标明或者更改有效期或者超过有效期的；③不标明或者更改产品批号的；④其他不符合兽药国家标准，但不属于假兽药的。

禁止将兽用原料药拆零销售或售给兽药生产企业以外的单位和个人。

3. 新兽药 新兽药是指未曾在中国境内上市销售的兽用药品。共分五类：第一类，我国创制的原料药品及其制剂（包括天然药物中提取的及合成的新发现的有效单体及其制剂）；我国研制的国外未批准生产；仅有文献报道的原料药品及其制剂；新发现的中药材；中药材新的药用部位。第二类，我国研制的国外已批准生产，但未列入《中华人民共和国药典》《中华人民共和国兽药典》或国家法定药品标准的原料药品及其制剂。天然药物中提取的有效部分及其制剂。第三类，我国研制的国外已批准生产并已列入《中华人民共和国药典》《中华人民共和国兽药典》或国家法定药品标准的原料药品及其制剂；天然药物中已知有效单体用合成或半合成方法制取的原料药品及其制剂；西兽药复方制剂；中西兽药复方制剂。第四类，改变剂型或改变给药途径的药品；新的中药制剂（包括古方、秘方、验方、改变传统处方的）；改变剂型但不改变给药途径的中成药。第五类，增加适应证的西兽药制剂、中兽药制剂（中成药）。新兽药的申报资料由中华人民共和国农业农村部初审，中国兽医药品监察所进行复核、实验和新兽药质量标准的草案起草。

4. 兽药注册制度 兽药注册制度是指依照法定程序，对拟上市销售的兽药的安全性、有效性、质量可控性等进行系统评价，并做出是否同意进行兽药临床或残留研究、生产兽药或进口兽药决定的审批，包括对申请变更兽药批准证明文件及其附件中载明内容的审批制度。中华人民共和国农业农村部畜牧兽医局主管全国兽药注册评审工作。

兽药注册包括新兽药注册、进口兽药注册、变更注册和进口兽药再注册。境内申请人按照新兽药注册申请办理，境外申请人按照进口兽药注册和进口兽药再注册申请办理。新兽药注册申请是指未曾在中国境内上市销售的兽药的注册申请。进口兽药注册申请是指在境外生产的兽药在中国上市销售的注册申请。变更注册申请是指新兽药注册、进口兽药注册经批准后，改变、增加或取消原批准事项或内容的注册申请。兽药注册分类及注册资料要求执行中华人民共和国农业农村部第442号公告。

（四）兽药经营

从事兽药经营需要有与所经营的兽药相适应的兽药技术人员、营业场所、设备、仓库、质量管理机构或人员。经营兽药的企业，可向市或县兽医行政管理部门申请，经营兽用生物制品的企业，必须向省兽医行政管理部门申请。县级以上地方人民政府兽医行政管理部门应当自收到申请30个工作日内完成审查。

兽药经营许可证包含经营范围、经营地点、有效期和法定代表人姓名、住址。有效期为5年，必须在有效期届满前6个月到发证机关申请换发。停止经营6个月以上或关闭的，应将兽药经营许可证交回原发证机关。

（五）兽药的使用

兽药使用单位应建立用药记录。

有休药期的兽药用于食品动物时，饲养者应向购买者提供准确、真实的用药记录。购买者、屠宰者应确保用药期、休药期内不食用。可在饲料中添加的药物饲料添加剂，应由生产企业制成药物饲料添加剂后添加。禁止将原料药直接添加到饲料及动物饮用水中或直接饲喂动物，禁止将人用药品用于动物，禁止在饲料和饮水中添加激素类药品。

兽医监督管理部门对有证据证明可能是假、劣兽药的，可实行查封、扣押等行政强制措施，采取行政强制措施之日起7个工作日内，必须决定是否立案，对当场无法判定是否假、劣而需实验室检验的物品，必须自检验报告书发出之日起15个工作日内决定是否立案；需暂停生产、经营、使用的，由国务院或省兽医行政管理部门决定。

（六）法律责任

提供虚假的资料、样品或者采取其他欺骗手段取得兽药生产许可证、兽药经营许可证或者兽药批准证明文件的，吊销以上许可证或证明文件，并处5万元以上10万元以下罚款；给他人造成损失的，依法承担赔偿责任；虽有兽药生产许可证、兽药经营许可证，但生产、经营假、劣兽药的，或者经营人用药品的，责令其停止生产、经营，没收兽药和违法所得，并处罚款；买卖、出租、出借兽药生产许可证、兽药经营许可证和兽药批准证明文件的，没收违法所得，并处罚款；兽药安全性评价单位、临床试验单位、生产和经营企业未按照规定实施兽药研究试验、生产、经营质量管理规范的，给予警告，责令其限期改正；逾期不改正的，责令停止活动，并处5万元以下罚款。

无兽药生产许可证、兽药经营许可证而生产、经营兽药的，情节严重的，没收其生产设备；生产、经营假、劣兽药，构成犯罪的，依法追究刑事责任；给他人造成损失的，依法承担赔偿责任。生产、经营企业的主要负责人和直接负责的主管人员终身不得从事兽药的生产、经营活动；擅自生产强制免疫所需兽用生物制品的，按照无兽药生产许可证生产兽药处罚。

违反《兽药管理条例》规定，擅自转移、使用、销毁、销售被查封或者扣押的兽药及有关材料的，责令其停止违法行为，给予警告，并处5万元以上10万元以下罚款；违反《兽药管理条例》规定，兽药生产企业、经营企业、兽药使用单位和开具处方的兽医人员发现可能与兽药使用有关的严重不良反应，不向所在地人民政府兽医行政管理部门报告的，给予警告，并处5000元以上1万元以下罚款；兽药生产、经营企业把原料药销售给兽药生产企业以外的单位和个人的，或者兽药经营企业拆零销售原料药的，责令其立即改正，给予警告，没收违法所得，并处2万元以上5万元以下罚款；情节严重的，吊销兽药生产许可证、兽药经营许可证。

（七）兽药标签、说明书的基本要求

兽药产品（原料药除外）必须同时使用内包装标签和外包装标签。对储藏有特殊要求的必须在标签的醒目位置标明。年份用四位数，月份用两位数，如“有效期至2002年09月”或“有效期至2002.09”。

兽用化学药品、抗生素产品的单方、复方及中西复方制剂的说明书必须注明以下内容：兽用标识、兽药名称、主要成分、性状、药理作用、作用与用途、用法与用量、不良反应、注意事项、有效期、休药期、规格、包装、储藏、批准文号或进口兽药登记许可证、生产企业信息等。

中兽药说明书必须注明以下内容：兽用标识、兽药名称、主要成分、性状、功能与主治、用法与用量、不良反应、注意事项、有效期、规格、储藏、批准文号、生产企业信息等。

兽用生物制品说明书必须注明以下内容：兽用标识、兽药名称、主要成分及含量（型、株及活疫苗

的最低活菌数或病毒滴度)、性状、接种对象、用法与用量(冻干疫苗须标明稀释方法)、注意事项(包括不良反应与急救措施)、有效期、规格(容量和头份)、包装、储藏、废弃包装处理措施、批准文号、生产企业信息等。

兽用原料药的标签必须注明兽药名称、包装规格、生产批号、生产日期、有效期、储藏、批准文号、运输注意事项或其他标记、生产企业信息等内容。

安瓿、西林瓶等注射或内服产品由于内包装尺寸的限制而无法注明上述全部内容的,可适当减少项目,但至少须标明兽药名称、含量规格、生产批号;外包装标签必须注明兽用标识、兽药名称、主要成分、作用与用途、用法与用量、规格、包装、批准文号或进口兽药登记许可证证号、生产日期、生产批号、有效期、休药期、储藏、包装、生产企业信息等内容。

(八)兽药的保管与储存

1. 制订严格的保管制度 药物的保管应该有严格的制度,包括出、入库检查和验收,建立药品消耗和盘存账册,逐月填写药品消耗、报损和盘存表,制订药物采购和供应计划,如各种兽药在购入时,除了应该注意有完整、正确的标签和说明书外,暂不使用的产品还应特别注意包装上的保管方法和有效期。各类药物应归类存放。如内服药、外用药、毒药、剧药及麻醉品、易燃易爆危险品(危险品库单独存放)等,均应分别储放,严格管理,定期检查,以防事故发生。

药物应按照药品说明书的要求科学、合理地储存,《中国兽药典》对各种药品的储存都有具体的要求,总的原则是避光、密闭、密封、熔封或严封,在常温(20～25 ℃)、阴凉处、凉暗处(20 ℃)、冷处(2～10 ℃)等储存。保管人员要按要求做到先进先出、账实相符,防虫、防鸟、防潮等。

2. 各类药品的保管方法 所有药品均应在固定的药房和药库存放。

(1)分库要求:药品除按温、湿度要求分类储存于相应的库中(冷库、阴凉库、常温库)外,对于麻醉药品、毒药、剧药的保管应按《兽药管理条例》执行,必须专人、专库、专柜、专用账册并加锁保管。要有明显标记,每个品种必须单独存放。品种间留有适当距离。随时或定期盘点,做到数字准确,账物相符;还有危险品应储存在危险品库(安全、独立房间)中,按危险品的特性分类存放。要间隔一定距离,禁止与其他药品混放;而且要远离火源,配备消防设备。

(2)堆放规定:药品堆放应留有一定的距离;堆垛应严格遵守药品外包装图式标志的要求,规范操作,禁止倒置,怕压药品控制堆放高度,定期翻垛;药品应按批号集中堆放,按批号依次或分开堆码、上架。

(3)色标管理:药品储存应实行色标管理,其统一标准如下。黄色:待验药品库(区)、待发药品库(区)。绿色:合格药品库(区)、退回药品库(区)。红色:不合格药品库(区)。

(4)分类储存:药品与非药品分开存放;内服药与外用药分开存放;性质互相影响、易串味的药品分开存放;品名与包装容易混淆的药品分开存放;整零药品应分开存放;特殊管理药品应专库存放。

(5)分开管理:分开管理是指在库的合格品和不合格品分开管理:合格药品应存放在合格药品库,不合格药品应存放在不合格药品库。

二、处方

(一)处方的概念及格式

动物诊疗处方是兽医根据患畜病情开写的药单,也是药房配药、发药的依据。

处方开写正确与否,直接影响治疗效果和患畜安全,兽医及药剂人员必须有高度的责任感,若产生医疗事故将要负法律责任。

处方也是药房管理中药物消耗的原始凭证,应妥善保管。

一般动物诊疗机构都有印好的处方,格式统一,开写时只需填写各项内容即可。一个完整的处方应包括三大部分:第一部分为登记部分;第二部分为处方部分;第三部分为签名部分。

第一部分(登记部分):主要包括动物诊疗机构名称、动物信息(畜别、年龄、性别、体重、特征等)、

畜主信息（姓名、住址、职业、联系方式等）。

第二部分（处方部分）：在左上角写有“Rp”或“R”，此为拉丁文 Recipe 的缩写，代表“请取”或“处方”的意思。中药则用中文“处方”开头。在“R”或“Rp”之后或下一行，分列药品名称、规格、数量、用法与用量，每药一行，将药物或制剂的名称写在左边，药物的剂量写在右边。药品数量与剂量一律用阿拉伯数字书写。药物名称应按《中国兽药典》规定的名称书写，剂量按国家规定的法定计量单位写，固体以 g 为单位、液体以 mL 为单位时，常可省略，需要用其他单位时，则必须写明。剂量保留小数点后一位，各药的小数点上下要对齐；若一张处方上开有几种药物，应按主药、辅药、矫正药、赋形药的顺序开写；再依次说明配制方法和服用方法。

若为中药则按“君、臣、佐、使及引药”的顺序开写。

处方中药物剂量的开写方法有两种，即分量法与总量法。分量法只开写一次剂量，在用法中注明用药次数和数量，适用于片剂、丸剂、散剂、胶囊剂及注射剂等。总量法是开写一天或数天需用的总剂量，在用法中注明每次用量（每次用量不能超过极量），适用于酊剂、合剂、溶液剂、软膏剂、舔剂等。

第三部分（签名部分）：处方开写完毕，兽医、药剂师应仔细核对，确定无误方可分别签名，并注明日期，以示负责。

×××动物医院处方见图 1-6。

×××动物医院处方

主人姓名		电　话			
动 物 名		类　别		品　种	
性　别		年　龄		体　重	
毛　色		免　疫			
化验信息：					
诊断信息：					
诊断结果：					
Rp：					
药费合计		备　注			
主治兽医		药 剂 师			
年　月　日					年　月　日

图 1-6　×××动物医院处方

（二）处方的基本类型

1. 法定处方　处方中开的药物均为《中国兽药典》《兽药生产质量管理规范》及农业农村部颁布的《兽药质量标准》上规定的制剂，其成分、含量及配制方法都有明确规定，开写时，只需写出制剂的名称、用量及用法即可。

2. 非法定处方　非法定处方包括医疗处方、标准处方和协定处方。医疗处方是兽医根据患病动

物具体情况的需要所开写的处方，这种处方中需将各药名称、剂量和调配方法等一一写出，药师根据要求进行审核、调配、核对。

(三)开写处方注意事项

(1)开写处方不可用铅笔，字迹要清楚，不得涂改和用简化字，若有修改，必须在修改处签名并注明修改日期。

(2)处方中的毒、剧药品不应超过极量，如特殊需要超过极量时，兽医师应在剂量旁标明，以示负责。

(3)一个处方开有多种药物时，应将药物按主药、辅药、矫正药、赋形药顺序排列。一个处方仅限于一次诊疗结果的用药。

(4)如在同一处方笺中开有几个处方时，每个处方的处方部分均应完整并分别填写，并在每个处方第一个药物的左边标出序号，如①②等。开具处方后的空白处应画一斜线，以示处方完毕。

任务六　实验实训

一、药物的配伍禁忌

【实验目的】　观察两种或两种以上药物联合应用时，可能出现的配伍禁忌；了解药物配伍禁忌的临床意义。

【实验原理】　两种或两种以上药物联合应用时会产生物理、化学或药理性质的变化(引起药物作用强度、作用持续时间和作用性质改变)，从而影响药物疗效，甚至引起不良反应，此为药物的配伍禁忌。药物的配伍禁忌分为物理性、化学性和药理性配伍禁忌 3 种。

【实验材料】

(1)动物：小白鼠。

(2)药品：蒸馏水、液体石蜡、水合氯醛、樟脑、10％磺胺嘧啶钠注射液、维生素 C 注射液或维生素 B_1 注射液、青霉素 G 钾溶液、1.25％盐酸四环素注射液、0.1％盐酸肾上腺素注射液、5％碳酸钠溶液、1％安钠咖注射液、0.3％戊巴比妥钠溶液、4％硫酸镁注射液、5％氯化钙注射液。

(3)器材：试管架、试管、吸量管、研钵、量筒、药匙、天平等。

【实验方法】

1. 物理性配伍禁忌　多种药物配伍应用时，会产生物理性质的改变。如分离、吸附、潮解、液化、溶化、析出等，称为物理性配伍禁忌。

(1)取液状石蜡 4 mL，置于试管内，加入蒸馏水 4 mL，混匀，静置 3 min。

(2)取水合氯醛和樟脑各 3 g 于研钵中，混合研磨。

2. 化学性配伍禁忌　药物配合使用时，药物之间发生化学反应，使药物的化学性质改变而使药效降低或消失，如产生沉淀或气体，发生变色、燃烧、爆炸等，称为化学性配伍禁忌。

(1)取 10％磺胺嘧啶钠注射液 2 mL，置于试管内，加入维生素 C 注射液或维生素 B_1 注射液 2 mL，混匀。

(2)取青霉素 G 钾溶液 2 mL，置于试管内，加入 1.25％盐酸四环素注射液 2 mL，混匀。

(3)取 0.1％盐酸肾上腺素注射液 2 mL，置于试管内，加入 5％碳酸钠溶液 2 mL，混匀，静置 5 min。

3. 药理性配伍禁忌　当药物配合使用时，由于药理作用相反，体内过程相互影响，包括药动学和药效学上的相互影响，从而引起药理作用相互抵消或毒性增强的现象称为药理性配伍禁忌。

(1)取小白鼠 2 只，称重，其中 1 只肌内注射 1％安钠咖注射液 0.1 mL/10 g，5 min 后，2 只小白

鼠分别注射0.3%戊巴比妥钠溶液0.2 mL/10 g，观察2只小白鼠的反应有何不同。

(2)另取2只小白鼠，称重后均按照0.2 mL/10 g肌内注射4%硫酸镁注射液，待出现肌肉松弛现象后，一只小白鼠立即腹腔注射5%氯化钙注射液0.1 mL/10 g，观察2只小白鼠的反应有何不同。

【思考题】

(1)分析药物配伍禁忌发生的原因及临床意义。

(2)请列举3种不同类型药物配伍禁忌的实例。

二、不同给药途径对药物作用的影响

【实验目的】 观察不同途径给予硫酸镁后所呈现的药理作用。

【实验原理】 大多数药物的给药途径不同，会影响药物的吸收量和吸收速度，但对其作用性质无影响。而硫酸镁因给药途径的不同，药理作用的性质会发生改变。

【实验材料】

(1)实验动物：小白鼠。

(2)实验药品：12%硫酸镁溶液。

(3)实验器材：注射器、小白鼠灌胃器、酒精棉球、干棉球。

【实验方法】

(1)取小白鼠2只，分别称重，记录。

(2)甲鼠腹腔注射12%硫酸镁溶液0.15 mL/10 g，观察记录给药后的变化。

(3)乙鼠经口灌服12%硫酸镁溶液0.15 mL/10 g，观察记录给药后的变化。

【实验结果】 实验结果见表1-1。

表1-1 不同给药途径对药物作用的影响

小白鼠编号	体重	给药途径	给药剂量	药理作用
甲鼠				
乙鼠				

【思考题】 解释实验结果，并说明给药途径不同对药物作用的影响。

三、不同给药剂量对药物作用的影响

【实验目的】 比较不同给药剂量对药物作用的影响。

【实验原理】 戊巴比妥钠属于中枢抑制药，通过选择性抑制脑干网状结构上行激活系统，使大脑皮层的兴奋性降低。常呈现典型的剂量依赖性，随着剂量的增加，其对中枢的抑制作用逐渐增强，依次表现为镇静、催眠、麻醉，过量则可导致呼吸中枢麻痹而死亡。

【实验材料】

(1)实验动物：小白鼠9只，18～22 g，雌雄不限。

(2)实验药品：0.2%、0.4%、0.8%戊巴比妥钠溶液。

(3)实验器材：天平，鼠笼，5号针头，注射器(1 mL)。

【实验方法】

(1)取小白鼠9只，分为3组，称重标记，然后观察小白鼠的正常活动情况并记录，重点观察有无翻正反射。

(2)3组小白鼠分别腹腔注射0.2%、0.4%、0.8%戊巴比妥钠溶液0.2 mL/10 g。

(3)观察各组小白鼠的活动变化情况、翻正反射情况，并记录翻正反射消失与恢复的时间。

【实验结果】 实验结果见表1-2。

表1-2 不同给药剂量对药物作用的影响

鼠号	体重/g	给药剂量/(mL/10 g)	翻正反射消失时间/s	翻正反射恢复时间/s	作用维持时间/min
1					
2					
3					
4					
5					
6					
7					
8					
9					

【注意事项】

(1)腹腔注射时避免损伤内脏。

(2)注射药物宜缓慢,回抽观察是否有血,避免注射药物进入血管。

【思考题】 根据实验结果说明不同给药剂量对药物作用的影响。

四、药物的保管与储存

【实验目的】 通过教师讲解和参观药房,学生应掌握药物保管和储存的基本知识和方法。

【实验材料】 参观兽医院药房或兽药经销店。

【实验方法】

1. 教师讲解

(1)药物的保管。

按照国家颁布的《兽用处方药和非处方药管理办法》,制订严格的保管制度,实行专人、专账、专柜(室),加锁保管,保证账目与药品相符。包括出入库检查、验收,建立药品消耗和盘存账册,定期统计填写药品消耗、报损和盘存表,制订药物采购和供应计划。

麻醉品、毒药、剧药的保管:按照国家颁布的有关条例,必须专人、专柜、专账,加锁保管,并在标签上做明显标记;药品称量必须精确,禁止预估取药,无处方不能给予或借用。

危险品的保管:危险品是指受光、热、空气、水分、撞击等外界因素影响可引起燃烧、爆炸或具有强腐蚀性、刺激性的药品。保管时要注意遮光、防晒、防潮、防止振动和撞击、防止接近明火,经常检查储放情况,并配备必要的消防设备。

处方的保管:接受和调配处方是药物管理中的一个重要环节,兽医对处方负有法律责任,药剂人员有监督责任,在接受处方后,要认真复查、调配,以免出现差错。复查的内容主要有处方中各药是否具备、有无配伍禁忌、各药的剂量是否超过极量和处方是否有兽医签字。

(2)药物的储存。

为保证药品的质量和疗效,药物应按照其理化性质、用途等进行科学合理的储存。《中华人民共和国兽药典》对各种药品的储存都有具体的要求。总的原则是避光、密封、密闭、熔封或严封,在阴凉处储存。各类药物应归类存放,如内服药、外用药、毒剧药及麻醉品、易燃易爆药品等,均应分类存放,严格管理,定期检查,以防事故发生。若存放不当,不仅造成浪费,还可影响药物疗效,甚至可能引起毒性。

影响药物质量的外界因素包括以下几点。

①空气与湿度：药物与空气接触后发生氧化反应或碳酸化而变质，如硫酸亚铁在空气中逐渐氧化，由原来的浅绿色变为棕黄色的高铁盐而失效；新胂凡纳明粉针可被氧化为深黄色或带红色的粉末而使毒性增加；氢氧化钙能吸收空气中的二氧化碳而形成碳酸盐。

空气中的湿度较高时，可使许多药物潮解、稀释、分解、变质，并能促进微生物滋生而发霉变质。如胃蛋白酶吸湿黏结；甘油吸湿而被稀释；青霉素吸湿而分解；片剂吸湿而破裂；各种中草药、糖衣片可因吸湿生虫、发霉。

空气中的湿度较低时，有些含有结晶水的药物如硫酸钠、硫酸铜等，易失去结晶水而变成粉末，导致其药用单位重量不符合要求。

空气中的湿度一般用湿度计测得。药品在相对湿度为75%左右保存较为适宜。湿度太高时，应通风降潮，并按照药物性质及储存条件，选用生石灰、氧化钙、无水硅胶、木炭等吸湿防潮。

易受空气及湿度影响的药物，均应密闭储存于干燥处。

②温度：药物应在适宜温度条件下储存，温度过高或过低均会影响药物的质量。

温度过高可使易挥发的药物加速挥发，使生物制品、抗生素、酶制剂及某些激素变质失效。降温措施为储存于冰箱、冰柜等。

温度过低则可使有些药物冻结、凝固、分层、沉淀。液体制剂可因冻结而致容器破碎；甲醛溶液在 9 ℃以下可发生聚合失效；乳剂在低温下会被破坏而分层；葡萄糖酸钙注射液在冷处久置后，可析出结晶而不易再溶解。

③光：光可促使药物发生化学反应（氧化、还原、分解、聚合等）而使其变质失效，如肾上腺素受光的影响变为红色。对于易受光影响的药物应使用遮光容器，如棕色玻璃瓶，或于包装外贴避光纸等，达到遮光的目的。

④时间：有些药物即使在储存条件适宜的情况下，由于储存时间太久也会发生变质。因此，根据药品标准的有关文件，药品包装上必须注明批号或有效期、失效期。批号是用来表示药品生产日期的一种编号，一般以六位数字表示，前两位数字表示年份，中间两位数字表示月份，最后两位数字表示日期。有效期一般以使用年限或可使用的截止日期表示；失效期一般以何时失效来表示。

2. 实践参观 通过到兽医院药房或兽药经销店参观，结合实际情况掌握上述讲解内容。

【思考题】 综合教师讲解内容，并结合实际参观情况，撰写实验报告。

五、动物诊疗处方开写

【实验目的】 了解处方的意义，掌握处方的结构与开写方法及注意事项，并可结合临床实际病例熟练、准确地开写处方。

【实验材料】 处方笺、临床病例。

【实验方法】

(1)教师讲解处方的定义及意义、处方的结构与开写方法。

处方格式如下：

①登记部分：主要记录畜主信息（姓名、联系方式等），动物信息（畜别、年龄、性别、体重、门诊号等）。

②处方部分：整个处方笺的核心部分，开写方法如下。

a. 在处方的左上角写上“R”或“Rp”，此为拉丁文 Recipe 的缩写，代表“处方”之意。

b. 在“Rp”或“R”之后另起一行，书写药物，包括药剂名称、规格和剂量。

c. 需写明药物的配制方法和给药方法，如每次剂量、每日给药次数、是否连续用药等。

③签名部分。

(2)结合临床实际病例，让学生开出正确的处方。

①猪一头，体重 120 kg，经诊断患传染性胸膜肺炎，请开写处方。

②水牛一头，体重 400 kg，发病 3 天，表现为反刍减少、食欲减退、瘤胃蠕动迟缓、大便秘结等，请

开具处方。

【注意事项】

(1)药物用量单位一律按《中国兽药典》或兽药规范规定的单位开写。

(2)开写处方字迹要清楚,不得随意涂改,药物不得用化学分子式替代。

(3)若在一张处方笺上开写多个处方,应在每个处方的第一个药物左上角标出序号,如①②③等区分。

链接与拓展

法律小知识

兽药管理条例

兽药产品批准文号管理办法

兽用处方药和非处方药管理办法

兽用生物制品经营管理办法

兽药质量标准

巩固训练

执考真题

复习思考题

项目二　抗微生物药

项目导入

本项目主要介绍作用于微生物的药物，主要分为七个任务，分别为消毒防腐药、抗生素、化学合成抗菌药、抗真菌药、抗病毒药、抗微生物药的合理使用、实验实训。抗微生物药物在临床及畜牧业生产中应用非常广泛，所以本项目内容在教学和学习过程中占重要的地位。

学习目标

▲知识目标

1. 理解消毒防腐药的概念、作用机理，掌握影响消毒防腐药作用的因素及消毒防腐药的临床合理选用。
2. 理解抗生素的概念、作用机理及分类，掌握各类抗生素的作用特点、临床应用、不良反应及注意事项。
3. 掌握常用化学合成抗菌药及其他抗菌药的抗菌机理、分类，常用药物的临床应用及注意事项。
4. 了解和掌握抗真菌药及抗病毒药的临床应用和注意事项。
5. 掌握抗微生物药的临床合理应用。

▲能力目标

1. 能够根据不同的场景消毒需求，正确、合理地选择消毒防腐药。
2. 能够正确、合理地选用抗生素或化学合成抗菌药，最大限度地发挥药物的治疗作用，减少药物的不良反应，养成正确、合理使用抗微生物药的习惯。
3. 能够应用纸片法和试管稀释法测定抗微生物药的敏感性和最小抑菌浓度。

▲素质与思政目标

1. 自觉遵守畜牧兽医法规，在兽药的生产、经营、使用及监督过程中严格遵守《兽药管理条例》，具有遵纪守法的思想和意识。
2. 具有正确、合理使用抗微生物药的意识，杜绝乱用和滥用抗微生物药物，具有较高的职业素养和职业道德。
3. 具有较强的自我管控能力、团队协作能力、较强的责任感和科学认真的工作态度。

案例导入

2016 年 3 月，某规模猪场育肥前期猪群中出现死亡病例。最急性型病例，未见任何先兆即死亡，口鼻流出浅血色泡沫样鼻涕。急性病例，体温 41 ℃左右，呼吸困难，全身发绀，死亡后从口鼻流出血样液体，病程不超过 24 h，救治困难。发病后立即采取同圈隔离、同群用药治疗、环境严格消毒、加强通风换气等技术措施。治疗药物为氟苯尼考、阿莫西林、强

Note

力霉素等。用药后,患猪症状缓解,死亡病例未再发生,个别病例转为慢性病例,生长不良。猪群在用药1个疗程(7日)后停药,但在停药后7日左右复发。统计育肥猪的发病情况,发病猪所在育肥群累计死亡31只,死亡率为10%。育肥猪发病后,相继在保育舍、妊娠母猪舍出现散发病例,立即采取全群用药治疗等综合措施,同样有效。病例解剖后可见气管和支气管内充满泡沫,混有血液和黏液。肺脏严重充血、出血,出现胸腔积液。以小叶性肺炎和纤维素性胸膜肺炎为特征。肺炎大多为两侧性,多发生在心叶、尖叶及膈叶的一部分。病变区颜色深,质地坚硬,切面易碎,可见到胸膜有纤维素性渗出。慢性病例,肺组织有黄色结节或脓肿,根据发病情况、发病后的临床症状以及病理解剖特征,初步诊断为猪传染性胸膜肺炎。

针对上述案例,如何做好猪场的消毒工作?又如何开展患猪的药物治疗?让我们带着这些问题进行抗微生物药的学习。

扫码学课件

2-1

任务一　消毒防腐药

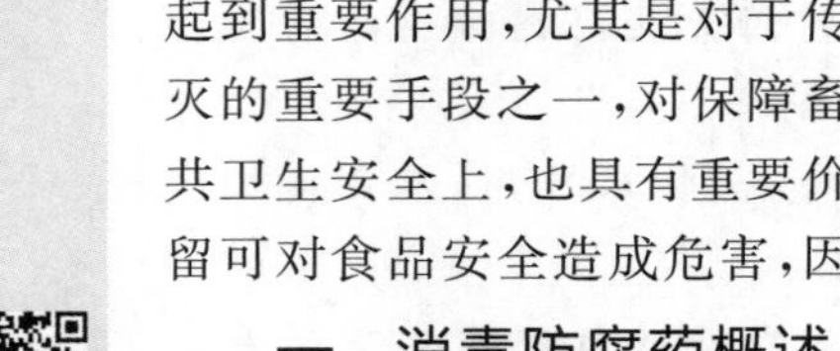

随着养殖业规模化、集约化发展,以及人们对动物源性食品质量安全的普遍关注,兽医临床的用药理念也随之发生改变,养殖户更重视疾病的预防和保健。消毒防腐药的使用在畜禽疾病的预防中起到重要作用,尤其是对于传染病,可有效地控制各种传染病的发生和扩散,是动物传染病预防与扑灭的重要手段之一,对保障畜牧生产及水产养殖具有重要的现实意义。消毒防腐药在兽医临床和公共卫生安全上,也具有重要价值。但是,消毒防腐药的频繁使用可对生态环境产生负面影响,药物残留可对食品安全造成危害,因此,需合理使用消毒防腐药。

视频:2-1

消毒防腐药

概述

一、消毒防腐药概述

(一)基本概念

消毒防腐药是一类杀灭或抑制病原微生物的药物,根据其对病原微生物的作用强度及应用特性,可分为消毒药和防腐药。消毒药是指能杀灭病原微生物的药物。防腐药是指能抑制病原微生物生长繁殖的药物。两者之间并没有严格的界限,消毒药在低浓度时仅能抑菌,而防腐药在高浓度时也能起到杀菌作用。消毒防腐药对各种病原微生物无特殊的抗菌谱,对机体组织与病原微生物无明显的选择性,吸收后多能引起机体较严重的毒性反应,因此通常不全身用药。消毒药主要用于环境厩舍、动物排泄物、用具和手术器械等非生物表面的消毒。防腐药主要用于抑制局部皮肤、黏膜和创伤等动物体表病原微生物感染,也可用于食品及生物制品的防腐。

(二)消毒防腐药的分类

1. 根据使用对象分类

(1)环境消毒药:主要用于厩舍和用具的消毒药,包括酚类、醛类、碱类、过氧化物类、卤素类等,例如苯酚、甲醛、氢氧化钠、过氧乙酸、含氯石灰等。

(2)皮肤黏膜消毒药:主要用于畜禽皮肤和黏膜的消毒药,包括醇类、碘与碘化物、表面活性剂等。

(3)创伤消毒防腐药:主要用于创伤的消毒防腐药,包括过氧化物类、染料类等。

2. 根据药物结构分类

(1)酚类:如苯酚等,能使菌体蛋白变性、凝固而呈现杀菌作用。

(2)醇类:如75%乙醇等,能使菌体蛋白凝固和脱水,而且有溶解脂质的作用,能渗入细菌体内发挥杀菌作用。

(3)酸类:如硼酸等,能抑制细菌细胞膜的通透性,影响细菌的物质代谢。

(4)碱类:如氢氧化钠、氧化钙等,能水解菌体蛋白和核蛋白,使菌体细胞膜和酶被破坏而死亡。

(5)过氧化物类:如过氧化氢、过氧乙酸等,一遇有机物即释放出生态氧,破坏菌体蛋白和酶蛋白,呈现杀菌作用。

(6)卤素类:如漂白粉等,其容易渗入细菌细胞内,对原浆蛋白产生卤化和氧化作用。

(7)重金属类:如升汞等,能与菌体蛋白结合,使菌体蛋白变性、沉淀而产生杀菌作用。

(8)表面活性剂类:如新洁尔灭等,能吸附于细胞表面,溶解脂质,改变细胞膜的通透性,使菌体内的酶和代谢中间产物流失。

(9)染料类:如甲紫等,能改变细菌的氧化还原电位,破坏正常的离子交换,抑制酶的活性。

(10)挥发性溶剂:如甲醛等,能与菌体蛋白和核酸的氨基、烷基、巯基发生烷基化反应,使菌体蛋白变性或核酸功能改变,呈现杀菌作用。

(三)消毒防腐药的作用机理

消毒防腐药的种类很多,作用机理各异,归纳起来主要有以下三种。

1. 使菌体蛋白变性、凝固 大部分的消毒防腐药都是通过这种机理而起作用的,此作用无选择性,可损害一切生物机体物质,不仅能杀菌也能破坏宿主组织,因此只适合用于环境消毒,如酚类、醛类等。

2. 干扰病原微生物体内重要酶系统 杀菌途径包括通过氧化还原反应损害酶的活性基团,抑制酶的活性;或因化学结构与代谢产物相似,竞争性或非竞争性地与酶结合而抑制酶的活性等,如重金属盐类、氧化剂和卤素类。

3. 改变菌体细胞膜通透性 有些药能降低病原微生物的表面张力,增加菌体细胞膜的通透性,引起重要的酶和营养物质流失,水向内渗入,使菌体溶解或崩裂,从而发挥抗菌作用,如表面活性剂新洁尔灭等。

(四)影响消毒防腐药作用的因素

药物作用的强弱,不仅取决于其本身的化学结构和理化性质,也受其他许多因素的影响。为了正确使用和充分发挥消毒防腐药的作用,应了解各种增强或减弱其作用的因素。

1. 药物的浓度和作用时间 一般说来,药物浓度越高,作用时间越长,效果越好,但对组织的刺激性和损害作用也越大;而药物浓度过低,接触时间过短,又不能达到抗菌目的。因此,必须根据各种消毒防腐药的特性,选用适当的药物浓度和作用时间。

2. 温度 温度与消毒防腐药的抗菌效果成正比,温度越高,杀菌力越强。一般规律是温度每升高 10 ℃,消毒效果可增强 1 倍。

3. 有机物 环境中排泄物或分泌物的存在,妨碍了消毒防腐药与病原微生物的接触,影响消毒效果,通常在使用消毒防腐药前,应将消毒场所打扫干净,把感染创中的脓血、坏死组织清除干净。

4. 微生物的特点 不同菌种和处于不同状态的病原微生物,对药物的敏感性不同。如病毒对碱类敏感,而对酚类耐药。处于生长繁殖期的细菌对药物敏感,而具有芽孢的细菌耐受力强,较难被杀灭。

5. 相互拮抗 两种或两种以上的消毒防腐药合用时,由于药物之间会发生理化反应而产生拮抗作用,如阳离子表面活性剂与阴离子表面活性剂合用,可使消毒作用减弱甚至消失。

6. 其他 环境或组织的 pH 值、消毒药液表面张力的大小、水的硬度、药物的剂型、空气的相对湿度等,都能影响消毒效果。

(五)理想的消毒防腐药应具备的条件

(1)抗病原微生物范围广,活性强,而且在有机物存在时,仍然能保持较高的抗菌活性。

(2)作用产生迅速,且有效寿命长。同时具有较高的脂溶性和分布均匀的特点。

(3)对人和动物安全,消毒防腐药不应对组织有毒,也不应影响伤口愈合,消毒防腐药应不具残留毒性。

(4)药物本身无臭、无色和无着色性,性质稳定,可溶于水。对金属、橡胶、塑料、衣物等无腐蚀作用。

(5)无易燃性和易爆性。

(6)价廉易得。

二、临床常用消毒防腐药

(一)环境消毒药

1. 酚类 酚类是一种表面活性物质,可损害菌体细胞膜,较高浓度时可使蛋白质变性,故有杀菌作用。此外,酚类可抑制细菌脱氢酶和氧化酶的活性,而产生抑菌作用。在适当浓度下,对多数无芽孢的繁殖型细菌和真菌有杀灭作用,对芽孢、病毒作用不强,可用于排泄物的消毒,应用于环境及用具的消毒。主要药物有甲酚、复合酚等。

甲酚(Cresol)

【理化性质】 甲酚又称煤酚,为无色或淡黄色澄清液体,有类似苯酚的臭味。难溶于水,可溶于乙醇。在阳光下,颜色逐渐变深。

【作用与应用】 ①甲酚抗菌作用比苯酚强3～10倍,两者毒性基本相同,但甲酚消毒用浓度较低,故较苯酚安全。②可杀灭一般繁殖型细菌,对结核分枝杆菌、真菌有一定的杀灭作用,对细菌芽孢和亲水性病毒无效。

甲酚主要用于器械、厩舍、场地、患畜排泄物及皮肤黏膜的消毒。

【注意事项】 ①甲酚有特殊酚臭味,不宜用于屠宰场或奶牛场,肉、蛋或食品仓库的消毒。②有色泽污染,不宜用于棉、毛纤维品的消毒。③对皮肤有刺激性。

【剂型、用法与用量】 常制成甲酚皂溶液,即来苏儿。5%～10%溶液用于排泄物消毒,3%～5%溶液用于器械、用具消毒,1%～2%溶液用于手和皮肤消毒,0.5%～1%溶液用于冲洗口腔或直肠黏膜。

复合酚(Composite Phenol)

【理化性质】 复合酚又称菌毒敌、畜禽灵,为酚及酸类复合型消毒剂,由苯酚、醋酸、十二烷基苯磺酸等组成,为深红褐色黏稠液体,有特臭。

【作用与应用】 ①复合酚能有效杀灭口蹄疫病毒、猪水疱病毒及其他多种细菌、真菌、病毒等致病微生物。②0.1%～1%溶液有抑菌作用,1%～2%溶液有杀灭细菌和真菌作用,5%溶液可在48 h内杀死炭疽杆菌芽孢。

本品主要用于消毒畜禽厩舍器具、场地排泄物等,是畜禽养殖专用消毒药。

【注意事项】 ①复合酚对皮肤、黏膜有刺激性和腐蚀性。②不可与碘制剂合用。③碱性环境、皂类等能减弱其杀菌作用。

【剂型、用法与用量】 市售剂型为复合酚消毒液。一般配成2%～5%溶液用于用具、器械和环境等的消毒。

2. 醛类 醛类的特点是易挥发,又称挥发性烷化剂,它可发生烷基化反应,使菌体蛋白变性,酶和核酸功能发生改变。对芽孢、真菌、结核分枝杆菌、病毒均有杀灭作用。主要药物有甲醛溶液、戊二醛等。

甲醛溶液(Formaldehyde Solution)

【理化性质】 甲醛是一种无色,有强烈刺激性气味的气体,易溶于水,常用35%～40%的甲醛溶液,即福尔马林(Formalin),福尔马林为无色液体,在冷处久储可生成聚甲醛而发生混浊。常加入10%～15%甲醇以防止聚合。

【作用与应用】 甲醛溶液不仅能杀死细菌的繁殖体,也可杀死芽孢(如炭疽杆菌芽孢),以及抵抗力强的结核分枝杆菌、病毒及真菌等。

甲醛溶液主要用于厩舍、器具、仓库、孵化室、皮毛、衣物等的熏蒸消毒,还可用于标本、尸体防腐,低浓度内服,可用于胃肠道制酵。

【注意事项】 ①甲醛溶液对黏膜有刺激性和致癌作用，消毒时应避免与口腔、鼻腔、眼睛等处黏膜接触，若药液污染皮肤，应立即用肥皂和水清洗。②动物误服甲醛溶液，应迅速灌服稀氨水解毒。③甲醛溶液储存温度为 9 ℃以上，其在低温环境下可凝聚成多聚甲醛而发生混浊。④用甲醛溶液熏蒸消毒时，甲醛溶液与高锰酸钾的比例应为 2∶1（甲醛溶液毫升数与高锰酸钾克数的比例）。

【剂型、用法与用量】 常用剂型为甲醛溶液。内服，一次量，牛 8～25 mL，羊 1～3 mL，内服时用水稀释 20～30 倍。2%的溶液可用于器械消毒；10%的福尔马林溶液可以用来固定标本；厩舍空间熏蒸消毒，每立方米空间用 15～20 mL 甲醛溶液，加等量的水，加热蒸发即可。

戊二醛（Glutaraldehyde）

【理化性质】 戊二醛为无色油状液体，味苦。有微弱的甲醛臭味，但挥发性较弱。可与水或乙醇以任意比例混合，溶液呈弱酸性。

【作用与应用】 戊二醛的碱性水溶液具有较好的杀菌作用，当 pH 值为 7.5～8.5 时，作用最强，可杀灭细菌的繁殖体和芽孢、真菌、病毒，其作用较甲醛强 2～10 倍。

临床常用于水产养殖动物、养殖器具的消毒；由于价格较高，主要用于不宜加热处理的医疗器械、塑料及橡胶制品等的浸泡消毒；也可用于疫苗制备时鸡胚的消毒。

【注意事项】 其碱性溶液可腐蚀铝制品，不可应用于铝制品的消毒。

【剂型、用法与用量】 常用剂型为稀戊二醛溶液和戊二醛苯扎溴铵溶液。常用 2%碱性溶液（加 0.3%碳酸氢钠）浸泡消毒橡胶或塑料等不宜加热消毒的器械或制品，浸泡时间 10～20 min；0.78%溶液用于疫苗制备时鸡胚的消毒，喷洒浸透，保持 5 min 或放置至干；戊二醛苯扎溴铵溶液（100 g∶戊二醛 10 g＋苯扎溴铵 10 g）用于水产养殖，每立方米水体 1.5 g，药浴 10 min。

3. 碱类 碱类对细菌、病毒的杀灭作用均较强，高浓度能杀死芽孢，杀菌力取决于解离的 OH^- 浓度，在 pH 值大于 9 时可杀灭病毒、细菌和芽孢。碱类消毒药对铝制品、纤维织物有损坏作用。主要用于厩舍的地面、饲槽、车船等的消毒。主要药物有氢氧化钠、氧化钙等。

氢氧化钠（Sodium Hydroxide）

【理化性质】 氢氧化钠又称烧碱、火碱、苛性钠，常温下是一种白色晶体，具有强腐蚀性，易溶于水，其水溶液呈强碱性。

【作用与应用】 能杀死细菌的繁殖体、芽孢和病毒，对寄生虫卵也有杀灭作用。

氢氧化钠主要用于病毒污染场所、器械等的消毒，如畜舍、车辆、用具等的消毒，也可用于腐蚀牛、羊新生角。

【注意事项】 ①对人兽组织有刺激和腐蚀作用，使用前应驱逐畜禽。②厩舍地面、用具消毒后经 6～12 h 用清水冲洗干净再放入畜禽使用。③不可应用于铝制品、纤维织物及漆面的消毒。

【剂型、用法与用量】 常用剂型为溶液剂。1%～2%的溶液可用于消毒厩舍、场地、车辆等，也可消毒食槽、水槽等；5%溶液用于消毒炭疽杆菌芽孢污染的场地。50%溶液用于腐蚀动物新生角。

氧化钙（Calcium Oxide）

【理化性质】 氧化钙又称生石灰，为白色无定形块状，遇水即成氢氧化钙。氢氧化钙又称熟石灰，呈粉末状，几乎不溶于水，是一种价廉易得的消毒药。

【作用与应用】 ①生石灰本身并无消毒作用，与水混合后变成熟石灰释放出 OH^- 而起杀菌作用。②对多数繁殖型病原菌有较强的杀菌作用，但对芽孢、结核分枝杆菌无效。

常用 10%～20%的石灰水混悬溶液涂刷墙壁、地面、护栏等，也可用作排泄物的消毒。

【注意事项】 ①生石灰吸收空气中的二氧化碳，形成碳酸钙而失效。因此，石灰乳应以新鲜生石灰为好，现用现配。②本品不能直接撒布在栏舍、地面，因畜禽活动时其粉末飞扬，可造成呼吸道感染、眼睛感染或者直接腐蚀畜禽蹄爪。

【剂型、用法与用量】 市售剂型为生石灰粉剂。涂刷或喷洒常用 10%～20%混悬液。撒布，将生石灰直接加入被消毒的液体、排泄物、阴湿的地面、粪池、水沟等处。

4. 过氧化物类 过氧化物类具有强氧化能力，各种病原微生物对其十分敏感，可将所有病原微生物杀灭。它们的优点是消毒后在物品上没有残留毒性。缺点是易分解、不稳定，具有漂白和腐蚀作用。此处以过氧乙酸为例进行介绍。

过氧乙酸(Peracetic Acid)

【理化性质】 过氧乙酸又称过醋酸，是过氧乙酸和乙酸的混合物。纯品为无色液体，有强烈刺激性气味，易溶于水，性质极不稳定，浓度大于45%就有爆炸性，在低温下分解缓慢，故采用低温(3～4 ℃)保存。

【作用与应用】 ①过氧乙酸具有酸和氧化剂的双重作用，其挥发的气体具有较强的杀菌作用，是高效、速效、广谱的杀菌剂。②对细菌、芽孢、病毒、真菌等都具有杀灭作用，低温时也具有杀菌和抗芽孢作用。

过氧乙酸主要用于厩舍、场地、用具、衣物等的消毒。

【注意事项】 ①腐蚀性强，有漂白作用，溶液及挥发出来的气体对呼吸道和眼结膜等有刺激性。②浓度较高的溶液对皮肤有刺激性，有机物可降低其杀菌力。

【剂型、用法与用量】 市售为20%的过氧乙酸溶液。喷雾消毒，畜禽厩舍1：(200～400)稀释；熏蒸消毒，畜禽厩舍每立方米使用5～15 mL；0.3%的溶液30 mL/m^3，用于鸡舍带鸡消毒；浸泡消毒，畜禽食具、工作人员衣物、手臂等，1：500稀释；饮水消毒，每10 L水加本品1 mL。

5. 卤素类 卤素类具有强大杀菌作用，其中氯的杀菌力最强，碘较弱，主要用于皮肤消毒。卤素对菌体蛋白具有高度亲和力，易渗入细胞，可使菌体蛋白卤化，改变细胞膜通透性，还可氧化巯基酶，呈现杀菌作用。

含氯石灰(Chlorinated Lime)

【理化性质】 含氯石灰又称漂白粉，是次氯酸钙、氯化钙和氢氧化钙的混合物。

【作用与应用】 ①漂白粉放入水中，生成次氯酸，次氯酸再释放出活性氯和新生态氧而具有杀菌作用。②对细菌繁殖体、细菌芽孢、病毒及真菌都有杀灭作用，并可破坏肉毒杆菌毒素。如1%澄清液作用0.5～1 min可抑制炭疽杆菌、沙门氏菌、猪丹毒杆菌和巴氏杆菌等多数繁殖型细菌的生长，作用1～5 min可抑制葡萄球菌和链球菌；30%漂白粉混悬液作用7 min后，炭疽杆菌芽孢即停止生长。③对结核分枝杆菌和鼻疽杆菌效果较差。

含氯石灰常用于厩舍、畜栏、场地、车辆、排泄物、饮水等的消毒，也可用于玻璃器皿和非金属器具、肉联厂和食品厂设备的消毒以及鱼池消毒。

【注意事项】 ①本品对金属有腐蚀作用，可使有色棉织物褪色，不可用于有色衣物的消毒。②杀菌消毒至少需15 min，杀菌作用受有机物的影响。③本品可释放出氯气，对皮肤和黏膜有刺激作用，可引起流泪、咳嗽，并可刺激皮肤和黏膜。④在空气中容易吸收水分和二氧化碳而分解失效，在阳光照射下也易分解。⑤不可与易燃易爆物品放在一起，需现用现配。

【剂型、用法与用量】 市售剂型为含有效氯25%～30%的粉剂。饮水消毒，每50 L水加入1 g；畜舍等消毒，配成5%～20%混悬液；粪池、污水沟、潮湿积水的地面消毒，直接用干粉撒布或按1：5比例与排泄物均匀混合。鱼池消毒，每立方米水加入1 g；鱼池带水清塘，每立方米水加入20 g。

二氯异氰尿酸钠(Sodium Dichloroisocyanurate)

【理化性质】 二氯异氰尿酸钠又称优氯净，为白色或微黄色结晶性粉末，有较浓的氯臭味，是新型高效消毒药，含有效氯60%～64.5%。

【作用与应用】 抗菌谱广，杀菌力强，可强力杀灭细菌芽孢、细菌繁殖体、真菌等各种致病性微生物，有机物对其杀菌作用影响较小。

二氯异氰尿酸钠可广泛用于鱼塘、饮水、食品、牛乳加工厂、车辆、厩舍、蚕室、用具的消毒。

【注意事项】 具有腐蚀和漂白作用，水溶液稳定性较差，应现用现配。

【剂型、用法与用量】 市售剂型为粉剂。消毒浓度以有效氯计算，0.5%～1%水溶液用于杀灭

细菌和病毒，5%～10%水溶液用于杀灭芽孢。饮水消毒，0.5 g/m^3；鱼塘消毒，0.3 g/m^3；牛乳加工场所、厩舍、蚕室、用具、车辆等消毒，50～100 g/m^3。

（二）皮肤黏膜消毒药

1. 醇类 醇类为较早使用的一类消毒防腐药，其能使菌体蛋白凝固和脱水而且有溶脂的特点，能渗入细菌体内发挥杀菌作用，常用药物为乙醇。醇类消毒防腐药具有性质稳定、作用迅速、无腐蚀性、无残留作用的优点，且可与其他药物配成酊剂而起增效作用。但是，其不能杀灭细菌芽孢，且受有机物影响大。

乙醇(Alcohol)

【理化性质】 乙醇又称酒精，为无色易挥发易燃烧的液体，与水能以任意比例混合。

【作用与应用】 ①乙醇能杀死繁殖型细菌，对结核分枝杆菌、囊膜病毒也有杀灭作用，但对细菌芽孢无效。②对组织有刺激作用，能扩张局部血管，改善局部血液循环，如稀乙醇涂擦可预防动物褥疮的形成，浓乙醇涂擦可促进炎性产物吸收，减轻疼痛，可用于治疗急性关节炎、腱鞘炎和肌炎等。③无水乙醇纱布压迫手术出血创面 5 min，可立即止血。

乙醇主要用于手术部位、手臂、注射部位、注射针头、体温计、医疗器械等消毒，也用于急性关节炎、腱鞘炎等和胃肠臌胀的治疗及中药酊剂及碘酊等的配制。

【注意事项】 乙醇在浓度为 20%～75%时，其杀菌作用随溶液浓度增高而增强，但浓度低于20%时，杀菌作用微弱。而高浓度乙醇可使组织表面形成一层蛋白凝固膜，妨碍渗透，影响杀菌作用，如浓度高于 95%时杀菌作用微弱。

【剂型、用法与用量】 常用剂型为溶液剂。皮肤消毒及器械浸泡消毒常用 75%乙醇溶液。在患部涂擦和热敷治疗急性关节炎等，常用 70%～75%溶液，5～20 min。内服治疗胃肠臌胀的消化不良，常用 40%以下溶液。

2. 碘与碘化物 本类药物属于卤素类消毒剂，有强大的杀菌作用，能杀死细菌、芽孢、霉菌、病毒、原虫。其水溶液用于皮肤消毒或创面消毒，忌与重金属配伍。主要药物有碘、聚维酮碘、碘仿等。此处以碘酊为例介绍。

碘酊(Iodine Tincture)

【理化性质】 碘酊又称碘酒，是由碘与碘化钾、蒸馏水、乙醇按一定比例制成的棕褐色液体，常温下能挥发。

【作用与应用】 本品具有强大的杀菌作用，可杀灭细菌芽孢、真菌、病毒、原虫。浓度越高，杀菌力越强，但对组织的刺激性越大。

本品主要用于术野及伤口周围皮肤、输液部位的消毒，也可用于慢性肌腱炎、关节炎的局部涂敷和饮水消毒，也可用于马属动物的药物去势。

【注意事项】 ①碘对组织有较强的刺激性，不能应用于创伤、黏膜的消毒。②皮肤消毒后用75%乙醇脱碘。③在酸性条件下，游离碘增多，杀菌作用增强。④碘有着色性，可使天然纤维织物着色，不易除去。⑤配好的碘酊应置于棕色瓶中避光保存。

【剂型、用法与用量】 常用剂型为碘酊溶液。术前和注射前的皮肤消毒，2%碘酊溶液；皮肤的浅表破损和创面消毒，2%碘酊溶液；治疗腱鞘炎、滑膜炎等慢性炎症，5%碘酊溶液；作刺激药涂搽于患部皮肤，10%浓碘酊溶液。

3. 表面活性剂 表面活性剂是一类能降低水溶液表面张力的药物，能吸附于细菌表面，改变细胞膜通透性，引起细胞壁损伤，灭活菌体内氧化酶等酶活性，发挥杀菌消毒作用。本类药物可分为两种类型，第一类是阳离子表面活性剂，溶于水时，与其疏水基相连的亲水基是阳离子，能杀死革兰氏阳性菌与阴性菌，显效快，但洗净作用较差。该类化合物对皮肤和黏膜无刺激性，对器械无腐蚀性，常用的有苯扎溴铵(新洁尔灭)、癸甲溴铵溶液(百毒杀)、醋酸氯己定(洗必泰)等。第二类为阴离子和非离子表面活性剂，溶于水时，与其疏水基相连的亲水基是阴离子，只有轻度抑菌作用，但具有良

Note

好的洗净作用，常用的有十二烷基苯磺酸钠等。注意阳离子表面活性剂不能与阴离子表面活性剂同时使用。

苯扎溴铵(Benzalkonium Bromide)

【理化性质】 苯扎溴铵又称新洁尔灭，常温下为黄色胶状体，低温时可逐渐形成蜡状固体。市售苯扎溴铵为5%的水溶液，强力振摇可产生大量泡沫，低温可发生混浊或产生沉淀。

【作用与应用】 苯扎溴铵具有杀菌和去污的作用，能杀灭一般细菌繁殖体，不能杀灭细菌芽孢和分枝杆菌，对化脓性病原菌、肠道菌有杀灭作用，对革兰氏阳性菌的效果优于革兰氏阴性菌，对病毒作用较差，常用于创面、皮肤、手术器械等的消毒和清洗。

苯扎溴铵主要用于手臂、手指、手术器械、玻璃、搪瓷、禽蛋、禽舍、皮肤黏膜的消毒及深部感染伤口的冲洗。

【注意事项】 ①禁与肥皂、其他阴离子表面活性剂、盐类消毒药、碘化物、氧化物等配伍使用。②禁用于眼科器械和合成橡胶制品的消毒，禁用聚乙烯材料容器盛装。

【剂型、用法与用量】 常用剂型为苯扎溴铵水溶液。皮肤、手术器械消毒，0.1%溶液；黏膜、伤口消毒，0.01%溶液；禽蛋消毒，0.1%溶液，药液温度为40～43 ℃，浸泡3 min；禽舍消毒，0.15%～2%溶液。

（三）创伤消毒防腐药

1. 酸类 酸类包括有机酸、无机酸。无机酸为原浆毒，具有强大的杀菌和杀死芽孢的作用，但具有强烈的刺激性和腐蚀作用，故其应用受到限制。有机酸对细菌繁殖体和真菌具有杀灭和抑制作用，但作用不强。因其酸性弱，刺激性小，不影响创伤愈合，临床上常用于创伤、黏膜的防腐和消毒。此处以硼酸为例。

硼酸(Boric Acid)

【理化性质】 硼酸为无色微带珍珠光泽的结晶或白色疏松的粉末，无臭，溶于水。

【作用与应用】 硼酸对细菌和真菌有微弱的抑制作用，但没有杀菌作用，对组织刺激性极小。主要用于眼、鼻、口腔、阴道等对刺激敏感的黏膜、创面清洗，眼睛、鼻腔等的冲洗，也用其软膏涂敷患处，治疗皮肤创伤和溃疡等。

【注意事项】 不适用于大面积创伤和新生肉芽组织，以避免吸收后蓄积中毒。

【剂型、用法与用量】 常制成软膏剂或临用前配成溶液。外用，常用浓度为2%～4%。

2. 过氧化物类 过氧化物类与有机物相遇时释放出新生态氧，使菌体内活性基团氧化而起到杀菌作用。主要药物有高锰酸钾、过氧化氢等。

高锰酸钾(Potassium Permanganate)

【理化性质】 高锰酸钾为黑紫色、细长的菱形结晶或颗粒，带蓝色的金属光泽，无臭，易溶于水，水溶液呈深紫色。

【作用与应用】 ①高锰酸钾为强氧化剂，遇有机物或加热、加酸、加碱等即可释放出新生态氧而呈现杀菌、除臭、解毒作用（可使士的宁等生物碱、氯丙嗪、磷和氰化物等氧化而失去毒性）。②低浓度对组织有收敛作用，高浓度对组织有刺激性和腐蚀作用。

高锰酸钾主要用于皮肤创伤及腔道炎症的创面消毒，与福尔马林联合应用于厩舍、库房、孵化器等的熏蒸消毒，也用于止血、收敛、有机物中毒，以及鱼的水霉病及原虫、甲壳类等寄生虫病的防治。

【注意事项】 ①高锰酸钾与某些有机物或易氧化的化合物研磨或混合时，易引起爆炸或燃烧。②溶液放置后作用降低或失效，应现用现配。③遇有机物作用减弱或失效。④在酸性环境中杀菌作用增强。⑤内服可引起胃肠道刺激症状，严重时出现呼吸和吞咽困难等。⑥中毒时，应用温水或添加3%过氧化氢溶液洗胃，并内服牛奶、豆浆或氢氧化铝凝胶，以延缓吸收。⑦有刺激性和腐蚀作用，应用于皮肤创伤、腔道炎症及有机毒物中毒时必须稀释至0.2%以下。⑧手臂消毒后会着色，并发干涩。

【剂型、用法与用量】 市售剂型主要为高锰酸钾片剂及溶液剂。动物腔道冲洗、洗胃及有机毒物中毒时的解救，0.05%～0.1%溶液；创伤冲洗，0.1%～0.2%溶液；水产动物疾病治疗，鱼塘撒泼，每升水加入 4～5 mg；消毒被病毒和细菌污染的蜂箱，0.1%～0.12%溶液。

过氧化氢溶液(Hydrogen Peroxide Solution)

【理化性质】 过氧化氢溶液又称双氧水，为无色澄清液体，无臭或有类似臭氧的臭气。遇氧化物或还原物或有机物迅速分解并产生泡沫。遇光、遇热、长久放置易失效。

【作用与应用】 ①过氧化氢溶液遇有机物或酶释放出新生态氧，产生较强的氧化作用，可杀灭包括细菌繁殖体、芽孢、真菌和病毒在内的各种微生物，但杀菌力较弱。②本品与创面接触可产生大量气泡，机械地松动脓块、血块、坏死组织及与组织粘连的敷料等，有利于清创和清洁，对深部创伤还可防治破伤风梭菌等厌氧菌的感染。

过氧化氢溶液主要用于皮肤、黏膜、创面、瘘管的清洗。

【注意事项】 ①本品对皮肤、黏膜有强刺激性，用手直接接触高浓度过氧化氢溶液可发生灼伤，应避免直接接触皮肤。②禁与有机物、碱、碘化物及强氧化剂配伍。③不能注入胸腔、腹腔等密闭体腔或腔道、气体不易逸散的深部脓疮，以免产气过快，导致栓塞或感染扩大。④置入棕色玻璃瓶，避光，在阴凉处保存。

【剂型、用法与用量】 本品常制成浓度为 26%～28%的水溶液。临床常用 1%～3%溶液清洗化脓创面、痂皮，0.3%～1%溶液冲洗口腔黏膜或阴道。

3. 染料类 染料可分为两类，即碱性(阳离子)染料和酸性(阴离子)染料，前者抗菌作用强于后者。两者仅抑制细菌繁殖，抗菌谱不广，作用缓慢。兽医临床上常用碱性染料，其阳离子可与细菌蛋白的羟基结合，造成不正常的离子交换，抑制巯基酶反应和破坏细胞膜。碱性染料对革兰氏阳性菌有选择作用，在碱性环境中有杀菌作用，碱性越强，杀菌力越强。此处以甲紫为例。

甲紫

【理化性质】 甲紫又称龙胆紫、甲基紫、结晶紫，为深绿紫色的颗粒状粉末或绿色有金属光泽的碎片，微臭，能溶解于乙醇，在水中微溶。

【作用与应用】 碱性染料。对革兰氏阳性菌有选择性抑制作用，对真菌也有作用，其毒性很小，对组织无刺激性，有收敛作用。

本品常用于治疗皮肤、黏膜的创面感染和溃疡及烧伤，因有收敛作用，能使创面干燥，也用于皮肤表面真菌感染。

【注意事项】 ①本品有致癌性，食品动物禁用。②对皮肤、黏膜有着色作用，宠物面部创伤慎用。

【剂型、用法与用量】 临床上常用剂型为甲紫溶液，系含甲紫 0.85%～1.05%的溶液，俗称紫药水。外用治疗皮肤或黏膜的创伤、烧伤和溃疡。治疗创面感染和溃疡，配成 1%～2%水溶液或醇溶液；治疗烧伤，配成 0.1%～1%水溶液。

4. 其他类

松馏油(Pix Pini)

【理化性状】 松馏油含有松节油、木馏油、酚、二甲苯、醋酸、萘、邻甲氧基苯酚等多种化合物，为棕黑色或类黑色极黏稠液体，有特臭，微溶于水，与乙醇、乙醚、冰醋酸、脂肪油或挥发油能以任意比例混合。

【作用与应用】 本品有防腐、溶解角质、止痒、促进炎性物质吸收和刺激肉芽生长等作用。可用于治疗慢性皮肤病，如湿疹、皮癣、过敏性皮炎、脂溢性皮炎和生长迟缓的肉芽创等。

【注意事项】 对皮肤有局部刺激作用，不能用于有炎症或破损的皮肤。

【剂型、用法与用量】 常用剂型为软膏剂。常用其涂于患部治疗蹄病(如蹄叉腐烂等)，每天 1～2 次。

任务二 抗 生 素

一、概述

（一）基本概念

1. 抗微生物药 抗微生物药是指能选择性地抑制或杀灭细菌、真菌、支原体和病毒等病原微生物（又称病原菌）的化学物质，可分为抗生素、化学合成抗菌药、抗真菌药、抗病毒药等。

2. 化学治疗药物 化学治疗药物是指对病原微生物具有明显的选择作用，而对动物机体没有或仅有轻度的毒性作用的化学物质，简称化疗药。

3. 抗生素 抗生素是细菌、真菌、放线菌等微生物在其代谢过程中产生的，在低浓度下即能抑制或杀灭其他病原微生物的化学物质。抗生素主要是从微生物的培养液中提取，如青霉素、土霉素等；少数抗生素是对天然抗生素化学结构进行改造或以微生物发酵产物为前体生产获得的半合成抗生素，如氨苄西林、头孢噻呋等。

4. 抗菌药 凡对细菌和其他病原微生物具有抑制和杀灭作用的物质统称为抗菌药。它包括化学合成药如磺胺类药、呋喃类药、喹诺酮类药，也包括具有抗菌作用的抗生素，还包括具有抗菌作用的中草药等。

在应用化疗药防治畜禽疾病的过程中，动物机体、病原微生物、化疗药三者之间存在复杂的相互作用关系（图 2-1），被称为“化疗三角”。

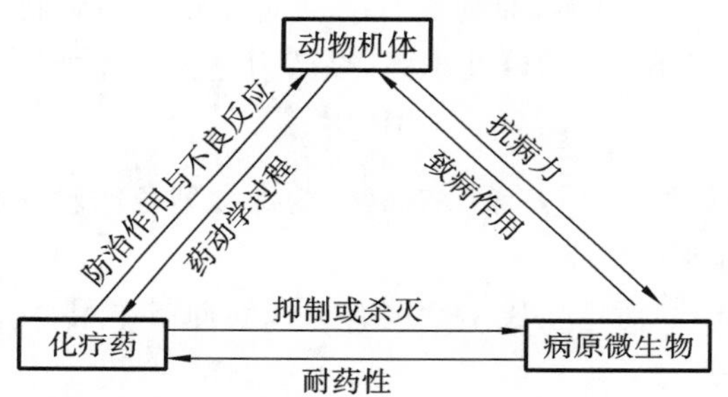

图 2-1 动物机体、化疗药与病原微生物的相互关系

在用药时要注意处理好三者的关系，一方面要针对病原微生物选药，考虑药物的药动学特征，给予充足的剂量和疗程，充分发挥药物的作用，同时也要重视动物机体的防御功能；另一方面还要注意药物对机体产生的不良反应以及防止病原微生物产生耐药性。

5. 化疗指数 化疗指数（CI）是评价化疗药的安全度及治疗价值的标准，用动物的半数致死量（LD_{50}）与治疗感染动物的半数有效量（ED_{50}）的比值表示，即 $CI=LD_{50}/ED_{50}$；或以动物的 5%致死量（LD_5）与治疗感染动物的 95%有效量（ED_{95}）的比值来衡量。一般认为，化疗指数越大，药物的毒性越低，疗效越好，临床应用价值越高。化疗指数大于 3 才有实际应用价值（抗血液原虫药除外）。但化疗指数越大，并不意味着绝对安全，如青霉素的化疗指数在 1000 以上，但仍可引起过敏反应甚至休克。

6. 抗菌谱 抗菌谱指抗菌药抑制或杀灭病原微生物的范围。分为窄谱抗菌药和广谱抗菌药。凡仅作用于单一菌种或某属细菌的药物，称窄谱抗菌药，如青霉素、链霉素；凡能抑制或杀灭多种不同种类细菌的药物，称广谱抗菌药，如四环素类、酰胺醇类、氟喹诺酮类等。

7. 耐药性 又称抗药性，分为天然耐药性和获得耐药性。天然耐药性由细菌染色体基因决定并可代代相传，如肠道杆菌对青霉素的耐药。获得耐药性是指病原菌与抗菌药多次接触后对药物的敏感性逐渐降低甚至消失，致使抗菌药对耐药病原菌的作用降低或无效，如金黄色葡萄球菌对青霉素

的耐药。

某种病原菌对一种药物产生耐药性后，往往对同一类的其他药物也具有耐药性，这种现象称为交叉耐药性，交叉耐药性包括完全交叉耐药性和部分交叉耐药性。完全交叉耐药性是双向的，如多杀性巴氏杆菌对磺胺嘧啶产生耐药性后，对其他磺胺类药均有耐药性；部分交叉耐药性是单向的，如氨基糖苷类之间，对链霉素耐药的细菌，对庆大霉素、卡那霉素、新霉素仍敏感；而对庆大霉素、卡那霉素、新霉素耐药的细菌，对链霉素也耐药。

耐药性的产生是抗菌药在兽医临床应用中的一个严重问题，不合理使用和滥用抗菌药是耐药性产生的重要因素。

（二）细菌产生耐药性的机理

1. 细菌产酶使药物失活 主要有水解酶和钝化酶（合成酶）两类。水解酶如β-内酰胺酶类，它们能使青霉素或头孢菌素的β-内酰胺环断裂而使药物失效。钝化酶常见的有乙酰转移酶、磷酸转移酶及核苷酸转移酶等。乙酰转移酶作用于氨基糖苷类的氨基及酰胺醇类的羟基，使其乙酰化而失效；磷酸转移酶及核苷酸转移酶作用于羟基，使其磷酰化而失去抗菌活性。

2. 改变膜的通透性 一些革兰氏阴性菌对四环素类及氨基糖苷类产生耐药性，是由于耐药菌所带的质粒诱导产生三种新的蛋白质，阻塞了外膜亲水性通道，使药物不能进入菌体而形成耐药性。革兰氏阴性菌及铜绿假单胞菌细胞外膜亲水通道的改变，也会使细菌对某些广谱青霉素和第三代头孢菌素产生耐药性。

3. 改变药物作用的靶位结构 药物作用靶位的结构或位置发生变化后，药物与细菌不能结合而丧失抗菌效能。如β-内酰胺类抗生素的作用靶位是青霉素结合蛋白（PBPs），β-内酰胺类抗生素耐药菌株体内 PBPs 的质和量发生改变；链霉素耐药菌株，主要是细菌核蛋白体 30S 亚基上的链霉素受体（P_{10}蛋白）发生构型改变。

4. 改变代谢途径 磺胺类药与对氨基苯甲酸（PABA）竞争二氢叶酸合成酶而产生抑菌作用。如金黄色葡萄球菌多次接触磺胺类药后，其自身的 PABA 产量增加，可高达原敏感菌产量的 20～100 倍。后者与磺胺类药竞争二氢叶酸合成酶，使磺胺类药药效下降甚至消失。

5. 主动外排作用 有些耐药菌具有特殊的主动外排系统，可将进入细菌细胞体内的药物泵出细胞外，使菌体细胞内的药物浓度不足以发挥抗菌作用而导致耐药。如四环素类、喹诺酮类、大环内酯类、β-内酰胺类等。

（三）抗生素效价

抗生素是一种生理活性物质，可以利用抗菌性能表示它的效价，效价即抗生素活性成分含量，是评价抗生素效能的标准，通常以质量或单位（U）表示。具有一定生物效能（抗菌作用）的最小效价单元称为单位（U）。

每种抗生素的效价与质量之间有特定的换算关系：如青霉素钠 1 U＝0.6 μg（1 mg＝1667 U）；青霉素钾 1 U＝0.625 μg（1 mg＝1600 U）；多黏菌素 B 游离碱 1 U＝0.1 μg。其他抗生素多是1 U＝1 μg，如 1 g 纯链霉素碱相当于 100 万 U 的链霉素粉针。25 万 U 的土霉素片相当于 0.25 g 的纯土霉素碱。为了开处方的方便，兽医临床使用的抗生素制品，除了在其标签上标注 U 外，通常还标有 mg 或 g。

扫码学课件

2-2-1

（四）分类

根据抗生素的抗菌谱（抗菌谱并非绝对的）和临床应用可简单分为以下几类。

扫码学课件

2-2-2

1. 主要作用于革兰氏阳性菌的抗生素 包括青霉素类、头孢菌素类、β-内酰胺抑制剂、大环内酯类、林可胺类、截短侧耳素类等。

2. 主要作用于革兰氏阴性菌的抗生素 包括氨基糖苷类、多肽类等。

3. 广谱抗生素 包括四环素类、酰胺醇类。

扫码学课件

2-2-3

4. 抗真菌抗生素 包括两性霉素 B、制霉菌素和灰黄霉素等。

5. 其他抗生素 包括盐霉素、莫能菌素、拉沙里菌素、马杜霉素、伊维菌素等抗寄生虫抗生素及黄霉素、那西肽等。

(五)抗菌药的作用机理

1. 抑制细菌细胞壁的合成 大多数细菌(如革兰氏阳性菌)的细胞膜外有一坚韧的细胞壁，主要由黏肽组成，具有维持细胞形状及保持菌体内渗透压的功能。青霉素类、头孢菌素类及杆菌肽等能分别抑制黏肽合成过程中的不同环节。这些抗生素均可使细菌细胞壁缺损，菌体细胞内的高渗透压使细胞外的水分不断渗入菌体细胞内，引起菌体膨胀变形，加上激活自溶酶，使细菌裂解而死亡。抑制细菌细胞壁合成的抗生素对革兰氏阳性菌的作用强，而对革兰氏阴性菌的作用弱，这是因为革兰氏阳性菌的细胞壁的主要成分为黏肽，占细胞壁重量的 65%～95%，而革兰氏阴性菌的细胞壁的主要成分为磷脂，黏肽仅占 1%～10%；革兰氏阳性菌细胞内的渗透压高，为 20～30 个标准大气压；而革兰氏阴性菌细胞内的渗透压低，为 5～10 个标准大气压。这些抗生素主要影响正在繁殖的细菌细胞，故这类抗生素称为繁殖期杀菌剂。

2. 增加细菌细胞膜的通透性 位于细胞壁内侧的细胞膜主要是由类脂质与蛋白质分子构成的半透膜，它的功能在于维持渗透屏障、运输营养物质和排泄菌体内的废物，并参与细胞壁的合成等。当细胞膜损伤时，通透性将增加，导致菌体内细胞中的重要营养物质(如核酸、氨基酸、酶、磷酸、电解质等)外漏而死亡，产生杀菌作用。如：多黏菌素类的化学结构中含有带正电荷的游离氨基，与革兰氏阴性菌细胞膜中带负电荷的磷酸根结合，使细胞膜受损。又如：两性霉素 B 及制霉菌素等可与真菌细胞膜上的类固醇结合，使细胞膜受损；而细菌细胞膜不含类固醇，故对细菌无效。动物细胞的细胞膜上含有少量类固醇，故长期或大剂量使用两性霉素 B 可出现溶血性贫血。

3. 抑制细菌蛋白质的合成 细菌蛋白质合成场所在核糖体上，蛋白质的合成过程分三个阶段，即起始阶段、延长阶段和终止阶段。不同抗生素对三个阶段的作用不完全相同。如氨基糖苷类可作用于三个阶段；林可胺类仅作用于延长阶段。细菌细胞与哺乳动物细胞合成蛋白质的过程基本相同，两者最大的区别在于核糖体的结构及蛋白质、RNA 的组成不同。因为细菌细胞核糖体的沉降系数为 70S，并可解离为 50S 及 30S 亚基；而哺乳动物细胞核糖体的沉降系数为 80S，并可解离为 60S 及 40S 亚基，这就是抗生素对动物机体毒性小的主要原因。许多抗生素可影响细菌蛋白质的合成，但作用部位不完全相同。如：氨基糖苷类及四环素类主要作用于 30S 亚基，氯霉素类、大环内酯类、林可胺类则主要作用于 50S 亚基。

4. 抑制细菌核酸的合成 核酸具有调控蛋白质合成的功能。新生霉素、灰黄霉素、利福平和抗肿瘤的抗生素等可抑制或阻碍细菌细胞 DNA 或 RNA 的合成。如喹诺酮类药物与 DNA 双链中非配对碱基结合，抑制 DNA 回旋酶的 A 亚单位，使 DNA 超螺旋结构不能封口，导致 mRNA 与蛋白质合成失控。新生霉素主要影响 DNA 聚合酶的作用，从而影响 DNA 合成；灰黄霉素可阻止鸟嘌呤进入 DNA 分子中而阻碍 DNA 的合成；利福平可与 DNA 依赖的 RNA 聚合酶的 β 亚单位结合，从而抑制 mRNA 的转录。

5. 影响叶酸的合成 磺胺类药的结构与对氨基苯甲酸相似，可竞争性地抑制菌体内的二氢叶酸的合成酶，从而阻碍二氢叶酸的合成(动物可以利用外源叶酸)；甲氧苄啶等可抑制二氢叶酸还原酶，使菌体内叶酸缺乏，导致核苷酸、核酸的合成受阻，因而影响细菌的生长繁殖，起到杀菌的作用。

二、临床常用抗生素

(一) β-内酰胺类

β-内酰胺类系指化学结构中含有 β-内酰胺环的一类抗生素，兽医临床常用药物主要包括青霉素类和头孢菌素类。

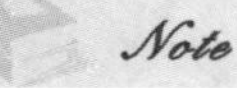

1. 青霉素类 青霉素类包括天然青霉素和半合成青霉素，前者的优点是杀菌力强、毒性低、价格低廉，但存在抗菌谱较窄，易被胃酸和 β-内酰胺酶(青霉素酶)水解破坏，金黄色葡萄球菌易产生耐药

性等缺点，后者具有耐酸、耐酶、广谱等优点（表 2-1）。

表 2-1 青霉素类药物特点

类别	名称	特点
天然青霉素	青霉素 G（苄青霉素、青霉素）	不耐酸，不耐酶，窄谱，繁殖期杀菌剂
	普鲁卡因青霉素、苄星青霉素（二苄基乙二胺青霉素）	不耐酸，不耐酶，窄谱，适用于慢性、轻度感染
半合成青霉素	氨苄西林（氨苄青霉素、安比西林）、阿莫西林（羟氨苄青霉素）	广谱，耐酸，不耐酶
	苯唑西林（苯唑青霉素、新青霉素Ⅱ） 氯唑西林（抗葡萄球菌青霉素）	耐酸，耐酶，窄谱，适用于耐青霉素金黄色葡萄球菌感染

1）天然青霉素

青霉素 G（Penicillin G）

【理化性质】 青霉素 G 又名苄青霉素或青霉素，是一种有机酸，性质稳定，难溶于水，其钾盐或钠盐为白色结晶性粉末，有吸湿性，遇酸、碱或氧化剂等迅速失效，水溶液在室温放置易失效，临床应用时要现用现配。

【体内过程】 青霉素 G 易被胃酸和消化酶所破坏，仅有少量被吸收，因此不宜内服而常作肌内注射。肌内注射后吸收很快，约 30 min 血浆浓度可达峰值，排泄也较快。如给水牛 1 次肌内注射青霉素 G 5000 U/kg，30 min 血浆浓度达峰值，有效血药浓度可维持 5.9 h，吸收后，50%以上与血浆蛋白呈可逆性结合，其余部分通过被动扩散分布到体内各组织及体液中，但在脑脊液、关节囊、胸腔、乳腺等部位的浓度较低。当中枢神经系统或其他组织有炎症变化时，青霉素 G 则较易进入，并可达到有效浓度。主要以原形由肾脏排泄，其经肾脏排泄的方式有两种：首先是 80%以上经肾小管分泌；其次是少量通过肾小球过滤。由于青霉素的尿中浓度较高，故可治疗尿路感染。

【作用与应用】 本品属窄谱的杀菌性抗生素，杀菌作用强且快。它的敏感菌主要是多数革兰氏阳性菌和革兰氏阴性球菌，如链球菌、葡萄球菌、猪丹毒杆菌、棒状杆菌、炭疽杆菌、破伤风梭菌、放线菌和螺旋体，对分枝杆菌、支原体、衣原体、立克次体、真菌和病毒不敏感。

主要用于敏感菌所引起的各种感染，如猪丹毒、气肿、恶性水肿、放线菌病、马腺疫、坏死杆菌病、钩端螺旋体病及乳腺炎、皮肤软组织感染、关节炎、子宫炎、肺炎、败血症和破伤风等。内服大剂量的青霉素 G 可治疗鸡球虫病并发的肠道梭菌感染，治疗破伤风时宜与破伤风抗毒素合用。

【耐药性】 除金黄色葡萄球菌外，一般细菌不易产生耐药性。

【不良反应】 青霉素 G 的毒性很小，其不良反应主要是过敏反应。大多数动物均可发生，但发生率较低。其临床表现主要为荨麻疹、皮疹等，严重时休克。某些动物可致二重感染。

【注意事项】 ①本品毒性小，但局部刺激性强，可产生疼痛反应，其钾盐较明显。②少数动物可出现皮疹、水肿、流汗、不安、肌肉震颤、心率加快、呼吸困难和休克等过敏反应，可应用肾上腺素、糖皮质激素、抗组胺药物救治。③青霉素 G 的 β-内酰胺环在水溶液中可裂解成青霉烯酸和青霉噻唑酸，使抗菌活性降低，过敏反应发生率增高，故应用时要现用现配。④与氨基糖苷类合用呈现协同作用，与红霉素、四环素类和酰胺醇类等快效抑菌剂合用，可降低青霉素 G 的抗菌活性，与重金属离子（尤其是铜、锌、汞离子）、醇类、酸、碘、氧化剂、还原剂、羟基化合物、呈酸性的葡萄糖注射液或盐酸四环素注射液等合用可破坏青霉素 G 的活性。⑤使用青霉素 G 钾时，剂量过大或注射速度过快，可引起高钾性心搏骤停，对心、肾功能不全的动物慎用。

【制剂、用法与用量】 注射用青霉素钠，注射用青霉素钾，肌内注射，一次量，每千克体重，马、牛 1 万～2 万 U，羊、猪、驹、犊 2 万～3 万 U，犬、猫 3 万～4 万 U，禽 5 万 U。一日 2～3 次。乳房内注射，一次量，每一乳室，牛 10 万 U，一日 2～3 次。或遵医嘱。

Note

【休药期】 0 日。弃奶期:3 日。

普鲁卡因青霉素(Procaine Benzylpenicillin)

【理化性质】 本品为白色结晶性粉末,在甲醇中易溶,在乙醇或三氯甲烷中略溶,遇酸、碱或氧化剂等迅速失效。

【作用与应用】 肌内注射后,局部水解释放出青霉素,缓慢吸收,因此,用于慢性和轻度感染,或作维持剂量用。

【制剂、用法与用量】 普鲁卡因青霉素注射液,肌内注射:一次量,每千克体重,马、牛 1 万～2 万 U,羊、猪、驹、犊 2 万～3 万 U,犬、猫 3 万～4 万 U。一日 1 次,连用 2～3 日。

【休药期】 普鲁卡因青霉素注射液:牛 10 日,羊 9 日,猪 7 日。弃奶期:48 h。注射用普鲁卡因青霉素:牛、羊 4 日,猪 5 日,弃奶期 72 h。

苄星青霉素(Benzathine Benzylpenicillin)

【作用与应用】 本品吸收和排泄缓慢,血药浓度低,维持时间长,主要用于轻度和慢性感染性疾病及需长期用药的疾病,如牛肾盂肾炎、肺炎、子宫蓄脓、复杂骨折及预防长途运输时呼吸道感染等。

【制剂、用法与用量】 苄星青霉素注射液,注射用苄星青霉素,以有效成分计。肌内注射:一次量,每千克体重,马、牛 1 万～2 万 U,羊、猪、驹、犊 2 万～3 万 U,犬、猫 3 万～4 万 U。一日 1 次,连用 2～3 日。

【休药期】 牛 10 日,羊 9 日,猪 7 日。弃奶期:46 h。

2)半合成青霉素

苯唑西林(Oxacillin)

【理化性质】 本品又名苯唑青霉素、新青霉素Ⅱ,为白色粉末或结晶性粉末。无臭或微臭。在水中易溶,在丙酮或丁醇中极微溶解,在醋酸乙酯或石油醚中几乎不溶。水溶液极不稳定。

【作用与应用】 本品为半合成的耐酸、耐酶青霉素。对耐青霉素金黄色葡萄球菌有效,但对青霉素敏感菌株的杀菌作用不如青霉素。主要用于耐青霉素金黄色葡萄球菌感染,如败血症、肺炎、乳腺炎、烧伤创面感染等。

【制剂、用法与用量】 注射用苯唑西林钠,以苯唑西林计。肌内注射:一次量,每千克体重,马、牛、羊、猪 10～15 mg,犬、猫 15～20 mg。一日 2～3 次,连用 2～3 日。

【休药期】 牛、羊 14 日,猪 5 日。弃奶期:72 h。

氯唑西林(Cloxacillin)

【理化性质】 本品又称邻氯青霉素,为白色粉末或结晶性粉末。有吸湿性,溶于水及乙醇。应密封保存。

【作用与应用】 本品耐酸、耐酶。对青霉素耐药的菌株有效,尤其对耐青霉素金黄色葡萄球菌有很强的杀灭作用,故称为“抗葡萄球菌青霉素”,但对青霉素敏感菌的作用不如青霉素。

主要用于治疗动物的骨、皮肤和软组织的葡萄球菌感染,以及耐青霉素金黄色葡萄球菌感染,如奶牛乳腺炎。

【制剂、用法与用量】 注射用氯唑西林钠,以氯唑西林计。肌内注射:一次量,每千克体重,马、牛、羊、猪 5～10 mg,犬、猫 20～40 mg,一日 3 次,连用 2～3 日。

【休药期】 牛 10 日。弃奶期:48 h。

氨苄西林(Ampicillin)

【理化性质】 本品又名氨苄青霉素,为白色结晶性粉末;味微苦,钠盐无臭或微臭。有吸湿性,在水中易溶,其水溶液极不稳定。

【药动学】 本品耐酸、不耐酶,内服或肌内注射均易吸收。单胃动物吸收的生物利用度为30%～55%,反刍动物吸收差,绵羊内服吸收的生物利用度仅为 2.1%,肌内注射吸收接近完全(超过

80%)。吸收后分布到各组织，其中以胆汁、肾、子宫等浓度较高。其血清蛋白结合率较青霉素低，与马血清蛋白结合的能力，约为青霉素的 1/10。主要由尿和胆汁排泄。肌内注射半衰期短。

【药理作用】 对大多数革兰氏阳性菌的效力不及青霉素或相近。对革兰氏阴性菌如大肠杆菌、变形杆菌、沙门氏菌、嗜血杆菌和巴氏杆菌等均有较强的作用，与氯霉素、四环素相似或略强，但不如卡那霉素、庆大霉素和多黏菌素。本品对耐药金黄色葡萄球菌、绿脓杆菌(又称铜绿假单胞菌)无效。

【临床应用】 主要用于敏感菌所致的呼吸系统、泌尿系统感染以及革兰氏阴性杆菌引起的某些感染，如驹、犊肺炎，牛巴氏杆菌病，猪传染性胸膜肺炎，鸡白痢，禽伤寒等。严重感染时，可与氨基糖苷类抗生素合用以增强疗效。

【制剂、用法与用量】 氨苄西林钠可溶性粉，以氨苄西林计。内服：每千克体重，家畜、禽 20～40 mg，如犬、猫 20～30 mg，一日 2～3 次，连用 2～3 日。混饮：每升水，禽 60 mg，连用 3～5 日。

注射用氨苄西林钠。肌内注射、静脉注射，一次量，每千克体重，家畜 10～20 mg，如犬、猫 10～20 mg，一日 2～3 次，连用 2～3 日。

【休药期】 氨苄西林钠可溶性粉：鸡 7 日，蛋鸡产蛋期禁用。注射用氨苄西林钠：牛 6 日，猪 15 日，羊 28 日(暂定)。牛、羊弃奶期：48 h。

【不良反应】 ①干扰胃肠道正常菌群，成年反刍动物不可内服。②马属动物不宜长期服用。

阿莫西林(Amoxicillin)

【理化性质】 阿莫西林又名羟氨苄青霉素，为白色或类白色结晶性粉末。味微苦。在水中微溶，乙醇中几乎不溶。耐酸(对酸稳定，在碱性溶液中容易被破坏)。

【药动学】 本品在胃酸中较稳定，单胃动物内服后 74%～92%被吸收，食物会影响吸收速度，但不影响吸收量。内服相同剂量后，阿莫西林的血药浓度一般比氨苄西林高 1.5～3 倍。在马、驹、山羊、绵羊、犬，本品的半衰期分别为 0.66 h、0.74 h、1.12 h、0.77 h 及 1.25 h。本品可进入脑脊液，脑膜炎时的浓度为血清浓度的 10%～60%。犬的血浆蛋白结合率约 13%，奶中的药物浓度很低。

【作用与应用】 本品的作用、应用、抗菌谱与氨苄西林相似，对肠球菌属和沙门氏菌的作用较氨苄西林强 2～3 倍。临床上多用于犬、猫等呼吸道、尿道、皮肤、软组织及肝胆系统等感染。细菌对本品和氨苄西林有完全交叉耐药性。

【制剂、用法与用量】 阿莫西林可溶性粉，以阿莫西林计。内服：一次量，每千克体重，鸡 20～30 mg，犬、猫 10～20 mg，一日 2 次，连用 5 日。混饮：每升水，鸡 60 g，连用 3～5 日。

注射用阿莫西林钠，以阿莫西林计。肌内注射、皮下注射，一次量，每千克体重，牛、猪、犬、猫 15 mg，一日 1 次。

【休药期】 牛、猪 28 日，鸡 7 日，蛋鸡产蛋期禁用。弃奶期：96 h。

2. 头孢菌素类 头孢菌素类又名先锋霉素类，是以冠头孢菌的培养液中提取获得的头孢菌素 C 为原料，在其母核 7-氨基头孢烷酸(7-ACA)上引入不同的基团，形成的一系列广谱半合成抗生素。根据发现时间的先后，可分为第一、二、三、四代头孢菌素(表 2-2)。

表 2-2 头孢菌素类药物的分类及特点

类别	药物	特点
第一代	头孢噻吩、头孢唑啉、头孢氨苄、头孢羟氨苄等	对革兰氏阳性菌(包括耐药金黄色葡萄球菌)的作用强于第二、三、四代，对革兰氏阴性菌的作用较差，对铜绿假单胞菌无效
第二代	头孢西丁、头孢克洛等	与第一代比较，对革兰氏阳性菌的作用相似或稍弱，对革兰氏阴性菌的作用则增强，部分药物对厌氧菌有效，但对铜绿假单胞菌无效
第三代	头孢噻肟、头孢曲松、头孢哌酮、头孢噻呋、头孢维星等	对革兰氏阴性菌的作用比第二代强，尤其对铜绿假单胞菌、肠杆菌属、厌氧菌有较强的杀灭作用，但对革兰氏阳性菌的作用比第一、二代弱。对β-内酰胺酶的耐受力很高，具有较好的穿透脑脊液的能力

续表

类别	药物	特点
第四代	头孢吡肟、头孢喹诺等	与第三代比较，抗菌谱更广，对β-内酰胺酶高度稳定，半衰期较长，无肾毒性

注：带下划线的为动物专用药。

头孢氨苄(Cefalexin)

【理化性状】 头孢氨苄又称先锋霉素Ⅳ，为白色或微黄色结晶性粉末。微臭，微溶于水，易溶于乙醇。

【药动学】 本品内服吸收迅速而完全，犬、猫的生物利用度为75%～90%，以原形从尿中排出。肌内注射吸收快，约0.5 h达最高血药浓度，犊的生物利用度为74%。

【作用与应用】 第一代头孢菌素，具有广谱抗菌作用。对革兰氏阳性菌作用较强(肠球菌除外)，对部分大肠杆菌、变形杆菌、克雷伯氏杆菌、沙门氏菌、志贺氏菌有抗菌作用，但对铜绿假单胞菌无作用。主要用于耐药金黄色葡萄球菌及某些革兰氏阴性杆菌引起的呼吸道、泌尿生殖道、皮肤和软组织感染。

【不良反应】 ①过敏反应：犬肌内注射有时出现严重的过敏反应，甚至死亡。②胃肠道反应：犬、猫能引起厌食、呕吐或腹泻等胃肠道反应。③肾毒性：长期或大量使用可使肾小管坏死。注意：肾功能不良者慎用。与氨基糖苷类、利尿药等合用时应注意调整剂量。

【制剂、用法与用量】 头孢氨苄片，以头孢氨苄计。内服：一次量，每千克体重，马22 mg，犬、猫10～30 mg，一日3～4次，连用2～3日。

头孢氨苄注射液，以头孢氨苄计。肌内注射，一次量，每千克体重，猪0.1 mL，一日1次。

【休药期】 猪28日。弃奶期：48 h。

头孢噻呋(Ceftiofur)

【理化性状】 头孢噻呋为类白色至淡黄色粉末。在水中不溶，在丙酮中微溶，在乙醇中几乎不溶。其钠盐易溶于水，具有吸湿性。

【药动学】 内服不吸收，肌内注射和皮下注射吸收迅速，体内分布广泛，但不能通过血脑屏障。注射给药后，在血液和组织中的药物浓度高，有效血药浓度维持时间长。在体内能生成具有活性的代谢产物——脱氧呋喃甲酰头孢噻呋，并进一步代谢为无活性的产物，从尿和粪中排泄。

【药理作用】 为动物专用第三代头孢菌素类药物，具有广谱杀菌作用，对多数革兰氏阳性菌和革兰氏阴性菌及产β-内酰胺酶的细菌有效。其抗菌活性强于氨苄西林，对链球菌的抗菌作用比氟喹诺酮类强。敏感菌主要有多杀性巴氏杆菌、溶血性巴氏杆菌、胸膜肺炎放线杆菌、沙门氏菌、大肠杆菌、链球菌、葡萄球菌等，但某些铜绿假单胞菌、肠球菌耐药。

【作用与应用】 主要用于治疗革兰氏阳性菌和革兰氏阴性菌引起的感染，如猪肺疫、禽霍乱、牛出血性败血症、猪传染性胸膜肺炎等。

【不良反应】 ①可引起胃肠道菌群紊乱和二重感染。②有一定肾毒性。③对牛可引起特征性的脱毛或瘙痒。

【制剂、用法与用量】 头孢噻呋注射液，盐酸头孢噻呋注射液，注射用头孢噻呋，注射用头孢噻呋钠，以头孢噻呋计。肌内注射：一次量，每千克体重，牛1.1～2.2 mg，猪3～5 mg，犬、猫2.2 mg，一日1次，连用3日。皮下注射或肌内注射：1日龄鸡，每羽0.1 mg。

盐酸头孢噻呋乳房注入剂(干乳期)，产犊前60日给药，每一乳室500 mg。

【休药期】 注射用头孢噻呋：猪1日；注射用头孢噻呋钠：猪4日；头孢噻呋注射液：猪5日；盐酸头孢噻呋注射液：猪7日；盐酸头孢噻呋乳房注入剂(干乳期)：牛16日，弃奶期0日。

头孢维星(Cefoveci)

【理化性质】 头孢维星又名康卫宁，为白色或微黄色结晶性粉末，味苦，能溶于水。溶于水久置

后颜色变黄，药效下降。其水溶液应冷藏保存。

【药理作用】 本品是一种新型的动物专用第三代头孢菌素类广谱抗菌药。本品具广谱杀菌作用，对某些β-内酰胺酶也有抗菌活性。敏感菌主要有大肠杆菌、巴氏杆菌、变形杆菌、链球菌、葡萄球菌等；对某些厌氧菌有效，如梭菌属、拟杆菌属；对假单胞菌无效。

本品吸收后与血浆蛋白高度结合，其作用呈现明显的时间依赖性，由于其特殊的药物代谢动力学方式，头孢维星半衰期极长，只需要每14日给药1次即可。

【临床应用】 主要用于敏感菌引起的呼吸道、消化道感染，尤其适用于皮肤、软组织、尿路感染的长期治疗。

【注意事项】 ①本品应冷藏保存，配制后应在28日内使用。②严禁用于小型食草动物，如兔、豚鼠等。③慎用于8周龄以下的犬、猫。④因本品吸收后血浆蛋白结合率高，因此，联合使用其他血浆蛋白结合率高的药物时应谨慎，如呋塞米、非甾体类抗菌药等。

【制剂、用法与用量】 注射用头孢维星钠(进口兽药)800 mg。临用前用10 mL灭菌注射用水稀释。皮下注射：一次量，每千克体重，犬0.1 mL，2周1次，连用1～2次。

【休药期】 无。

头孢喹肟(Cefquinome)

【理化性状】 头孢喹肟又称头孢喹诺。常用其硫酸盐，为白色至淡黄色粉末。在水中易溶，在氯仿中几乎不溶。

【药动学】 内服吸收很少，肌内注射和皮下注射吸收迅速，达峰时间0.5～2 h，生物利用度高(大于93%)。体内分布并不广泛，表观分布容积约0.2 L/kg，奶牛泌乳期乳房灌注给药后，能快速分布于整个乳房组织，并维持较高的组织浓度。主要以原形经肾排出体外。

【药理作用】 为动物专用第四代头孢菌素类药物。具有广谱杀菌作用，对革兰氏阳性菌、革兰氏阴性菌(产β-内酰胺酶菌)均有较强活性。其抗菌活性强于头孢噻呋和恩诺沙星。敏感菌主要有金黄色葡萄球菌、链球菌、肠球菌、大肠杆菌、沙门氏菌、多杀性巴氏杆菌、溶血性巴氏杆菌、胸膜肺炎放线杆菌、克雷伯氏杆菌、铜绿假单胞菌等。

【临床应用】 主要用于治疗敏感菌引起的牛、猪呼吸系统感染及奶牛乳腺炎。如牛、猪溶血性巴氏杆菌或多杀性巴氏杆菌引起的支气管肺炎，猪放线杆菌性胸膜肺炎、渗出性皮炎等。

【制剂、用法与用量】 硫酸头孢喹肟注射液，注射用硫酸头孢喹肟。以头孢喹肟计，肌内注射：一次量，每千克体重，牛1 mg，猪1～2 mg，一日1次，连用3日。

硫酸头孢喹肟乳房注入剂(干乳期)。以头孢喹肟计，在最后一次挤奶后，每个乳室注入0.15 g。

硫酸头孢喹肟乳房注入剂(泌乳期)。以头孢喹肟计，挤奶后，每个感染乳室8 g，间隔12 h，连用3次。

【休药期】 猪3日。

硫酸头孢喹肟乳房注入剂(干乳期)。干乳期超过5周的，弃奶期为产犊后1日，干乳期不足5周的，弃奶期为给药后36日。

硫酸头孢喹肟乳房注入剂(泌乳期)。产犊前60日给药，弃奶期0日。

3. β-内酰胺酶抑制剂 β-内酰胺酶抑制剂是一类能与革兰氏阳性菌、革兰氏阴性菌所产生的β-内酰胺酶结合而抑制β-内酰胺酶活性的β-内酰胺类药物。与青霉素类、头孢菌素类合用可极大地提高抗菌活性，可使其最小抑菌浓度(MIC)明显下降，药物可增效几倍至十几倍，使耐药菌株恢复其敏感性。

克拉维酸(Clavulanic Acid)

【理化性质】 克拉维酸系由棒状链霉菌产生的抗生素。其钾盐为无色针状结晶，易溶于水，在水溶液中极不稳定，微溶于乙醇，不溶于乙醚。易吸湿失效，应于密闭低温干燥处保存。

【药理作用】 本品内服吸收好，也可肌内注射给药。可通过血脑屏障和胎盘屏障，尤其当机体

有炎症时可促进本品的扩散，在体内主要以原形从肾排出，部分也可通过粪及呼吸道排出。

【临床应用】 本品仅有微弱的抗菌活性，不单独用于抗菌，而是与其他β-内酰胺类抗生素(如阿莫西林、氨苄西林)以1∶2或1∶4比例合用，以扩大不耐酶抗生素的抗菌谱，增强抗菌活性及克服细菌的耐药性。主要用于敏感菌所致的呼吸系统、泌尿系统、皮肤及软组织(脓性皮炎、脓肿和肛腺炎)等感染。还可用于犬、猫的敏感菌引起的牙感染等。

【注意事项】 与阿莫西林等β-内酰胺类抗生素合用时可见如下不良反应：①应用本品偶见红斑疹等皮疹。②胃肠道反应较多，如恶心、呕吐、腹泻、消化不良以及假膜性肠炎等。③若内服后出现胃肠道反应，可食后服药。④可能导致多项肝功能异常，如胆汁淤积、胆管炎、血管神经性水肿等。⑤静脉给药有局部反应，如浅表性静脉炎。⑥与阿莫西林合用对粒细胞活性有明显影响。⑦对青霉素类药物过敏的动物禁用。

【制剂、用法与用量】 ①阿莫西林克拉维酸钾片(阿莫西林∶克拉维酸钾＝4∶1)：以(阿莫西林＋克拉维酸钾)计，口服，一次量，犬、猫每千克体重12.5～25.0 mg，一日2次，连用5～7日，一些慢性感染(慢性皮炎、慢性膀胱炎和慢性呼吸道感染)的治疗可连用10～28日。

②阿莫西林、克拉维酸钾注射用(进口兽药，10 mL：阿莫西林1.4 g＋克拉维酸钾0.35 g。)：用于家畜及小动物青霉素敏感菌引起的感染。以本品计，肌内或皮下注射：牛、猪、犬、猫，每20千克体重1 mL，一日1次，连用3～5日。

③复方阿莫西林粉(50 g：阿莫西林5 g＋克拉维酸钾1.25 g)：用于鸡青霉素敏感菌引起的感染。以本品计，混饮：每升水，鸡0.5 g。现用现配，一日2次，连用3～7日。

【休药期】 阿莫西林、克拉维酸钾注射用(进口兽药))：牛42日，猪31日，弃奶期60 h。复方阿莫西林粉：鸡7日，蛋鸡产蛋期禁用。

舒巴坦(Sulbactam)

【理化性质】 舒巴坦又名青霉烷砜。临床常用其钠盐，本品为白色粉末或结晶性粉末。微有特臭，味微苦，易溶于水，在水中有一定的稳定性。在乙醇、丙酮或乙酸乙酯中几乎不溶，微溶于甲醇。

【药动学】 内服吸收少，肌内注射后能迅速分布到各组织，心、肝、肺、肾中药物浓度较高，主要经肾排泄，尿中浓度较高。

【药理作用】 本品为不可逆性半合成β-内酰胺酶抑制剂，可抑制Ⅱ、Ⅲ、Ⅳ、Ⅴ型β-内酰胺酶，并与这些酶牢固结合，且与β-内酰胺酶结合时间越长，其抑制作用越大。因其在与β-内酰胺酶结合时，自身也失去活性，被称为"自杀性"β-内酰胺酶抑制剂。本品对革兰氏阳性菌和革兰氏阴性菌(铜绿假单胞菌除外)所产生的β-内酰胺酶有抑制作用。单用时抗菌作用微弱，对金黄色葡萄球菌、表皮葡萄球菌、肠杆菌科细菌的MIC多超过25 μg/mL。肠球菌属以及铜绿假单胞菌对本品耐药。

【临床应用】 临床上与阿莫西林、泼尼松龙合用，主要用于治疗革兰氏阳性菌和阴性菌引起的奶牛乳腺炎。阿莫西林是一种广谱抗生素，通过抑制细菌细胞壁合成而发挥杀菌作用，对引起乳腺炎的多种革兰氏阳性和革兰氏阴性细菌有杀菌活性，如葡萄球菌、链球菌和大肠杆菌。舒巴坦钠可提高β-内酰胺类抗生素的抗菌作用。泼尼松龙具有抗炎作用，有助于减轻炎症和组织肿胀，促进乳腺炎的恢复。

【不良反应】 复方阿莫西林乳房注入剂(泌乳期)含阿莫西林，可能会出现极罕见的过敏反应。

【注意事项】 复方阿莫西林乳房注入剂(泌乳期)：①本品仅用于奶牛，使用本品后牛的肉产品不可食用。②未充分研究舒巴坦在奶中的残留限量，注意使用风险。③青霉素过敏者不要接触本品，使用人员要小心，避免直接接触产品中的药物。④置儿童无法触及处。

【制剂、用法与用量】 复方阿莫西林乳房注入剂(泌乳期)：乳管注入，挤奶后每乳室3 g，每12 h给药1次，连用3次。规格：①3 g∶0.2 g(以阿莫西林计)＋0.05 g(以舒巴坦计)＋0.01 g(以泼尼松龙计)；②12 g∶0.8 g(以阿莫西林计)＋0.2 g(以舒巴坦计)＋0.04 g(以泼尼松龙计)。

【休药期】 复方阿莫西林乳房注入剂(泌乳期)：弃奶期60 h。

（二）大环内酯类

大环内酯类为快速抑菌药，抗菌机理是作用于细菌核糖体的50S亚基，抑制细菌蛋白质的合成。

本类药物中的泰乐菌素、泰万菌素（乙酰异戊酰泰乐菌素、爱乐新）、替米考星、泰拉霉素（土拉霉素）是畜禽专用抗生素。另外还有红霉素、吉他霉素、罗红霉素、螺旋霉素、阿奇霉素等。

大环内酯类药物的共同特点如下：①都是无色有机碱性化合物。②主要对革兰氏阳性菌和某些革兰氏阴性菌有效，属窄谱抗生素。③与临床常用的抗生素之间无交叉耐药性，因此对常用抗生素的耐药菌有效，但是细菌对本类抗生素之间有不完全的交叉耐药性。④毒性较低，无严重的不良反应。⑤胆汁中浓度高。⑥禁与金属离子合用；本类药物是一族由12～16个碳骨架的大内酯环及配糖体组成的抗生素。⑦禁止静脉注射（阿奇霉素除外）。⑧禁止与聚醚类抗生素合用，蛋鸡产蛋期禁用。⑨妊娠犬、哺乳犬和柯利血统犬（苏牧、喜乐蒂、边牧）等禁止使用。

红霉素（Erythromycin）

【理化性质】 红霉素是从链霉菌的培养液中提取的大环内酯类抗生素。本品为白色或类白色的结晶或粉末，无臭、味苦，微有吸湿性，难溶于水，与酸结合成盐后则溶于水。本品在碱性溶液中抗菌效能强，在酸性溶液中易被破坏，pH值低于4时几乎完全失效。

【药动学】 本品口服易被胃酸破坏，采用耐酸的依托红霉素或琥乙红霉素，内服吸收良好，肌内注射吸收迅速，分布广泛，在胆汁中的浓度最高，可透过胎盘屏障及关节腔；脑膜炎时，脑脊液可达较高浓度。大部分在肝代谢，主要经胆汁排泄，部分在肠道重吸收，约5%由肾排出。

【药理作用】 本品对革兰氏阳性菌的作用与青霉素相似，但其抗菌谱较青霉素广。对革兰氏阳性菌如金黄色葡萄球菌（包括耐青霉素金黄色葡萄球菌）、肺炎球菌、链球菌、炭疽杆菌、猪丹毒杆菌、腐败梭菌、气肿疽梭菌等有较强的作用，对革兰氏阴性菌如流感嗜血杆菌、脑膜炎双球菌、布鲁氏菌、巴氏杆菌等敏感。此外，对支原体、衣原体、立克次体及钩端螺旋体亦有效。

本品与其他类抗生素之间无交叉耐药性，但大环内酯类抗生素之间有部分或完全交叉耐药性。

【临床应用】 临床上主要用于耐青霉素金黄色葡萄球菌、溶血性链球菌引起的严重感染及对青霉素过敏的病例，如肺炎、败血症、子宫内膜炎、乳腺炎、猪丹毒等，对支原体引起的禽慢性呼吸道病、猪支原体性肺炎也有较好的疗效。如与氯霉素、链霉素等合用，可获得协同作用，并可避免耐药。

【注意事项】 ①刺激性强，注射时可引起局部炎症，故采用深部肌内注射；静脉注射速度要缓慢，并避免漏出血管外。②犬、猫内服可引起呕吐、腹泻、腹痛等胃肠道反应。③2～4月龄的驹使用本品后，可出现体温升高、呼吸困难，在高温环境中应慎用。④由于新生动物肝脏代谢率低，因此本品对新生动物毒性大。

【制剂、用法与用量】 ①红霉素片：0.05 g，0.125 g，0.25 g。内服：一次量，每千克体重，仔猪、犬、猫10～20 mg，一日2次。②硫氰酸红霉素可溶性粉。混饮：每升水，禽125 mg（效价），连用3～5日。③注射用乳糖酸红霉素：0.25 g，0.3 g。肌内注射或静脉注射：一次量，每千克体重，犬、猫5～10 mg，一日2次。④红霉素眼膏：0.5%。点眼：一日3次。

【休药期】 红霉素片、硫氰酸红霉素可溶性粉：鸡3日，蛋鸡产蛋期禁用。注射用乳糖酸红霉素：牛14日，羊3日，猪7日，弃奶期3日。

泰乐菌素（Tylosin）

【理化性质】 泰乐菌素是从弗氏链霉菌的培养液中提取的。本品微溶于水，与酸制成盐后则易溶于水，白色至浅黄色粉末；水中铁、铜、铝等金属离子可使本品形成络合物而失效。兽医临床上常用其酒石酸盐和磷酸盐。

【药动学】 本品内服可吸收，但血中有效药物浓度维持时间比注射给药短。肌内注射后，吸收迅速，组织中药物浓度比内服大2～3倍，有效浓度维持时间亦较长。主要由肾脏和胆汁排泄。

【药理作用】 本品为畜禽专用抗生素，对革兰氏阳性菌、支原体、螺旋体等均有抑制作用，对革兰氏阴性菌作用弱，对革兰氏阳性菌作用比红霉素弱，对支原体作用强。本品与其他大环内酯类抗

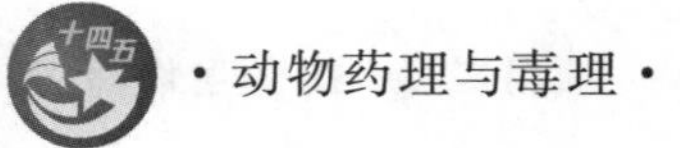

生素有交叉耐药现象。

【临床应用】 主要用于防治猪、鸡革兰氏阳性菌及支原体感染引起的疾病，也可用于治疗鸡产气荚膜梭菌引起的坏死性肠炎。还可用于鸽支原体病、鸽螺旋体病、放线菌病、鸟疫（鹦鹉热）、嗜血杆菌病、巴氏杆菌病（禽霍乱）等。

【不良反应】 ①肌内注射有局部刺激性，可引起兽医接触性皮炎。②牛静脉注射可引起震颤、呼吸困难和精神沉郁等，马属动物注射本品可致死，禁用。③与聚醚类抗生素合用可导致后者毒性增强。

【制剂、用法与用量】 酒石酸泰乐菌素可溶性粉（10%），以本品计，混饮：每升水，禽 5 g，连用 3～5 日。注射用酒石酸泰乐菌素，以泰乐菌素计，皮下或肌内注射，每千克体重，猪、禽 5～13 mg。磷酸泰乐菌素预混剂（10%），以本品计，混饲：每 1000 kg 饲料，猪 100～1000 g，鸡 40～500 g。酒石酸泰乐菌素磺胺二甲嘧啶可溶性粉（100 g：泰乐菌素 10 g＋磺胺二甲嘧啶 10 g），以本品计，混饮：每升水，鸡 2～4 g，连用 3～5 日。酒石酸泰乐菌素胶囊（赛鸽用，2.5 万 U），以本品计，内服：胶囊蘸水塞入赛鸽，每羽每次 1 粒，每日 1 次，连用 3～5 日。

【休药期】 蛋鸡产蛋期禁用。酒石酸泰乐菌素可溶性粉（10%）：鸡 1～5 日。注射用酒石酸泰乐菌素：猪 21 日，禽 28 日。磷酸泰乐菌素预混剂（10%）：猪、鸡 5 日。酒石酸泰乐菌素磺胺二甲嘧啶可溶性粉（100 g：泰乐菌素 10 g＋磺胺二甲嘧啶 10 g）：鸡 28 日。

乙酰异戊酰泰乐菌素

本品又称爱乐新、泰万菌素。

【作用与应用】 畜禽专用抗生素。抗菌作用与泰乐菌素相似。主要用于治疗支原体及敏感革兰氏阳性菌引起的感染性疾病，如猪、鸡的支原体病和链球菌病等。

【制剂、用法与用量】 酒石酸乙酰异戊酰泰乐菌素粉，酒石酸乙酰异戊酰泰乐菌素预混剂。混饮：每升水，鸡 200～250 g，连用 3～5 日。混饲：每 1000 kg 饲料，猪 1000 g，连用 7 日。

【休药期】 鸡 5 日，猪 3 日；蛋鸡产蛋期禁用。

替米考星（Tilmicosin）

【理化性状】 本品是用泰乐菌素的一种水解产物半合成的畜禽专用抗生素。本品为白色粉末，不溶于水。其磷酸盐在水、乙醇中溶解。

【药动学】 本品内服和皮下注射吸收快，但不完全，奶牛及奶山羊皮下注射的生物利用度分别为 22% 及 8.9%。肺组织中的药物浓度高。本品具有良好的组织穿透力，能迅速而完全地从血液进入乳房，乳中浓度高，维持时间长，乳中的半衰期达 1～2 日，尤其适合家畜肺炎和乳腺炎等传染性疾病的治疗。

【作用与应用】 本品抗菌作用与泰乐菌素相似，对革兰氏阳性菌、某些革兰氏阴性菌、支原体、螺旋体等均有抑制作用，对胸膜肺炎放线杆菌、巴氏杆菌及畜禽支原体具有比泰乐菌素更强的抗菌活性。主要用于防治敏感菌引起的家畜肺炎（胸膜肺炎放线杆菌、巴氏杆菌、支原体等引起）；禽的支原体病及泌乳动物的乳腺炎。

【不良反应】 ①肌内注射可产生局部刺激。牛，一次静脉注射每千克体重 5 mg 即可致死，皮下注射每千克体重 50 mg 可引起心肌毒性，每千克体重 150 mg 可致死。猪，肌内注射，每千克体重 10 mg 可引起呼吸增数、呕吐和惊厥，每千克体重 20 mg 可使大部分试验猪死亡。对灵长类动物和马也易致死。因此，本品仅供内服和皮下注射。②对动物的毒性作用主要是心血管系统，可引起心动过速和收缩力减弱。与肾上腺素合用可增加猪的死亡，慎用。

【制剂、用法与用量】 磷酸替米考星预混剂，替米考星预混剂。混饮：每升水，鸡 75 mg，连用 3 日。混饲：每 1000 kg 饲料，猪 200～400 g，连用 15 日。

替米考星溶液。皮下注射：一次量，每千克体重，牛 10 mg，仅注射一次。乳管注入：奶牛，每乳室 300 mg。

【休药期】 磷酸替米考星预混剂，替米考星预混剂：猪 14 日。替米考星溶液：鸡 12 日，产蛋期禁用。替米考星注射液：牛 35 日，泌乳期奶牛、肉牛犊禁用。

吉他霉素(Kitasamycin)

【理化性质】 吉他霉素又名北里霉素、柱晶白霉素，为淡黄色粉末，其酒石酸盐为白色至淡黄色粉末，易溶于水。

【作用与应用】 本品抗菌谱与红霉素相似，但对革兰氏阳性菌的作用较红霉素弱；对耐药金黄色葡萄球菌的效力强于红霉素，对某些革兰氏阴性菌、衣原体、立克次体也有抗菌作用。主要用于革兰氏阳性菌(包括耐药金黄色葡萄球菌)所致的感染、支原体病及猪的弧菌性痢疾等。

【制剂、用法与用量】 酒石酸吉他霉素可溶性粉，吉他霉素片，吉他霉素预混剂。内服：一次量，每千克体重，猪 20～30 mg，禽 20～50 mg，一日 2 次，连用3～5 日。混饮：每升水，鸡 250～500 mg，猪 100～200 mg，连用 3～5 日。治疗，猪 80～300 g，鸡 100～300 g，连用 5～7 日。

【休药期】 猪、鸡 7 日，产蛋供人食用的鸡在产蛋期不得使用。

泰拉霉素

泰拉霉素又称土拉霉素，为动物专用大环内酯类抗生素。

【作用与应用】 本品抗菌作用与泰乐菌素相似，主要抗革兰氏阳性菌，对少数革兰氏阴性菌和支原体也有效。对胸膜肺炎放线杆菌、巴氏杆菌及畜禽支原体的活性比泰乐菌素强。对引起猪、牛呼吸系统疾病的病原菌尤其敏感，如溶血性巴氏杆菌、多杀性巴氏杆菌、睡眠嗜血杆菌、支原体、胸膜肺炎放线杆菌、支气管败血波氏杆菌、副猪嗜血杆菌等，主要用于防治敏感菌引起的猪、牛呼吸系统疾病。也可用于禽支原体病及泌乳动物乳腺炎。

【不良反应】 牛皮下注射本品时，常会引起注射部位短暂性的疼痛反应和局部肿胀。

【注意事项】 ①泌乳期奶牛禁用；②禁止与其他大环内酯类或林可胺类合用。

【制剂、用法与用量】 泰拉霉素注射液。皮下注射：牛 2.5 mg(相当于每 40 kg 体重 1 mL)，一个注射部位的给药剂量不超过 7.5 mL。颈部肌内注射：一次量，每千克体重，猪 2.5 mg(相当于每 40 kg 体重 1 mL)，一个注射部位的给药剂量不超过 2 mL。

【休药期】 牛 49 日，猪 33 日。

(三)林可胺类

林可胺类主要包括林可霉素、氯林可霉素和吡利霉素。林可霉素是由链霉菌产生的一种碱性抗生素，氯林可霉素为其半合成衍生物。抗菌机理与红霉素相似，作用于细菌核糖体的 50S 亚基，影响细菌蛋白质的合成。可与红霉素竞争结合部位。

林可霉素(Lincomycin)

【理化性质】 林可霉素又名洁霉素，其盐酸盐为白色结晶性粉末。味苦，在水或甲醇中易溶，乙醇中略溶，水溶液性质稳定。

【药动学】 林可霉素内服吸收差，肌内注射吸收良好，0.5～2 h 血药浓度可达峰值。广泛分布于各种体液和组织中，包括骨骼，可扩散进入胎盘。肝、肾中药物浓度较高，但脑脊液中即使在炎症时也达不到有效浓度。内服给药时约 50%的林可霉素在肝中代谢，代谢产物仍具有活性。原药及代谢产物经胆汁、尿及乳汁排出，在粪中可继续排出数日，以致敏感微生物受到抑制。

【作用与应用】 抗菌谱与大环内酯类相似。对革兰氏阳性菌如葡萄球菌、溶血性链球菌和肺炎球菌等有较强的抗菌作用，对破伤风梭菌、产气荚膜梭菌、支原体也有抑制作用；对革兰氏阴性菌作用差。主要用于革兰氏阳性菌引起的各种感染，特别适用于耐青霉素、红霉素菌株的感染或对青霉素过敏的患畜。

【不良反应】 ①大剂量内服有胃肠道反应，会引起食草动物严重腹泻，甚至死亡，牛内服会引起厌食、腹泻、酮血症，严重时产奶量减少。家兔对本品敏感，易引起严重反应或死亡，不宜使用。②肌内注射时有疼痛刺激，或吸收不良。马内服或注射时可引起出血性结膜炎、腹泻，可能致死。③具有神经肌肉阻滞作用。

【制剂、用法与用量】 盐酸林可霉素片(宠物用)：内服，一次量，以林可霉素计，每千克体重，猪 10～15 mg，犬、猫 15～25 mg，一日 1～2 次，连用 3～5 日，或遵医嘱。盐酸林可霉素注射液(宠物

用)：以林可霉素计，肌内注射，一次量，每千克体重，猪 10 mg，一日 1 次；犬、猫 10 mg，一日 2 次，连用 3～5 日。盐酸大观霉素-盐酸林可霉素可溶性粉：混饮，每升水，5～7 日龄雏鸡 0.5～0.8 g(其中大观霉素 40%、林可霉素 20%)，连用 3～5 日。林可霉素乳房注入剂(泌乳期)：挤奶后每个乳房乳管内灌注 1 支，1 日 2 次，连用 2～3 次。

【休药期】 盐酸林可霉素片(宠物用)：猪 6 日。盐酸林可霉素注射液(宠物用)：猪 2 日。盐酸大观霉素-盐酸林可霉素可溶性粉：无须制定。林可霉素乳房注入剂(泌乳期)：弃奶期 7 日。

(四)截短侧耳素类

截短侧耳素是 20 世纪 50 年代从高等真菌(侧耳菌)中分离获得的一种具有抗菌活性的双萜类化合物，其抗菌活性较弱、水溶性较差，但通过分子结构改造可获得具有良好抗菌活性的截短侧耳素类及其衍生类药物。主要对革兰氏阳性菌和支原体有活性，兽医临床应用的药物有泰妙菌素和沃尼妙林。

泰妙菌素(Tiamulin)

【理化性状】 泰妙菌素又称硫姆林、泰妙灵、泰牧霉素。其延胡索酸盐为白色或类白色结晶性粉末；无臭，无味；在甲醇或乙醇中易溶，在水中溶解，在丙酮中略溶。

【药动学】 单胃动物内服吸收良好，血药浓度达峰时间在 2～4 h，生物利用度大于 85%；反刍动物内服可被胃肠道菌群灭活。吸收后在体内广泛分布，组织和乳中的药物浓度高出血清浓度几倍。肺中浓度最高。其代谢产物主要经胆汁从粪中排泄，约 30%从尿中排泄。

【作用与应用】 本品抗菌谱与大环内酯类相似。对革兰氏阳性菌(包括金黄色葡萄球菌、链球菌)、支原体、猪胸膜肺炎放线杆菌及猪痢疾密螺旋体等均有较强的抑制作用，对支原体的作用强于大环内酯类；对革兰氏阴性菌作用较弱。主要用于防治鸡的慢性呼吸系统疾病，猪支原体肺炎、猪放线杆菌胸膜肺炎、猪密螺旋体痢疾(赤痢)和猪增生性肠炎(回肠炎)。与金霉素以 1∶4 比例配伍混饲，可增强疗效。

【不良反应】 猪使用正常剂量，有时会出现皮肤红斑；应用过量，可引起猪短暂性流涎、呕吐和中枢神经抑制。

【注意事项】 ①用于马时可干扰大肠菌群和导致结肠炎发生，故禁用于马。②可影响莫能菌素、盐霉素等离子载体类抗生素的代谢，禁止合用。③使用者注意避免药物与眼及皮肤接触。

【制剂、用法与用量】 延胡索酸泰妙菌素预混剂：以延胡索酸泰妙菌素计，混饲，每 1000 kg 饲料，猪 40～100 g，连用 5～10 日。延胡索酸泰妙菌素可溶性粉(5%)：以延胡索酸泰妙菌素计，混饮，每升水，猪 45～60 mg，连用 5 日；鸡 125～250 mg，连用 3 日。

【休药期】 延胡索酸泰妙菌素可溶性粉(5%)：猪 7 日，鸡 5 日。延胡索酸泰妙菌素预混剂：猪 7 日。

沃尼妙林(Valnemulin)

沃尼妙林是新一代动物专用的截短侧耳素类半合成抗生素。

【作用与应用】 本品抗菌谱广，对革兰氏阳性菌、部分革兰氏阴性菌和支原体均有效，对金黄色葡萄球菌、链球菌、支原体、胸膜肺炎放线杆菌、结肠菌毛样短螺旋体等均有很强的抑制作用，特别是对支原体属和螺旋体属高度敏感。对革兰氏阴性菌，如大肠杆菌、沙门氏菌效力较弱。抗菌作用略强于泰妙菌素。主要用于敏感菌引起的感染性疾病，尤其是畜禽呼吸道感染。

【注意事项】 ①猪中毒可出现发热、食欲不振，严重时共济失调，喜卧，水肿或出现红斑(臀部)，眼睑水肿。②禁止与莫能菌素、盐霉素等离子载体类抗生素合用。

【制剂、用法与用量】 盐酸沃尼妙林预混剂(10%、50%)：以沃尼妙林计，混饲，每 1000 kg 饲料，治疗猪痢疾时 75 g，至少连用 10 日至症状消失；预防和治疗由肺炎支原体引起的猪支原体肺炎 200 g，连用 21 日。

【休药期】 猪 2 日。

(五)氨基糖苷类

本类药物是由氨基糖与氨基环醇通过氧桥连接而成的苷类抗生素。

抗菌机理如下：抑制蛋白质合成，为静止期杀菌性抗生素。其以抗需氧革兰氏阴性杆菌、假单胞菌属、结核菌属和葡萄球菌属为特点，由于氨基糖苷类抗生素在发挥抗菌作用时必须有氧参加，所以对厌氧菌无效。临床上常用的有链霉素、卡那霉素、庆大霉素、新霉素、阿米卡星、大观霉素等。按其来源可分为两大类：一类是由链霉菌产生的，一类是由小单胞菌产生的。

视频：2-2 氨基糖苷类抗生素

氨基糖苷类抗生素的共同特征：①均为有机碱，能与酸形成盐。常用制剂为硫酸盐，易溶于水，性质比青霉素稳定，在碱性环境中作用增强。②内服吸收很少，可作为肠道感染用药。全身感染时常注射给药(新霉素除外)。大部分以原形从尿中排出，适用于尿路感染、肾功能下降时，消除半衰期明显延长。③抗菌谱较广，主要对需氧革兰氏阴性杆菌和结核分枝杆菌作用较强，某些品种对铜绿假单胞菌、金黄色葡萄球菌也有作用，对革兰氏阳性菌的作用较弱。④主要不良反应是损害第八对脑神经和肾脏，对神经肌肉有阻滞作用。⑤细菌对本类药物易产生耐药性，且各药物之间有部分或完全交叉耐药性。⑥杀菌作用呈浓度依赖性。⑦具有明显的抗生素后效应。

氨基糖苷类抗生素在临床主要用于革兰氏阴性杆菌、铜绿假单胞菌等感染的治疗，曾经使用非常广泛，但是由于此类药物常有比较严重的耳毒性和肾毒性，其应用受到一定限制，正在逐渐退出一线用药的行列。

链霉素(Streptomycin)

【理化性质】 链霉素是从灰色链霉菌培养液中提取的。其硫酸盐为白色或类白色粉末，有吸湿性，易溶于水。

【药动学】 本品内服难吸收，大部分以原形由粪便排出。肌内注射吸收迅速而完全，约 1 h 血药浓度达峰值，有效药物浓度可维持 6～12 h。主要分布于细胞外液，易渗入胸腔、腹腔，有炎症时渗入增多。亦可透过胎盘进入胎儿的血液循环，胎儿血浓度约为母畜血浓度的一半，因此孕畜慎用链霉素，应警惕对胎儿的毒性。链霉素大部分以原形通过肾小球滤过而排出，故在尿中浓度较高，可用于治疗尿路感染(常配用碳酸氢钠)。

【药理作用】 抗菌谱较广，对结核分枝杆菌的作用在氨基糖苷类中最强，对大多数革兰氏阴性杆菌和革兰氏阳性球菌有效。如对大肠杆菌、沙门氏菌、布鲁氏菌、变形杆菌、痢疾杆菌、鼻疽杆菌和巴氏杆菌等有较强的抗菌作用，但对铜绿假单胞菌作用弱；对金黄色葡萄球菌、钩端螺旋体、放线菌、败血支原体也有效；对梭菌、真菌、立克次体、病毒无效。反复使用链霉素，细菌极易产生耐药性，且远比青霉素快，一旦产生耐药性，停药后不易恢复。因此，临床上常联合用药，以减少或延缓耐药性的产生。

【临床应用】 主要用于革兰氏阴性菌和结核分枝杆菌感染，如大肠杆菌所引起的各种腹泻、乳腺炎、子宫炎、败血症、膀胱炎等；巴氏杆菌所引起的牛出血性败血症、犊牛肺炎、猪肺疫、禽霍乱等；鸡传染性鼻炎；马棒状杆菌引起的驹肺炎等。此外，与磺胺类药、四环素、氯霉素等合用，可治疗革兰氏阴性菌引起的败血症、肺炎、尿路感染等。

【不良反应】 ①耳毒性。链霉素最常引起前庭损害，这种损害可随连续给药的药物积累而加重，并呈剂量依赖性。②猫对链霉素较敏感，常量即可造成恶心、呕吐、流涎及共济失调等。剂量过大可产生神经肌肉阻滞作用。③犬、猫外科手术全身麻醉后，合用青霉素和链霉素预防感染，常出现意外死亡，这是由于合用全身麻醉剂和肌肉松弛剂对神经肌肉阻滞作用有增强效果。④长期应用可引起肾脏损害。

【注意事项】 ①链霉素与其他氨基糖苷类抗生素有交叉过敏现象，对氨基糖苷类抗生素过敏的患畜禁用。②患畜出现脱水(可致血药浓度增高)或肾功能损害时慎用。③用本品治疗尿路感染时，食肉动物和杂食动物可同时内服碳酸氢钠使尿液呈碱性，以增强药效。④Ca^{2+}、Mg^{2+}、Na^{+}、NH_4^{+}和K^{+}等阳离子可抑制本类药物的抗菌活性。⑤与头孢菌素、右旋糖酐、强效利尿药(如呋塞米等)、红霉素等合用，可增强本类药物的耳毒性。⑥骨骼肌松弛药(如氯化琥珀胆碱等)或具有此种作用的药物可加强本类药物的神经肌肉阻滞作用。

【制剂、用法与用量】 注射用硫酸链霉素、硫酸链霉素注射液：肌内注射，每千克体重，家畜1 万～

1.5 万 U(1 g=100 万 U)，一日 2 次，连用 2～3 日。注射用硫酸双氢链霉素、硫酸双氢链霉素注射液：每 10 kg 体重，家畜 1 万 U(1 g=100 万 U)，一日 2 次。

【休药期】 牛、羊、猪 18 日。弃奶期：72 h。

卡那霉素(Kanamycin)

【理化性质】 卡那霉素是从卡那链霉菌的培养液中提取的，有 A、B、C 三种成分。临床应用以卡那霉素 A 为主。常用其硫酸盐，为白色或类白色结晶性粉末，易溶于水，在水溶液中稳定，100 ℃灭菌 30 min 效价无明显损失。

【药动学】 本品内服吸收差，肌内注射吸收迅速，有效血药浓度可维持 12 h。主要分布于各组织和体液中，以胸腔、腹腔中的药物浓度较高，胆汁、唾液、支气管分泌物及脑脊液中含量很低。有 40%～80%以原形从尿中排出。尿中浓度很高，可用于治疗尿路感染。

【作用与应用】 抗菌谱与链霉素相似，但抗菌活性稍强。对多数革兰氏阴性杆菌如大肠杆菌、变形杆菌、沙门氏菌和巴氏杆菌等有效，但对铜绿假单胞菌无效；对结核分枝杆菌和耐青霉素金黄色葡萄球菌亦有效。主要用于多数革兰氏阴性杆菌和部分耐青霉素金黄色葡萄球菌所引起的感染，如呼吸道、肠道和尿路感染，以及乳腺炎、鸡霍乱和雏鸡白痢等。此外，亦可治疗猪喘气病、猪萎缩性鼻炎和鸡慢性呼吸道病。

【注意事项】 本品对肾脏和听神经有毒性作用。

【制剂、用法与用量】 注射用硫酸卡那霉素、硫酸卡那霉素注射液：肌内注射，一次量，每千克体重，家畜 10～15 mg，一日 2 次，连用 2～3 日。单硫酸卡那霉素可溶性粉：混饮，每升水，鸡 6 万～12 万 U。

【休药期】 注射用硫酸卡那霉素、硫酸卡那霉素注射液：家畜 28 日，弃奶期 7 日。单硫酸卡那霉素可溶性粉：鸡 28 日，弃蛋期 7 日。

庆大霉素(Gentamicin)

【理化性质】 庆大霉素系从放线菌科小单孢子属的培养液中提取获得的含有 C_1、C_{1a}和 C_2 三种成分的复合物。三种成分的抗菌活性和毒性基本一致。其硫酸盐为白色或类白色结晶性粉末，无臭，有吸湿性，在水中易溶，乙醇中不溶。

【药动学】 本品内服难吸收，肠内浓度较高。肌内注射后吸收快而完全，主要分布于细胞外液，可渗入胸腹腔、心包、胆汁及滑膜液中，亦可进入淋巴结及肌肉组织。其 70%～80%以原形通过肾小球滤过而从尿中排出。

【作用与应用】 本品在氨基糖苷类抗生素中抗菌谱较广，抗菌活性最强。对革兰氏阴性菌和革兰氏阳性菌均有效。特别对铜绿假单胞菌、大肠杆菌、变形杆菌及耐药金黄色葡萄球菌等作用最强。此外，对支原体、结核分枝杆菌亦有作用。临床主要用于耐药金黄色葡萄球菌、铜绿假单胞菌、变形杆菌和大肠杆菌等所引起的各种呼吸道、肠道、尿路感染和败血症等，内服还可用于治疗肠炎和细菌性腹泻。

【不良反应】 与链霉素相似。对肾脏有较严重的损害作用，临床应用要严格掌握剂量与疗程。与头孢类抗生素合用可增强其肾毒性。

【制剂、用法与用量】 硫酸庆大霉素注射液(2 mL：0.08 g、5 mL：0.2 g、10 mL：0.2 g、10 mL：0.4 g)：肌内注射，一次量，每千克体重，家畜 2～4 mg，如犬、猫 3～5 mg，家禽 5～7.5 mg，1 日 2 次，连用2～3 日；静脉滴注(严重感染)，用量同肌内注射。硫酸庆大霉素可溶性粉(5%)：混饮，每升水，鸡 10 万 U，连用 3～5 日。

【休药期】 硫酸庆大霉素注射液：猪、牛、羊 40 日。硫酸庆大霉素可溶性粉(5%)：鸡 28 日，蛋鸡产蛋期禁用。

新霉素(Neomycin)

【理化性质】 新霉素是从弗氏链霉菌培养液中提取获得的。抗菌谱与卡那霉素相似。

【药理作用】 在氨基糖苷类抗生素中，毒性最大，一般禁用于注射给药。内服给药后很少吸收，主要用于治疗畜禽的肠道感染；子宫或乳房内注射，治疗奶牛、母猪的子宫内膜炎和乳腺炎；局部外用(0.5%的溶液或软膏)，治疗皮肤、黏膜化脓性感染。滴眼液可用于结膜炎、角膜炎等，还可用于鱼、虾、河蟹等水产动物因气单胞菌、爱德华氏菌及弧菌等感染引起的肠道疾病。

【制剂、用法与用量】 硫酸新霉素滴眼液(4 mL：40 mg)、硫酸新霉素软膏(0.5%)：适量。硫酸新霉素粉(水产用)：拌饵投喂，每千克体重，鱼、虾、河蟹 0.5 万 U，一日 1 次，连用 4～6 日。硫酸新霉素片(0.1 g、0.25 g)：内服，一次量，每千克体重，犬、猫 10～20 mg，一日 2 次，连用 3～5 日。硫酸新霉素可溶性粉(100 g：3.25 g、100 g：6.5 g)：混饮，每升水，禽 50～75 mg(以新霉素计)，连用 3～5 日。硫酸新霉素预混剂：混饲，每 1000 kg 饲料，禽 77～154 g(以新霉素计)，连用 3～5 日。

【休药期】 鸡 5 日、火鸡 14 日，蛋鸡产蛋期禁用。硫酸新霉素粉：500 度日。

安普霉素(Apramycin)

【理化性质】 安普霉素又名安普拉霉素，其硫酸盐为白色结晶性粉末，易溶于水。

【作用与应用】 本品抗菌谱广，对多数革兰氏阴性菌如大肠杆菌、沙门氏菌、巴氏杆菌、变形杆菌、克雷伯氏杆菌等，部分革兰氏阳性菌，以及密螺旋体、支原体等有较强的抗菌活性。内服后吸收不良，适合治疗肠道感染。肌内注射后吸收迅速，生物利用度高。

主要用于治疗雏禽、幼龄家畜的大肠杆菌病、沙门氏菌病。对猪密螺旋体痢疾、畜禽的支原体病也有效。猫对本品较敏感，易产生毒性。本品内服给药可部分吸收(尤其是新生仔畜)，吸收量与用量有关，并随动物年龄的增长而减少，肌内注射后吸收迅速，1～2 h 可达血药浓度峰值。本品只分布于细胞外液，大部分以原形从尿中排出。

本品抗菌谱较广，对多数革兰氏阴性菌(大肠杆菌、沙门氏菌、巴氏杆菌、变形杆菌、克雷伯氏杆菌、假单胞菌等)及葡萄球菌、密螺旋体和某些支原体有较好的作用。

【制剂、用法与用量】 硫酸安普霉素注射液：肌内注射，一次量，每千克体重，猪 2 万 U，一日 1 次。硫酸安普霉素可溶性粉：混饮，每升水，鸡 250～500 mg，连用 5 日；每千克体重，猪 12.5 mg，连用 7 日。硫酸安普霉素预混剂：混饲，每 1000 kg 饲料，猪 7920 万～10065 万 U，连用 7 日。

【休药期】 硫酸安普霉素可溶性粉：猪 21 日，鸡 7 日。硫酸安普霉素注射液、硫酸安普霉素预混剂：猪 28 日。

大观霉素(Spectinomycin)

【理化性质】 大观霉素又名壮观霉素、奇霉素、奇放线菌素。常用其盐酸盐或硫酸盐，它们为白色或类白色结晶性粉末；易溶于水，水溶液在酸性溶液中稳定。

【作用与应用】 本品对某些革兰氏阴性菌(布鲁氏菌、克雷伯氏杆菌、变形杆菌、铜绿假单胞菌、沙门氏菌、巴氏杆菌等)有较强的作用，对革兰氏阳性菌(链球菌、葡萄球菌)作用较弱，对支原体亦有一定的作用。

主要用于治疗畜禽的大肠杆菌、沙门氏菌、巴氏杆菌感染。常与林可霉素配伍(利高霉素)，用于治疗仔猪腹泻、猪的支原体性肺炎和败血支原体引起的鸡慢性呼吸道疾病。

【注意事项】 本品内服吸收较差，仅限于肠道感染，对急性严重感染宜注射给药。

【制剂、用法与用量】 盐酸大观霉素注射液(犬用)：肌内注射，一次量，每千克体重，犬 1 万～1.5 万 U，一日 2 次，连用 3 日。盐酸大观霉素可溶性粉(5 g：2.5 g、50 g：25 g、100 g：50 g)：混饮，每升水，按本品计，鸡 1～2 g，连用 3～5 日。盐酸大观霉素-盐酸林可霉素可溶性粉(5 g:大观霉素 2 g 与林可霉素 1 g;100 g:大观霉素 40 g 与林可霉素 20 g)：混饮，每升水，禽 0.5～0.8 g，连用 3～5 日。

【休药期】 盐酸大观霉素可溶性粉：蛋鸡产蛋期禁用，休药期 5 日。盐酸大观霉素-盐酸林可霉素可溶性粉：无须制定。

阿米卡星(Amikacin)

【理化性质】 阿米卡星又名丁胺卡那霉素，是在卡那霉素的基团上引入较大的丁胺基团而生成

的半合成衍生物。其硫酸盐为白色或类白色结晶性粉末，极易溶于水。

【作用与应用】 本品抗菌谱较卡那霉素广，对铜绿假单胞菌、金黄色葡萄球菌有效，并对耐庆大霉素、卡那霉素的铜绿假单胞菌、大肠杆菌、变形杆菌、肺炎杆菌亦有效。主要用于治疗敏感菌引起的菌血症、败血症，呼吸道、泌尿道、消化道感染，腹膜炎、关节炎及脑膜炎等。

【制剂、用法与用量】 硫酸阿米卡星注射液（宠物用），1 mL : 0.1 g、2 mL : 0.2 g。肌内注射，一次量，每千克体重，犬、猫 5～7.5 mg，一日 1 次。

（六）多肽类

多肽类是一类具有多肽结构的化学物质，常用药物有多黏菌素、杆菌肽。

多黏菌素为静止期杀菌剂。此类抗生素首先影响敏感菌的外膜。药物的环形多肽部分的氨基与细菌外膜脂多糖的 2 价阳离子结合点产生静电作用，使外膜的完整性被破坏，药物的脂肪酸部分得以穿透外膜，进而使细胞膜的渗透性增加，导致细胞内的磷酸、核苷等小分子外溢，引起细胞功能障碍直至死亡。革兰氏阳性菌外面有一层厚的细胞壁，可阻止药物进入细菌体内，故此类抗生素对其无作用。

多黏菌素(Polymyxin)

【理化性质】 多黏菌素是从多黏芽孢杆菌的培养液中提取的，是由多种氨基酸和脂肪酸组成的碱性多肽类抗生素，根据氨基酸结构的差异分 A、B、C、D、E……M。兽医临床应用的有多黏菌素 B、多黏菌素 E 和多黏菌素 M（多黏菌素甲）三种，前两种供全身应用，后一种主要供外用。

【药动学】 本品内服不吸收，主要用于肠道感染。肌内注射后 2～3 h 达血药浓度峰值，有效血药浓度可维持 8～12 h。吸收后分布于全身组织，肝、肾中含量较高，主要经肾缓慢排泄。

【作用与应用】 本品为窄谱杀菌剂，对革兰氏阴性杆菌的抗菌活性强。主要敏感菌有大肠杆菌、沙门氏菌、巴氏杆菌、布鲁氏菌、弧菌、痢疾杆菌、铜绿假单胞菌等，其对铜绿假单胞菌具有强大的杀菌作用。细菌对本品不易产生耐药性，但多黏菌素 B 与多黏菌素 E 之间有交叉耐药性。

临床主要用于革兰氏阴性杆菌的感染，特别是铜绿假单胞菌、大肠杆菌所致的严重感染。内服不吸收，可用于治疗犊牛、仔猪的肠炎、下痢等，局部应用可治疗创面、眼、耳、鼻部的感染等。

【制剂、用法与用量】 硫酸多黏菌素可溶性粉：混饮，每升水，猪 40～100 mg，鸡 20～60 mg，连用 5 日。硫酸多黏菌素预混剂：混饲，每 1000 kg 饲料，猪、鸡 2～20 g。硫酸多黏菌素预混剂（发酵）：混饲，每 1000 kg 饲料，牛、猪、鸡 7.5～10 kg。硫酸多黏菌素注射液：肌内注射，一次量，每 10 kg 体重，哺乳仔猪 20～40 mg，一日 2 次，连用 3～5 日。

【休药期】 硫酸多黏菌素可溶性粉和硫酸多黏菌素预混剂：牛、猪、鸡 7 日，蛋鸡产蛋期禁用。硫酸多黏菌素注射液：猪 28 日。

杆菌肽(Bacitracin)

杆菌肽为多肽类抗生素，通过非特异性地阻断磷酸化酶反应，抑制细菌的黏肽合成而产生抗菌作用。杆菌肽对大多数革兰氏阳性菌如金黄色葡萄球菌、链球菌、肠球菌、梭状芽孢杆菌和棒状杆菌等均有良好的抗菌活性，对放线菌和螺旋体亦有效。敏感菌对其很少产生耐药性。

【作用与用途】 多肽类抗生素。用于治疗产气荚膜梭菌引起的肉鸡坏死性肠炎。

【制剂、用法与用量】 亚甲基水杨酸杆菌肽可溶性粉：100 g : 50 g（200 万杆菌肽单位），以本品计。混饮：每升水，肉鸡 200 mg，连用 5 日，必要时延长至 7 日。

【不良反应】 按规定剂量使用，暂未见不良反应。

【休药期】 鸡 0 日。

（七）四环素类

四环素类可分为天然品和半合成品两类。天然品从不同链霉菌的培养液中提取获得，包括四环素、土霉素、金霉素和去甲金霉素。半合成品为半合成衍生物，包括多西环素、美他环素（甲烯土霉素）、米诺环素（二甲胺四环素）等。兽医常用的有四环素、土霉素、金霉素和多西环素。本类药物为快速抑菌剂，作用机理是抑制细菌核糖体的 30S 亚基，从而影响细菌蛋白质的合成。

一般情况下，金霉素对革兰氏阳性球菌（含耐青霉素的金黄色葡萄球菌）的作用比四环素、土霉素强；土霉素对铜绿假单胞菌、梭状芽孢杆菌和立克次体的效力稍佳，但对一般菌的作用不如四环素；四环素对革兰氏阴性杆菌的作用强，尤其是大肠杆菌、变形杆菌。按抗菌活性的大小排序：米诺环素＞多西环素＞美他环素＞金霉素＞四环素＞土霉素。

四环素和土霉素曾长期作为临床抗感染的主要抗生素。但随着耐药菌株的增多，四环素不作为本类药物的首选药，土霉素仅用于治疗肠内阿米巴病，对肠外阿米巴病无效。金霉素外用制剂用于治疗结膜炎和沙眼等疾病。

四环素类的不良反应如下。①局部刺激：其盐酸盐水溶液具有强酸性，刺激性大，不宜肌内注射，静脉注射时药液漏出血管外可致静脉炎。②二重感染：成年食草动物内服后，易引起肠道菌群紊乱，消化功能失调，造成肠炎和腹泻，故成年食草动物不宜内服。③肝毒性：长期应用可导致肝脏脂肪变性，甚至坏死，应注意检查肝功能。④对骨骼和牙齿的生长有影响。

土霉素（Oxytetracycline）

【理化性质】 土霉素又称氧四环素，从土壤链霉菌的培养液中获得，为淡黄色的结晶性或无定形粉末，日光下颜色变暗，在碱性溶液中易被破坏而失效；在水中极微溶解，易溶于稀酸、稀碱。常用其盐酸盐，易溶于水，水溶液不稳定，宜现用现配。

【药动学】 本品内服吸收不规则、不完全，主要在小肠的上段被吸收。胃肠道内的镁、钙、铝、铁、锌、锰等多价金属离子，能与本品形成难溶的螯合物，而使药物吸收减少。因此，本品不宜与含多价金属离子的药品或饲料、乳制品同用。内服后 2～4 h 血药浓度达峰值。反刍动物因吸收差，且本品可抑制瘤胃内微生物活性，不宜内服给药。吸收后在体内分布广泛，易渗入胸腔、腹腔和乳汁，亦能通过胎盘屏障进入胎儿循环，脑脊液中浓度低。体内储存于胆、脾，尤其易沉积于骨骼和牙齿；有相当一部分可由胆汁排入肠道，再被吸收利用，形成肝肠循环，从而延长药物在体内的持续时间。主要由肾脏排泄，在胆汁和尿中浓度高，有利于胆道及尿路感染的治疗。但当肾功能障碍时，则减慢排泄，延长消除半衰期，增强对肝脏的毒性。

【药理作用】 本品为广谱抗生素。除对革兰氏阳性菌和革兰氏阴性菌有作用外，对立克次体、衣原体、支原体、螺旋体、放线菌和某些原虫亦有抑制作用。但对革兰氏阳性菌的作用不如青霉素类和头孢菌素类；对革兰氏阴性菌作用不如氨基糖苷类和酰胺醇类。细菌对本品能产生耐药性，但产生较慢。天然四环素之间有交叉耐药性，例如四环素与土霉素，但其与半合成四环素的交叉耐药性不明显。

【临床应用】 主要用于治疗敏感菌（包括对青霉素、链霉素耐药菌株）所致的各种感染，如猪肺疫，禽霍乱和犊、仔猪、禽白痢等。此外，本品对防治畜禽支原体病、放线杆菌病、球虫病、钩端螺旋体病等也有一定疗效。

【注意事项】 ①除土霉素外，其他均不宜肌内注射，静脉注射时勿漏出血管外，注射速度应缓慢。②成年反刍动物、马属动物和兔不宜内服给药。③不宜与含多价金属离子的药品或饲料、乳制品同服。

【制剂、用法与用量】 土霉素片。内服：一次量，每千克体重，猪、驹、羔、犊 10～25 mg，犬 15～50 mg，禽 25～50 mg，一日 2～3 次，连用 3～5 日。混饲：每 1000 kg 饲料，猪 300～500 g（治疗），连用3～5 日。混饮：每升水，猪 100～200 mg，禽 150～250 mg，连用 3～5 日。土霉素注射液、长效土霉素注射液、长效盐酸土霉素注射液、注射用盐酸土霉素，肌内注射：一次量，每千克体重，家畜10～20 mg，1 日1～2 次，连用 2～3 日；静脉注射：一次量，每千克体重，家畜 5～10 mg，一日 2 次，连用 2～3 日。

【休药期】 土霉素片：牛、羊、猪 7 日，禽 7 日，弃蛋期 2 日，弃奶期 3 日。土霉素注射液、长效土霉素注射液、长效盐酸土霉素注射液：牛、羊、猪 28 日，泌乳牛、羊禁用。注射用盐酸土霉素：牛、羊、猪 8 日，弃奶期 48 h。

四环素（Tetracycline）

【理化性质】 四环素从链霉菌培养液中提取获得。其盐酸盐为黄色结晶性粉末，易溶于稀酸、稀碱。

【作用与应用】 本品与土霉素相似，但对革兰氏阴性杆菌的作用较好，对革兰氏阳性球菌如葡萄球菌的效力则不如金霉素。内服吸收优于土霉素，血药浓度较高。不良反应同土霉素。在空气中稳定，强光下颜色变深，在碱性溶液中迅速失效。

【制剂、用法与用量】 四环素片，内服：一次量，每千克体重，家畜 10～20 mg，如犬 15～50 mg，禽 25～50 mg，1 日 2～3 次，连用 3～5 日；混饲：每 1000 kg 饲料，猪 300～500 g（治疗），连用 3～5 日。盐酸四环素可溶性粉，混饮：每升水，猪 100～200 mg，禽 150～250 mg，连用 3～5 日。注射用盐酸四环素，静脉注射：一次量，每千克体重，家畜 5～10 mg，一日 2 次，连用 2～3 日。

【休药期】 四环素片、盐酸四环素可溶性粉：牛 12 日，猪 10 日，鸡 4 日，产蛋期和泌乳期禁用。

注射用盐酸四环素：牛、羊、猪 8 日，弃奶期 2 日。

金霉素(Chlortetracycline)

【理化性质】 金霉素又叫氯四环素，从链霉菌培养液中提取获得。其盐酸盐为金黄色或黄色结晶，遇光色渐变深，在水或乙醇中微溶，其水溶液不稳定。

【作用与应用】 可用于治疗断奶仔猪腹泻、猪气喘病、增生性肠炎等；可用于鸡敏感大肠杆菌和支原体引起的感染性疾病；还用于治疗犬立克次体病、放线菌病、衣原体病、鹦鹉和鸽的鹦鹉热等。用于治疗结膜炎、沙眼。不良反应同土霉素，但肝毒性较大。在猪丹毒疫苗接种前 2 日和接种后 10 日内，不得使用金霉素。

【制剂、用法与用量】 盐酸金霉素可溶性粉：以盐酸金霉素计，混饮，每升水，鸡 0.2～0.4 g。金霉素预混剂：以金霉素计，混饲，每 1000 kg 饲料，猪 40～60 g，连用 7 日。金霉素片：内服，一次量，家畜每千克体重 10～25 mg，一日 2 次；如犬、猫每千克体重 25 mg，一日 3～4 次。盐酸金霉素眼膏 0.1 g，滴眼，一日 3 次。

【休药期】 鸡、猪 7 日，蛋鸡产蛋期禁用。

多西环素(Doxycycline)

【理化性质】 多西环素又名强力霉素、脱氧土霉素。其盐酸盐为淡黄色或黄色结晶性粉末，溶于水，微溶于乙醇。

【药动学】 本品内服后吸收迅速，生物利用度高，维持有效血药浓度时间长，对组织渗透力强，分布广泛，易进入细胞内。原形药物大部分经胆汁排入肠道又被吸收，而有显著的肝肠循环效应。本品在肝内大部分以结合或络合方式灭活，再经胆汁分泌入肠道，随粪便排出，因而对肠道菌群及动物的消化功能无明显影响。经肾脏排出时，由于本品具有较强的脂溶性，易被肾小管重吸收，因而有效药物浓度维持时间较长。

【作用与应用】 本品抗菌谱与其他四环素类相似，体内、体外抗菌活性较土霉素、四环素强，为四环素的 2～4 倍。本品与土霉素、四环素等有交叉耐药性。临床用于治疗畜禽的支原体病、大肠杆菌病、沙门氏菌病、巴氏杆菌病和鹦鹉热等。本品在四环素类抗生素中毒性最小，但给马属动物静脉注射可致心律不齐、虚脱和死亡。可用于治疗鱼类由弧菌、嗜水气单胞菌、爱德华氏菌等引起的细菌性疾病。

【制剂、用法与用量】 盐酸多西环素可溶性粉：以盐酸多西环素计，混饮，每升水，猪 25～50 mg，鸡 30 mg，连用 3～5 日。盐酸多西环素注射液：以盐酸多西环素计，肌内注射，一次量，每千克体重，猪 5～10 mg，一日 1 次，连用 2～3 日。盐酸多西环素片：以盐酸多西环素计，内服，一次量，每千克体重，猪、驹、犊、羔 3～5 mg，犬、猫 5～10 mg，禽 15～25 mg，一日 1 次，连用 3～5 日。盐酸多西环素粉（水产用）：以本品计，拌饵投喂，一次量，每千克体重，鱼 20 mg，一日 1 次，连用 3～5 日。

【休药期】 牛、羊、猪、禽 28 日，蛋鸡产蛋期禁用。盐酸多西环素粉：750 度日。

（八）酰胺醇类

酰胺醇类又称氯霉素类，是一类广谱速效抑菌剂，通过影响细菌核糖体而抑制细菌蛋白质的合成。酰胺醇类包括氯霉素、甲砜霉素、氟苯尼考等。氯霉素可引起人和动物的可逆性血细胞减少和不可逆的再生障碍性贫血，因此世界各国都禁止将其用于所有食品动物。细菌对本类药物可产生耐药性，但发生较缓慢，耐药菌以大肠杆菌为多。氯霉素、甲砜霉素、氟苯尼考之间存在完全交叉耐药性。

甲砜霉素(Thiamphenicol)

【理化性质】 甲砜霉素又名甲砜氯霉素、硫霉素，为白色结晶性粉末，无臭，微溶于水，溶于甲醇，几乎不溶于乙醚或氯仿。

【药动学】 本品吸收进入体内后，由于其在肝内不与葡萄糖醛酸结合而进行灭活，血中游离型药物浓度较高，故有较强的体内抗菌作用。主要通过肾脏排泄，且大多数药物(70%～90%)以原形从尿中排出，故可用于治疗泌尿系统的感染。

【作用与应用】 临床上主要用于治疗畜禽肠道、呼吸道等细菌性感染及鱼类细菌性疾病。如幼畜副伤寒，犊牛和羔羊大肠杆菌病，鸡白痢，鸡伤寒，犬、猫沙门氏菌性肠炎，禽霍乱等，也用于厌氧菌引起的犬、猫脑脓肿，革兰氏阴性菌引起的犬、猫前列腺炎等。细菌在体内外均可对本品缓慢产生耐药性，与氯霉素间有完全交叉耐药性，与四环素类之间有部分交叉耐药性。

【不良反应】 本品有血液系统毒性，虽然不会引起再生障碍性贫血，但其引起的可逆性红细胞生成抑制比氯霉素更常见。本品有较强的免疫抑制作用，约比氯霉素强 6 倍；长期内服可引起消化功能紊乱，出现维生素缺乏或二重感染症状；有胚胎毒性；对肝微粒体药物代谢酶有抑制作用，可影响其他药物的代谢，提高血药浓度，增强药效，如可显著延长巴比妥钠的麻醉时间。

【注意事项】 疫苗接种期或免疫功能严重缺损的动物禁用；妊娠期及哺乳期家畜禁用；肾功能不全患畜要减量或延长给药间隔时间。

【制剂、用法与用量】 甲砜霉素片：25 mg、100 mg、125 mg、250 mg。内服，一次量，每千克体重，家畜 10～20 mg，家禽 20～30 mg，一日 2 次。

【休药期】 28 日。弃奶期：7 日。鱼 500 度日。

氟苯尼考(Florfenicol)

【理化性质】 氟苯尼考又名氟甲砜霉素，是甲砜霉素的单氟衍生物，为白色或类白色结晶性粉末，无臭，在二甲基甲酰胺中极易溶解，在甲醇中溶解，在冰醋酸中略溶，在水或氯仿中极微溶解。

【作用与应用】 本品属动物专用的抗生素，具有广谱、高效、低毒、吸收良好、体内分布广泛和不致再生障碍性贫血等特点。内服和肌内注射吸收快，大多数药物(50%～65%)以原形从尿中排出。抗菌谱与氯霉素相似，但抗菌活性优于氯霉素和甲砜霉素。主要用于鱼、牛、猪、鸡、蚕等细菌性疾病，如牛的呼吸道感染、乳腺炎；猪的胸膜肺炎、黄痢、白痢；鸡的大肠杆菌病、巴氏杆菌病。不引起骨髓抑制或再生障碍性贫血，但对胚胎有一定毒性，故妊娠动物禁用。其制剂种类非常多，有溶液剂、子宫注入剂、可溶性粉和粉剂等。

【不良反应】 本品高于推荐剂量使用时有一定的免疫抑制作用。

【注意事项】 ①产蛋供人食用的鸡，在产蛋期不得使用本品。②种鸡慎用。本品有胚胎毒性。妊娠期及哺乳期家畜慎用。③疫苗接种期或免疫功能严重缺损的动物禁用。④肾功能不全患畜需适当减量或延长给药间隔时间。

【休药期】 氟苯尼考粉：猪 20 日，鸡 5 日，蛋鸡产蛋期禁用，鱼 375 度日。氟苯尼考注射液：猪 14 日，鸡 28 日，蛋鸡产蛋期禁用。氟苯尼考子宫注入剂：牛 28 日，弃奶期 7 日。

扫码学课件
2-3

任务三　化学合成抗菌药

一、磺胺类药

磺胺类药是人工合成的抗微生物药，其具有抗菌谱较广、性质稳定、使用方便、价格低廉、国内能大量生产等特点，特别是甲氧苄啶和二甲氧苄啶等抗菌增效剂与磺胺类药联合使用后，抗菌谱扩大、疗效显著提高。因此，磺胺类药至今在抗微生物药中仍有重要地位。

(一)作用机理

视频:2-3 化学合成抗菌药

磺胺类药属于慢效抑菌药,是因为这些细菌在生长繁殖时需利用对氨基苯甲酸作底物,在二氢叶酸合成酶的催化下合成二氢叶酸,二氢叶酸是核苷酸合成过程中的辅酶之一,四氢叶酸的前体。磺胺类药的结构与对氨基苯甲酸相似,可竞争性地抑制菌体内的二氢叶酸合成酶,从而阻碍二氢叶酸的合成(动物可以利用外源叶酸)。菌体内二氢叶酸缺乏,导致核苷酸、核酸的合成受阻,因而影响细菌的生长繁殖,起到杀菌的目的。根据竞争性抑制的特点,服用磺胺类药时必须保持血液中药物的高浓度,以发挥其有效的竞争性抑制作用。

(二)理化性质

磺胺类药多为白色或淡黄色结晶性粉末,在水中溶解度差,易溶于碱。其钠盐易溶于水,水溶液呈碱性。

(三)构效关系

它们的抑菌作用与化学结构之间的关系如下:①在其结构中以其他基团取代氨基上的氢所得的衍生物,必须保持对位和有游离氨基才有活性(图 2-2)。②对位上的氨基中一个氢原子(R_1)被其他基团取代,其抑菌作用大大减弱,则成为内服难吸收的用于肠道感染的磺胺类药。此化合物必须在肠道内被水解为游离氨基才能起作用,如酞磺胺噻唑。③磺酰胺基中一个氢原子(R_2),被不同杂环取代所得的衍生物抗菌活性更强,内服易吸收,为可治疗全身感染的活性强的磺胺类药,如磺胺嘧啶等。

$$\begin{matrix}H \\ R_1\end{matrix}\!\!>N-C_6H_4-SO_2-N\!<\!\!\begin{matrix}H \\ R_2\end{matrix}$$

图 2-2 磺胺类药的结构式

(四)分类

根据内服后的吸收情况,磺胺类药可分为肠道易吸收的磺胺类药、肠道难吸收的磺胺类药及外用磺胺类药等三类(表 2-3)。

表 2-3 常用磺胺类药的分类与简称

分类	药名	简称
肠道易吸收的磺胺类药	氨苯磺胺(Sulfanilamide)	SN
	磺胺噻唑(Sulfathiazole)	ST
	磺胺嘧啶(Sulfadiazine)	SD
	磺胺二甲嘧啶(Sulfadimidine)	SM_2
	磺胺甲噁唑(新诺明,新明磺,Sulfamethoxazole)	SMZ
	磺胺对甲氧嘧啶(磺胺-5-甲氧嘧啶,消炎磺,Sulfamethoxydiazine)	SMD
	磺胺间甲氧嘧啶(磺胺-6-甲氧嘧啶,制菌磺,Sulfamonomethoxine)	SMM,DS-36
	磺胺地索辛(磺胺-2,6-二甲氧嘧啶,Sulfadimethoxine)	SDM
	磺胺多辛(磺胺-5,6-二甲氧嘧啶,周效磺胺,Sulfadoxine)	SDM′
	磺胺喹噁啉(Sulfaquinoxaline)	SQ
	磺胺氯吡嗪(Sulfachlorpyrazine)	Esb3
肠道难吸收的磺胺类药	磺胺脒(Sulfaguanidine)	SG
	琥珀酰磺胺噻唑(琥磺噻唑,Succinylsulfathiazole)	SST
	酞磺胺噻唑(Phthalylsulfathiazole)	PST
	酞磺醋胺(Phthalylsulfacetamide)	PSA
	柳氮磺吡啶(水杨酸偶氮磺胺吡啶,Salicylazosulfapyridine)	SASP
外用磺胺类药	磺胺醋酰钠(Sulfacetamide Sodium)	SA-Na
	醋酸磺胺米隆(甲磺灭脓,Mafenide Acetate,Sulfamylon)	SML
	磺胺嘧啶银(烧伤宁,Silver Sulfadiazine)	SD-Ag

（五）药动学

1. 吸收　内服易吸收的磺胺类药，其生物利用度大小因药物和动物种类不同而有差异，其顺序如下：SM_2＞SDM′＞SN＞SD＞ST；禽＞犬＞猪＞马＞羊＞牛。一般而言，吸收的主要部位在小肠，食肉动物内服后 3～4 h，血药浓度达峰值；食草动物为 4～6 h；反刍动物为 12～14 h。尚无反刍功能的犊牛和羔羊，其生物利用度与食肉、杂食动物相似。此外，胃肠内容物充盈度及胃肠蠕动情况，均能影响磺胺类药的吸收。其钠盐可经肌内注射、腹腔注射、乳腺导管及子宫内注入，吸收迅速。肠道难吸收的磺胺类药如 SG、SST、PST 等，在肠内可保持相当高的浓度，故适用于肠道感染。

2. 分布　吸收后分布于全身各组织和体液中，以血液、肝脏、肾脏含量较高，神经、肌肉及脂肪中的含量较低，可进入乳腺、胎盘、胸膜、腹膜及滑膜腔。吸收后，一部分与血浆蛋白结合，但结合疏松，可逐渐释出游离型药物。磺胺类药中以 SD 与血浆蛋白的结合率较低，因而进入脑脊液的浓度较高，故可作为脑部细菌感染的首选药。磺胺类药的血浆蛋白结合率因药物和动物种类的不同而有很大差异，通常以牛为最高，羊、猪、马等次之。一般血浆蛋白结合率高的磺胺类药排泄较缓慢，血中有效药物浓度维持时间也较长。

3. 代谢　主要在肝脏代谢，最常见的方式是对位氨基的乙酰化。磺胺类药乙酰化后失去抗菌活性，但保持原有磺胺类药的毒性。除 SD 外，其他乙酰化磺胺类药的溶解度普遍下降，增加了对肾脏的毒副作用。食肉及杂食动物，由于尿中酸度比食草动物高，较易引起磺胺类药及乙酰化磺胺类药的沉淀，导致结晶尿的产生，损害肾功能。若同时内服碳酸氢钠碱化尿液，则可提高其溶解度，促进其从尿中排出。磺胺类药主要在肝脏代谢为无活性的乙酰化物（对位氨基被乙酰化后失去抗菌活性），也可与葡萄糖醛酸结合。

4. 排泄　内服难吸收的磺胺类药主要随粪便排出；肠道易吸收的磺胺类药主要通过肾脏排出。少量磺胺类药由乳汁、消化液及其他分泌液排出。经肾脏排出的药物，以原形、乙酰化代谢产物、葡萄糖醛酸结合物三种形式排泄。排泄的快慢主要取决于通过肾小管时被重吸收的程度。凡重吸收少者，排泄快，消除半衰期短，有效血药浓度维持时间短（如 SN、SD）；而重吸收多者，排泄慢，消除半衰期长，有效血药浓度维持时间较长（如 SM_2、SMM、SDM 等）。当肾功能损害时，药物的消除半衰期明显延长，毒性增加，临床使用时应注意。

（六）抗菌谱与作用

抗菌谱较广。对大多数革兰氏阳性菌和部分革兰氏阴性菌有效，甚至对衣原体和某些原虫也有效。对磺胺类药较敏感的病原菌有链球菌、肺炎球菌、沙门氏菌、化脓棒状杆菌、大肠杆菌等；一般敏感菌有葡萄球菌、变形杆菌、巴氏杆菌、产气荚膜梭菌、肺炎杆菌、炭疽杆菌、铜绿假单胞菌等。某些磺胺类药还对球虫、卡氏白细胞原虫、疟原虫、弓形虫等有效，但对螺旋体、立克次体、结核分枝杆菌等无效。不同磺胺类药对病原菌的抑制作用亦有差异。一般来说，其抗菌作用强度的顺序如下：SMM＞SMZ＞SD＞SDM＞SMD＞SM_2＞SDM′＞SN。

（七）耐药性

细菌对磺胺类药易产生耐药性，尤以葡萄球菌最易产生，大肠杆菌、链球菌等次之。与抗菌增效剂合用可延缓耐药性的产生。不同的磺胺类药之间可产生不同程度的交叉耐药性，但与其他抗菌药之间无交叉耐药现象。

（八）不良反应

1. 急性中毒　多见于静脉注射速度过快或剂量过大时，主要表现为神经症状，如共济失调、痉挛性麻痹、呕吐、昏迷等，严重者迅速死亡，牛、山羊还可见视物障碍、散瞳，鸡中毒时大批死亡。

2. 慢性中毒　常见于剂量较大或连续用药超过 1 周时，主要症状如下：损害泌尿系统，出现结晶尿、血尿和蛋白尿等；抑制胃肠道菌群，导致消化系统障碍和食草动物的多发性肠炎等；破坏造血功能，出现溶血性贫血、凝血时间延长和毛细血管渗血；幼畜及幼禽免疫系统抑制、免疫器官出血及萎缩；家禽慢性中毒时，见增重减慢，蛋鸡产蛋率下降，破蛋率、软蛋率增加。

Note

（九）应用注意

选用疗效高、作用强、溶解度大、乙酰化率低的磺胺类药。确定足够的剂量和疗程。首次量加倍，以后用维持量，症状消失后维持2～3日。连续用药不超过1周。用药期间给予充足的饮水，以增加尿量、促进排出。同时，要补充B族维生素和维生素K。幼畜、杂食或肉食动物使用磺胺类药时，宜与碳酸氢钠同服，以碱化尿液，促进排出。局部外用时，要清创，因在脓汁和坏死组织中含有大量的PABA，其能减弱磺胺类药的作用。不与普鲁卡因合用，因其在体内能水解生成PABA，可减弱磺胺类药的疗效。肌内注射刺激性强，宠物不宜肌内注射，一般应静脉注射。蛋鸡产蛋期禁用。

（十）主要药物

1. 磺胺嘧啶(SD) 用于各种敏感菌引起的全身感染。对溶血性链球菌、肺炎双球菌、沙门氏菌、大肠杆菌等作用较强，对葡萄球菌作用稍差。因与血浆蛋白的结合率较低，易进入脑脊液，故为脑部细菌感染的首选药物。

2. 磺胺二甲嘧啶(SM_2) 作用与磺胺嘧啶相似但疗效差，对球虫和弓形虫有良好的抑制作用。主要用于巴氏杆菌病、乳腺炎、子宫炎、呼吸道及消化道感染，亦用以防治兔、禽球虫病和猪弓形虫病。其乙酰化产物溶解度高，在肾小管内沉淀的发生率较低，不易引起结晶尿或血尿。

3. 磺胺甲噁唑(SMZ) 抗菌谱与磺胺嘧啶相近，但抗菌作用较强。与甲氧苄啶联合应用，可明显增强其抗菌作用。常用于呼吸道和尿路感染。本品与血浆蛋白结合率高，排泄较慢，乙酰化率高，且溶解度较低，较易出现结晶尿和血尿等。

4. 磺胺间甲氧嘧啶(SMM) 本品内服吸收良好，血中浓度高，维持作用时间近24 h。乙酰化率低，乙酰化产物溶解度大，不易引起结晶尿和血尿，与甲氧苄啶合用疗效增强。

本品为体内、外抗菌作用最强的磺胺类药，对球虫、弓形虫有显著抑制作用。主要用于各种敏感菌引起的呼吸道、消化道、尿路感染及球虫病、猪弓形虫病、猪水肿病、猪萎缩性鼻炎。其钠盐局部灌注可治疗乳腺炎和子宫内膜炎。

5. 磺胺对甲氧嘧啶(SMD) 本品乙酰化率低，游离型及乙酰化型的溶解度较高。主要从尿中排出，排泄缓慢，对尿路感染疗效显著，作用较磺胺嘧啶弱。主要用于尿路、呼吸道、消化道、皮肤、生殖道感染，也可用于球虫病的治疗。

6. 磺胺噻唑(ST) 在体内与血浆蛋白的结合率和乙酰化程度均较高，其乙酰化产物溶解度比原形药低，易产生结晶尿而损害肾脏。抗菌作用比磺胺嘧啶强，用于敏感菌所致的肺炎、出血性败血症、子宫内膜炎及禽霍乱、雏白痢等。对感染创可外用其软膏剂。

7. 磺胺多辛(SDM′) 本品的血浆蛋白结合率及乙酰化率较高，但乙酰化产物大部分与葡萄糖醛酸结合后易溶解，不引起结晶尿和血尿。抗菌作用同磺胺嘧啶，但稍弱。用于轻度或中度呼吸道、尿路感染。对鸡球虫病和猪弓形虫病也有疗效。

8. 磺胺喹噁啉(SQ) 本品是抗球虫病的专用磺胺类药。本品通常与氨丙啉或抗菌增效剂联合应用，以扩大抗虫谱及增强抗球虫效果。广泛用于反刍幼畜、家兔和小动物的球虫病。

9. 磺胺脒(SG) 最早用于肠道感染的磺胺类药，内服后虽有一定量从肠道吸收，但不足以达到有效血药浓度，不用于全身性感染。但肠道中浓度较高，多用于消化道的细菌感染。主要用于各种动物(反刍动物和食草动物慎用)的肠炎或菌痢。

10. 琥珀酰磺胺噻唑(SST) 体外无抗菌作用。内服后肠道极少吸收，经肠道细菌的作用，释出游离磺胺噻唑而产生抑菌作用，作用比磺胺脒强。成年反刍动物少用。可用于治疗肠炎和菌痢，亦可预防肠道手术前后的感染。

11. 酞磺胺噻唑(PST) 用于幼畜和中、小动物肠道敏感菌感染，也可用于预防肠道手术感染。

12. 醋酸磺胺米隆(SML) 抗菌谱较广，对铜绿假单胞菌有较强的作用。在化脓创感染治疗时，抗菌作用不受PABA的影响；还能促进烧伤创面上皮的生长愈合。临床可用于烧伤感染、外科手术、外伤局部炎症与铜绿假单胞菌感染的治疗。

13. 磺胺醋酰钠(SA-Na) 抑菌作用较弱,有微弱的刺激性,穿透力强。主要用于结膜炎、角膜炎及其他眼部感染。

14. 磺胺嘧啶银(SD-Ag) 抗菌作用与磺胺嘧啶相同,对铜绿假单胞菌具有强大的抗菌作用,对致病菌和真菌等都有抑制效果,并且具有收敛作用,可使创面干燥、结痂和早期愈合。用于预防烧伤后感染,治疗烧伤,促进创面干燥和加速愈合。主要用于烧伤创面。

二、抗菌增效剂

抗菌增效剂是一类新型广谱抗菌药,由于它能增强磺胺类药和多种抗生素的疗效,故称为抗菌增效剂。国内常用的有甲氧苄啶(Trimethoprim,TMP)和二甲氧苄啶(Diaveridine,DVD)两种。国外还用奥美普林(二甲氧甲基苄啶,OMP)、阿地普林(ADP)、巴喹普林(BQP)等。

(一)作用机理

主要是通过抑制二氢叶酸还原酶,使二氢叶酸不能还原成四氢叶酸,从而切断敏感菌叶酸的代谢途径,妨碍菌体核酸合成。TMP 与磺胺类药合用时,可从两个不同环节同时阻断叶酸合成,而起双重阻断作用,使抗菌作用增强数倍至几十倍,甚至使抑菌作用变为杀菌作用。抗菌增效剂还可增强多种抗生素的抗菌作用。

(二)不良反应

偶尔引起白细胞、血小板减少。

(三)主要药物

甲氧苄啶(Trimethoprim,TMP)

【理化性状】 本品为白色或类白色结晶性粉末。无臭,味苦。不溶于水,易溶于冰醋酸。

【药动学】 本品内服吸收迅速而完全,1～2 h 血药浓度达高峰。脂溶性高,分布广泛,在肺、肾、肝中浓度较高,乳中浓度为血药浓度的 1.3～3.5 倍。主要从尿中排出,少量从胆汁、唾液和粪便中排出。

【作用与应用】 抗菌谱广。对多种革兰氏阳性菌及革兰氏阴性菌均有抗菌活性,其中较敏感的有溶血性链球菌、葡萄球菌、大肠杆菌、变形杆菌、巴氏杆菌和沙门氏菌等。但对铜绿假单胞菌、结核分枝杆菌、丹毒杆菌、钩端螺旋体无效。单用易产生耐药性。

临床按 1∶5 的比例,与 SMD、SMM、SM、SD、SM_2、SQ 等合用,用于敏感菌引起的呼吸道、尿路感染及蜂窝织炎、腹膜炎、乳腺炎、创伤感染等,亦用于幼畜肠道感染、猪萎缩性鼻炎、猪传染性胸膜肺炎。对家禽大肠杆菌病、鸡白痢、鸡传染性鼻炎、禽伤寒及霍乱等均有良好的疗效。孕畜和出生仔畜应用可引起叶酸摄取障碍。

二甲氧苄啶(Diaveridine,DVD)

【作用与应用】 二甲氧苄啶又称二甲氧苄氨嘧啶、敌菌净,为动物专用药。作用机理同 TMP,抗菌活性弱于 TMP。内服吸收较少,在肠道内浓度较高,主要用作肠道的抗菌增效剂。

常以 1∶5 的比例与 SQ、SM_2、SMD 等合用,防治禽、兔的球虫病和肠道感染。DVD 单用也具有防治球虫病的作用。

【制剂、用法与用量及休药期】 磺胺对甲氧嘧啶-二甲氧苄啶片:内服,一次量,每千克体重,家畜 20～25 mg(以磺胺对甲氧嘧啶计),一日 2 次,连用 3～5 日。蛋鸡产蛋期禁用。磺胺对甲氧嘧啶-二甲氧苄啶预混剂:混饲,每 1000 kg 饲料,猪、禽 100 g(以磺胺对甲氧嘧啶计),连续饲喂不超过 10 日,蛋鸡产蛋期禁用。磺胺喹噁啉钠-二甲氧苄啶预混剂:混饲,每 1000 kg 饲料,禽 100 g(以磺胺喹噁啉钠计),连续饲喂不超过 5 日,蛋鸡产蛋期禁用。

奥美普林(二甲氧甲基苄啶)

【理化性质】 本品为白色或淡黄色结晶性粉末,味微苦;溶于有机溶剂及有机酸,几乎不溶于水。

【药理作用】 本品具有广谱抗菌作用,且对部分球虫也有效。

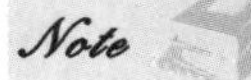

【临床应用】 临床常与磺胺类药按 1∶5 的比例组成复方制剂，可用于治疗犬和猫的肺炎，皮肤、软组织及尿路感染等疾病。

【制剂、用法与用量】 复方磺胺间二甲氧嘧啶片：0.12 g，0.24 g，0.6 g。内服：一次量，每千克体重，犬、猫 10～20 mg，一日 1 次。预防球虫感染时，一次量，每千克体重，犬 20～30 mg，一日 1 次。

三、喹诺酮类

喹诺酮类是人工合成的一类具有 4-喹诺酮环结构的静止期杀菌剂。1962 年首先应用于临床的第一代喹诺酮类是萘啶酸，现已淘汰；第二代的代表药物是 1974 年合成的吡哌酸；1979 年合成了第三代的第一个药物诺氟沙星，由于它具有 6-氟-7-哌嗪-4-喹诺酮环结构，又称为氟喹诺酮类药物。第四代药物是 20 世纪 90 年代后期研制的格帕沙星、克林沙星、莫西沙星、加替沙星等新型氟喹诺酮类，在第三代基础上，增强了抗厌氧菌的作用，不良反应更小，但价格较贵。目前兽医临床无应用。我国批准在兽医临床应用的氟喹诺酮类药物主要有恩诺沙星、达氟沙星（单诺沙星）、二氟沙星、沙拉沙星等动物专用药和环丙沙星、马波沙星等，国外上市的动物专用药还有麻保沙星、奥比沙星、依巴沙星等。这类药物具有抗菌谱广，杀菌力强，吸收快和体内分布广泛，抗菌作用独特，与其他抗菌药无交叉耐药性，使用方便，不良反应小等特点。

（一）抗菌作用

氟喹诺酮类药物为广谱杀菌性抗菌药。对革兰氏阳性菌、革兰氏阴性菌、支原体、某些厌氧菌均有效，如对大肠杆菌、沙门氏菌、巴氏杆菌、克雷伯氏杆菌、变形杆菌、铜绿假单胞菌、嗜血杆菌、支气管败血波氏杆菌、丹毒杆菌、金黄色葡萄球菌、链球菌、化脓棒状杆菌等均有效。对耐甲氧苯青霉素的金黄色葡萄球菌、耐磺胺类＋TMP 的细菌、耐庆大霉素的铜绿假单胞菌、耐泰乐菌素或泰妙菌素的支原体也有效。

（二）作用机理

本类药物能抑制细菌脱氧核糖核酸（DNA）回旋酶，干扰 DNA 复制而产生杀菌作用。DNA 回旋酶由 2 个 A 亚单位及 2 个 B 亚单位组成，能将染色体正超螺旋的一条单链切开、移位、封闭，形成负超螺旋结构。氟喹诺酮类可与 DNA、DNA 回旋酶形成复合物，进而抑制 A 亚单位，只有少数药物还作用于 B 亚单位，结果不能形成负螺旋结构，阻断 DNA 复制，导致细菌死亡。

细菌细胞的 DNA 呈裸露状态（原核细胞），而畜禽细胞的 DNA 呈包被状态（真核细胞），故这类药物易进入菌体直接与 DNA 相接触而具选择作用。动物细胞内有与细菌 DNA 回旋酶功能相似的酶，称为拓扑异构酶Ⅱ，治疗量的氟喹诺酮类药物对此酶无明显影响。所以，治疗量的氟喹诺酮类药物对动物无毒性，但应该注意的是，利福平（RNA 合成抑制剂）、氯霉素（蛋白质合成抑制剂）均可导致氟喹诺酮类药物作用降低。因此，氟喹诺酮类药物最好不要与利福平、氯霉素联合应用。

（三）不良反应

对负重关节的软骨组织生长有不良影响。禁用于幼龄动物和孕畜。易引起幼龄动物的软骨变性；大剂量或长期用药时，尿中可形成结晶，损伤尿道。也可损害肝和使动物出现胃肠道反应。因此，要严格控制给药剂量和疗程，给予充足的饮水。肝、肾功能不良患畜慎用；有潜在的中枢神经系统兴奋作用，尤其是犬、鸡中毒时，兴奋症状较明显。因此，患癫痫的犬、食肉动物慎用；皮肤反应有红斑、瘙痒、荨麻疹、光敏反应等。

（四）耐药性

耐药菌株随着本类药物的广泛应用逐渐增多，且本类药物之间存在交叉耐药性。常见的耐药菌有金黄色葡萄球菌、链球菌、大肠杆菌、沙门氏菌等。

（五）常用药物

恩诺沙星(Enrofloxacin)

【理化性质】 本品为类白色结晶性粉末。无臭，味苦。在水或乙醇中极微溶解，在醋酸、盐酸或

氢氧化钠溶液中易溶。

【药动学】 内服、肌内注射吸收迅速，且较完全。内服的生物利用度：鸽子 92%，鸡 62.2%～84%，火鸡 58%，兔 61%，犬、猪 100%；肌内注射的生物利用度：鸽子 87%，兔 92%，猪 91.9%，奶牛 82%。血浆蛋白结合率为 20%～40%。在动物体内分布广泛。肌内注射的消除半衰期：猪 4.06 h，奶牛 5.9 h，马 9.9 h，骆驼 6.4 h。内服的消除半衰期：鸡 9.14～14.2 h，猪 6.93 h。畜禽应用恩诺沙星后，除了中枢神经系统外，几乎所有组织的药物浓度都高于血浆，这有利于全身感染和深部组织感染的治疗。本品通过肾和非肾代谢方式进行消除，15%～50%的药物以原形通过尿排泄。在动物体内的代谢主要是脱去乙基而成为环丙沙星。

【作用与应用】 本品为动物专用的广谱杀菌药，对支原体有特效，其抗支原体的效力比泰乐菌素和泰妙菌素强。对耐泰乐菌素、泰妙菌素的支原体，本品亦有效。主要应用于：①牛：犊牛大肠杆菌性腹泻、大肠杆菌性败血症、溶血性巴氏杆菌-牛支原体引起的呼吸道感染、舍饲牛的斑疹伤寒、犊牛鼠伤寒沙门氏菌感染及急性、隐性乳腺炎等。由于成年牛内服给药的生物利用度低，故须采用注射给药。②猪：链球菌病、仔猪黄痢和白痢、水肿病、沙门氏菌病、传染性胸膜肺炎、乳腺炎-子宫炎-无乳综合征、支原体性肺炎等。③家禽：各种支原体感染（鸡败血支原体、滑液囊支原体、火鸡支原体和衣阿华支原体）；大肠杆菌、鼠伤寒沙门氏菌和副鸡嗜血杆菌感染；鸡白痢沙门氏菌、亚利桑那沙门氏菌、多杀性巴氏杆菌、丹毒杆菌、葡萄球菌、链球菌的感染等。④犬、猫：皮肤、消化道、呼吸道及泌尿生殖系统等由细菌或支原体引起的感染，如犬的外耳炎、化脓性皮炎、克雷伯氏杆菌引起的创伤感染和生殖道感染等。

【制剂、用法与用量】 恩诺沙星注射液（2.5%、5%、10%）：肌内注射，一次量，每千克体重，牛、羊、猪 2.5 mg，犬、猫、兔 2.5～5 mg，1 日 1～2 次，连用 2～3 日。2.5%恩诺沙星溶液：混饮，每升水，禽 2～3 mL。5%恩诺沙星溶液：混饮，每升水，禽 1～1.5 mL。10%恩诺沙星溶液：混饮，每升水，禽 0.5～0.75 mL。5%恩诺沙星粉（水产）：用于治疗水产养殖动物因细菌感染引起的出血性败血症、烂腮病、打印病、肠炎病、赤鳍病、爱德华氏菌病等疾病。以本品计，拌饵投喂：一次量，每千克体重，200～400 mg，连用 5～7 日。恩诺沙星可溶性粉（赛鸽用）（5 g：0.25 g）：以本品计，混饮，每升水，赛鸽 5 g，连用 3～5 日。恩诺沙星溶液（蚕用）（2 mL：50 mg）：桑叶舔食，一次量，取本品 1 支，加水 125 mL 混匀，喷洒于 1.25 kg 桑叶。喷洒时以桑叶正反两面湿润为度。发现病蚕后第 1 日，喂饲药叶 24 h，第 2 日和第 3 日分别喂饲药叶 6 h。盐酸恩诺沙星可溶性粉（10%）：以本品计，混饮，每升水，鸡1.1 g，连用 5 日。盐酸恩诺沙星可溶性粉（30%）：以本品计，混饮，每升水，鸡 0.367 g，连用 5 日。恩诺沙星片（宠物用）：以恩诺沙星计，内服，一次量，每千克体重，犬、猫 2.5～5 mg，一日 2 次，连用 3～5 日，或遵医嘱。

【休药期】 恩诺沙星溶液：禽 8 日，蛋鸡产蛋期禁用。盐酸恩诺沙星可溶性粉：鸡 11 日。恩诺沙星注射液：牛、羊 14 日，猪 10 日，兔 14 日。恩诺沙星粉（水产）：500 度日。

达氟沙星（Danofloxacin）

【理化性质】 本品又名单诺沙星。其甲磺酸盐为白色至淡黄色结晶性粉末。无臭，味微苦。易溶于水，甲醇中微溶。

【作用与应用】 本品为动物专用的新型广谱高效杀菌药，抗菌谱与恩诺沙星相似，而抗菌作用强约 2 倍。其特点是内服、肌内注射或皮下注射吸收迅速而完全，生物利用度高，体内分布广泛，尤其在肺部的浓度是血浆浓度的 5～7 倍。主要用于防治牛巴氏杆菌病、猪传染性胸膜肺炎、支原体性肺炎、禽大肠杆菌病、禽巴氏杆菌病、鸡慢性呼吸道病和葡萄球菌病等。

【制剂、用法与用量】 甲磺酸达氟沙星粉（按达氟沙星计算，2%）：以本品计，内服，每千克体重，鸡 125～250 mg，一日 1 次，连用 3 日。甲磺酸达氟沙星溶液（按达氟沙星计算，2%）：混饮，每升水，鸡 1.25～2.5 mL，一日 1 次，连用 3 日。甲磺酸达氟沙星注射液（按达氟沙星计算，5 mL：50 mg、10 mL：250 mg）：肌内注射，一次量，每千克体重，猪 0.125～0.25 mL，一日 1 次，连用 3 日。

【休药期】 甲磺酸达氟沙星粉、甲磺酸达氟沙星溶液：鸡 5 日。甲磺酸达氟沙星注射液：猪 25 日。

二氟沙星(Difloxacin)

【理化性质】 本品为白色或类白色粉末。无臭,味苦。不溶于水,其盐酸盐能溶于水。

【作用与应用】 动物专用,抗菌活性略低于恩诺沙星,对畜禽呼吸道效果好,尤其对葡萄球菌有较强作用。猪、鸡体内吸收迅速,达峰时间短,表观分布容积大,消除缓慢。猪的消除显著慢于鸡,猪肌内注射及内服后吸收完全,鸡肌内注射、内服后吸收不完全。对多种细菌有效,如大肠杆菌、铜绿假单胞菌、金黄色葡萄球菌、变形杆菌、巴氏杆菌等,对支原体也有效。临床主要用于治疗畜禽慢性呼吸道病、气管炎、肺炎、禽霍乱、链球菌病、伤寒等疾病,尤其对鸡的大肠杆菌病和仔猪的红、黄、白痢有特效。

【制剂、用法与用量】 盐酸二氟沙星粉(按二氟沙星计算,2.5%):内服,一次量,每千克体重,鸡0.2~0.4 g,一日2次,连用3~5日。盐酸二氟沙星片(按二氟沙星计算,5 mg):一次量,每千克体重,鸡1~2片,一日2次,连用3~5日。盐酸二氟沙星溶液(按二氟沙星计算,2.5%):内服,每千克体重,鸡2~4 mL,一日2次,连用3~5日。盐酸二氟沙星注射液(按二氟沙星计算,10 mL∶0.2 g、50 mL∶1 g),肌内注射,一次量,每千克体重,猪0.25 mL,一日2次,连用3日。

【休药期】 盐酸二氟沙星粉、盐酸二氟沙星片、盐酸二氟沙星溶液:鸡1日。盐酸二氟沙星注射液:猪45日。

沙拉沙星(Sarafloxacin)

【理化性质】 用其盐酸盐,其盐酸盐为白色或类白色结晶性粉末,无臭、味微苦,有吸湿性,在水和乙醇中几乎不溶或不溶,在氢氧化钠溶液中溶解。

【药动学】 内服吸收较缓慢,生物利用度较低,肌内注射吸收迅速,生物利用度较高。

【作用与应用】 为动物专用广谱杀菌药。抗菌谱与二氟沙星相似,对支原体的效果略强于二氟沙星。对鱼的杀鲑气单胞菌、杀鲑弧菌、鳗弧菌也有效。临床主要用于猪、鸡的敏感细菌及支原体所致各种感染性疾病。如猪、鸡的大肠杆菌病、沙门氏菌病、支原体病和葡萄球菌感染等。也用于鱼敏感菌感染性疾病。

【制剂、用法与用量】 盐酸沙拉沙星可溶性粉(2.5%):用于敏感菌引起的感染性疾病。以本品计,饮水,每升水,鸡1~2 g,连用3~5日。

盐酸沙拉沙星片(5 mg):用于敏感菌引起的感染性疾病,内服,一次量,每千克体重,鸡1~2片,一日1~2次,连用3~5日。

盐酸沙拉沙星溶液(1%):用于敏感菌引起的感染性疾病,混饮,每升水,鸡2~5 mL,连用3~5日。

盐酸沙拉沙星注射液(1%):用于敏感菌引起的感染性疾病,肌内注射,一次量,每千克体重,猪、鸡0.25~0.5 mL,一日2次,连用3~5日。

盐酸沙拉沙星胶囊(蚕用,0.1 g):以本品计,桑叶添食,取本品一粒,研细,用于防治由芽孢杆菌所引起的家蚕细菌性败血病时,加水1000 mL;用于防治由灵菌所引起的家蚕细菌性败血病时,加水250 mL,搅拌溶解后喷于桑叶正反面,以湿润为度。发现病蚕后,第1日饲喂药叶24 h,第2日和第3日各饲喂药叶6 h。禁止与农药混放,使用时注意保持蚕座干燥,雨湿天气避免使用。

【休药期】 盐酸沙拉沙星片、盐酸沙拉沙星可溶性粉、盐酸沙拉沙星溶液:鸡0日,蛋鸡产蛋期禁用。盐酸沙拉沙星注射液:猪、鸡0日,蛋鸡产蛋期禁用。

环丙沙星(Ciprofloxacin)

【理化性质】 环丙沙星又名环丙氟哌酸,其盐酸盐和乳酸盐为淡黄色结晶性粉末,易溶于水。

【药动学】 内服、肌内注射吸收迅速,生物利用度种属间差异较大。内服的生物利用度:鸡70%,猪37.3%~51.6%,犊牛53.0%,马6.8%。肌内注射的生物利用度:猪78%,绵羊49%,马98%。血药浓度的达峰时间为1~3 h。在动物体内分布广泛。内服的消除半衰期:犊牛8.0 h,猪3.32 h,犬4.65 h。主要通过肾脏排泄,猪和犊牛从尿中排出的原形药分别为给药剂量的47.3%及

45.6%。血浆蛋白结合率：猪为23.6%，牛为70.0%。

【作用与应用】 用于畜禽细菌和支原体感染，还可防治家蚕细菌性败血症。①与氨基糖苷类、广谱青霉素合用有协同抗菌作用。② Ca^{2+}、Mg^{2+}、Fe^{3+} 等金属离子与本品可发生螯合作用，影响其吸收。③对肝药酶有抑制作用，使其他药物（如茶碱、咖啡因）的代谢下降，清除率降低，血药浓度升高，甚至出现中毒症状。④与丙磺舒合用可因竞争同一转运载体而抑制其在肾小管的排泄，半衰期延长。

【制剂、用法与用量】 乳酸环丙沙星注射液：按环丙沙星计算，5 mL：0.25 g；10 mL：0.5 g。肌内注射：一次量，每10 kg体重，家畜0.5 mL，禽1 mL，一日2次。静脉注射：一次量，每10 kg体重，家畜0.4 mL，一日2次。盐酸环丙沙星注射液：10 mL：0.2 g。静脉注射、肌内注射，一次量，每10 kg体重，家畜1.25～2.5 mL，家禽2.5～5 mL，一日2次，连用3日。乳酸环丙沙星可溶性粉：2%（按环丙沙星计算），以本品计，混饮，每升水，2～4 g，一日2次，连用3日。盐酸环丙沙星可溶性粉：2%，以本品计，混饮，每升水，鸡0.75～1.25 g，连用3～5日。盐酸环丙沙星胶囊（蚕用）：0.1 g，喷桑叶使用。预防：一次量，每1粒加水500 mL溶解，均匀喷洒于5 kg桑叶叶面，以桑叶正反面湿润为度，待水分稍干喂蚕，各龄盛食期各添食1次。治疗：一次量，每2粒加水500 mL，每日添食1次，至蚕病基本控制为止。

【休药期】 盐酸环丙沙星可溶性粉：禽8日，蛋鸡产蛋期禁用。乳酸环丙沙星注射液：牛14日，猪10日，禽28日，弃奶期84 h，蛋鸡产蛋期禁用。盐酸环丙沙星注射液：畜、禽28日，弃奶期7日，蛋鸡产蛋期禁用。

四、硝基咪唑类

5-硝基咪唑类是指一组具有抗原虫和抗菌活性的药物，尤其具有很强的抗厌氧菌作用。兽医临床常用的有甲硝唑、地美硝唑等。仅用于治疗，禁用于促生长。

甲硝唑(Metronidazole)

【理化性质】 甲硝唑又名灭滴灵，为白色或微黄色的结晶或结晶性粉末。在乙醇中略溶，在水中微溶。

【作用与应用】 本品对大多数专性厌氧菌具有较强的作用，包括拟杆菌属、梭状芽孢杆菌属、厌氧链球菌等；此外，还有抗滴虫和阿米巴原虫的作用，但对需氧菌或兼性厌氧菌则无效。主要用于治疗阿米巴、牛毛滴虫、贾第鞭毛虫、小袋虫等原虫感染；手术后感染；肠道和全身的厌氧菌感染。

【不良反应】 剂量过大，可出现以肌肉震颤、抽搐、共济失调、惊厥等为特征的神经系统紊乱症状。不宜用于孕畜。

【制剂、用法与用量】 甲硝唑片：内服，一次量，每千克体重，牛60 mg，犬25 mg，一日1～2次。

【休药期】 牛28日。

地美硝唑(Dimetridazole)

【理化性状】 地美硝唑又称二甲硝唑、二甲硝咪唑。本品为类白色至微黄色粉末，无臭，在乙醇中溶解，在水中微溶，遇光色渐变深，遇热升华。

【作用与应用】 本品具有广谱抗菌和抗原虫作用，不仅能对抗厌氧菌、大肠弧菌、链球菌、葡萄球菌和密螺旋体，而且能抗组织滴虫、纤毛虫、阿米巴原虫等。用于猪密螺旋体痢疾和禽组织滴虫病。

【不良反应】 鸡对本品敏感，大剂量可引起平衡失调，肝肾功能损害。

【制剂、用法与用量】 地美硝唑预混剂：混饲，每1000 kg饲料，猪200～500 g，禽80～500 g（以地美硝唑计）。连续用药，鸡不得超过10日。不得与其他抗滴虫药联合使用。

五、喹噁啉类

喹噁啉类药物为合成抗菌药，均属喹噁啉-N-1,4-二氧化物的衍生物，曾应用于畜禽的主要有乙酰甲喹、卡巴氧、喹乙醇和喹烯酮。卡巴氧因有致突变和致癌作用已禁用于食品动物；喹乙醇可能对动物产品质量安全、公共卫生安全和生态安全存在风险隐患，已停止在食品动物中使用；喹烯酮预混剂因仅有促生长用途，其质量标准已经废止。

乙酰甲喹(Maquindox)

【理化性质】 乙酰甲喹又名痢菌净，为鲜黄色结晶或黄色粉末。无臭，味微苦。在水、甲醇中微溶。

【药动学】 内服和肌内注射均易吸收，体内破坏少，猪内服给药后约75%以原形的形式从尿排出，尿中浓度高。猪肌内注射后10 min即可分布全身各组织，体内消除快，半衰期约2 h。

【作用与应用】 通过抑制菌体的脱氧核糖核酸(DNA)合成而达到抗菌作用。具有广谱抗菌作用，对多数细菌具有较强的抑制作用，对革兰氏阴性菌的抑制作用强于革兰氏阳性菌，对猪密螺旋体所致的猪痢疾的作用尤其明显。用于猪密螺旋体所致的猪痢疾，也用于细菌性肠炎。

【制剂、用法与用量】 乙酰甲喹片(0.1 g)，内服：一次量，每10 kg体重，牛、猪0.5～1片。乙酰甲喹注射液(5%)，肌内注射：一次量，每10 kg体重，猪0.4～1 mL。

【不良反应】 按规定的用法与用量使用尚未见不良反应。

【注意事项】 应用剂量高于临床治疗量3倍，或长时间应用会引起毒性反应，甚至死亡。

【休药期】 乙酰甲喹片(0.1 g)：牛、猪35日；乙酰甲喹注射液(5%)：猪35日。

六、硝基呋喃类

硝基呋喃类包括呋喃唑酮、呋喃妥因、呋喃西林、呋喃苯烯酸钠等。本类药物属于广谱抗菌药，对多数革兰氏阳性菌、革兰氏阴性菌、某些真菌和原虫有杀灭作用。但由于这类药物具有致突变和致癌的潜在危险，现已禁用于食品动物。

扫码学课件

2-4

任务四　抗真菌药

真菌感染可分为浅表性真菌感染和深部真菌感染。前者主要侵害皮肤、羽毛、趾甲、鸡冠、肉髯等，引起多种癣病；后者主要侵害机体深部组织和内脏器官，如表现为念珠菌病、犊牛真菌性胃肠炎、牛真菌性子宫炎、雏鸡曲霉菌性肺炎等。

抗真菌药按结构可分为抗真菌抗生素、唑类抗真菌药、丙烯胺类抗真菌药等。抗真菌抗生素包括制霉菌素、两性霉素B等多烯类药物，主要用于治疗深部真菌感染；唑类抗真菌药按结构可分为咪唑类抗真菌药和三氮唑类抗真菌药，咪唑类抗真菌药有克霉唑、咪康唑、益康唑、酮康唑等，三氮唑类抗真菌药包括氟康唑、伊曲康唑等；丙烯胺类抗真菌药有特比萘芬、布替萘芬等。

一、多烯类抗真菌药

两性霉素B(二性霉素B，Amphotericin B)

【理化性质】 两性霉素为多烯类抗真菌药，含A、B两种成分，由于B的作用较强，故只选此种应用于临床，称为两性霉素B(二性霉素B)，为黄色至橙黄色粉末，不溶于水及乙醇。其注射剂添加有一定量的脱氧胆酸钠(起增溶作用)，可溶于水形成胶体溶液，但遇无机盐溶液则析出沉淀。

【药理作用】 通过影响细胞膜通透性而发挥抑制真菌生长的作用。本品对荚膜组织胞浆菌、新型隐球菌、白色念珠菌、球孢子菌及皮炎芽生菌、黑曲霉等都有抑制作用。真菌对两性霉素B虽也可产生耐药性，但不显著。

【临床应用】 临床上用于治疗严重的深部真菌引起的内脏或全身感染，如荚膜组织胞浆菌病、白色念珠菌病等。

【注意事项】 本品毒性较大，主要是对肝、肾功能的损害。临床常引起肾功能损害，可使动物出现蛋白尿、管型尿等，其肾毒性与剂量有关。注射前应用抗组胺药或将两性霉素B与氟美松(地塞米松)合用，可减轻不良反应。

【制剂、用法与用量】 注射用两性霉素B，5 mg、25 mg、50 mg。静脉注射：一次量0.15～0.5

mg/kg,隔日 1 次。

制霉菌素(Nystatin)

【理化性质】 酸碱两性化合物,淡黄色粉末,具有吸湿性,干燥状态下稳定,不溶于水,微溶或略溶于乙醇、甲醇、正丙醇、正丁醇。本品水混悬液在 −25 ℃下可保存 18 个月,37 ℃时 7 日后效价减损 50%。

【药理作用】 对白色念珠菌、新型隐球菌、荚膜组织胞浆菌、球孢子菌、小孢子菌等具有抑菌或杀菌作用。内服难吸收,静脉注射和肌内注射的毒性较大,局部用药也不被皮肤、黏膜吸收。因此,对全身性真菌感染无效。

【临床应用】 主要用于预防和治疗长期服用四环素类抗生素所引起的肠道真菌性感染,气雾吸入对肺部霉菌感染疗效佳。临床可用于治疗犬、猫消化道念珠菌病,局部用药对皮肤真菌感染有效。

【注意事项】 本品用量过大可引起呕吐、腹泻等消化道反应。

【制剂、用法与用量】 制霉菌素片,10 万 U、25 万 U、50 万 U。内服:一次量,马、牛 250 万～500 万 U,猪、羊 50 万～100 万 U,犬 5 万～15 万 U,一日 2～3 次。

制霉菌素外用混悬液,1 mL∶10 万 U。外用:涂于患处,一日 2～3 次。

二、咪唑类抗真菌药

克霉唑(Clotrimazole)

【理化性质】 克霉唑又叫抗真菌 1 号、氯三苯咪唑、三苯甲咪唑等。本品为白色结晶性粉末,难溶于水。

【药理作用】 本品为广谱抗真菌药,对浅表真菌及某些深部真菌均有抗菌作用。对表皮癣菌、毛发癣菌、曲菌、着色真菌、隐球菌属和念珠菌属均有较好抗菌作用,对申克孢子丝菌、皮炎芽生菌、粗球孢子菌属、组织浆胞菌属等也有一定抗菌活性。

【临床应用】 适用于治疗白色念珠菌所致的皮肤念珠菌病;红色毛癣菌、须癣毛癣菌、絮状表皮癣菌和犬小孢子菌所致的足癣、股癣和体癣,糠秕马拉色菌所致的花斑癣,亦可用以治疗甲沟炎、须癣和头癣。

【注意事项】 本品毒性大,内服可有胃肠道反应、肝功能异常及白细胞减少等。外用无不良反应,偶有局部炎症。

【制剂、用法与用量】 克霉唑片,0.25 g、0.5 g。内服:一次量,犬、猫 12.5～25 mg/kg,2～3 次/日。克霉唑软膏,1%、3%。外用:患部涂擦,2 次/日。克霉唑溶液,1%。外用:患部涂擦,2 次/日。

酮康唑(Ketoconazole)

【理化性质】 本品为白色结晶性粉末,无臭,无味,几乎不溶于水,在氯仿中易溶,在甲醇中溶解。酮康唑乳膏的商品名为金达克宁。

【药理作用】 本品为人工合成的广谱抗真菌药。对全身及浅表真菌均有抗菌活性,对隐球菌、着色真菌、念珠菌、皮炎芽生菌、毛发癣菌、球孢子菌、小孢子菌均具有抑制作用;大剂量长时间使用可杀真菌。其作用机理为抑制真菌细胞膜麦角固醇的生物合成,损伤真菌细胞膜并改变其通透性,导致重要的细胞内物质外漏而使真菌死亡。

【临床应用】 临床上主要用于治疗犬和猫球孢子菌病、组织胞浆菌病、小孢子菌病、毛癣菌病、隐球菌病、芽生菌病等,也可防治皮肤、黏膜等浅表性真菌感染。

【注意事项】 ①本品有肝脏毒性,肝功能不良的动物慎用。②本品具有胚胎毒性,妊娠动物禁用。③应用本品常伴有恶心、呕吐等消化道症状。④本品可抑制睾酮的合成,产生抗雄性激素的作用。

【制剂、用法与用量】 酮康唑片,0.2 g。内服:一次量,犬、猫 5～10 mg/kg,2～3 次/日。酮康唑乳膏(2%):外用,患部涂擦,2 次/日。酮康唑洗剂(采乐)。

益康唑(Econazole)

【理化性质】 益康唑也称硝酸氯苯咪唑。本品为白色结晶性粉末,几乎不溶于水。

【药理作用】 本品为人工合成的广谱、安全、速效抗真菌药。对各种致病性真菌几乎都有抗菌作用,如念珠菌属、着色真菌属、球孢子菌属、组织浆胞菌属、孢子丝菌属等,对毛发癣菌等亦具抗菌活性。

【临床应用】 本品适合治疗皮肤、黏膜或阴道内的真菌感染,如犬和猫皮肤、甲、爪等的真菌病、念珠菌性阴道炎等。

【制剂、用法与用量】 益康唑软膏(2%):外用,患部涂擦,2 次/日。益康唑酊(1%):外用,患部涂擦,2 次/日。硝酸益康唑栓(50 mg、150 mg):外用,置阴道内,1 次/日。益康唑霜(1%):外用,患部涂擦,2 次/日。

三、丙烯胺类抗真菌药

特比萘芬(Terbinafine,TBF)

【理化性质】 特比萘芬又称兰美抒、丁克、疗霉舒等。本品属丙烯胺类抗真菌药,为白色至灰白色结晶性粉末。

【药理作用】 本品为人工合成的广谱抗真菌药。通过抑制真菌细胞麦角固醇合成过程中的鲨烯环氧化酶,使鲨烯在细胞中蓄积、麦角固醇合成受阻而起杀菌作用。尤其对皮肤癣菌(红色毛癣菌、须癣毛癣菌等)有较强的杀菌或抑菌作用。对丝状体、暗色孢科真菌、酵母菌、曲霉菌、皮炎芽生菌、荚膜组织胞浆菌等有杀菌作用。对皮癣菌、曲霉菌的活性比萘替芬、酮康唑、伊曲康唑、克霉唑、益康唑、灰黄霉素和两性霉素强。

【药动学】 本品口服吸收迅速,优先分布到皮肤、毛发、皮脂、汗液等,易扩散到甲角质层,在肝脏代谢成无活性的代谢产物,随尿液排出体外,在体内无蓄积作用。

【临床应用】 本品外用制剂适用于治疗各种浅部真菌感染,如手足癣、体癣、股癣、头癣等;内服制剂可用于甲真菌病、孢子丝菌病等深部真菌病。

【制剂、用法与用量】 特比萘芬片剂,250 mg。犬、猫:20～40 mg/kg,口服,1 次/日,可以用 1 周,停 1 周。小型哺乳动物、啮齿类:10～30 mg/kg,口服,1 次/日,用 4～6 周。鸟类:10～15 mg/kg,口服,2 次/日,或者喷雾疗法,1 mg/mL 用 20 min,8 h 1 次。盐酸特比萘芬喷剂:外用,用药前清洁和干燥患处,将本品喷于患处及其周围,并加以轻揉,1～2 次/日。一般疗程:体癣、股癣 1～2 周;足癣 2～4 周,皮肤念珠菌病 1～2 周;花斑癣 2 周。

扫码学课件
2-5

任务五　抗病毒药

病毒属于非细胞型微生物,其个体微小,结构简单,其核心含有核酸(核糖核酸或脱氧核糖核酸)和复制酶,其外包蛋白衣壳。病毒无完整的细胞结构,也缺乏自身繁殖的酶系统,需要寄生于宿主细胞内,依赖宿主细胞的代谢系统进行生存及增殖。病毒感染的发病率和传播速度均超过其他病原体所引起的疾病,病毒感染已成为畜禽感染性疾病的最重要原因,严重地危害畜禽健康和生命,已成为困扰畜牧业生产的一大难题。理想的抗病毒药应选择作用于病毒而对宿主细胞无损害的药物,但由于病毒具有胞内寄生特性且增殖时需依赖宿主细胞的许多功能,至今尚无对病毒作用可靠、疗效确实的药物,故兽医临床上抗病毒药的使用仍很少,尤其对食品动物不主张使用抗病毒药。在畜牧养殖中,畜禽病毒病主要靠疫苗预防。

病毒的增殖周期包括吸附、穿入、脱壳、生物合成及组装、成熟、释放等环节。阻止病毒增殖任一环节的药物,皆可起到防治病毒病的作用。目前应用的抗病毒药主要通过干扰病毒吸附于细胞、阻止病毒进入宿主细胞、抑制病毒核酸复制、抑制病毒蛋白质合成、诱导宿主细胞产生抗病毒蛋白等多种途径发挥效应。目前兽医临床试用的抗病毒药有金刚烷胺、吗啉胍、利巴韦林等。一些中草药，如穿心莲、板蓝根、大青叶等对一些病毒病也有一定的防治作用。

黄芪多糖(Astragalus Polysaccharides)

【理化性质】 本品是由黄芪的干燥根茎提取、浓缩、纯化而成的水溶性杂多糖，为棕黄色粉末，味微甜，具引湿性，应密封避光保存。

【作用与应用】 本品为免疫活性物质，能诱导机体产生干扰素，激活淋巴细胞因子，促进抗体形成，对机体的细胞免疫和体液免疫都有重要的调节作用。

本品可用于提高未成年畜禽的抗病能力，提高畜禽免疫后的抗体水平。

【注意事项】 家畜休药期 28 日，蛋禽 7 日。

【制剂、用法与用量】 常用剂型有注射液、可溶性粉。混饲，每 1000 kg 饲料，畜禽 300～500 g，预防用则减半，连用 5～7 日。肌内注射、皮下注射，一次量，每千克体重，马、牛、羊、猪 2～4 mg，家禽 5～20 mg，1 次/日，连用 2～3 日。

利巴韦林(Ribavirin)

【理化性质】 利巴韦林为鸟苷类化合物，又称病毒唑、三氮唑核苷。本品为白色结晶性粉末，无臭、无味，易溶于水，性质稳定。

【作用与应用】 本品为广谱抗病毒药，进入宿主细胞后，在细胞酶作用下发生磷酸化，竞争性地抑制肌苷-5′-单磷酸脱氧酶，从而使细胞和病毒复制所必需的鸟嘌呤核苷酸减少，从而抑制多种 DNA、RNA 病毒的复制，但对宿主细胞核酸合成也有一定抑制作用。

对流感病毒、副流感病毒、腺病毒、疱疹病毒、痘病毒、轮状病毒等较敏感。兽医临床用于禽流感、鸡传染性支气管炎、鸡传染性喉气管炎、猪传染性胃肠炎等病毒性疾病的防治。

【注意事项】 本品可引起动物厌食、胃肠功能紊乱、腹泻等；过量可致心脏损害；长期使用易引起骨髓抑制和溶血性贫血，还有较强致畸作用。

【制剂、用法与用量】 常用剂型有注射剂、片剂、口服液、气雾剂等。肌内注射，一次量，每千克体重，犬、猫 5 mg，2 次/日，连用 3～5 日。

金刚烷胺(Amantadine)

【理化性质】 其盐酸盐为白色闪光结晶或结晶性粉末，无臭，味苦，易溶于水或乙醇。金刚乙胺是金刚烷胺的衍生物，具有相似药效但副作用小。

【作用与应用】 本品主要通过干扰病毒进入宿主细胞，并抑制病毒脱壳及核酸的释放，从而抑制病毒的增殖。其抗病毒谱较窄，对甲型流感病毒选择性高，对丙型流感病毒、仙台病毒和假性狂犬病毒的复制也有抑制作用，但对乙型流感、鸡传染性支气管炎、鸡传染性喉气管炎、法氏囊病等病毒病无效。

兽医临床可用于禽流感、牛副流感、牛病毒性腹泻及猪流感的防治。

【注意事项】 体外和临床应用期均可诱导耐药毒株的产生；常见中枢神经系统和胃肠道反应，停药后可消失；可引起禽产蛋率下降，禽产蛋期不宜使用；还有致畸作用；禽宰前停药 5 日。

【制剂、用法与用量】 常用剂型是片剂。混饲，每 1000 kg 饲料，禽 100～200 g。混饮，每升水，禽 50～100 mg。内服，一次量，每千克体重，鸡 10～25 mg，2 次/日。

干扰素(Interferon，IFN)

干扰素是病毒进入细胞后诱导宿主细胞产生的一种具有高度生物活性的糖蛋白。它从细胞内释放出来后，能促使其他细胞抵抗病毒的感染。

【理化性质】 药用干扰素是一类具有高度活性的糖蛋白物质，系从动物的白细胞、成纤维细胞、免疫淋巴细胞中提取，有 α、β、γ 三种类型。

【作用与应用】 干扰素具有广谱抗病毒作用，但其并不直接灭活病毒，而是诱导未感染的宿主细胞产生抗病毒蛋白，从而抑制病毒的复制与增殖。另外，尚有免疫调节作用和抗恶性肿瘤的作用。

Note

兽医临床试用于疱疹性角膜炎、猪流行性腹泻、猪轮状病毒性腹泻、温和型猪瘟、牛病毒性腹泻、鸡新城疫、鸡传染性法氏囊病、禽流感病毒感染等，也可用于骨肉瘤、乳腺瘤、恶性淋巴瘤等的辅助治疗。

【注意事项】 干扰素具有高度的种属特异性，特定种属动物细胞产生的干扰素只能保护同种属或非常接近种属的动物。不良反应少，注射部位可出现硬结；少量病例可出现可逆性骨髓抑制。

【制剂、用法与用量】 常用剂型为注射剂。干扰素口服无效，可采用点眼或肌内注射方式给药。

其他抗病毒中草药

除黄芪多糖在兽医临床成功用于病毒病的预防与治疗外，香菇多糖的作用与黄芪多糖相似。此外板蓝根、穿心莲、大青叶、鱼腥草、黄连、金银花、龙胆草等对畜禽的一些病毒病也有一定的防治作用。中草药抗病毒的途径主要有两种：一是通过阻断病毒繁殖过程中的某一个环节而起到抑制病毒的作用，二是通过诱导机体产生干扰素而达到抑制病毒的目的。国内许多学者研究发现，一些中草药对鸡传染性支气管炎病毒、鸡新城疫病毒、鸡传染性法氏囊病毒、鸡马立克病毒、小鹅瘟病毒、鸭肝炎病毒等有一定抑制作用。

扫码学课件

2-6

任务六 抗微生物药的合理使用

抗微生物药是目前兽医临床使用最广泛和最重要的抗感染药物，在控制畜禽感染性疾病中起着巨大的作用，解决了畜牧业生产中面临的许多问题。但目前不合理使用，尤其是滥用的现象较为严重，不仅造成药物的浪费，而且导致患畜不良反应增多、细菌耐药性产生和畜产品中兽药残留等，给兽医工作、公共卫生及公众健康带来不良后果。因此，为充分发挥抗微生物药的疗效、降低药物对患畜的毒副作用、减少细菌耐药性的产生、减少畜产品中兽药残留，必须切实合理使用抗微生物药。

一、正确诊断，准确选药

正确诊断疾病，准确找出感染性疾病的病原体，是准确选择抗微生物药的前提。在临床中，首先应利用细菌分离鉴定试验来确定引起感染的病原体；然后根据不同抗微生物药的抗菌谱，或利用细菌药敏试验来选择对病原体高度敏感的抗菌药。要尽可能避免对无指征或指征不明显的患病动物使用抗菌药，如各种病毒感染不宜用抗菌药，对真菌性感染也不宜选用一般的抗菌药，因为目前多数抗菌药对病毒和真菌无作用。

二、制订合理的给药方案

要充分发挥抗菌药在体内杀灭或抑制致病菌的作用，用药时应根据患病动物病情的轻重缓急及基础状态制订合理的给药方案，包括药物品种、给药途径、剂量、间隔时间及疗程等。并且在治疗过程中应密切观察治疗效果，如用药 2～3 日病情仍未见改善，应考虑调整给药方案。

(1)选用恰当的给药途径。一般轻度感染可口服给药，中度感染可肌内注射给药，严重感染应静脉注射给药，以确保药效。

(2)确定合适的剂量。用药剂量过小不但治疗无效，反而易引起细菌耐药性的产生；剂量过大未必能增加疗效，反而可引起毒副作用。临床给药时，应以各种抗菌药的治疗量范围为基准，根据细菌对药物敏感程度、病情轻重、感染部位、药物毒性大小、动物功能状态等对剂量进行适当调整。严重感染宜用较大剂量，治疗幼畜、老龄畜、肝肾功能不全畜宜用较小剂量。

(3)给药间隔时间。为保证药物在体内能最大限度地发挥药效，应根据药动学和药效学相结合的原则确定给药间隔时间。青霉素类、头孢菌素类等消除半衰期短者，应 1 日多次给药；氟喹诺酮类、氨基糖苷类等可 1 日给药 1 次(重症感染者除外)。

(4)控制适当的疗程。疗程的长短视感染的致病菌、严重程度及患畜的体质而定，过早停药易引起感染的复发。对于一般急性感染可连续用药 3～4 日，在体温恢复正常、症状消失后再巩固 1～2

日。严重感染的治疗，其用药期应适当延长。

三、防止产生耐药性

随着抗菌药的广泛应用，细菌耐药性问题也日益严重，为了防止或延缓细菌产生耐药性，在使用抗菌药时，应注意以下一些原则。

(1)严格掌握用药指征，病因不明者不宜轻易使用抗菌药。根据患病动物的症状、体征及血常规、尿常规等实验室检查结果初步诊断为细菌性感染者，以及经病原学检查确诊为细菌感染者，方有指征应用抗菌药。由真菌、支原体、衣原体、螺旋体、立克次体及部分原虫等病原微生物引起的感染也有应用抗菌药的用药指征。

(2)严格掌握适应证。在有明确的用药指征下，在掌握每种抗菌药抗菌谱及细菌对其耐药性的变迁情况下，选用对致病菌有良好抗菌活性的抗菌药，并且剂量要足、疗程要够、用法要对。

(3)避免不必要的皮肤黏膜局部用药，皮肤黏膜局部应用抗菌药易导致过敏反应增多或细菌易产生耐药性。

(4)避免长期用药，尤其是长期固定使用某一类或某几种抗菌药，易使细菌产生耐药性，同一地区要有计划地分期、分批交替使用不同类或不同作用机理的抗菌药。

(5)发现致病菌耐药后，应立即改用对致病菌敏感的其他抗菌药或采取联合用药方式。

(6)杜绝不必要的预防性应用抗菌药，禁止将抗菌药作为动物促生长剂使用，禁止人药兽用。

四、正确的联合用药

联合应用抗菌药的目的是扩大抗菌谱、增强疗效、减少单药用量、减轻毒副作用、防止或延缓耐药性的产生。正确联合用药可达到良好的治疗目的，不当联合用药更容易产生不良后果。

1. 联合用药指征　在临床用药中，多数细菌感染只需用一种抗菌药就能达到治疗目的，即使一些细菌的合并感染，选用一些广谱抗菌药也可达到治疗目的。联合应用抗菌药必须有明确的用药指征。

(1)病因未明的严重感染：如感染伴有严重的毒血症或休克，病情险恶者，可根据临床症状判断可能的致病菌，先进行联合用药，待确诊后，再调整用药。

(2)单一抗菌药不能控制的混合感染：如严重烧伤感染、复合创伤感染、胃肠穿孔引起的腹膜炎等。

(3)长期用药易出现耐药性的细菌感染：如结核病、深部真菌病等。

(4)药物不易渗入的特殊部位感染：如中枢神经系统感染、心内膜感染等。

(5)减少毒性较大的抗菌药的毒性反应：如多黏菌素与四环素联用可减少前者的用量，并减轻其毒性反应。

2. 联合用药选择

(1)根据抗菌药作用特性进行联合选择。

目前，抗菌药根据作用特性不同可分为 4 类：Ⅰ类为繁殖期或速效杀菌剂，如青霉素类、头孢菌素类；Ⅱ类为静止期或慢效杀菌剂，如氨基糖苷类、氟喹诺酮类、多黏菌素类；Ⅲ类为速效抑菌剂，如大环内酯类、酰胺醇类、四环素类；Ⅳ类为慢效抑菌剂，如磺胺类。

Ⅰ类与Ⅱ类合用一般可获得增强作用，如青霉素和链霉素合用时，青霉素可破坏细菌细胞壁完整性，有利于链霉素进入菌体作用于其靶位，两者合用可获得协同作用。Ⅰ类与Ⅲ类合用可出现拮抗作用，如青霉素与四环素合用时，四环素可迅速抑制细菌的生长繁殖，青霉素对停止生长繁殖的细菌的作用会减弱。Ⅰ类与Ⅳ类合用，可能无明显影响，但在治疗脑膜炎时，由于磺胺嘧啶(SD)易透过血脑屏障，青霉素和磺胺嘧啶合用可获得相加作用而提高疗效。

(2)根据抗菌药作用机理进行联合选择。

作用机理相同的同一类药物合用其疗效并不增强，而可能相互增加毒性。如氨基糖苷类之间合用能增加对第八对脑神经的毒性；氯霉素类、大环内酯类与林可胺类，因作用机理相似，均竞争细菌

Note

同一靶位,可能出现拮抗作用。

此外,联合用药时还应注意药物之间的理化性质、药动学和药效学之间的相互作用和配伍禁忌。

五、采取综合治疗措施

机体的免疫力是协同抗菌药发挥治疗作用的重要因素,在使用抗菌药治疗疾病时,应根据患畜的种属、年龄、生理、病理状况,采取综合治疗措施,增强治疗效果。如纠正机体酸碱平衡失调、补充能量、扩充血容量等辅助治疗措施,促进疾病康复。

任务七 实验实训

一、常用消毒药的配制

【实验目的】 掌握浓度稀释法配制稀溶液和采用助溶剂配制酊剂及其他常用消毒药的方法。

【实验原理】

(1)浓溶液稀释:利用溶液稀释,溶质不变的原理,先计算后量取配制。

(2)酊剂是用不同浓度乙醇溶解化学药物或浸制生药而制成的液体剂型。碘易溶于乙醇而微溶于水,能与碘化钾形成络合物增加其在溶液中的溶解度和稳定性,故在配制碘溶液或酊剂时须加适量的助溶剂碘化钾。

【实验材料】

(1)药品:蒸馏水、95%乙醇、碘片、碘化钾、氢氧化钠、甲醛、高锰酸钾、煤酚皂、新洁尔灭、百毒杀等。

(2)器材:天平、量筒或量杯、烧杯、移液管、搅拌棒、研钵、药匙等。

【实验方法】

(1)配制75%的乙醇溶液100 mL。

利用溶液稀释,溶质不变的原理:$C_1 \times V_1 = C_2 \times V_2$

其中C_1、V_1和C_2、V_2分别代表高浓度溶液的浓度和体积及低浓度溶液的浓度和体积。

将95%乙醇用蒸馏水稀释成75%乙醇100 mL,按照公式计算:

$$95\% \times X = 75\% \times 100$$

$$X = 78.9(\text{mL})$$

选择合适的量筒,取95%乙醇78.9 mL,加蒸馏水稀释定容至100 mL,即成75%的乙醇。

以下(2)(3)(4)配制方法同(1)。

(2)配制4%的甲醛溶液100 mL。

(3)配制3%的煤酚皂溶液100 mL。

(4)配制0.5%的新洁尔灭溶液100 mL。

(5)配制5%碘酊100 mL。

称取碘化钾2.5 g,加蒸馏水2 mL溶解后,加入研磨好的碘片5 g和适量的乙醇(可用(1)中配制好的乙醇或用浓乙醇与等量蒸馏水的混合液),搅拌溶解后转移到容量瓶中,再加乙醇定容至100 mL。

操作步骤见图2-3。

(6)配制2%的氢氧化钠溶液100 mL。

量取100 mL蒸馏水置于适宜烧杯中,将称量好的2 g氢氧化钠倒入烧杯,搅拌溶解即可。

(7)配制0.1%的高锰酸钾溶液1000 mL;操作同(6)。

(8)按1∶400比例稀释百毒杀溶液。

取1份百毒杀和400份水于合适容器中,充分混合即可。

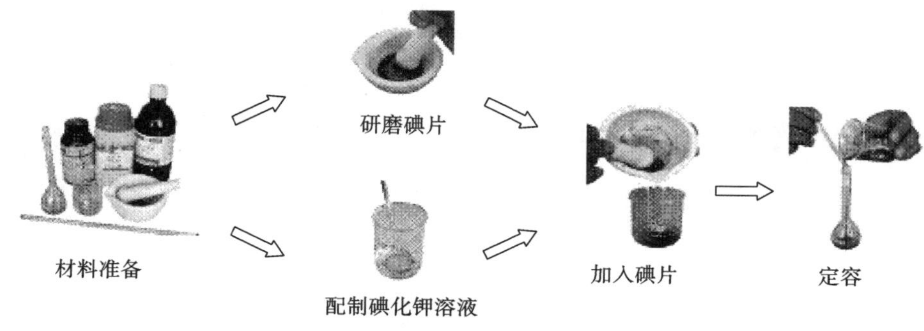

图 2-3 碘酊的配制过程

【注意事项】

(1)溶解碘化钾时应尽量少加水,最好配成饱和或过饱和溶液。

(2)将碘在碘化钾饱和溶液中溶解后,应先加乙醇后加水。如果先加水后加乙醇或加少量低浓度乙醇(含醇量低于38%时),均会析出沉淀。

【讨论与作业】 结合消毒药的药理作用,讨论其在兽医临床中的应用。

二、消毒药的杀菌效果观察

【实验目的】 掌握消毒药杀菌效果的定量测定方法。

【实验原理】 悬液定量杀菌试验是将消毒药与菌悬液混合作用一定时间后,加入中和剂去除残留的消毒药,以终止消毒药与微生物的进一步作用,然后进行菌落计数,计算杀菌率,判断消毒药的杀菌效果。

【实验材料】

(1)菌种:大肠杆菌 O_{78}、金黄色葡萄球菌。

(2)药品:500 g/L 戊二醛、1%甘氨酸、普通营养琼脂培养基、磷酸盐缓冲液(PBS)。

(3)器材:量筒、容量瓶、平皿、移液管、试管、吸管、L 形玻璃棒、恒温箱等。

【实验方法】

(1)实验浓度消毒药的配制。

用灭菌蒸馏水将 500 g/L 戊二醛稀释成浓度为 20 g/L、10 g/L、2.5 g/L 的戊二醛溶液。

(2)实验用菌悬液的配制。

将保存的大肠杆菌、金黄色葡萄球菌分别接种于肉汤培养液中,37 ℃恒温箱中培养 16～18 h,取增菌后的菌液 0.5 mL,用磷酸盐缓冲液稀释至浓度为 $1\times10^{6}\sim1\times10^{7}$ CFU/mL。

(3)消毒效果实验。

将 0.5 mL 菌悬液加入 4.5 mL 实验浓度消毒药溶液中混匀计时,到规定作用时间后,从中吸取 0.5 mL 加入 4.5 mL 中和剂(1%甘氨酸)中,混匀,使之充分中和,10 min 后吸取 0.5 mL 菌悬液用涂抹法接种于普通营养琼脂培养基平板上,于 37 ℃培养 24 h,记录生长菌落数。每个样本选择适宜稀释度接种 2 个平皿。

(4)按照下列公式计算杀菌率,杀菌率 99.9%以上为达到消毒效果。

$$杀菌率\ \mathrm{KR}=(N_1-N_0)/N_1\times100\%$$

(N_1为消毒前活菌数;N_0为消毒后活菌数)

【注意事项】

(1)不同消毒药要选择不同的中和剂,中和剂须能终止消毒且对实验无不良影响。

(2)实验温度一般要求在室温(20～25 ℃)下进行。

【实验结果】 实验结果见表 2-4。

表 2-4 戊二醛对大肠杆菌和金黄色葡萄球菌的杀菌效果

菌种	戊二醛浓度/(g/L)	不同作用时间的杀菌率/(%)		
		5 min	10 min	20 min
大肠杆菌	2.5			
	10			
	20			
金黄色葡萄球菌	2.5			
	10			
	20			

【讨论与作业】 哪些因素会影响消毒药的杀菌效果？试举例说明。

磷酸盐缓冲溶液(PBS)的配制方法。

在 800 mL 蒸馏水中溶解 8 g NaCl、0.2 g KCl、1.44 g Na_2HPO_4和 0.24 g KH_2PO_4，用 HCl 调节溶液的 pH 值至 7.4，加蒸馏水定容至 1 L，在 103.4 kPa 高压下灭菌 20 min。保存于室温。

三、应用管碟法测定抗菌药的抑菌效果

【实验目的】 观察抗菌药作用效果，熟练掌握管碟法测定药物的抗菌活性。

【实验原理】 抗菌药在牛津杯底部向琼脂培养基扩散渗透，通过对试验菌的抑杀作用而影响细菌的生长繁殖，使菌落形成透明抑菌圈，依据抑菌圈的大小确定药物抗菌能力的强弱。

【实验材料】

(1)菌种：金黄色葡萄球菌，培养 16～18 h 肉汤菌液；大肠杆菌 O_{78}，培养 16～18 h 肉汤菌液。

(2)药品：青霉素 G 钠、恩诺沙星、硫酸庆大霉素、氟苯尼考。

(3)器材：生化培养箱、电热蒸汽灭菌器、水浴锅、灭菌肉汤琼脂培养基、酒精灯、平皿、吸管、牛津杯(标准不锈钢管)、镊子、滴管、记号笔、L 形玻璃棒、游标卡尺等。

【实验方法】

(1)药液的配制与肉汤琼脂平板的制备。

①按要求准确称取一定量的抗菌药，用无菌蒸馏水配制成所需浓度的溶液。

②将灭菌肉汤琼脂培养基熔化后取 15 mL 倒入灭菌平皿内，放置一定时间凝固，作为底层培养基。

(2)用无菌吸管吸取试验菌的培养液 0.1 mL，滴在平皿底层培养基上，用无菌 L 形玻璃棒将菌液涂匀。

(3)在平皿底部做好相应标记，用无菌镊子在每个平皿中等距离放置 4 个牛津杯。

(4)用滴管分别将药液滴加到牛津杯中，以滴满为度，盖上平皿盖。然后将滴加药液的平皿放置在玻璃板上，再水平送入恒温箱内，37 ℃下培养 16～24 h，读取结果。

(5)用游标卡尺测量抑菌圈直径，判定抗菌药抗菌作用的强弱。

管碟法操作过程见图 2-4。

【注意事项】

(1)应在无菌条件下操作，实验完毕后及时灭菌处理。

(2)牛津杯放入培养基表面时，既要确保牛津杯底端与培养基表面紧密接触，以防药液从接触面漏出，又要防止牛津杯陷入平皿底部。

(3)加入牛津杯的药液量应相同。

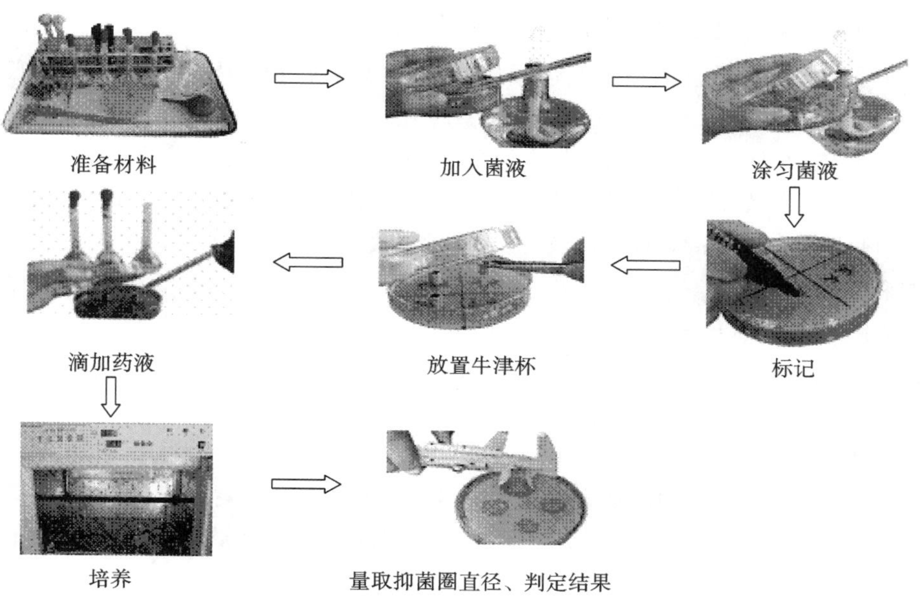

图 2-4 管碟法测定的操作过程

【实验结果】 实验结果见表 2-5。

表 2-5 管碟法测定抗菌药的抑菌效果

菌种	药物	浓度/(μg/mL 或 IU/mL)	抑菌圈直径/mm	判定结果
金黄色葡萄球菌	青霉素 G 钠			
	恩诺沙星			
	硫酸庆大霉素			
	氟苯尼考			
大肠杆菌	青霉素 G 钠			
	恩诺沙星			
	硫酸庆大霉素			
	氟苯尼考			

【讨论与作业】 利用抗菌药作用机理分析实验结果，阐述其临床应用的指导意义。

(1)药敏试验判定标准：见表 2-6。

表 2-6 抗菌药的抑菌效果判定标准

抑菌圈直径/mm	敏感性
<9	耐药
9～11	低度敏感
12～17	中度敏感
>17	高度敏感

(2)肉汤琼脂培养基制法：牛肉膏 3 g、蛋白胨 10 g、氯化钠 5 g、琼脂 2 g、蒸馏水 1000 mL，加热溶解后，调节 pH 值至 7.4～7.6，煮 10 min，冷却过滤，103.4 kPa 高压下灭菌 15 min，备用。

四、链霉素的毒性反应及氯化钙的拮抗作用

【实验目的】 观察链霉素的神经毒性反应及氯化钙的对抗作用；掌握小白鼠腹腔注射的给药方法。

【实验原理】 氨基糖苷类的抗菌药具有肌毒性，中毒时药物与钙离子络合，或与钙离子竞争，抑制神经末梢释放乙酰胆碱并降低突触后膜对乙酰胆碱的敏感性，使神经肌肉接头处传递阻断，产生肌肉麻痹甚至呼吸暂停。用钙剂对抗，能够提高血钙浓度，使乙酰胆碱得以顺利释放。

【实验材料】

(1)动物：小白鼠2只，体重为18～22 g。

(2)药品：4%硫酸链霉素溶液、1%氯化钙溶液。

(3)器材：鼠笼、天平、烧杯、1 mL注射器。

【实验方法】

(1)取小白鼠2只，称重，编号，观察呼吸情况、四肢肌张力、体态等正常活动情况。

(2)2只小白鼠均按照每10 g体重腹腔注射0.1 mL 4%硫酸链霉素溶液，观察并记录出现反应的时间和症状。

(3)待症状明显后，一只小白鼠按照每10 g体重腹腔注射0.1 mL 1%氯化钙溶液，另一只作为对照。观察2只小白鼠有何变化。

【实验结果】 实验结果见表2-7。

表2-7 链霉素的毒性反应及氯化钙的拮抗作用

鼠号	药物	呼吸情况	四肢肌张力	体态
1	用药前			
	注射4%硫酸链霉素溶液后			
2	用药前			
	注射4%硫酸链霉素溶液后			
	注射1%氯化钙溶液后			

【注意事项】

(1)实验动物也可用家兔。

(2)静脉注射氯化钙溶液抢救效果最好，可根据实际情况选择给药途径。

【讨论与作业】 氨基糖苷类抗生素有哪些不良反应，氯化钙的对抗作用属于哪一种？

链接与拓展

医疗机构消毒技术规范

兽药固体制剂中非法添加酰胺醇类药物的检查方法

兽药中非法添加四环素类药物的检查方法

兽用抗菌药兽医临床使用指导原则

中国兽药典委员会

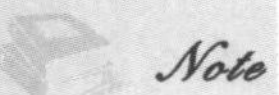

案例分析

案例一

案例二

巩固训练

执考真题

复习思考题

Note

项目三　抗寄生虫药

项目导入

扫码学课件 3

本项目主要介绍抗寄生虫药，主要分为五个任务项，分别为概述、抗蠕虫药、抗原虫药、杀虫药和实验实训。本项目介绍的药物在临床及畜牧业生产中的应用极为广泛，在教学和学习过程中占有着重要的地位。

学习目标

▲知识目标

1. 理解抗寄生虫药的概念、作用机理，掌握影响抗寄生虫药作用的因素与应用注意事项。

2. 理解抗蠕虫药的概念、作用机理及其分类，掌握各类抗蠕虫药的作用特点、临床应用、不良反应及注意事项。

3. 掌握常用抗原虫药的特点，临床应用及注意事项。

4. 了解杀虫药的作用机理，掌握杀虫药的临床应用和注意事项。

▲能力目标

1. 能够根据不同的情景及动物的患病情况合理正确地选择抗寄生虫药，解决生产生活中的实际问题。

2. 能够合理正确地选用抗寄生虫药，最大限度发挥药物的治疗作用，减少药物的不良反应，养成正确合理使用抗寄生虫药的习惯。

▲素质与思政目标

1. 自觉遵守畜牧兽医法规，在兽药的生产、经营、使用及监督过程中严格遵守《兽药管理条例》，具有遵纪守法的思想规范和意识。

2. 具有正确合理使用抗寄生虫药的意识，杜绝乱用和滥用抗寄生虫药，具有较高的职业素养和职业道德。

3. 具有较强的环境保护意识和团队协作能力，有较强的责任感和科学认真的工作态度。

案例导入

案例一：2020 年 5 月，郑州一小型养猪场发现一栋猪舍内的仔猪有不同程度的腹泻、贫血、消瘦，采用氟苯尼考、恩诺沙星等抗生素治疗，效果均不明显，病情反而加重。剖检 3 头病死猪，发现其盲肠、结肠内有大量乳白色宛如鞭子样的虫体，判断为毛首线虫。取患猪粪便少许，用漂浮法检查，实验室显微镜下见有大量棕黄色、腰鼓形虫卵，卵两端各有 1 个栓塞，判定为毛首线虫卵。

案例二：2019 年 8 月，某养殖户饲养的 36 日龄左右雏鸡出现食欲减退、消瘦、羽毛松乱、翅下垂、贫血、下痢、渴欲增强，一些患鸡濒死前出现神经症状。剖检病死鸡发现小肠黏

膜肥厚、贫血、黄染，肠腔内有多量恶臭黏液和乳白色分节的虫体，虫体前部节片细小、后部节片较宽。肠壁上可见大量结节，结节中央有米粒大小的凹陷。剪开结节可看到虫体或填满了黄褐色干酪样物质，诊断为鸡绦虫病。

案例三：2021 年，河南省郑州市中牟县某动物医院接待了一只 45 日龄患犬，发现其精神沉郁，腹部膨大明显，呼吸增数，粪便稀软，被毛粗乱，消瘦。主人诉其食欲减退，喜卧，偶尔呕吐，且排出淡黄白色虫体，呈圆柱形，长 5～15 cm。诊断为犬蛔虫病。

案例四：河南省郑州市中牟县黄店镇八府赵村，赵先生饲养了 52 只山羊，近期突然多只羊喜欢往栏柱和圈墙上磨蹭，而且不时叫唤、抓挠，饲草量也明显减少。观察这些反常的羊发现，有的羊嘴唇、口角、额头及鼻周围发红，有的羊面部有小水疱，蹭破、磨破的皮肤正流出淡黄色液体，有的羊头部、耳根部、四肢或胸腹下部有大量白色痂皮，有的地方有血疱、脓疱。刮取患羊健康与病变处皮肤痂皮和皮屑，放入培养皿内，加盖，镜检发现大量螨虫，诊断为羊疥螨感染。赵先生称一月前和邻村一只公羊配种后羊群开始表现异常。

根据这些病例情况，如何防治动物的寄生虫病，又如何开展患病动物的药物治疗？让我们带着这样一些问题走进抗寄生虫药的学习。

任务一　概　　述

视频：3-1
抗寄生虫药概述

寄生虫病是目前严重危害人类和动物的疾病之一，已成为世界范围内的头号动物疾病。在临床上，寄生虫的急性感染常可引起动物急性死亡，慢性感染可使动物生长发育受阻，抵抗力降低，皮毛质量变差等，严重制约了畜牧行业的发展。此外，一些人兽共患寄生虫病还直接对人类的健康构成了威胁。因此，积极开展动物寄生虫病的防治，对保护人类和动物的健康具有重要意义。

药物防治是目前动物寄生虫病防治的一个重要环节。选用抗寄生虫药时，不仅要了解药物对虫体的作用，对宿主的毒性以及药物在宿主体内的代谢动力学过程，还要掌握寄生虫的流行病学资料，以便选用最合适的药物，达到最佳的防治效果。

一、概念

凡能驱除或杀灭动物体内、外寄生虫的药物统称为抗寄生虫药。

二、分类

抗寄生虫药根据其主要作用对象，可分为抗蠕虫药、抗原虫药和杀虫药。

三、作用机理

1. 抑制虫体内的某些酶　不少抗寄生虫药能抑制虫体内酶的活性，使虫体的代谢发生障碍。如左旋咪唑、硝氯酚等能抑制虫体内延胡索酸还原酶（琥珀酸脱氢酶）的活性，阻碍延胡索酸还原为琥珀酸，从而阻断了 ATP 的产生，导致虫体缺乏能量而衰竭死亡。有机磷酸酯类能与胆碱酯酶结合，阻碍乙酰胆碱的降解，使虫体内乙酰胆碱蓄积过量，胆碱能神经持续兴奋，引起虫体痉挛，最后麻痹死亡。

2. 干扰虫体的代谢　某些抗寄生虫药能直接干扰虫体内的物质代谢过程。如苯并咪唑类能抑制虫体微管蛋白的合成，影响虫体酶的分泌，抑制虫体对葡萄糖的利用；三氮脒等能抑制虫体 DNA 的合成而影响原虫的生长繁殖；氯硝柳胺能干扰虫体氧化磷酸化过程，影响 ATP 的合成，使绦虫头节脱离肠壁而排出体外。

3. 作用于虫体的神经肌肉系统　某些抗寄生虫药可直接作用于虫体的神经肌肉系统，影响其运动功能或导致虫体麻痹死亡。例如哌嗪类药物有箭毒样作用，使虫体肌肉细胞膜超极化，导致虫体肌肉弛缓性麻痹；阿维菌素类则能促进 γ-氨基丁酸的释放，使神经肌肉传递受阻，导致虫体产生弛缓

Note

性麻痹；噻嘧啶能与虫体的胆碱受体结合，产生与乙酰胆碱相似的作用，引起虫体肌肉强烈收缩，导致痉挛性麻痹。

4. 干扰虫体内离子的平衡或转运 如拟除虫菊酯类药物作用于昆虫神经系统，选择作用于昆虫神经细胞膜上的钠离子通道，引起昆虫过度兴奋，最终麻痹而死亡。聚醚类抗球虫药能与钠、钾、钙等金属阳离子形成亲脂性复合物，使其能自由穿过细胞膜，使子孢子和裂殖子中的阳离子大量蓄积，导致水分过多地进入细胞，使细胞膨胀变形，细胞膜破裂，引起虫体死亡。

四、理想抗寄生虫药的条件

1. 安全 凡是对虫体有强大的杀灭作用，而对宿主无毒或毒性很小的药物都是安全的。

2. 高效 高效指药物应用剂量小、驱杀寄生虫的效果好，并且对成虫、幼虫，甚至虫卵都有较好的驱杀效果。应用高效的抗寄生虫药，其虫卵减少率应超过95%，若小于70%则属疗效较差。但目前较好的抗蠕虫药也难达到如此效果。

3. 广谱 广谱是指药物的驱虫范围要广。在临床上动物寄生虫病多系混合感染，因此，广谱驱虫，更有实际意义。目前可同时治疗线虫、吸虫、绦虫等混合感染的驱虫药较缺少。

4. 投药方便 以内服途径给药的驱杀体内寄生虫药，应无味、无臭、适口性好，可混饲、混饮或喷雾给药。用于注射给药者，对局部应无刺激性。外用寄生虫药应能溶于一定溶媒中，以喷雾等方法群体杀灭体外寄生虫。更为理想的广谱抗寄生虫药在溶于一定溶媒中后，以浇淋方法给药或涂擦于动物皮肤上，既能杀灭体外寄生虫，又能经透皮吸收后，驱杀体内寄生虫。

5. 价格低廉 便于大规模推广应用。

6. 无不良反应，无残留 理想的抗寄生虫药应无任何不良反应，对动物没有刺激性，也不会加重动物的代谢负担，并能及时迅速地消除，无残留，且不污染环境。目前能达到此标准的抗寄生虫药极少。为了不危害人类的健康，世界各国明文规定抗寄生虫药应在屠宰前一定时间停药，《中华人民共和国兽药典》也规定了各种抗寄生虫药的休药期。

五、应用抗寄生虫药的注意事项

1. 正确认识和处理好药物、寄生虫、宿主三者之间的关系 在选用抗寄生虫药时不仅应熟悉药物的理化性质、剂型、剂量、疗程和给药方法等，还要了解寄生虫的寄生部位、生活史、流行病学和感染强度，熟悉药物对虫体的作用以及其在宿主体内的代谢过程和对宿主的毒性。根据这些特点综合判断，合理选药，才能达到良好的防治效果。

2. 做好预实验 为控制好药物的剂量和疗程，避免驱虫药的不良反应，在使用抗寄生虫药进行大规模驱虫前，应选择少数动物先做驱虫预实验，以确保用药安全，避免发生大批中毒事故。

3. 防止耐药虫株的产生 虽然蠕虫的耐药现象不如细菌耐药那么普遍，但也应引起足够的重视。在防治寄生虫病时，应定期更换不同类型的抗寄生虫药，以避免因长期或反复使用某些抗寄生虫药而导致虫体产生耐药性。

4. 防止药物残留 为避免动物性食品中药物残留危害消费者的健康和影响公共卫生，造成公害，应掌握抗寄生虫药在食品动物体内的分布状况，遵守有关药物在动物组织中的最高残留限量和休药期的规定。

5. 做好用药前管理 如混饮投药前应禁饮，药浴前动物应多饮水，饮足水等。

任务二　抗蠕虫药

蠕虫又名神经虫，为多细胞无脊椎动物，借助身体体壁的肌肉收缩做蠕形运动。全球现有超过一百万种的蠕虫，它们存在于自然界的各个角落。动物蠕虫病是危害畜牧业生产的一类常见病和多发病，它不仅造成动物的生产性能下降，甚至引起动物死亡，某些人兽共患的蠕虫病还可危及人类

健康。

抗蠕虫药是指能驱除、杀灭或抑制寄生于动物体内蠕虫的药物。根据蠕虫的种类不同，通常将抗蠕虫药分为驱线虫药、驱吸虫药、驱血吸虫药和驱绦虫药。但这种分类是相对的，因有些药物兼有多种驱虫功能，如吡喹酮既具有驱绦虫作用，又有驱吸虫和血吸虫的作用。

一、驱线虫药

视频：3-2 驱线虫药

（一）阿维菌素类

阿维菌素类是由阿维链霉菌产生的一组新型大环内酯类抗生素，是一种广谱、高效、安全和用量小的理想抗寄生虫药。包括伊维菌素、阿维菌素、多拉菌素、美贝霉素肟和莫西菌素。

伊维菌素（灭虫丁）

【理化性质】 本品为白色或淡黄色结晶性粉末，无臭、无味；难溶于水，易溶于多数有机溶剂，如甲醇、乙醇、丙醇、丙酮等；性质稳定，但溶液易受光线的影响而降解。

【体内过程】 本品皮下注射生物利用度比内服高，但内服比皮下注射吸收迅速。吸收后能很好地分布到动物大部分组织，但不易进入脑脊液。

【作用与应用】 本品为广谱、高效、低毒的抗生素类抗寄生虫药，对各种线虫、昆虫和螨均具有高效驱杀作用。

临床常用于各种动物的胃肠道线虫、肺线虫、寄生节肢动物如耳螨、疥螨等，以及心丝虫和微丝蚴的治疗。对左旋咪唑和甲苯咪唑等耐药虫株也有良好的效果。

【耐药性】 近些年来，在许多国家相继出现了伊维菌素类的耐药虫株，但主要集中于绵羊和山羊。耐药性产生的机制主要包括虫体对药物摄入量的减少、代谢增强和氯离子通道受体发生改变三个方面。频繁用药和亚剂量用药是导致耐药性产生的两大主要原因。

【休药期】 伊维菌素注射液：牛、羊 21 日，猪 20 日，弃奶期 20 日。

【不良反应】 伊维菌素的安全范围较大，应用过程很少出现不良反应，但是超剂量可引起中毒，且无特效解毒药。

【注意事项】 ①本品注射液仅供皮下注射，肌内注射后会产生严重的局部反应（马尤为显著，应慎用）。含甘油缩甲醛和丙二醇的伊维菌素注射剂，仅适用于牛、羊、猪和驯鹿。②注射给药，一般 1 次即可，对患有严重螨病的家畜每隔 7～9 日，再用药 2～3 次。③泌乳动物泌乳期禁用，母牛临产前 1 个月禁用。④Collies 品系牧羊犬对本药异常敏感，不宜使用。⑤伊维菌素对虾、鱼及水生生物有剧毒，切勿污染水源。

【制剂、用法与用量】 伊维菌素注射液，皮下注射，一次量，每千克体重，牛、羊 0.2 mg，猪 0.3 mg，犬 50～200 μg，每周 1 次，连用 1～4 周，用于驱虫。

阿维菌素（爱比菌素）

阿维菌素是阿维链霉菌发酵的天然产物，主要成分为阿维菌素 B_1。商品名为“虫克星”，国外又叫爱比菌素，系我国研究开发，价格低于伊维菌素。

【理化性质】 本品几乎不溶于水，对光线敏感，性质不稳定，储存不当易灭活减效。

【体内过程】 本品内服后，2～4 h 内血药浓度达峰值，吸收后广泛分布于全身各组织，肝、脂肪组织药物浓度较高，不易进入脑脊液。主要在肝和脂肪中代谢，经胆汁排泄，90%以上经粪便排泄。

【作用与应用】 本品为强力、高效、广谱、低毒的肠道驱线虫药，对牛、羊、猪、马、犬、兔等动物的多种线虫如蛔虫、蛲虫、旋毛虫、钩虫、肾虫及肺线虫等均有良好的作用，是极佳的驱线虫抗生素。对螨虫、虱等也有良好效果，对吸虫与绦虫无效。

临床主要用于驱杀各种动物的线虫及动物体表的虱、螨及蝇等昆虫。

【耐药性】 同伊维菌素。

【休药期】 阿维菌素片、阿维菌素胶囊、阿维菌素注射液：牛 35 日，羊 35 日，猪 28 日。阿维菌素透皮溶液：牛、猪 42 日。

【不良反应】 大剂量使用个别犬会出现疼痛、呕吐、下痢、流涎、无力、昏睡等现象，但多能耐过，如情况严重，以保肝解毒、强心补液、对症治疗为原则。

【注意事项】 ①妊娠犬、哺乳犬和柯利血统犬（苏牧、喜乐蒂、边牧等）禁止使用。②肝功能异常动物慎用。③禁止与乙胺嗪（抗丝虫药）联合使用，能引起严重脑炎。④患有心丝虫病时，使用本品后死亡的微丝蚴可能导致犬发生休克样反应。

【制剂、用法与用量】 阿维菌素注射液，皮下注射，一次量，每千克体重，牛、羊 0.2 mg，猪 0.3 mg，犬 200～400 μg，每周 1 次，连用 1～4 周，用于杀虫。阿维菌素粉，内服，一次量，每千克体重，羊、猪 0.3 mg，犬 50～200 μg。

多拉菌素（多拉克丁）

多拉菌素由基因重组的阿维链霉菌新株发酵而得，主要成分是 25-环己阿维菌素 B_1。

【理化性质】 本品为微黄色粉末，微溶于水，在阳光照射下易分解灭活。

【作用机理】 本品主要通过加强虫体的抑制性递质 γ-氨基丁酸的释放，从而阻断神经信号的传递，使肌肉细胞失去收缩能力，而导致虫体死亡。哺乳动物的外周神经递质为乙酰胆碱，不会受到多拉菌素的影响。

【体内过程】 多拉菌素的血药浓度较高，生物利用度较好，半衰期较伊维菌素长 2 倍以上，效果优于伊维菌素，具有长效作用；不易透过血脑屏障，毒性较小，对动物有很高的安全性。

【作用与应用】 多拉菌素和伊维菌素相似，也是广谱抗寄生虫药，对线虫、昆虫和螨均具有良好的驱杀作用，但对绦虫、吸虫及原生动物无效。临床主要用于治疗犬、猫等动物的线虫病和螨病等，特别适合这两类寄生虫病的混合感染。

【耐药性】 目前没有发现耐药虫株的报道。

【休药期】 多拉菌素注射液：猪，56 日。

【注意事项】 ①柯利血统犬慎用。②在阳光照射下本品迅速分解灭活，应避光保存。③对鱼类和水生动物有毒。

【制剂、用法与用量】 多拉菌素注射液，皮下或肌内注射，一次量，每千克体重，猪 0.3 mg，犬 0.2～0.6 mg。

美贝霉素肟

美贝霉素肟是由一种吸湿链霉菌发酵产生的大环内酯类抗寄生虫药。

【理化性质】 本品不溶于水，易溶于有机溶剂。

【作用与应用】 美贝霉素肟的抗虫机理同伊维菌素，对某些节肢动物（如犬蠕形螨）和线虫具有高度活性，是专用于犬的抗寄生虫药。内服给药后，90%～95%原形药通过胃肠道不被吸收，因此几乎全部的药物都从粪便排出。临床主要用于犬恶丝虫感染早期和犬蠕形螨的驱除。

【不良反应】 美贝霉素肟对大多数犬毒性不大，安全范围较广。

【注意事项】 ①小于 4 周龄及体重小于 1 kg 的幼犬禁用。②本品治疗微丝蚴时，患犬常出现中枢神经抑制、流涎、咳嗽、呼吸急促和呕吐等症状。必要时可用每千克体重 1 mg 的泼尼松龙预防。③本品不能与乙胺嗪并用，必要时至少应间隔 30 日。

【制剂、用法与用量】 美贝霉素肟片，内服，一次量，每千克体重，犬 0.5～1 mg，每月 1 次。

莫西菌素

莫西菌素是一种新型抗寄生虫药，是由链霉菌发酵的单一成分的大环内酯类抗寄生虫药，经许多专家和学者对其诸多组分的结构进行衍生物修饰和化学改造而得。

【理化性质】 本品为白色或类白色无定形粉末，几乎不溶于水，极易溶于乙醇（96%），微溶于己烷。

【作用与应用】 莫西菌素与其他大环内酯类抗寄生虫药（如伊维菌素、阿维菌素、美贝霉素肟）

的不同之处在于它是单一成分，且能维持更长时间的抗虫活性。莫西菌素具有广谱驱虫活性。用较低剂量（每千克体重 0.5 mg 或更低）即对体内寄生虫（线虫）和体外寄生虫（节肢动物）有高度的驱除活性。

本品主要用于驱除动物的大多数胃肠线虫和肺线虫、某些节肢动物寄生虫，以及犬恶丝虫发育中的幼虫。临床上还常与吡虫啉配伍用于预防犬猫心丝虫病、蛔虫病、钩虫病和体表寄生虫病。

【注意事项】 莫西菌素对动物较安全，对伊维菌素敏感的长毛牧羊犬用之亦安全，但高剂量应用时，个别犬可能会出现嗜睡、呕吐、共济失调、厌食、下痢等症状。

【制剂、用法与用量】 莫西菌素片，内服，一次量，每千克体重，犬 0.2～0.4 mg，每月 1 次。

（二）苯并咪唑类

阿苯达唑

【理化性质】 本品商品名抗蠕敏，又名丙硫苯咪唑，为白色或类白色粉末；无臭，无味；不溶于水，在氯仿或丙酮中微溶，可溶于冰醋酸。

【作用机理】 本品在体内代谢为亚砜类或砜类后，能抑制虫体对葡萄糖的吸收，还可抑制虫体延胡索酸还原酶的活性，阻断 ATP 的产生，导致虫体肌肉麻痹而死亡。

【体内过程】 阿苯达唑脂溶性高，比其他本类药物更易从消化道吸收，2～4 h 可达峰浓度。本品具有很强的首过效应，如将药物直接输入成年反刍动物真胃，除能提高血药浓度外，亦可增强其驱虫活性。吸收后，广泛分布于动物肝、肾、肌肉等器官和组织中，亦能透过血脑屏障。在肝内主要代谢为阿苯达唑亚砜、砜醇等，其中阿苯达唑亚砜具有抗蠕虫活性。内服后约 47%代谢产物从尿液排出，其他主要经胆汁排出体外，乳汁中也有少量排出。半衰期在不同动物不一样，具有明显的种属差异。

【作用与应用】 本品为广谱、高效、低毒的驱虫药，对动物的各种线虫、绦虫及多数吸虫均有驱除作用，但对血吸虫无效。对成虫作用最强，对未成熟虫体和幼虫也有较强作用，还有一定的杀虫卵作用。

本品对动物肠道线虫最敏感，对蛔虫、钩虫、鞭虫、毛圆线虫、网尾线虫等均有很强的驱除作用。对后圆线虫（肺线虫）和肠期旋毛虫亦有良好效果。对肺吸虫、莫尼茨绦虫亦有良效，对多数吸虫和绦虫也有较强的杀灭作用，对猪、牛等囊尾蚴有明显效果，为当前治疗囊尾蚴病的良好药物。对血吸虫无效，对蛭状巨吻棘头虫效果不稳定。

临床主要用于驱除多种动物体内的消化道线虫和犬丝虫等，特别适合同时驱除混合感染的多种寄生虫。

【耐药性】 近些年来，在许多国家相继出现了阿苯达唑的耐药虫株，频繁用药和亚剂量用药是导致耐药性产生的主要原因。

【休药期】 牛 14 日，羊 4 日，猪 7 日，禽 4 日，弃奶期 60 h。

【不良反应】 本品对哺乳动物的毒性小，治疗量无任何不良反应，但具有胚胎毒性和致畸胎作用，所以动物妊娠期和泌乳期禁用。

【注意事项】 ①毒性低，适口性差，混饲给药应少添多喂。②马较敏感，不能连续大剂量应用。③连续长期应用，能使蠕虫产生耐药性或交叉耐药性。

【制剂、用法与用量】 阿苯达唑片，内服，一次量，每千克体重，犬、猫 25～50 mg，马、猪 5～10 mg，牛、羊 10～15 mg，禽 10～20 mg。

芬苯达唑

【理化性质】 芬苯达唑又称苯硫咪唑、苯硫苯咪唑、硫苯咪唑，为白色或类白色粉末，无臭，无味。易溶于二甲基亚砜，微溶于甲醇，不溶于水。

【作用与应用】 本品具有驱虫谱广、毒性低、耐受性好、适口性好等优点，为目前国内外广泛应

用的动物驱虫药。芬苯达唑不仅对动物的胃肠道线虫成虫及幼虫有高度的驱虫活性，而且对其他线虫如网尾线虫、矛形双腔线虫、片形吸虫和绦虫也有良好的驱除效果，还有极强的杀虫卵作用。由于其对各种动物的驱虫作用安全可靠，美国 FDA 批准其为动物专用制剂。

临床上常用于驱除动物的消化道线虫（如蛔虫、钩虫等）、片形吸虫和绦虫，特别适合这几类寄生虫的混合感染，可以首选此药。

【耐药性】 虫株不易产生耐药性，目前未发现有耐药虫株的报道。

【休药期】 芬苯达唑片：牛、羊 21 日，猪 3 日，弃奶期 7 日。芬苯达唑粉：牛、羊 14 日，猪 3 日，弃奶期 5 日。

【不良反应】 在常规推荐剂量下，一般不会产生不良反应，犬、猫偶见呕吐。

【注意事项】 ①动物妊娠早期使用芬苯达唑，可能伴有胚胎毒性和致畸的作用。②单剂量对于犬、猫往往无效，必须治疗 3 日。③死亡的寄生虫释放抗原，可继发产生过敏性反应。

【制剂、用法与用量】 芬苯达唑片，内服，一次量，每千克体重，犬、猫 25～50 mg，马、牛、羊、猪 5～7.5 mg，禽 10～50 mg，一日 1 次，连用 3 日。

奥芬达唑

【理化性质】 奥芬达唑又称硫氧苯唑或苯亚砜苯咪唑，为白色或类白色粉末，有轻微的特殊味；微溶于甲醇、氯仿、乙醚，不溶于水。

【体内过程】 奥芬达唑口服后，吸收快，生物利用度高，但适口性差。血清中药物主要以奥芬达唑的形式存在，用药 140 h 后血清中仍能检测到奥芬达唑。

【作用与应用】 奥芬达唑为芬苯达唑的衍生物，属广谱、高效、低毒的抗蠕虫药，其驱虫谱大致与芬苯达唑相同，但驱虫活性更强，作用比芬苯达唑强 1 倍；对动物消化道线虫和绦虫有良好的驱杀效果，成虫及虫卵的减少率可达 100%，并未出现任何异常反应。

临床上可用于驱除马、牛、羊、猪等的消化道线虫，对成虫和幼虫均有效，也可用于驱除猪肺线虫。

【耐药性】 本品能产生耐药虫株，甚至产生交叉耐药现象。

【休药期】 牛 11 日，羊 21 日。

【不良反应】 在常规推荐剂量下，一般不会产生不良反应，犬、猫偶见呕吐。

【注意事项】 ①本品原料药的适口性较差，若以原料药混饲，应注意防止因摄食量减少，药量不足而影响驱虫效果。②妊娠动物应严格按说明使用，妊娠早期动物不用，产奶期禁用。③少数动物用药后 3～10 日才出现驱虫效果。④本品若与驱吸虫药溴代水杨酰苯胺配伍应用，可导致流产和胚胎死亡。⑤肝、肾功能不全的动物慎用，对本品过敏的动物禁用。

【制剂、用法与用量】 奥芬达唑片，内服，一次量，每千克体重，马 10 mg，牛 5 mg，羊 5～7.5 mg，猪 3 mg，犬、猫 5～10 mg，一日 1 次，连用 3 日，10 日后复用 1 次。

噻苯达唑

【理化性质】 噻苯达唑又名噻苯咪唑或噻苯唑，为白色或类白色粉末，味微苦，无臭；微溶于水，易溶于稀盐酸。

【体内过程】 噻苯达唑内服后，在肠道中易吸收，乳汁也可排出，因而用药后其乳制品 4～5 日不宜供人饮用。

【作用与应用】 噻苯达唑主要作用于各种动物的胃肠道线虫，既可用于治疗又可用于预防，对幼虫和虫卵均有一定抑制作用。口服噻苯达唑，对牛、羊绝大多数消化道线虫有较好驱除效果；对猪胃肠道线虫及鸡的线虫有一定的预防作用。

【耐药性】 本品易产生耐药虫株，甚至产生交叉耐药现象。

【休药期】 牛 3 日，羊、猪 30 日。

【不良反应】 本品毒性低，安全范围大，治疗量无不良反应。

【注意事项】 ①妊娠母羊耐受性较差，慎用。②狗比其他动物敏感，慎用。

【制剂、用法与用量】 噻苯达唑片，内服，一次量，每千克体重，家畜 50～100 mg，犬 50～60 mg，连用 3～5 日。

非班太尔

【理化性质】 本品为无色粉末，不溶于水，溶于丙酮、氯仿和二氯甲烷。

【作用与应用】 本品为芬苯达唑的前体药物，其在胃肠道内转变成芬苯达唑和奥芬达唑而发挥有效的驱虫作用。虽然毒性极低，但因驱虫谱较窄，因而应用不广，仅应用于驱除动物的胃肠道线虫。目前常与吡喹酮、噻嘧啶制成复方制剂（如拜宠清是由非班太尔 15 mg、吡喹酮 5 mg、双羟萘酸噻嘧啶 14.4 mg 复合而成），用于犬的驱虫。临床可用于驱除犬线虫、绦虫等。

【注意事项】 ①本品仅用于宠物犬，且勿与哌嗪类药物同时使用。②对苯并咪唑类耐药的蠕虫，对本品存在交叉耐药性。

【制剂、用法与用量】 拜宠清片（非班太尔 15 mg＋吡喹酮 5 mg＋双羟萘酸噻嘧啶 14.4 mg），内服，一次量，每千克体重，犬 60 mg，每 3 个月驱虫 1 次。

（三）咪唑并噻唑类

咪唑并噻唑类主要包括左旋咪唑和四咪唑（噻咪唑）。四咪唑为混旋体（左右旋体各占一半），左旋咪唑为左旋体，为驱虫的有效成分，右旋体无驱虫效果，但仍保留毒性反应。所以目前左旋咪唑多用，而噻咪唑几乎淘汰。

左旋咪唑

【理化性质】 左旋咪唑又名左噻咪唑或左咪唑，常用其盐酸盐或磷酸盐，均为白色或微黄色结晶，无臭，味苦；易溶于水，在酸性溶液中稳定，在碱性水溶液中易水解失效。

【作用机理】 本品与虫体接触后，可兴奋敏感蠕虫的副交感和交感神经节，使处于静息状态的神经肌肉去极化，表现为烟碱样作用，引起肌肉持续收缩而导致虫体麻痹。高浓度时，对虫体肌肉延胡索酸还原酶的活性也有抑制作用，可阻断延胡索酸还原为琥珀酸，干扰线虫的糖代谢，使虫体的 ATP 生成减少。用药后，最初排出尚有活动性的线虫虫体，晚期排出的虫体则大多已死去，甚至腐败。

【体内过程】 本品内服、肌内注射吸收均迅速完全，也可通过皮肤吸收。犬内服的生物利用度为 49%～64%，达峰时间 2～4.5 h。猪内服及肌内注射的生物利用度分别为 62%和 83%。主要通过代谢消除，原形药（少于 6%）及代谢产物主要从尿中排泄，小部分随粪便排出。不同种属动物消除半衰期有明显差异：牛 4～6 h，羊 3.7 h，猪 3.5～9.5 h，犬 1.3～4 h，兔 0.9～1 h。

【作用与应用】 左旋咪唑为广谱、高效、低毒的驱线虫药；对畜禽多数消化道线虫、肺线虫和丝虫均有极佳的驱除作用；对蛔虫、牛羊胃肠道血矛线虫、食道口线虫等都有较好的治疗效果；水产上还可用于驱除寄生于水生动物肠道内的黏孢子虫；对多数寄生虫幼虫的作用效果不明显，但对毛首线虫、肺线虫、古柏线虫幼虫具有良好驱除作用。对苯并咪唑类耐药的捻转血矛线虫和蛇形毛圆线虫，应用左旋咪唑仍有高效。

本品还具有明显的免疫调节功能，能使受抑制的巨噬细胞和 T 细胞功能恢复到正常水平，并能调节动物的体液免疫，对免疫缺陷和免疫抑制的动物能帮助恢复其免疫功能，对正常机体的免疫功能影响较小，用于调节免疫的剂量为治疗量 1/4～1/3 的驱虫剂量，剂量过大反而会引起免疫抑制。

临床主要用作动物的胃肠道线虫、肺线虫、心丝虫（犬恶丝虫）、眼虫等感染的治疗，也常用于免疫功能低下动物的辅助治疗或提高疫苗的免疫效果。

【耐药性】 虫株不易产生耐药性，目前未见其耐药虫株的报道。

【休药期】 盐酸左旋咪唑片，牛 2 日，羊、猪 3 日，禽 28 日，泌乳期禁用。盐酸左旋咪唑注射液，牛 14 日，羊、猪 28 日，禽 28 日，泌乳期禁用。

【不良反应】 表现为胆碱酯酶抑制药过量而产生的M样症状与N样症状，可用阿托品解救。

【注意事项】 ①注射给药安全范围不广，时有中毒事故发生，因此单胃动物除肺线虫宜选用注射给药外，一般宜内服给药。②局部注射时对组织有较强刺激性，尤以盐酸左旋咪唑为甚，磷酸左旋咪唑刺激性稍弱，临床多用其磷酸盐。③对牛、羊、猪、禽安全范围较大，马敏感，慎用。骆驼十分敏感，禁用。④动物泌乳期禁用，3周以下的幼犬禁用，妊娠、虚弱宠物慎用。

【制剂、用法与用量】 盐酸左旋咪唑片，内服，一次量，每千克体重，牛、羊、猪7.5 mg，犬、猫7～12 mg，禽25 mg。盐酸左旋咪唑注射液，皮下、肌内注射，用量同左旋咪唑片。

（四）四氢嘧啶类

噻嘧啶

【理化性质】 噻嘧啶又称噻吩嘧啶或抗虫灵，常用其双羟萘酸盐，为淡黄色粉末；无臭，无味；几乎不溶于水，易溶于碱，遇光易分解变质，应遮光、密封保存。

【体内过程】 单胃动物口服酒石酸噻嘧啶，易充分吸收，反刍动物吸收较少。噻嘧啶双羟萘酸盐难溶于水，肠道吸收少，是良好的肠道驱虫药。吸收的药物主要在肝代谢，大部分代谢产物从尿液排出，其余从粪便排出。

【作用与应用】 本品是一个广谱、低毒的驱线虫药。对马、牛、猪、羊、骆驼、鸡、犬等多种消化道线虫都有良好的驱除作用，可使虫体肌肉收缩麻痹而死亡。其毒性很小，在高于治疗量5～7倍时，未见动物有中毒反应。对妊娠动物、幼龄动物也无不良反应。

【耐药性】 连续使用本品，虫体易产生耐药性，且与左旋咪唑有交叉耐药性。

【不良反应】 药物对动物有明显烟碱样（N样）作用，极度虚弱动物慎用。

【注意事项】 禁与肌松药、抗胆碱酯酶药和杀虫药合用。

【制剂、用法与用量】 双羟萘酸噻嘧啶片，内服，一次量，每千克体重，马7.5～15 mg，犬、猫5～10 mg。

（五）有机磷化合物

敌百虫

【理化性质】 纯品为白色结晶，易溶于水，水溶液呈酸性反应，性质不稳定，宜现用现配；在碱性溶液中可生成毒性更强的敌敌畏。

【体内过程】 敌百虫无论用何种途径给药均能很快吸收，奶牛内服2 h血药浓度可达到高峰。吸收后在动物体内分布广泛，以肾、心、脑和脾较多，乳中含量很低，主要随尿液排出。

【作用与应用】 敌百虫驱虫范围广泛，既可驱除动物体内寄生虫，也可杀灭动物体外寄生虫。敌百虫可与虫体内胆碱酯酶结合，使其失去活性，不能水解乙酰胆碱，从而导致乙酰胆碱在虫体内蓄积，引起虫体肌肉兴奋、痉挛、麻痹而死亡。

内服或肌内注射对消化道内的大多数线虫如蛔虫、钩虫、圆形线虫、蛲虫等及少数吸虫如姜片吸虫均有良好的效果。外用可杀死疥螨，对蚊、蝇、蚤、虱等昆虫有胃毒和接触毒，对钉螺、血吸虫卵和尾蚴也有显著的杀灭效果。

【休药期】 各种动物7日。

【不良反应】 用药后，动物表现为胆碱酯酶抑制药过量而产生的M样症状与N样症状，可用阿托品解救。

【注意事项】 ①敌百虫在有机磷化合物中虽然属于毒性较低的一种，但其治疗量与中毒量十分接近，应用过量容易引起中毒。②不同动物对敌百虫的反应不一，家禽最敏感，易中毒，不宜应用。③不可与碱性物质配伍，以免其转化为敌敌畏使毒性增强。④泌乳动物不宜应用。

【制剂、用法与用量】 敌百虫片，内服，一次量，每千克体重，犬75 mg，猪、绵羊80～100 mg，山羊50～75 mg，牛20～40 mg，马30～50 mg。

体表喷洒，0.5%～2%治疥螨、虱、牛蜱、蚊、蝇等。

（六）哌嗪类

哌嗪

【理化性质】 本品为白色结晶或粉末，无臭，味酸；易溶于水，不溶于有机溶剂。

【作用机理】 哌嗪能阻断虫体乙酰胆碱对肌肉的作用，也可以改变虫体肌肉细胞膜的通透性，使膜电位增加而处于超极化状况，影响自发冲动的传导，从而导致虫体肌肉麻痹，失去附着于肠壁的能力，随粪便排出体外。

【作用与应用】 本品为高效、低毒、窄谱的驱虫药，对畜禽蛔虫、食道口线虫和马尖尾线虫效果好，对其他线虫效果差；其对成熟的虫体较敏感，对未成熟的虫体可部分驱除，对幼虫则不敏感。临床主要用于驱除动物体内的蛔虫。

【耐药性】 虫株不易产生耐药性，目前未见其耐药虫株的报道。

【休药期】 磷酸哌嗪片，牛、羊 28 日，猪 21 日，禽 14 日。

【不良反应】 本品毒性较低，在推荐剂量时可见犬、猫出现呕吐、腹泻等不良反应。

【注意事项】 ①慎用于慢性肝、肾疾病和胃肠蠕动减慢的患畜。②本品与氯丙嗪合用可引起抽搐，与噻嘧啶或甲噻嘧啶合用有拮抗作用，与泻药合用，则药物排出加速，易达不到最大药效。

【制剂、用法与用量】 磷酸哌嗪片，内服，一次量，每千克体重，犬、猫 0.07～0.1 g，马、牛 0.2 g，羊 0.2～0.3 g，猪 0.25 g，禽 0.2～0.5 g。犬、猫隔 2～3 周，马、牛隔 3～4 周，猪隔 2 个月，禽隔 10～14 日，重复用药 1 次。

乙胺嗪

【理化性质】 常用的枸橼酸乙胺嗪又称海群生、益群生、灭丝净，为白色晶粉，无臭，味酸苦，易溶于水。

【作用与应用】 本品为哌嗪衍生物，内服吸收快，体内分布广，毒性反应小，对丝虫的微丝蚴和成虫均有效，能使血液中微丝蚴迅速集中到肝脏微血管内进而被肝脏吞噬细胞消灭。对牛、羊的网尾线虫、原圆科线虫和猪后圆线虫也有一定驱除效果。

临床主要用于犬的恶丝虫，羊、马等的脑脊髓丝虫和人丝虫的治疗和预防，还可用于控制牛、羊、猪、马等家畜的肺线虫和蛔虫病。

【注意事项】 ①禁用于微丝蚴阳性犬，可引起过敏反应，甚至死亡。②大剂量对肠胃有刺激性，宜食后使用。

【制剂、用法与用量】 枸橼酸乙胺嗪片，内服，一次量，每千克体重，马、牛、羊、猪 20 mg，犬、猫 50 mg（预防心丝虫病 6.6 mg）。

二、驱绦虫药

依西太尔（伊喹酮）

【理化性质】 本品为白色结晶性粉末，难溶于水。

【药动学】 伊喹酮内服后，极少被消化道吸收，大部分由粪便排泄。其作用机理为影响绦虫正常的钙和其他离子浓度，从而导致身体发生强直性收缩，同时损害绦虫外皮，使之损失溶解，最后被宿主所消化。

【药理作用】 本品为吡喹酮同系物，是犬、猫专用抗绦虫药，对犬、猫常见绦虫如犬复孔绦虫、豆状带绦虫、猫带状泡尾带绦虫等有接近 100%的疗效，对细粒棘球绦虫也有很好的疗效（>90%）。

【临床应用】 临床上主要用于驱除犬、猫体内的绦虫。

【注意事项】 小于 7 周龄的犬、猫不宜使用。

【制剂、用法与用量】 依西太尔片，内服，一次量，每千克体重，犬 5.5 mg，猫 2.75 mg。

氯硝柳胺

【理化性质】 本品又名灭绦灵、血防-67 或育米生，为黄白色结晶性粉末，无臭，无味，几乎不溶

于水，微溶于乙醇、乙醚或氯仿，置于空气中易呈黄色。

【作用机理】 氯硝柳胺可以抑制绦虫对葡萄糖的吸收，并抑制虫体细胞内氧化磷酸化反应，使三羧酸循环受阻，导致虫体内乳酸蓄积而产生杀虫作用。通常药物与虫体接触 1 h，虫体便开始萎缩，继而杀灭绦虫的头节及其近段，使绦虫从肠壁脱落而随粪便排出体外。虫体死后常被肠道蛋白酶分解，难以检出完整的虫体。

【体内过程】 本品内服后在宿主消化道内极少吸收，在肠道内可保持较高浓度。

【作用与应用】 本品为传统的驱绦虫药，具有驱虫范围广、效果确实、毒性低和使用安全等优点。对动物多种绦虫均有高效，其中对禽类绦虫效果最好，治疗量用于鸡体内各种绦虫，几乎可以全部驱净。对犬、猫的多头绦虫、豆状带绦虫等驱杀效果明显。对反刍动物前后盘吸虫、钉螺和日本血吸虫尾蚴也具有较好的杀灭作用。

临床上主要用于动物的各种绦虫和吸虫感染，也可用于灭螺。

【休药期】 牛、羊，28 日。

【不良反应】 本品的毒性很小，大多动物不会出现明显不良反应，但犬、猫较敏感，2 倍治疗量可使犬、猫出现暂时性下痢，4 倍治疗量可使犬肝脏出现病灶性营养不良，肾小球出现渗出物，应用时应注意。

【注意事项】 ①动物给药前应禁食 8～12 h。②鱼类敏感，易中毒死亡，禁用。

【制剂、用法与用量】 氯硝柳胺片，内服，一次量，每千克体重，牛 40～60 mg，羊 60～70 mg，犬、猫 80～100 mg，禽 50～60 mg。

硫双二氯酚

【理化性质】 本品又名别丁，为白色或黄色结晶性粉末，无臭或微带酚臭。难溶于水，易溶于乙醇、乙醚、丙酮或稀碱溶液。宜密封保存。

【体内过程】 内服仅少量由消化道吸收，并由胆汁排泄，大部分未吸收药物均由粪便排泄。无明显蓄积作用。

【作用机理】 本品可降低虫体内葡萄糖分解和氧化代谢过程，特别是抑制琥珀酸的氧化，导致虫体能量不足而死亡。

【作用与应用】 硫双二氯酚为广谱驱虫药，对多种绦虫和吸虫有高效驱除作用。临床主要用于各种动物的绦虫病和肝片吸虫病、前后盘吸虫病、姜片吸虫病等。

【耐药性】 本品一般不易产生耐药性。

【不良反应】 本品对动物有类似 M 胆碱样作用，可使肠蠕动增强。剂量增大时，动物表现食欲减退、短暂性腹泻、奶牛的产奶量和鸡的产蛋率下降，一般不经处理，数日内可自行恢复。

【注意事项】 ①马较敏感，家禽中鸭比鸡敏感，用药时宜注意。鸽子禁用。②禁用乙醇或增加溶解度的溶媒配制溶液内服，否则会造成大批动物中毒死亡事故。③不宜与四氯化碳、吐酒石、吐根碱、六氯乙烷、六氯对二甲苯联合应用，否则毒性增强。

【制剂、用法与用量】 硫双二氯酚片，内服，一次量，每千克体重，牛 40～60 mg，马 10～20 mg，猪、羊 75～100 mg，犬、猫 200 mg，鸡 100～200 mg，鸭 30～50 mg，鹿 100 mg。

氢溴酸槟榔碱

【理化性质】 本品为白色或淡黄色结晶性粉末。无臭，味苦，性质较稳定。在水和乙醇中易溶，应置于避光容器中保存。

【作用机理】 本品对绦虫肌肉有较强的麻痹作用，可使虫体失去吸附肠壁的能力，加之其又有促进宿主肠管蠕动的作用，可使麻痹的虫体迅速排出体外。但其作用是暂时的，待虫体麻痹消失，再攀附时，其驱虫作用消失。

【作用与应用】 氢溴酸槟榔碱是一种生物碱，用量少，疗效好。对犬所有绦虫有效，可驱除犬豆状带绦虫、泡状带绦虫，也可驱除绵羊带绦虫、多头绦虫和细粒棘球绦虫。对禽类绦虫的驱除作用也

较强。临床主要用于驱除犬细粒棘球绦虫和带属绦虫，也常用于驱除家禽的绦虫。

【不良反应】 治疗量能使犬产生呕吐或腹泻症状，多可自愈。过量中毒可用阿托品解救。

【注意事项】 ①马属动物敏感，猫最敏感，不宜使用。②本品副作用较大，给药前应预先服稀碘液 10 mL(10 mL 水加碘酊 2 滴)，极量为 120 mg。③本品应内服给药，皮下注射易出现胆碱样反应，而无驱虫效果。

【制剂、用法与用量】 氢溴酸槟榔碱片，内服，一次量，每千克体重，犬 1.5～2 mg，鸡 3 mg，鸭、鹅 1～2 mg。

丁萘脒

【理化性质】 丁萘脒常制成盐酸丁萘脒或羟萘酸丁萘脒。盐酸丁萘脒为白色结晶性粉末，无臭，在乙醇、氯仿中易溶，可溶于热水中。羟萘酸丁萘脒为淡黄色结晶性粉末，能溶于乙醇，不溶于水。

【体内过程】 丁萘脒片在胃内溶解后，立即对十二指肠内寄生虫产生作用。被吸收药物到达肝脏后，几乎全部被代谢，进入血液循环的药物极少。

【作用与应用】 各种丁萘脒盐都有杀绦虫特性，可以使虫体的外皮破裂，被消化道内消化液消化，因而粪便中不再出现虫体。但当绦虫头节在寄生部位被黏液覆盖(患肠道疾病时)而受保护时，则不能杀死头节，使疗效降低。此外，本品对动物无致泻作用。

临床上盐酸丁萘脒是专用于犬、猫的杀绦虫药，治疗量对犬、猫大多数绦虫均有高效；羟萘酸丁萘脒常用作家畜的灭绦虫药，饱食基本不影响其驱虫效果，对羊扩展莫尼茨绦虫和贝氏莫尼茨绦虫的驱除率为 83%～100%，对鸡赖利绦虫灭活率达 94%，且无毒性反应。

【不良反应】 对眼有一定刺激性，还可引起肝损害和胃肠道的反应，使用时要注意。

【注意事项】 ①盐酸丁萘脒适口性差，加之犬饱食后影响驱虫效果，因此，用药前应禁食 3～4 h，用药后 3 h 禁食。②片剂不可捣碎或溶于液体中，因为药物除对口腔有刺激性外，并可因广泛接触口腔黏膜使吸收增加，甚至中毒。③心室纤维性颤动，往往是应用丁萘脒致死的主要原因，因此，用药后的军犬和牧羊犬应避免剧烈运动。④肝病患畜禁用。

【制剂、用法与用量】 盐酸丁萘脒片，内服，一次量，每千克体重，犬、猫 25～50 mg。羟萘酸丁萘脒片，羊 25～50 mg，鸡 400 mg。

三、驱吸虫药

硝氯酚

【理化性质】 本品又名拜耳 9015，为深黄色结晶性粉末，无臭，无味；不溶于水，微溶于乙醇，易溶于氢氧化钠或碳酸钠溶液中。其钠盐易溶于水，应遮光密封保存。

【作用机理】 硝氯酚能抑制虫体琥珀酸脱氢酶的活性，从而影响虫体的能量代谢过程，使虫体能量供应枯竭，麻痹死亡。

【体内过程】 内服后经肠道吸收，但在瘤胃内可逐渐降解灭活。反刍动物内服后，经 24～48 h，达到血药峰浓度。在动物体内排泄较慢，9 日后乳汁、尿液中基本上无残留药物。

【作用与应用】 本品具有高效、低毒、用量小的特点，是驱除牛、羊等反刍动物肝片吸虫较理想的药物。治疗量对肝片吸虫成虫的驱虫率几乎达 100%。对肝片吸虫的幼虫虽然有效，但需要较高剂量，且不安全，无实用意义。对各种前后盘吸虫移行期幼虫也有较好效果。

【休药期】 硝氯酚片，28 日。

【不良反应】 本品治疗量时无显著毒性，一般不出现不良反应。剂量过大可能出现中毒症状，如体温升高、心率加快、呼吸增数、精神沉郁、停食、步态不稳、口流白沫等。可用强心药、葡萄糖及其他保肝药物解救，不可用钙剂，以免增加心脏负担。

【注意事项】 羊对本品较敏感，注意用量。

【制剂、用法与用量】 硝氯酚片，内服，一次量，每千克体重，黄牛 3～7 mg，水牛 1～3 mg，奶牛 5～8 mg，牦牛 3～5 mg，羊 3～4 mg，猪 3～6 mg。硝氯酚注射液，深层肌内注射，一次量，每千克体重，牛、羊 0.5～1 mg。

碘醚柳胺

【理化性质】 本品为灰白色至棕色粉末，不溶于水，常制成混悬液。

【药动学】 碘醚柳胺内服后迅速由小肠吸收而进入血流，24～48 h 达血药峰浓度。在牛、羊体内不被代谢，约 99%药物与血浆蛋白结合，具有很长的半衰期(16.6 日)。牛一次内服(15 mg/kg)，用药 28 日后可食用组织几乎测不到残留药物。

【作用与应用】 碘醚柳胺是世界各国广泛应用的抗牛、羊片形吸虫药。对牛、羊肝片吸虫和大片吸虫具有较强的杀灭作用，对未成熟虫体和胆管内成虫的驱杀作用强。此外，对牛、羊的血矛线虫、仰口线虫和羊鼻蝇蛆的各期寄生幼虫亦有较好驱杀作用。

【休药期】 碘醚柳胺混悬液：牛、羊 60 日。

【应用注意】 为彻底消除未成熟幼虫，用药 3 周后，最好再重复用药一次。

【制剂、用法与用量】 碘醚柳胺混悬液，内服，一次量，每千克体重，牛、羊 7～12 mg。

三氯苯达唑

【理化性质】 本品又名三氯苯咪唑，为白色或类白色结晶性粉末，无臭，可溶于甲醇和乙酸乙酯等有机溶剂。

【作用与应用】 本品毒性较小，为苯并咪唑类中专用于驱片形吸虫的药。对各种日龄的肝片吸虫均有明显的驱杀效果。对牛、绵羊、山羊等反刍动物肝片吸虫，如牛大片形吸虫、鹿肝片吸虫、鹿大片形吸虫、马肝片吸虫等均有效。临床上主要用于治疗牛、羊肝片吸虫病。

【休药期】 牛、羊 56 日，产乳期禁用。

【注意事项】 ①对鱼毒性大，残留药物切勿污染鱼塘水源。②治疗急性肝片吸虫病，5 周后应重复用药一次。

【制剂、用法与用量】 三氯苯达唑片、三氯苯达唑颗粒、三氯苯达唑混悬液，内服，一次量，每千克体重，牛 12 mg，羊、鹿 10 mg。

四、驱血吸虫药

血吸虫病是人兽共患的寄生虫病，也是威胁人体健康最严重的寄生虫病。患畜主要是耕牛，防治耕牛血吸虫病是消灭血吸虫病的重要措施之一，应采取综合措施，才能取得良好效果。

吡喹酮(环吡异喹酮)

【理化性质】 本品为白色或类白色结晶性粉末；无臭，味苦，有吸湿性；难溶于水，易溶于乙酸、氯仿及聚二乙醇等有机溶剂；应遮光密闭保存。

【作用机理】 吡喹酮可使宿主体内血吸虫产生痉挛性麻痹而脱落，并向肝移行。

同时，吡喹酮对虫体表皮层有迅速而明显的损伤作用，并能影响虫体的吸收与排泄功能，使其体表抗原暴露，从而易遭受宿主的免疫攻击，促使虫体死亡。此外，吡喹酮还能引起继发性变化，使虫体表膜去极化，皮层碱性磷酸酶活性降低，致使葡萄糖的摄取受抑制，内源性糖原耗竭。

【体内过程】 内服后在肠道吸收快，1 h 左右可达血药峰浓度。吸收后分布于全身各种组织，其中以肝脏中含量最高，门静脉血药浓度可较周围静脉血药浓度高 10 倍以上。其次为肾、肺、胰腺、肾上腺、脑垂体、唾液腺等，很少通过胎盘，无器官特异性蓄积现象。本品能透过血脑屏障，脑脊液浓度为血药浓度的 15%～20%。黄牛、羊、猪、犬、兔等内服后，血浆的原形药浓度较低，生物利用度较小。静注给药则可在血中达到较高浓度。主要经肾排出，24 h 内可排出给药量的 72%，4 日内排出 80%。

【作用与应用】 吡喹酮毒性低，应用安全，是理想的广谱驱虫药。对牛、羊的胰阔盘吸虫和矛形歧腔吸虫，食肉动物的华支睾吸虫、后睾吸虫、扁体吸虫和并殖吸虫，水禽的棘口吸虫等有较强的作用。对血吸虫，其杀成虫作用强而迅速，对其童虫作用弱。投药后数分钟，体内 95%以上血吸虫“肝

Note

移”，并迅速在肝内死亡，杀虫率在90%以上。同时，吡喹酮还是一种高效抗绦虫药，对牛和猪的莫尼茨绦虫、无卵黄腺绦虫、带属绦虫，犬细粒棘球绦虫、复孔绦虫、中线绦虫，家禽和兔的各种绦虫的童虫和成虫都有作用。此外，其对家畜的囊尾蚴、细颈囊尾蚴和豆状囊尾蚴也有显著的疗效。对线虫和原虫感染无效。

临床上主要用于动物的吸虫病、血吸虫病、绦虫病和囊尾蚴病。特别是几种寄生虫病的混合感染，可以首选吡喹酮。

【耐药性】 本品一般不易产生耐药性。

【休药期】 28日，弃奶期7日。

【不良反应】 动物内服后可引起呕吐、下痢、肌肉无力、昏睡等不良反应，但多能耐过，可静脉注射碳酸氢钠注射液或高渗葡萄糖溶液以减轻反应。

【注意事项】 ①高剂量偶有血清谷丙转氨酶轻度升高现象。②注射用药可使不良反应发生率增加，一般采用内服给药。③不推荐将吡喹酮用于4周龄以内幼犬和6周龄以内的小猫，但若与非班太尔配伍可用于各种年龄的犬、猫。

【制剂、用法与用量】 吡喹酮片，内服，一次量，每千克体重，牛、羊、猪10～35 mg，犬、猫2.5～5 mg，禽10～20 mg。

硝硫氰酯

【理化性质】 本品别名硝硫苯酯，是硝硫氰胺的衍生物。为无色或黄色结晶性粉末；易溶于酯类化合物，微溶于乙醇，不溶于水。

【作用机理】 硝硫氰酯可抑制虫体的琥珀酸脱氢酶和三磷酸腺苷酶，影响三羧酸循环，使虫体收缩，丧失吸附于血管壁的能力，而被血液冲入肝脏。

【作用与应用】 本品具有较强的杀血吸虫作用。一般给药2周后虫体开始死亡，1个月以后几乎全部死亡。临床主要用于治疗动物的血吸虫病。

【不良反应】 对胃肠道有一定刺激性，犬、猫反应较严重，需要制成糖衣丸剂。

【制剂、用法与用量】 硝硫氰酯胶囊，内服，一次量，每千克体重，犬、猫50 mg。

任务三 抗原虫药

动物原虫病是由单细胞原生动物如球虫、锥虫、滴虫、梨形虫、弓形虫等引起的一类寄生虫病。临床上多表现为急性和亚急性经过，常呈地方流行性或散在发生，对动物危害严重，有时会造成畜禽大批死亡，直接影响了畜牧业的发展。根据原虫的种类不同，抗原虫药分为抗球虫药、抗锥虫药、抗梨形虫药、抗滴虫药和抗弓形虫药。

一、抗球虫药

视频：3-3
抗球虫药

球虫病是由孢子虫纲、真球虫目、艾美耳科中的各种球虫所引起的一种原虫病。家畜、野兽、禽类、爬行类、两栖类、鱼类和某些昆虫都有球虫寄生。在兽医学上，具有重要地位的是艾美耳球虫和等孢球虫。前者广泛寄生于家畜、家禽，后者常寄生于人、犬、猫及食肉动物。在生产中球虫病对畜禽危害严重，尤其是幼龄动物，它不仅可以降低动物生产性能（如增重率、产蛋率等），有时还可引起动物大批死亡（死亡率甚至超过80%），造成重大经济损失，严重影响了畜牧业的发展。

为了较完善地控制球虫病，把球虫病造成的损失降至最低，临床上我们在使用抗球虫药时，应该注意以下几方面。

1. 重视药物预防作用 为了较完善地控制球虫病，药物预防非常重要。合理应用抗球虫药，以预防为主，能获得较为明显的控制球虫病效果。一般动物感染球虫后约需进行4天的无性生殖，所以最好在动物感染后的前4天用药，将球虫病控制住。如果动物已经发生了球虫病，此时用药只能

保护尚未出现明显临床症状或未感染的动物，而对已经出现严重症状的患畜，用药效果一般不明显。

2. 合理选用不同作用峰期的药物 作用峰期是指球虫对药物最敏感的生活史阶段，或药物主要作用于球虫发育的某个生活周期，也可按球虫生活史（即动物感染后）的第几天来计算。抗球虫药绝大多数作用于球虫的无性周期，但其作用峰期并不相同。掌握药物作用峰期，对合理选择和使用抗球虫药具有指导意义。

一般说来，作用峰期在第一代无性增殖，即感染后第 1、2 天的药物，预防性强，但抗球虫作用较弱，也不利于动物对球虫形成免疫力，多用作预防和早期治疗，如莫能菌素、马度米星、氯羟吡啶、地克珠利等。而作用峰期在第二代裂殖生殖，即感染后第 3、4 天的药物，其抗球虫作用较强，也不影响动物对球虫产生免疫力，多作为治疗药应用，如尼卡巴嗪、托曲珠利、磺胺氯吡嗪钠、磺胺喹噁啉等。球虫的致病阶段是在发育史中的裂殖生殖和配子生殖阶段，尤其是第二代裂殖生殖阶段，因此，应选择作用峰期与球虫致病阶段相一致的抗球虫药作为治疗性药物。

3. 避免耐药虫株的产生 在临床上无论何种抗球虫药，经长期反复使用均可诱导球虫产生抗药性。为避免或减少耐药性的产生，应避免单一用药，有计划地采用轮换用药、穿梭用药或联合用药的方法。

①单一用药是指一种药物从 1 日龄起一直用到上市前停药期限为止。这种用药方法优点是操作简单，饲料混合错误的危险性低。缺点是长期使用一种药物容易导致球虫产生抗药性。

②轮换用药是指季节性或定期换用作用机理和作用峰期不同的抗球虫药。一般以鸡的批次或 3 个月至半年为期限进行轮换。这种用药方法可以避免长期单一用药而产生抗药性虫株。

③穿梭用药是指在同一个饲养期内，不同的生长阶段交替使用不同性质的抗球虫药。在穿梭用药时，应注意药物的抗虫谱，根据动物生长发育的不同阶段和易感球虫种类的不同而选择相应的药物。

④联合用药是指在同一个饲养期内，合用两种或两种以上的抗球虫药。这种用药方法通过药物间的协同作用既可延缓耐药虫株的产生，又可增强药效和减少用量。

此外，有条件的养殖场应定期进行耐药性测定，筛选出对当地球虫虫株敏感的抗球虫药备用。

4. 选择适当的给药方法 由于患球虫病动物通常食欲不好，但是饮欲正常，甚至增加，因而通过饮水给药常可使动物获得足够的药物剂量。在临床上可以根据动物的具体情况选择合适的给药方法。

5. 合理用药 在使用抗球虫药时，应注意药物的剂量、疗程，准确用药。在用药前，应该了解清楚动物是否已经用过抗球虫药，何时用了哪种抗球虫药，避免治疗性用药时重复使用同一品种药物，使治疗效果不好或造成药物中毒。

此外，有些抗球虫药的推荐治疗量与中毒量非常接近，如马杜霉素的预防量为每千克体重 5 mg，中毒量为每千克体重 9 mg，过量用药容易造成药物中毒。

6. 注意配伍禁忌 有些抗球虫药与其他药物有配伍禁忌，如莫能霉素、盐霉素禁止与泰妙菌素或竹桃霉素合用，否则会造成鸡只生长发育受阻，甚至中毒死亡。

7. 加强饲养管理 良好的生活环境和均衡足量的营养，不但有利于动物健康成长，还可以增强动物的体质，使动物不易生病，从而减少甚至杜绝药物的使用。相反，若动物畜舍内潮湿、拥挤、卫生条件恶劣，不但不利于动物的生长，甚至还可诱发球虫病等，增加药物开支。

8. 注意药物残留 为避免动物性食品中药物残留危害消费者的健康和影响公共卫生，造成公害，应严格遵守《动物性食品中兽药最高残留限量》的规定和《中国兽药典》关于抗球虫药休药期的规定以及其他有关的注意事项。

（一）聚醚类离子载体抗生素

莫能菌素

莫能菌素又名莫能素、莫能星、莫能霉素、瘤胃素，是从肉桂链霉菌的发酵产物中分离而得，为聚醚类离子载体抗生素的代表药，常用其钠盐。

【理化性质】 本品为白色或微黄色结晶性粉末，有特殊臭味；难溶于水，易溶于有机溶剂。

【作用机理】 本品能干扰球虫细胞内钠钾离子的正常交换，使大量钠离子内流，渗透压上升，导致大量水分渗入细胞，使细胞肿胀，最后破裂而亡。

【作用与应用】 本品为单价离子载体类抗生素，是较理想的抗球虫药，广泛用于世界各地。对柔嫩、毒害、堆型、巨型、布氏、变位艾美耳球虫 6 种鸡常见球虫均有高效杀灭作用。作用峰期为感染后第 2 日，主要作用于球虫生活史早期(子孢子至第一代裂殖体)，不影响动物免疫力的产生。此外，莫能菌素对金黄色葡萄球菌、链球菌、产气荚膜梭菌等革兰氏阳性菌和猪痢疾蛇形螺旋体亦有较强的作用。莫能菌素还可以影响反刍动物瘤胃内能量代谢，改善瘤胃发酵，提高丙酸与乙酸的产出比例，降低挥发性脂肪酸，减少甲烷生成，提高蛋白质利用效率。

临床上常用于预防鸡、羔羊和兔的球虫病及坏死性肠炎。

【耐药性】 本类药物之间有交叉耐药性。

【休药期】 鸡，3～5 日。

【注意事项】 ①马敏感，内服可致死，禁用。②禁止与地美硝唑、泰乐菌素、竹桃霉素同时使用，以免引起中毒。③工作人员搅拌配料时，应防止本品与皮肤和眼睛接触。④10 周龄以上火鸡、珍珠鸡及鸟类不宜应用。超过 16 周龄鸡禁用，蛋鸡产蛋期禁用。

【制剂、用法与用量】 莫能菌素，混饲，每 1000 kg 饲料，禽 90～110 g，兔 20～40 g，羔羊 10～30 g，犊牛 17～30 g。

盐霉素

盐霉素又称沙利霉素、优素精，是从白色链霉菌的发酵产物中分离而得。

【理化性质】 本品具有特殊的环状结构，是典型的离子载体抗生素，一般用其钠盐，理化性质与莫能菌素相似。

【作用机理】 对细胞中阳离子的亲和力特别强，妨碍细胞内外阳离子的传递，使细胞内外离子浓度发生变化，从而影响渗透压，最终使细胞崩解死亡。

【作用与应用】 本品与莫能菌素相似，能杀灭多种球虫。对堆型、毒害、柔嫩艾美耳球虫均有明显效果，对巨型、布氏艾美耳球虫作用较弱。对尚未进入肠细胞内的球虫子孢子有高效杀灭作用，对裂殖生殖有较强抑制作用，预防球虫病效果接近 100%。此外，对革兰氏阳性菌、真菌、病毒及疟原虫也有较好的杀灭作用。临床上常用于动物球虫病的预防和促进生长。

【耐药性】 本类药物之间有交叉耐药性。

【休药期】 牛、猪、禽，5 日。

【注意事项】 ①配伍禁忌与莫能菌素相似。②安全范围较窄，毒性稍强，应严格控制混饲浓度。若浓度过大或使用时间过长，会引起采食量下降、体重减轻、共济失调和腿无力。③对火鸡及鸭毒性较大，禁用。蛋鸡产蛋期禁用。④马属动物禁用。

【制剂、用法与用量】 以盐霉素计，混饲，每 1000 kg 饲料，禽 60 g，牛 10～30 g，猪、牛 25～75 g。

拉沙菌素

拉沙菌素又名拉沙洛西，为二价聚醚类离子载体抗生素，是从拉沙链霉菌的发酵产物中分离而得，一般用其钠盐。

【理化性质】 理化性状与莫能菌素相似。

【作用与应用】 本品毒性低，在使用规定剂量时，是本类抗生素中毒性最小的一种，可与泰妙菌素合用。对 6 种常见的鸡球虫均有杀灭作用，其中对柔嫩艾美耳球虫作用最强，对毒害和堆型艾美耳球虫作用稍弱。拉沙菌素对子孢子、早期和晚期无性生殖阶段的球虫有杀灭作用。临床上常用于鸡球虫，也可用于火鸡、羔羊和犊牛球虫病。

【耐药性】 本类药物之间可产生交叉耐药性。

【休药期】 鸡，3 日。

【注意事项】 高剂量使用由于其对二价阳离子代谢的影响，会引起机体水分排泄量增加，导致垫料潮湿。

【制剂、用法与用量】 以拉沙菌素计，混饲，每 1000 kg 饲料，鸡 75～125 mg，牛 10～30 g。

马杜霉素

【理化性质】 马杜霉素又名马度米星、抗球王，从马杜拉放线菌的发酵产物中分离而得。临床上常用其铵盐，为白色结晶性粉末，不溶于水。

【作用与应用】 本品是聚醚类一价单糖苷离子载体抗生素。其抗球虫谱广，抗虫作用强，是目前聚醚类抗球虫药中作用最强，用药浓度最低的聚醚类抗生素（推荐剂量 5 ppm）。对柔嫩、毒害、堆型、巨型、布氏、变位艾美耳球虫 6 种常见球虫均有效，其作用峰期在子孢子和第一代裂殖体（即感染后第 1、2 天）。不仅能抑制球虫生长，而且能杀灭球虫。马杜霉素给鸡混饲（每千克饲料 5 mg），在肝、肾、肌肉、皮肤、脂肪等组织中的半衰期约 24 h。临床常用于预防鸡球虫病。

【不良反应】 本品的毒性较大，安全范围窄，较高浓度（每千克饲料 7 mg）混饲即可引起鸡不同程度的中毒，甚至引起死亡。

【休药期】 鸡，7 日。

【注意事项】 ①产蛋期禁用。②本品毒性较大，仅用于鸡，禁用于其他动物。③勿随意加大使用浓度，且混料时必须充分搅拌均匀。④鸡喂马度米星铵预混剂后的粪便切勿用作牛、羊等动物的饲料，否则可能引起中毒，甚至死亡。

【制剂、用法与用量】 马度米星铵预混剂，以马度米星铵计，混饲，每 1000 kg 饲料，鸡 5 g。

（二）化学合成抗球虫药

地克珠利

【理化性质】 地克珠利又名杀球灵，为类白色或淡黄色粉末，不溶于水，性质较稳定。

【作用与应用】 本品属三嗪类抗球虫药，具有广谱、高效、低毒的特点，广泛用于鸡球虫病。有效用药浓度低，是目前混饲浓度最低的一种抗球虫药。对动物球虫病防治效果明显，优于莫能菌素、氨丙啉、拉沙霉素、尼卡巴嗪、氯羟吡啶等常规抗球虫药。其作用峰期为子孢子和第一代裂殖体早期阶段，用药后除能有效控制盲肠球虫的死亡率外，还可杀灭球虫卵囊，为理想的杀球虫药。临床主要用于驱除动物体内的球虫。

【耐药性】 本品较易引起球虫的耐药性，甚至交叉耐药性。

【休药期】 鸡，5 日。

【注意事项】 ①本品作用时间短暂，停药 1 日后，作用基本消失，因此，必须连续用药以防再度暴发。②由于用药浓度极低，因此药料必须充分拌匀。③地克珠利的水溶液稳定期仅为 4 h，因此，必须现用现配，否则影响疗效。④鸡产蛋期禁用。

【制剂、用法与用量】 以地克珠利计，混饲，每 1000 kg 饲料，禽、兔 1 g；混饮，每升水，鸡 0.5～1 mg；犬、猫，内服，一次量，每千克体重，0.5～1 mg。

托曲珠利

托曲珠利属三嗪类新型广谱抗球虫药。

【理化性质】 托曲珠利又名甲苯三嗪酮，为无色或浅黄色澄清黏稠液体。市售 2.5%托曲珠利溶液，商品名为百球清。

【体内过程】 家禽内服后，生物利用度大于 50%。吸收后，主要分布于肝、肾，随后迅速被代谢成砜类化合物。药物在仔鸡可食用组织中残留很长时间，停药 24 日后在胸肌中仍能测出残留药物。

【作用与应用】 本品属于广谱抗球虫药，作用峰期是球虫裂殖生殖和配子生殖阶段。对动物的多种球虫具有杀灭作用。其杀球虫方式独特，不影响机体对球虫的免疫力，可与任何药物混合使用，对其他抗球虫药耐药的虫株也十分敏感。对动物的住肉孢子虫和弓形虫也有效。而且安全范围大，10 倍以上的推荐剂量，动物无任何不良反应。临床上广泛用于各种动物球虫病。

【耐药性】 连续应用易使球虫产生耐药性，甚至交叉耐药性。

【休药期】 肉鸡，19 日。

【注意事项】 ①为防止稀释后药液减效，应现用现配。②药液污染工作人员眼睛或皮肤时，应及时冲洗。

【制剂、用法与用量】 托曲珠利口服液，内服，一次量，每千克体重，鸡 7 mg，羊 20 mg，兔 10～15 mg，犬 20 mg。

二硝托胺

【理化性质】 二硝托胺又名二硝苯甲酰胺、球痢灵，主要化学成分是 3,5-二硝基-2-甲基苯甲酰胺。本品为白色结晶，无味，难溶于水，能溶于乙醇、丙酮，性质稳定。

【作用与应用】 本品为经典化学合成类抗球虫药，毒性小，是一种既有预防作用，又有治疗效果的抗球虫药。对鸡毒害、柔嫩、布氏、巨型艾美耳球虫均有良好防治效果，尤其对小肠致病性最强的毒害艾美耳球虫效果最佳，对堆型艾美耳球虫效果稍差。本品不影响鸡对球虫产生免疫力，其作用峰期在球虫第二个无性周期的裂殖体增殖阶段(即感染第 3 日)。适用于蛋鸡和肉用种鸡。对火鸡球虫病、家兔球虫病也有效。

【耐药性】 球虫一般不易产生耐药性。

【休药期】 鸡，3 日。

【注意事项】 ①停药 5～6 日，球虫病易复发，常需连续用药。②产蛋期禁用。

【制剂、用法与用量】 以二硝托胺计，鸡，以 0.0125%混饲或 0.015%混水。兔，内服，每千克体重，50 mg，一日 2 次，连用 5 日。

尼卡巴嗪

【理化性质】 尼卡巴嗪又名力更生、球虫净，是 4,4-二硝基苯脲、2-羟基-4,6-二甲基嘧啶(无抗球虫作用)的复合物。本品为黄色或黄绿色粉末，无臭，稍具异味。本品在二甲基甲酰胺中微溶，在水、乙醇、乙酸乙酯、氯仿、乙醚中不溶，性质稳定。

【作用与应用】 本品对鸡柔嫩艾美耳球虫(盲肠球虫)，堆型、巨型、毒害、布氏艾美耳球虫(小肠球虫)均有良好预防效果。其作用峰期在第二代裂殖体(即感染第 4 日)，治疗量安全性高，不影响鸡对球虫产生免疫力。对其他抗球虫药有耐药性的虫株，本品仍有效。其复合物的抗球虫作用更强，药效可增加约 10 倍。一般于感染后 48 h 用药，能完全抑制球虫发育，若在 72 h 后给药，则效果降低。临床主要用于预防鸡和火鸡球虫病。

【耐药性】 本品不易产生耐药性。

【休药期】 鸡，9 日。

【注意事项】 ①在预防用药过程中，若因大量接触感染性卵囊而暴发球虫病时，应迅速改用磺胺类药治疗。②高温季节慎用，若室温达 40 ℃时，用尼卡巴嗪能增加雏鸡死亡率。③对蛋的质量和孵化率有一定影响，蛋鸡产蛋期禁用。

【制剂、用法与用量】 尼卡巴嗪，混饲，每 1000 kg 饲料，禽 125 g。尼卡巴嗪、乙氧酰胺苯甲酯预混剂，混饲，每 1000 kg 饲料，鸡 500 g(尼卡巴嗪 125 g，乙氧酰胺苯甲酯 8 g)。

磺胺喹噁啉

【理化性质】 本品为黄色粉末，无臭，在乙醇中极微溶解，其钠盐在水中易溶。

【作用与应用】 本品属磺胺类药，专供抗球虫使用。对鸡巨型、布氏和堆形艾美耳球虫作用最强，对柔嫩、毒害艾美耳球虫作用较强，同时具有一定的抗菌作用。与甲氧苄啶、氨丙啉、乙氧酰胺苯甲酯等合用，可起协同作用。其作用峰期是第二代裂殖体(感染后第 4 日)，不影响宿主对球虫产生免疫力。临床上主要用于动物球虫病的治疗。

【耐药性】 用药时间过长，可引起耐药性，甚至有交叉耐药性。

【休药期】 10 日。

Note

【注意事项】 ①本品对雏鸡有一定的毒性，高浓度（0.1%）药料连续饲喂5日以上，则引起与维生素K缺乏有关的出血和组织坏死现象，因此，连续饲喂不得超过5日。②由于磺胺类药应用历史较长，不少细菌和球虫已产生耐药性，甚至有交叉耐药性，因此，本品宜与其他抗球虫药（如氨丙啉或抗菌增效剂）联合应用。③蛋鸡产蛋期禁用。

【制剂、用法与用量】 磺胺喹噁啉钠可溶性粉，混饮，每升水，鸡3～5 g。复方磺胺喹噁啉钠可溶性粉，混饮，每升水，鸡0.4 g。磺胺喹噁啉、二甲氧苄啶预混剂（以磺胺喹噁啉计），混饲，每1000 kg饲料，鸡500 g，犬125 g。

磺胺氯吡嗪钠

【理化性质】 磺胺氯吡嗪钠又名三字球虫粉，为白色或淡黄色粉末，易溶于水。

【体内过程】 本品内服后，在消化道迅速吸收，3～4 h血药浓度达峰值，并迅速经尿排泄。

【作用与应用】 磺胺氯吡嗪钠为磺胺类抗球虫药。与磺胺喹噁啉相似，对鸡巨型、布氏和堆形艾美耳球虫作用最强，对柔嫩、毒害艾美耳球虫作用较强。其抗球虫的作用峰期是球虫第二代裂殖体，对第一代裂殖体也有一定作用，对有性生殖周期无效，不影响宿主对球虫免疫力的产生。此外，磺胺氯吡嗪还有较强的抗菌作用，对巴氏杆菌、沙门氏菌作用效果明显。临床主要用于家禽、兔等动物球虫病暴发时的治疗。

【耐药性】 用药时间过长容易产生耐药性，甚至交叉耐药性。

【休药期】 火鸡4日，肉鸡1日。

【注意事项】 ①本品毒性虽较磺胺喹噁啉低，但长期应用仍会出现磺胺类药中毒症状，因此肉鸡只能按推荐浓度，连用3日，不得超过5日。②蛋鸡以及16周龄以上鸡群禁用。

【制剂、用法与用量】 以磺胺氯吡嗪钠计，混饲，每1000 kg饲料，鸡2000 g，兔600 g。混饮，鸡1 g。内服，羔羊，每千克体重，1.2 mL（3%溶液）。

氯羟吡啶

【理化性质】 氯羟吡啶又名克球粉、可爱丹，为白色粉末，无臭；不溶于水，性质稳定。

【作用与应用】 本品属吡啶类抗球虫药，曾是我国使用广泛的抗球虫药之一。对鸡的各种艾美耳球虫均有效，尤其对柔嫩艾美耳球虫作用最强，对兔球虫也有一定的效果。其作用峰期是子孢子期（即感染第1日），用药后可使子孢子在上皮细胞内停止发育60日左右。故作为预防药或早期治疗药较为适合。效果比氨丙啉、球痢灵、尼卡巴嗪好，且无明显毒副作用。缺点是能抑制鸡对球虫的免疫力。

【耐药性】 球虫对本品易产生耐药性。

【休药期】 鸡、兔，5日。

【注意事项】 ①由于本品对球虫仅有抑制发育作用，加之对动物免疫力有明显抑制效应，因此，肉鸡必须连续应用而不能贸然停用，过早停药往往导致球虫病暴发。②由于长期广泛应用，目前我国多数球虫对氯羟吡啶已出现明显耐药现象。因此，养鸡场一旦发现耐药性，应立即停药，换用其他作用机理不同的药进行治疗。③蛋鸡禁用。

【制剂、用法与用量】 氯羟吡啶预混剂，混饲，每1000 kg饲料，鸡500 g，兔800 g。

氨丙啉

【理化性质】 氨丙啉又名氨保宁、氨宝乐，常用其盐酸盐，为白色结晶性粉末，无臭，易溶于水，可溶于乙醇，宜现用现配。

【作用与应用】 本品属抗硫胺类抗球虫药。其结构与硫胺相似，是硫胺拮抗剂，主要通过干扰球虫对硫胺的利用而发挥抗球虫作用。对各种鸡球虫均有作用，对柔嫩、堆型艾美耳球虫作用较强，对毒害、布氏、巨型、变位艾美耳球虫作用稍差。对牛、羊等其他动物的球虫抑制作用也较好。主要作用于第一代裂殖体，防止形成裂殖子，作用峰期为感染第3日，对有性繁殖阶段和子孢子也有一定的抑制作用，可用于预防，也可用于治疗。本品具有高效、安全、低毒、球虫不易对其产生耐药性等特点，也不

影响宿主对球虫产生免疫力，因此其是蛋鸡的主要抗球虫药，临床上广泛用于各种动物的球虫。

【耐药性】 一般球虫不易对本品产生耐药性。

【休药期】 3～7 日。

【注意事项】 ①用量过大会使鸡患维生素 B_1（硫胺素）缺乏症，在使用氨丙啉期间，每千克饲料维生素 B_1 的添加量应控制在 10 mg 以下。②蛋鸡产蛋期禁用。③不同的制剂，停药期不同，一般为 3～7 日。

【制剂、用法与用量】 盐酸氨丙啉、乙氧酰胺苯甲酯预混剂，每 1000 kg 饲料，鸡 500 g。

盐酸氨丙啉、乙氧酰胺苯甲酯、磺胺喹噁啉预混剂，混饲，每 1000 kg 饲料，鸡 500 g。

盐酸氨丙啉片，内服，一次量，每千克体重，犬 100～200 mg，猫 60～100 mg，连用 7～10 日。

常山酮

【理化性质】 常山酮又称卤夫酮、速丹，为白色或灰白色结晶性粉末，性质稳定。

【作用与应用】 本品是从药用植物常山中提取的一种生物碱，已能人工合成。常山酮属广谱抗球虫药，用量较小，对鸡和火鸡的多种球虫均有较强的抑制作用，对兔的球虫也有效。对刚从卵囊内释出的子孢子，以及第一、二代裂殖体均有明显的抑制作用。抗球虫的活性甚至超过聚醚类抗球虫药，临床上主要用于禽和兔的球虫病。

【耐药性】 球虫对本品不易产生耐药性，与其他抗球虫药也无交叉耐药性。

【休药期】 5 日。

【注意事项】 ①本品治疗量对鸡、兔较安全，但可抑制鸭、鹅生长，应禁用。②混饲时，每千克混料中本品超过 6 mg 即可影响适口性，超过 9 mg 则大部分鸡拒食。因此，混料一定要均匀，并严格控制本品的使用剂量。③12 周龄以上火鸡、8 周龄以上雏鸡及蛋鸡产蛋期禁用。

【制剂、用法与用量】 氢溴酸常山酮预混剂（含氢溴酸常山酮 0.6%），混饲，每 1000 kg 饲料，鸡 500 g。

二、抗锥虫药

动物锥虫病是由锥体科锥体属的伊氏锥虫寄生在动物血液和组织细胞间所引起的一类原虫病。防治本类疾病除应用抗锥虫药外，平时还应重视消灭其传播媒介如蝇、虻等吸血昆虫，这样才能杜绝本病的发生。

三氮脒

【理化性质】 三氮脒又名贝尼尔、血虫净，为黄色或橙黄色结晶性粉末；无臭，味微苦，易溶于水，不溶于乙醇；遇光、遇热可变为橙红色，在低温下水溶液中析出结晶。

【作用与应用】 三氮脒属于芳香双脒类，是传统的广谱抗血液原虫药。与同类药物相比，具有用途广、使用简便等优点。对锥虫、梨形虫和边虫（无浆体）均有作用，是目前治疗锥虫病和梨形虫病的高效药。用药后三氮脒在血中浓度维持时间较短，所以预防效果较差。

临床上对动物的各种巴贝斯虫病和牛瑟氏泰勒虫病治疗效果较好，对牛环形泰勒虫病、边缘无浆体感染也有效，对猫巴贝斯虫无效。

【耐药性】 剂量不足时，锥虫和梨形虫都可产生耐药性。

【休药期】 牛、羊 28～35 日，弃奶期 7 日。

【不良反应】 本品毒性大，安全范围较小。一般治疗量动物无毒性反应，大剂量应用时会出现先兴奋继而沉郁、疝痛、尿频、肌颤、流汗、流涎、呼吸困难等症状。轻度不良反应一般数小时会自行恢复，严重不良反应时需用阿托品等对症治疗。

【注意事项】 ①骆驼对三氮脒敏感，安全范围小，应慎用。水牛比黄牛敏感，连续应用会出现毒性反应，应谨慎。大剂量应用可使奶牛产奶量减少。②注射液对局部组织有刺激性，肌内注射局部可出现疼痛、肿胀，经数天至数周可恢复，大剂量应分点注射。

【制剂、用法与用量】 三氮脒注射液，以注射用水配成 5%～7%溶液，深部肌内注射，一次量，每

千克体重，马 3～4 mg，牛、羊 3～5 mg，犬 3.5 mg，一般用 1～2 次，连用不超过 3 次，每次间隔 24 h。

喹嘧胺

【理化性质】 喹嘧胺又名安锥赛，有甲硫喹嘧胺和氯化喹嘧胺两种。甲硫喹嘧胺易溶于水，氯化喹嘧胺难溶于水，均为白色或带微黄色的结晶粉末，无臭，味苦，有引湿性，在有机溶剂中几乎不溶。

【作用机理】 喹嘧胺对锥虫无直接溶解作用，而是通过影响虫体的代谢过程，使其生长繁殖受到抑制。

【体内过程】 甲硫喹嘧胺注射后吸收迅速，氯化喹嘧胺注射后吸收缓慢，吸收后药物迅速由血液进入组织，尤以肝、肾分布较多。

【作用与应用】 喹嘧胺是传统使用的抗锥虫药，抗锥虫范围较广，对伊氏锥虫、马媾疫锥虫、刚果锥虫、活跃锥虫作用效果明显，但对布氏锥虫作用较差。临床主要用于防治马、牛、骆驼的伊氏锥虫病和马媾疫。其中甲硫喹嘧胺主要用于治疗，而氯化喹嘧胺多在流行地区作预防性给药，通常用药一次，有效预防期，马为 3 个月，骆驼为 3～5 个月。

【耐药性】 剂量不足时虫体易产生耐药性。

【注意事项】 ①马属动物较为敏感。注射后 15 min 至 2 h 可出现兴奋不安、肌肉震颤、呼吸急促、排便增多、心率加快、全身出汗等不良反应，一般在 3～5 h 自行耐过，严重者可致死。用药后应注意观察，必要时可注射阿托品及应用其他对症疗法。②有一定刺激性，严禁静脉注射。皮下注射或肌内注射时，容易出现肿胀，甚至引起硬结，一般经 3～7 日消退。用量太大时，宜分点注射。③毒性略大，应严格按规定剂量应用。

【制剂、用法与用量】 注射用喹嘧胺，肌内注射、皮下注射，一次量，每千克体重，马、牛、骆驼 4～5 mg。临用时以注射用水配成 10%水悬液，剂量大时可分点注射。

苏拉明

【理化性质】 苏拉明又名萘磺苯酰脲、那加诺、拜耳 205、那加宁，为尿素的衍生物。常用其钠盐，为白色或淡红色粉末，易溶于水，水溶液呈中性，不稳定，宜临用时配制，并在 5 h 内用完。

【作用机理】 本品能抑制虫体代谢，影响其同化作用，从而导致虫体分裂和繁殖受阻，最后溶解死亡。

【体内过程】 本品口服后肠道吸收差，常注射给药。药物吸收入血后，迅速与血浆蛋白结合，以后逐渐分离释出。本品不能透过血脑屏障，主要随尿排泄。由于排泄缓慢，在机体内的停留时间较长，末次用药 3 个月后还可从尿液中测得未经代谢的药物。

【作用与应用】 本品与血浆蛋白结合后，在体内停留时间为 1.5～4 个月，不仅有治疗作用，还有预防作用。对马、牛、骆驼的伊氏锥虫效果明显，对马媾疫的疗效较弱。用于早期感染时，效果显著。静脉注射 9～14 h，血中虫体消失，24 h 后，患畜体温下降，血红蛋白尿消失，食欲逐渐恢复。预防期马 1.5～2 个月，骆驼 4 个月。兴奋网状内皮系统功能的药物如氯化钙等，能提高本品的疗效。

【耐药性】 用药量不足，虫体可产生耐药性。

【注意事项】 本品安全范围较小，马、驴较敏感，牛次之，骆驼耐受性较大。马使用本品后（静脉注射治疗量）往往出现荨麻疹，眼睑、唇、生殖器、乳房等处水肿，肛门周围糜烂，蹄叶炎，跛行，一时性体温升高，脉搏增数和食欲减退等副作用，经 1 h 至 3 日可逐渐消失。体弱者将一次量分为两次注射，间隔 24 h。用药期间应充分休息，加强饲养管理，适当牵遛。同时使用钙剂可提高疗效并减轻其不良反应。

【制剂、用法与用量】 粉针剂，临用前以生理盐水配成 10%溶液，静脉注射、皮下注射或肌内注射，一次量，每千克体重，马 10～15 mg，牛 15～20 mg，骆驼 8.5～17 mg。

三、抗梨形虫药

动物梨形虫病是巴贝斯科巴贝斯属和泰勒科泰勒属的原虫寄生于动物血细胞内所引起的疾病

的总称，是由蜱传播的原虫病。多以发热、贫血和黄疸为主要临床症状，常可引起患病动物大批死亡。消灭中间宿主蜱是防治本病的重要环节，应用有效的药物进行治疗是重要的手段。

双脒苯脲

【理化性质】 双脒苯脲又名咪唑苯脲，为双脒唑啉苯基脲。常用其二盐酸盐或二丙酸盐，均为无色粉末，易溶于水。

【体内过程】 本品注射给药吸收较好，能分布于全身各组织。主要在肝中灭活解毒。大部分经尿排泄，少数药物(约10%)以原形由粪便排出。双脒苯脲可在肾重吸收，体内残留期长，用药28日后在体内仍能测到本品。

【作用与应用】 咪唑苯脲是一种兼有预防和治疗作用的抗梨形虫药，其疗效和安全范围都优于三氮脒，而且毒性较三氮脒和其他抗梨形虫药小。对动物(如牛、小鼠、大鼠、犬及马)的多种巴贝斯虫病和泰勒虫病有效，而且不影响动物机体对虫体产生免疫力。临床上多用于治疗或预防牛、马、犬等的巴贝斯虫病或泰勒虫病。

【耐药性】 本品一般不易产生耐药性。

【休药期】 28日。

【注意事项】 ①本品毒性较低，但较高剂量可能会导致动物出现咳嗽、肌肉震颤、流泪、流涎、腹痛、腹泻等症状，一般能自行恢复，症状严重者可用小剂量的阿托品解救。②本品禁止静脉注射，较大剂量肌内注射或皮下注射时，有一定刺激性。③马属动物对本品敏感，尤其是驴、骡，高剂量使用时应慎重。④本品宜首次用药间隔2周后，重复用药一次，以根治疾病。

【制剂、用法与用量】 二丙酸双脒苯脲注射液，肌内注射、皮下注射，一次量，每千克体重，马2.2～5 mg，犬6 mg，牛1～2 mg。

硫酸喹啉脲

【理化性质】 硫酸喹啉脲又名阿卡普林，为淡黄色或黄色粉末，易溶于水。

【作用与应用】 本品为传统抗梨形虫药，对马、牛、羊、猪等的巴贝斯虫病效果较好。对早期的泰勒虫病也有一定的效果，对边虫(无浆体)疗效较差。临床上主要用于驱除动物的巴贝斯虫。

【注意事项】 ①本品毒性较大，忌大剂量应用。治疗量亦多出现胆碱能神经兴奋症状，但多数可在半小时内消失。为减轻不良反应，可将总剂量分成2或3份，间隔几小时应用。②禁止静脉注射。

【制剂、用法与用量】 硫酸喹啉脲注射液，皮下注射，一次量，每千克体重，马0.6～1 mg，牛1 mg，猪、羊2 mg，犬0.25 mg。

四、抗滴虫药

对畜牧生产危害较大的滴虫病主要有毛滴虫病和组织滴虫病。毛滴虫多寄生于牛生殖器官，可导致其流产、不孕和生殖力下降。组织滴虫多寄生于禽类的盲肠和肝，导致禽类盲肠性肝炎，即黑头病。

甲硝唑

【理化性质】 本品为白色或微黄色结晶，有微臭，味苦，微溶于水，略溶于乙醇。

【体内过程】 本品内服后吸收迅速，广泛分布于全身各组织，能透过胎盘屏障，并能从乳汁分泌，所以授乳及早期妊娠母畜不宜使用。

【作用与应用】 对滴虫、阿米巴原虫和专性厌氧菌有较强作用，对需氧菌、兼性厌氧菌无作用。临床主要用于治疗鸽毛滴虫病、鸡组织滴虫病、牛毛滴虫病、犬贾第鞭毛虫病及动物全身各组织厌氧菌感染。

【耐药性】 本品一般不易产生耐药性。

【休药期】 4日。

【注意事项】 ①动物哺乳期及妊娠早期不宜使用。②剂量过大或长期应用时，要注意监测动物的肝、肾功能。

【制剂、用法与用量】 甲硝唑片，内服，一次量，每千克体重，牛60 mg，犬25 mg。

甲硝唑注射液，静脉注射，一次量，每千克体重，牛 75 mg，马 20 mg。

外用，配成 5%软膏涂敷，配成 1%溶液冲洗阴道。

地美硝唑

【理化性质】 地美硝唑又名二甲硝咪唑，为白色至微黄色粉末，无臭，在乙醇中溶解，在水中微溶，遇光色泽变深，遇热升华。

【作用与应用】 本品具有广谱抗菌和抗原虫作用。对组织滴虫、纤毛虫和阿米巴原虫效果明显可靠。对厌氧菌、链球菌、猪密螺旋体痢疾也有效。临床上常用于防治家畜滴虫病和动物全身各组织厌氧菌感染。

【耐药性】 本品一般不易产生耐药性。

【休药期】 28 日。

【注意事项】 ①动物哺乳期及妊娠早期不宜使用。②剂量过大或长期应用时，要注意监测动物的肝、肾功能。③鸡较敏感，连续用药不得超过 10 日。蛋鸡产蛋期禁用。

【制剂、用法与用量】 地美硝唑，混饲，每 1000 kg 饲料，猪 1000～2500 g，禽 400～2500 g。

五、抗弓形虫药

弓形虫病又称弓形体病，是由刚地弓形虫寄生于犬、猫等 200 多种动物及人的有核细胞内所引起的人兽共患原虫病。弓形虫生活史特殊，传播方式多样，对人和动物造成的危害较大。

磺胺间甲氧嘧啶

【理化性质】 本品为白色或类白色的结晶性粉末，无臭，几乎无味，遇光色渐变暗，在丙酮中略溶，在乙醇中微溶，在水中不溶，在稀盐酸或氢氧化钠溶液中易溶。

【体内过程】 本品内服后吸收良好，血中浓度高，易透过血脑屏障，有效血药浓度维持时间长，乙酰化率低，不易发生结晶尿。

【作用与应用】 本品是体内、外抗菌作用最强的磺胺类药，主要通过抑制叶酸的合成而抑制弓形虫的生长繁殖，对动物弓形虫病有很好的疗效。临床主要用于预防和治疗动物弓形虫病。

【耐药性】 一般细菌不易产生耐药性。

【注意事项】 ①治疗时首次剂量加倍，要有足够的剂量和疗程，但连续用药一般不超过 7 日。如应用本品疗程长、剂量大，宜同服碳酸氢钠，并多给动物饮水，以防止形成结晶尿。②本品忌与酸性药物如维生素 C、氯化钙、青霉素等配伍。③失水、休克、老龄患宠以及对磺胺类药过敏和肝肾功能损害的动物，应慎用。④本品与口服抗凝药、口服降血糖药、苯妥英钠和硫喷妥钠等药物同用时，可使这些药物的作用时间延长或引发毒性，应注意调整剂量。

【制剂、用法与用量】 磺胺间甲氧嘧啶片，内服，一次量，每千克体重，犬、猫预防量为 25 mg，治疗量为 50 mg，连用 5 日。

视频：3-4
杀虫药

任务四 杀 虫 药

由螨、蜱、虱、蚤、库蠓、蝇蛆、蚊等节肢动物引起的动物体外寄生虫病，不仅可以直接危害动物机体，夺取其营养，损坏其皮毛，妨碍其增重，给畜牧业造成经济损失，而且还可以传播许多寄生虫病、传染病和人兽共患病，严重危害公共卫生健康。

对体外寄生虫(螨、蜱、虱、蚊、蝇等)具有杀灭作用的药物称杀虫药。

杀虫药一般对虫卵无效，因此必须间隔一定时间重复用药才能够彻底杀虫。一般来说，所有杀虫药对动物都有一定的毒性，甚至在规定剂量内，也会出现不同程度的不良反应。因此，在使用杀虫药时，除严格掌握用药浓度、剂量、时间，选用合适的给药方式外，还需密切注意用药后的动物反应，一旦出现中毒征兆，应立即停药，采取解救措施。大群动物灭虫前应做好预实验。

杀虫药的应用方式有局部用药和全身用药两种。

1. 局部用药 多用于个体局部杀虫，一般应用粉剂、溶液、混悬液、油剂、乳剂、软膏等局部涂擦、浇淋和撒布等。任何季节均可进行局部用药，剂量亦无明确规定，只要按规定的有效浓度使用即可，但用药面积不宜过大，浓度不宜过高。油剂可经皮肤吸收，使用时应注意。透皮剂(或浇淋剂)中含促透剂，浇淋后可经皮肤吸收转运至全身，从而具有驱杀寄生虫的作用。

2. 全身用药 多用于群体杀虫，一般采用喷雾、喷洒、药浴方式，适用于温暖季节全身杀虫。药浴时需注意药液的浓度、温度以及动物在药浴池中停留的时间。饲料或饮水给药时，杀虫药进入动物消化道内，可杀灭寄生在其体内的胃蝇蛆等；药物经消化道吸收进入血液循环后，可杀灭牛皮蝇蛆或吸吮动物血液的体外寄生虫；消化道内未吸收的药物经粪便排出体外后仍可发挥杀虫作用。全身应用杀虫药时须注意药液的浓度和剂量。杀虫药一般对虫卵无效，因而必须间隔一定时间重复用药。

一、有机磷类杀虫药

有机磷类杀虫药为传统杀虫药，广泛用于畜禽体外寄生虫病，具有杀虫谱广、残效期短的特性，大多兼有触杀、胃毒和内吸作用。其杀虫机理是抑制虫体胆碱酯酶的活性，但对动物的胆碱酯酶也有抑制作用，所以在使用过程中动物会经常出现胆碱能神经兴奋的症状，故过度衰弱及妊娠动物应禁用。若遇严重中毒，宜及早用阿托品或胆碱酯酶复活剂进行解救。

敌百虫

【理化性质】 纯品为白色结晶，微带芳香味；易溶于水；在酸性条件下稳定，在碱性条件下易转化为敌敌畏。

【作用与应用】 本品是广谱有机磷杀虫剂，胃毒作用强，触杀作用较弱，既可驱除家畜体内各种消化道线虫，又对某些吸虫如姜片吸虫有一定效果。外用，对畜禽体表寄生虫有较强杀灭作用。杀虫谱广，对咀嚼口器的昆虫作用强，对鳞翅目、双翅目、鞘翅目害虫有特效。临床上可用于杀灭蝇蛆、蛹、蜱、蚤、虱等。

【休药期】 28 日。

【不良反应】 敌百虫安全范围较窄，过量使用可出现中毒症状，主要表现为腹痛、流涎、缩瞳、呼吸困难、骨骼肌痉挛、昏迷甚至死亡。

【注意事项】 ①挥发性强，易于通过呼吸道或皮肤进入高等动物体内，造成人兽中毒，需注意。②对鱼类毒性较高，对蜜蜂有剧毒，禁用。③敌百虫在弱碱性条件下，可转化为毒性更强的敌敌畏，禁用碱性溶液稀释。④妊娠动物及心脏病、胃肠炎的患畜禁用。

【制剂、用法与用量】 精制敌百虫片，内服，一次量，每千克体重，马 30～50 mg，牛 20～40 mg，绵羊 80～100 mg，山羊 50～70 mg，猪 80～100 mg。外用，对牛羊皮蝇蛆、疥螨、痒螨、虱的驱除可用 2%敌百虫溶液。用 0.1%～0.15%的敌百虫溶液喷洒地面，可杀灭环境中的蚤、蜱、蚊、蝇等。

敌敌畏

国内市售的是 80%敌敌畏乳油，其杀虫力比敌百虫高 8～10 倍，所以可减少应用剂量，而相对较安全。内服驱消化道线虫及杀灭三蝇蚴，外用可杀灭虱、蚤、蜱、蚊和蝇等吸血昆虫，还广泛用作环境杀虫剂。国内已将敌敌畏制成犬、猫用规格的灭蚤项圈，戴用后可杀灭虱、蚤，药效达 3 个月之久。国外用聚氯乙烯作赋形剂做成缓释剂型，动物内服后逐渐释放出敌敌畏，而在胃肠道内发挥驱虫作用，宿主吸收少而慢，安全范围增大 15～30 倍，不易引起中毒。不同种类动物消化道长度不同，颗粒剂大小亦不同。动物内服后，经 48～96 h 随粪便排出体外，此时，在体外粪便中仍含有 45%～50%的敌敌畏，可以继续释出，并可对粪便中的蝇蚴等继续发挥作用。

【注意事项】 ①禽、鱼和蜜蜂对本品敏感，慎用。②妊娠动物和心脏病、胃肠炎患畜禁用。③易被皮肤吸收而中毒，应注意。

二嗪农

【理化性质】 二嗪农又名螨净，纯品为无色油状液体，无臭；微溶于水，性质不稳定，在水和酸性溶液中分解迅速；与乙醇、丙酮、二甲苯可混溶。二嗪农溶液为二嗪农加乳化剂制成的黄色或黄棕色澄清液体。

【作用与应用】 本品是广谱的有机磷类杀虫药，具有触杀、胃毒、熏蒸等作用，但内服作用较弱。对蝇、蜱、虱以及各种螨均有良好杀灭效果，其灭蚊、蝇的药效可维持 6～8 周。临床上，液体制剂主要用于家畜体表寄生虫的防治。二嗪农项圈常用于驱杀犬、猫等宠物的体表寄生虫，使用期为 4 个月。

【休药期】 14 日，弃奶期 3 日。

【注意事项】 ①猫对本品敏感，剂量要精确。②奶牛禁用。③鸡、鸭、鹅等对本品较敏感，对蜜蜂有剧毒，禁用。

【制剂、用法与用量】 药浴浓度，羊 0.02%二嗪农溶液，牛 0.06%二嗪农溶液；喷淋，猪 0.025%二嗪农溶液，牛、羊 0.06%二嗪农溶液。二嗪农项圈，每只犬、猫一条，使用期为 4 个月。

甲基吡啶磷

【理化性质】 本品为白色或类白色结晶性粉末，有异臭；微溶于水，易溶于乙醇、丙酮等有机溶剂。

【作用与应用】 本品除对成蝇具杀灭作用外，对蟑螂、蜱、虱、蚂蚁、蚤、臭虫等害虫也有良好杀灭作用。临床主要用于环境杀虫。

【注意事项】 本品对眼睛有轻微刺激，喷雾时不能向宠物直接喷射，食物也应转移他处。

【制剂、用法与用量】 甲基吡啶磷可湿性粉剂和颗粒剂，喷洒，每平方米 100～500 g，喷洒地面。

马拉硫磷

【理化性质】 纯品为无色或淡黄色油状液体，有蒜臭味。

【作用与应用】 马拉硫磷具有良好的触杀、胃毒和一定的熏蒸作用，无内吸作用。其进入昆虫体内氧化成马拉氧磷后，抗胆碱酯酶活性可增强约 1000 倍，从而发挥更强的毒杀作用。而其进入温血动物体内时，则被昆虫体内没有的羧酸酯酶水解，失去毒性。临床上对蟑螂、蜱、虱、蚂蚁、蚤等咀嚼式口器的害虫杀灭效果好，对家畜毒性低，残效期短，常用于治疗畜禽体表寄生虫病。

【注意事项】 ①对眼睛、皮肤有一定刺激性，应用时要注意防护。②对蜜蜂有剧毒，对鱼类毒性也大，禁用。③为增加其水溶液的稳定性和除去药物的臭味，可在 100 mL 的 50%马拉硫磷溶液中加 1 g 过氧苯甲酰。

蝇毒磷

【理化性质】 本品为微黄色或白色结晶粉，难溶于水；遇碱分解，在正常保存和使用条件下较稳定。

【作用与应用】 本品为有机磷类杀虫药中唯一能用于奶牛的杀虫药。0.02%浓度泼淋或药浴，可用于灭虱。0.05%浓度药浴、泼淋，可用于杀灭家畜体表的蜱、螨、蚤、蝇、伤口蛆和牛皮蝇蚴等。用 25%蝇毒磷针剂杀灭牛皮蝇蚴时，按每千克体重 5～10 mg 的剂量，肌内注射。禽类以 0.05%浓度沙浴，可杀灭其体外寄生虫。外用后，畜禽体表保留药效期限与药液浓度、气候环境、畜禽种类等因素有关。一般牛体表药效可保持 1～2 周，绵羊体表可保持约半年之久，在此期限内可防止再感染。

倍硫磷

【理化性质】 本品为黄色或棕色液体，易溶于甲醇、乙醇等有机溶剂，几乎不溶于水。

【作用与应用】 本品又名百治屠，是一种广谱、速效、且残效期长的杀虫剂。兼有接触毒和内吸毒的作用，是杀灭牛皮蝇蚴的特效药，对动物体内移行的第二期蚴虫也有效，可将牛皮蝇蚴杀灭在皮肤穿孔之前。一般在牛皮蝇产卵期应用最好。

【注意事项】 ①在幼虫移行进入脊髓阶段时，应避免用药，以防虫体死于宿主体内毒害其神经，造成动物瘫痪。②不能与碱性物质混用。

【制剂、用法与用量】 50%倍硫磷乳油，外用、喷淋，配成2%溶液，每千克体重，0.5～1 mL。

皮蝇磷

【作用与应用】 皮蝇磷又名芬氯磷，是专供兽用的有机磷类杀虫药。皮蝇磷对双翅目昆虫有特效，内服或皮肤给药有内吸杀虫作用，主要用于牛皮蝇蛆。喷洒用药对牛羊锥蝇蛆、蝇、虱、螨等均有良好的效果。对人和动物毒性较小。

【休药期】 肉牛，10日。

【注意事项】 母牛产犊前10日禁用，泌乳期奶牛禁用。

【制剂、用法与用量】 皮蝇磷乳油（含皮蝇磷24%），外用、喷淋，每100 L水加1 L。内服，一次量，每千克体重，牛100 mg。

二、拟除虫菊酯类杀虫药

除虫菊素或除虫菊酯是由除虫菊花中分离萃取的具有杀虫效果的活性成分。它包括除虫菊酯Ⅰ、除虫菊酯Ⅱ、瓜菊酯Ⅰ、瓜菊酯Ⅱ、茉莉菊酯Ⅰ、茉莉菊酯Ⅱ。以除虫菊酯Ⅰ最强，瓜菊酯Ⅰ次之。除虫菊酯杀虫机理复杂，昆虫不易产生抗药性。其杀虫的特点在于它具有神经毒性，触杀作用极强，致死率极高，且使用浓度低。一旦接触到害虫，就会迅速嵌入害虫的神经系统，迅速击倒害虫，但是它的这种特性却不会对人和哺乳动物的神经系统起作用，也不会在哺乳动物体内存留（天然除虫菊酯见光会慢慢分解成水和 CO_2），因此用其配制的农药或卫生杀虫药等使用后无残留，对人兽无副作用，同时具有杀虫和环保两大功能，是国际公认的最安全的无公害天然杀虫药。

天然除虫菊酯虽然具有理想化学农药的一些特性，但光不稳定性和昂贵的价格限制其大面积使用。拟除虫菊酯类杀虫药是仿效天然除虫菊酯化学结构的合成农药。其杀虫谱广、药效高，对哺乳动物毒性一般较低（对水生动物毒性较大），环境中残留时间较短，除具有杀虫作用外，并兼有杀螨、杀菌和抑制霉菌作用。目前已合成的拟除虫菊酯类杀虫药有上千种，但已商品化的数量有限，现我国使用的有二十几种，是一类有发展前途的新型杀虫药。

二氯苯醚菊酯

【理化性质】 二氯苯醚菊酯又名氯菊酯、除虫精、扑灭司林，为暗黄色至棕黄色带有结晶的黏稠液体；有菊酯芳香味，难溶于水，易溶于乙醇、苯等多种有机溶剂，在碱性条件下易分解。

【作用与应用】 本品可通过影响脊椎动物和无脊椎动物的电压依赖性钠离子通道，导致寄生虫高度兴奋与失活。氯菊酯是一种广谱、高效、击倒快、残效期长的杀虫药，对蚊、蝇、虱、蜱、螨等均有良好的杀灭作用，一次用药可维持药效1个月左右。本品对禽类几乎无毒性，药物进入机体内会迅速被降解，临床上常单独用于杀灭禽类的体外寄生虫；也可联合吡虫啉一起杀虫，二者具有协同作用，可用于预防动物体表蚤、蜱、虱的寄生，抵抗蜱和蚊子等昆虫的叮咬吸血，减少血源性传染病的发生和传播。

【注意事项】 ①喷淋时，药物应直接滴淋至皮肤上，且3日内勿水洗。②猫及猫科动物敏感，对蜜蜂、家蚕、鱼、虾有剧毒，禁用。③避免使用碱性水，或与碱性药物合用，以防药液分解失效。

【制剂、用法与用量】 二氯苯醚菊酯乳油（含二氯苯醚菊酯10%或40%），喷淋时配成0.2%～0.4%乳剂。二氯苯醚菊酯气雾剂（含二氯苯醚菊酯1%），供喷雾用。拜宠爽（二氯苯醚菊酯50 mg＋吡虫啉10 mg）喷淋，一次量，每千克体重，犬0.05～0.2 mL。

溴氰菊酯

【理化性质】 溴氰菊酯又名敌杀死、倍特、凯毒灵、凯安保，纯品为白色斜方形针状晶体，常温下几乎不溶于水，溶于丙酮及二甲苯等大多数芳香族溶剂。

【作用与应用】 本品属于接触性杀虫药，以触杀和胃毒作用为主，对害虫有一定的驱避与拒食作用，但无内吸及熏蒸作用。其具有杀虫谱广，击倒速度快，杀伤力大，残效期长，低残留等特点，是目前使用最广泛的一种拟除虫菊酯类杀虫药。对动物体外寄生虫如虱、蚤、牛皮蝇等均有良好杀灭作用。一次用药能维持药效近1个月。对有机磷、有机氯耐药的虫体，仍有高效。临床主要用于防治动物的体外寄生虫病，以及杀灭环境中的昆虫。

【休药期】 28 日。

【注意事项】 ①本品对皮肤、黏膜、眼睛、呼吸道有较强的刺激性，药浴中及吹干前严禁动物舔舐药物。②本品遇碱分解，对塑料制品有腐蚀性。③蜜蜂、家蚕敏感，对鱼有剧毒，禁用。

【制剂、用法与用量】 溴氰菊酯乳油（含溴氰菊酯 5%）药浴或喷淋，每 1000 L 水加 100～300 mL，临用前摇匀。

氰戊菊酯

【理化性质】 氰戊菊酯又名速灭杀丁，纯品为淡黄色粉末，原药（含氰戊菊酯 92%）为黄色或棕色黏稠液体，几乎不溶于水，在二甲苯、甲醇、丙酮、氯仿中溶解度大于 50%，碱性条件下不稳定。

【作用与应用】 氰戊菊酯杀虫谱广，以触杀和胃毒作用为主，无内吸和熏蒸作用。对鳞翅目幼虫效果好，对同翅目、直翅目、半翅目等害虫也有较好效果，对螨类无效，对天敌无选择性。临床上主要用于驱杀动物的体外寄生虫，也可用于杀灭环境中的昆虫。

【休药期】 28 日。

【注意事项】 ①不要用碱性水稀释或与碱性物质混用。②对蜜蜂、鱼虾、家蚕等毒性高，使用时注意不要污染河流、池塘、桑园、养蜂场所。

【制剂、用法与用量】 药浴或喷淋，以氰戊菊酯计，每升水加 40～80 mg。

喷雾，稀释成 0.2%浓度，每立方米 3～5 mL，喷雾后密闭 4 h。

氯氰菊酯

【理化性质】 氯氰菊酯又名灭百可，为棕色至深红褐色黏稠液体，难溶于水，易溶于乙醇，在中性、酸性环境中稳定。顺式氯氰菊酯为本品的高效异构体，为白色或奶油色结晶或粉末，难溶于水，易溶于乙醇。

【作用与应用】 本品为广谱、高效的拟除虫菊酯类杀虫药，具有触杀和胃毒作用，一次用药，残效期长达 3 个月。临床上主要用于驱杀各种动物体外寄生虫（虱、螨、蚊、蠓等），对用有机磷类杀虫药产生抗药性的虫株效果也很好。

【休药期】 84 日。

【制剂、用法与用量】 10%氯氰菊酯乳油，喷淋，0.006%（以氯氰菊酯纯品计）用于体表灭虱或螨。10%顺式氯氰菊酯乳油，杀蝇、蚊，每平方米 20～30 mL。含 2.5%氯氰菊酯浇泼剂，由头顶部开始达颈部上端并沿背部中线浇注至臀部，每头牛 5～15 mL。

胺菊酯

【理化性质】 胺菊酯又名四甲司林，性质稳定，纯品为白色结晶固体，原药（有效成分含量＞70%）为黄色膏状物或凝固体，高温和碱性溶液中易分解。

【作用与应用】 胺菊酯是最常用的拟除虫菊酯类杀虫药。对蚊、蝇、蚤、虱、螨等虫体都有杀灭作用，对昆虫击倒作用的速度居拟除虫菊酯类杀虫药之首。由于部分虫体被击倒后又能复活，一般多与杀灭作用较强的苄呋菊酯联合应用，可以互补增效。本品对人、畜安全，无刺激性。

【注意事项】 对蜜蜂、鱼虾、家蚕等毒性较高，使用时应注意。

【制剂、用法与用量】 胺菊酯、苄呋菊酯喷雾剂（含 0.25%胺菊酯、0.12%苄呋菊酯），供畜舍喷雾用。

甲氰菊酯

【理化性质】 原药为棕黄色液体或固体，几乎不溶于水，溶于二甲苯、环己烷等有机溶剂，可与除碱性物质以外的多数农药混用。常温储存稳定性超过 2 年。

【作用与应用】 本品杀虫谱广，残效期长，对昆虫具触杀、胃毒和一定驱避作用，无内吸和熏蒸作用。对于鳞翅目、同翅目、半翅目、双翅目、鞘翅目等害虫以及多种螨具有良好杀灭作用，尤其当虱、螨等多种体表寄生虫混合感染时，可兼治。

【注意事项】 对蜜蜂、鱼虾、家蚕等毒性高，使用时注意不要污染河流、池塘、桑园、养蜂场所。

【制剂、用法与用量】 甲氰菊酯乳油(含甲氰菊酯20%或10%)，配成0.01%乳剂，喷雾。

三、大环内酯类杀虫药

大环内酯类杀虫药包括阿维菌素类和米尔倍霉素类药物，具有高效驱杀线虫、寄生性昆虫、螨的作用，一次用药可同时驱杀体内、外寄生虫。具体见驱线虫药。

四、异噁唑啉类杀虫药

氟雷拉纳

氟雷拉纳又名贝卫多或一锭除，属于异噁唑啉类杀虫药，是一类全新的GABA门控氯离子通道干扰剂。

【体内过程】 本品内服后易吸收，1日内可达最大血药浓度，食物可促进其吸收。吸收后，在动物体内分布广泛，其中脂肪中浓度最高，其次为肝、肾和肌肉。氟雷拉纳在犬体内几乎不被代谢，血浆消除半衰期约为12日，约90%药物以原形经粪便排出，少量经肾排出。

【作用机理】 氟雷拉纳与环戊二烯类、苯基吡唑类和大环内酯类杀虫药的作用靶标相似。通过拮抗γ-氨基丁酸受体和谷氨酸受体门控氯离子通道，使氯离子无法渗透进入突触后膜，干扰神经系统的跨膜信号传递，导致昆虫神经系统紊乱，进而死亡。

【作用与应用】 氟雷拉纳是一种广谱、高效、安全低毒的长效杀虫药，对蜱目、蚤目、虱目、半翅目和双翅目等医学节肢动物均具有良好的杀灭活性。驱杀动物体表寄生虫时起效快，持续时间长，一次用药，作用可持续12周，还可阻止蚤产卵，破坏蚤的生命周期，从而降低虫媒病的传播风险。临床主要用于治疗犬的蠕形螨病以及动物体表的疥螨、耳螨、吸血虱、蚤和蜱等医学节肢动物的感染，还可辅助治疗因蚤而引起的过敏性皮炎。

【耐药性】 与其他药无交叉耐药性。

【休药期】 暂无制定。

【不良反应】 极个别犬(1.6%)会出现轻微短暂的胃肠道反应，如腹泻、呕吐、食欲不振、流涎。

【注意事项】 ①本品不得用于8周以下的幼犬和/或体重低于2 kg的犬。②对本品过敏的犬勿用，给药间隔时间不得低于8周。③接触本品后，应立即用肥皂和水彻底清洗双手。

【制剂、用法与用量】 氟雷拉纳咀嚼片(以氟雷拉纳计)内服，一次量，每千克体重，犬25～60 mg，每12周给药1次。

沙罗拉纳

沙罗拉纳又名欣宠克，沙罗拉纳属异噁唑啉类杀虫药，作用于神经肌肉接头，通过抑制γ-氨基丁酸受体和谷氨酸受体功能，导致虫体神经肌肉活动失控，进而死亡。

【体内过程】 内服吸收迅速，生物利用度高，一般大于85%，血药达峰时间约3 h。吸收后呈全身性分布，血浆蛋白结合率高(不低于99.9%)。沙罗拉纳在犬体内代谢极低，主要以原形经胆汁和粪便排出。消除半衰期($t_{1/2}$)为10～12日。

【作用与应用】 沙罗拉纳是一种新型的杀虫药。犬口服后具有强大的对抗蜱虫和蚤的活性。临床主要用于防治犬蚤感染和蜱虫感染。

【耐药性】 目前无其耐药性相关报道。

【休药期】 暂无制定。

【不良反应】 可能会引起异常的神经症状，如颤抖、本体感受意识减弱、共济失调、威胁反射减弱或消失和/或癫痫。

【注意事项】 ①仅用于6月龄及以上且体重不低于1.3 kg的犬。②给药后应观察几分钟以确保动物服下全部剂量。如有漏服，重新给药。③尚未对种犬、妊娠和哺乳期犬进行安全性研究，应慎用。

【制剂、用法与用量】 沙罗拉纳咀嚼片(以沙罗拉纳计)，口服，每千克体重，犬2～4 mg，每月给药1次。

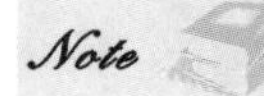

阿福拉纳

阿福拉纳又名尼可信，是一种异噁唑啉类杀虫药与杀螨剂。

【体内过程】 犬内服后，吸收迅速且完全，绝对生物利用度为74%，血药达峰时间为2～4 h。血浆蛋白结合率较高(>99%)，半衰期为2周左右。阿福拉纳在犬体内可以代谢为亲水性更强的化合物，其代谢产物与原形主要通过胆汁排出，但无肝肠循环，部分通过尿液排出。

【作用与应用】 阿福拉纳通过作用于配体门控氯离子通道，尤其是抑制神经递质 γ-氨基丁酸(GABA)门控性通道，从而阻断氯离子从突触前膜到突触后膜的传递，导致昆虫神经元活性增加，兴奋过度而死亡，是一种强效而持久的杀虫药。服药后2 h开始杀蚤，6 h可杀灭100%蚤。临床主要用于防治动物蚤、蜱虫感染等。

【耐药性】 目前无其耐药性相关报道。

【休药期】 暂无制定。

【注意事项】 ①孕犬、8周龄以下或体重2 kg以下犬慎用。②蚤和蜱虫必须接触犬并开始刺入时才可接触到药物的有效成分，因此不能排除通过以寄生虫为媒介进行疾病传播的风险。

【制剂、用法与用量】 阿福拉纳咀嚼片(以阿福拉纳计)，内服，每千克体重，犬2～7 mg，每月给药1次。

五、其他杀虫药

双甲脒

【理化性质】 双甲脒又名特敌克、螨脒、阿米曲士，为双甲脒加乳化剂与稳定剂配制而成的微黄色澄清液体，无臭，不溶于水。

【作用与应用】 本品为高效、广谱、低毒的杀虫药。对牛、羊、猪、兔等动物的体外寄生虫，如疥螨、痒螨、蜱、虱等各阶段虫体均有极强的杀灭效果。产生作用较慢，一般在用药后24 h可使虫体解体，48 h可使螨从动物体表脱落。杀灭作用彻底，残效期长，一次用药可维持药效6～8周。双甲脒对人和动物毒性极低，甚至可以用于妊娠和授乳的母畜。临床主要用于驱杀动物体表的蜱、螨、虱、蚤等寄生虫。

【休药期】 牛、羊21日，猪8日，弃奶期3日。

【注意事项】 ①对皮肤有刺激作用，用时注意人员防护。②药浴有一定毒副作用，注意用药浓度，且用药后3日内不能用水冲洗动物。③马较敏感，慎用，对鱼有剧毒，禁用。④食品动物禁用。

【制剂、用法与用量】 双甲脒乳油(含双甲脒12.5%)，药浴、喷淋或涂擦动物体表，每1000 L水加3～4 L，每2周1次，连续使用3～6次。

环丙氨嗪

【理化性质】 环丙氨嗪又名灭蝇胺，纯品为无色晶体。

【作用与应用】 环丙氨嗪属1,3,5-三嗪类昆虫生长调节剂，可通过强烈的内吸传导使幼虫在形态上发生畸变，成虫羽化不全或受抑制，从而阻止幼虫到蛹的正常发育，达到杀虫的目的。对家蝇、黄腹厕蝇、光亮扁角水虻、厩螫蝇、蚤等昆虫均有良好作用，且无耐药性，也不受交叉耐药性影响。临床上可安全用于肉鸡、种鸡、蛋鸡、猪、牛、羊等畜舍的环境杀虫，对人、畜无不良影响，也不伤害蝇蛆天敌，还可明显降低畜舍内氨气含量，从而大大改善畜禽的饲养环境。环丙氨嗪的活性成分在土壤中可分解，对环境无污染，属高效环保药剂。

【休药期】 3日。

【注意事项】 ①在蝇虫害始发期，及时使用本产品效果好，使用前与饲料均匀混合。②预混时，须戴口罩、手套，事后清洗面部、手部。

【制剂、用法与用量】 环丙氨嗪可溶性粉，浇洒，每平方米1 g，溶于750 mL水中浇洒于蝇蛆繁殖处。

升华硫

【理化性质】 升华硫为黄色结晶性粉末，有微臭，不溶于水和乙醇。

【作用与应用】 本品与动物皮肤组织接触后，生成硫化氢(H_2S)和五硫黄酸($H_2S_5O_6$)，有杀虫、杀螨和抗菌的作用。临床上主要用于治疗动物的疥螨及痒螨病。

【注意事项】 ①注意避免与口、眼及其他黏膜接触。②有易燃性，应注意保存。

【制剂、用法与用量】 硫黄软膏10%，外用，局部涂擦。

石灰硫黄液(硫黄2%，石灰1%)，药浴。

非泼罗尼

【作用与应用】 非泼罗尼是苯基吡唑类杀虫药，以胃毒作用为主，兼有触杀和一定的内吸作用。对GABA支配的氯化物代谢表现出严重的阻碍作用，可干扰氯离子在中枢神经系统突触前、后膜之间的正常传递，从而引起体外寄生虫中枢神经系统紊乱，导致其死亡。其杀虫谱广，较低剂量即对犬、猫等动物体表的蚤、螨、蜱、虱等体外寄生虫表现出超强杀灭效果。安全性高，对哺乳动物无毒副作用。一次用药，作用效果持久，对蜱效力持续20日，对蚤效力持续30日以上。临床主要用于预防和治疗动物体表寄生虫的感染。

【注意事项】 ①本品使用后2日内不能给动物洗澡。②非泼罗尼对哺乳动物毒副作用小，妊娠动物及幼犬、柯利犬均可正常使用。③使用过程中应避免喷洒到脸部、破损处和眼睛内。④有致癌性，食品动物禁用。

【制剂、用法与用量】 非泼罗尼喷剂，喷洒，每千克体重，犬、猫7.5～15 μg，每周喷洒1次，连用4周。

任务五 实验实训

【教学提示】 最好在动物寄生虫病诊断实践训练的基础上进行，亦可到生产现场选择患病动物预先进行诊断，针对主要寄生虫病选择相应的驱虫药及给药方法。

【知识目标】 学生熟悉动物驱虫的准备和组织工作，掌握驱虫技术、驱虫中的注意事项和驱虫效果的评定方法。

【能力目标】 学生掌握通过各种途径查找动物驱虫相关信息知识的能力；能根据工作环境的变化，制订工作计划并解决实际问题。

【素质与思政目标】 通过实验实践，学生具有严谨务实的职业精神和精益求精的工匠精神。通过分组合作，学生具有互帮互助的奉献精神和同舟共济的协作精神。

【材料准备】

(1)动物：患寄生虫病的动物或蚂蚁、蚊子、苍蝇、蚕、蟑螂等昆虫。

(2)药物：阿苯达唑、敌百虫、溴氰菊酯等驱虫药和生理盐水。

(3)实验器材：电子天平、喷壶、显微镜、放大镜、标本针、镊子、粪盒(或塑料袋)、孔径300 μm金属筛、孔径59 μm尼龙筛、玻璃棒、塑料杯、烧杯、离心管、漏斗、离心机、试管、试管架、胶头滴管、载玻片、盖玻片、污物桶、纱布、数码相机、手提电脑、饱和食盐水、常用驱虫药、记号笔、驱虫记录表等。

【方法步骤】

(1)熟悉常用的抗寄生虫药的作用机理、用途、用法、用量及注意事项等。查找《动物性食品中兽药最高残留限量》和《中华人民共和国兽药典》及相关的国家标准、行业标准、行业企业网站，获取完成工作任务所需要的信息。

(2)教师总结强调驱虫药的选择原则、驱虫技术、注意事项、驱虫效果评定方法等。然后在教师的指导下，学生分组进行驱虫操作，并随时观察动物的不同反应，做好各项记录(表3-1)。

表 3-1　驱虫记录表

动物种类、年龄、数量	
驱虫前饲养情况	
驱虫前临床表现	
初步诊断为何种寄生虫感染	
驱虫药的选择	
驱虫方法	
驱虫日期	
驱虫后 24 h 动物表现	
驱虫后 48 h 动物表现	
驱虫后 1 周动物表现	
驱虫后 2 周动物表现	
驱虫小组成员	

(3)驱虫效果评定：驱虫后要进行驱虫效果评定，必要时进行第 2 次驱虫。驱虫效果主要通过以下内容的对比来评定：

①发病与死亡：对比驱虫前后动物的发病率与死亡率。

②营养状况：对比驱虫前后动物的营养状况。

③临诊表现：观察驱虫后临诊症状是否减轻与消失。

④生产能力：对比驱虫前后动物的生产性能。

⑤驱虫指标评定：一般可通过虫卵减少率、虫卵转阴率、粗计驱虫率、精计驱虫率和驱净率来判定驱虫效果。

虫卵减少率(％)＝(驱虫前平均虫卵数－驱虫后平均虫卵数)/驱虫前平均虫卵数×100％

虫卵转阴率(％)＝虫卵转阴动物数/驱虫动物数×100％

粗计驱虫率(％)＝[驱虫前平均虫体数－驱虫后平均虫体数]/驱虫前平均虫体数×100％

精计驱虫率(％)＝ 排出虫体数/(排出虫体数＋残留虫体数)×100％

驱净率(％)＝驱净虫体的动物数/驱虫动物数×100％

驱虫效果评定表见表 3-2。

表 3-2　驱虫效果评定表

驱虫效果	驱虫前	驱虫后 1 周	驱虫后 2 周
阴性动物数			
阳性动物数			
虫卵减少率			
虫卵转阴率			
粗计驱虫率			
精计驱虫率			
驱净率			
驱虫小组成员			

【实训报告】 撰写动物驱虫总结报告。

【讨论与作业】 说说杀虫药的两面性。

链接与拓展

中国兽药信息网

中国兽药典委员会

国家药典委员会

巩固训练

执考真题

复习思考题

项目四　内脏系统药物

项目导入

本项目主要介绍作用于内脏系统的药物，主要分为六个任务项，分别为血液循环系统药物、消化系统药物、呼吸系统药物、泌尿系统药物、生殖系统药物、实验实训。本项目药物在兽医临床及畜牧业生产中的应用非常广泛，所以本项目内容在教学和学习过程中占有着重要的地位。

学习目标

▲知识目标

1. 了解作用于内脏系统常用药物的分类、基本作用。
2. 熟悉各类代表药物用法用量和在兽医临床上的应用。
3. 掌握内脏系统药物中各类代表药物的作用特点、用药原则和注意事项。

▲能力目标

1. 能够根据病例的情况选择合适的内脏系统药物进行治疗。
2. 能够选择适当的剂量和给药途径。
3. 能够安全合理用药，避免不良反应的发生。

▲素质与思政目标

1. 学生应树立职业意识，并按照企业的岗位需求严格要求自己。
2. 用药过程中，必须时刻注意安全问题，严守安全操作规程。
3. 爱护实验动物和实验器械，自觉做好饲养和维护工作。
4. 具有吃苦耐劳、爱岗敬业、团队合作、勇于创新的精神，具备良好的职业道德。

案例导入

某患牛食欲减退，瘤胃蠕动音减弱，精神沉郁，磨牙，嗳气，粪便减少而带臭味，触诊瘤胃内容物柔软，瘤胃轻度臌胀，肠音弱，粪干色暗，瘤胃 pH 值小于 6，纤毛虫活力下降，数量减少，血浆 CO_2 结合力降低。

根据此案例情况，试分析诱发本病最主要的饲养管理因素，治疗本病的关键，应该选用何种药物治疗。让我们带着这样一些问题走进内脏系统药物的学习。

任务一　血液循环系统药物

扫码学课件
4-1

视频：4-1
血液循环
系统药物

一、强心药

（一）概述

强心药是指能作用于心脏，加强心肌收缩力，改善心肌功能的药物。临床上常用的强心药有肾上腺素、咖啡因、强心苷等。肾上腺素、咖啡因在其他章节已经介绍，本节主要介绍强心苷。强心苷存在于洋地黄、毒毛旋花、羊角拗、夹竹桃、铃兰、福寿草、万年青等植物中，经分离提取而得。

1. 分类　为了便于临床选用，一般按其作用的快慢分为两类，包括慢作用类和快作用类。

(1)慢作用类：作用出现慢，维持时间长，在体内代谢慢，蓄积性大，适用于慢性心功能不全患畜，包括洋地黄毒苷。

(2)快作用类：作用出现快，维持时间短，在体内代谢快，蓄积性小，适用于急性心功能不全或慢性心功能不全急性发作患畜，包括毒毛花苷K、地高辛等。

2. 理化性质　强心苷由苷元和糖两部分结合，各种强心苷有着共同的基本结构。苷元是强心苷发挥强心药理活性的基本结构，但苷元对心脏作用弱且短暂，水溶性低，稳定性差，苷元和糖结合后，增加了苷元的水溶性和对心肌细胞的亲和力，从而增强并延长其强心作用。

3. 药理作用　各种强心苷作用性质基本相同，只是在作用强弱、快慢和持续时间上有所不同。

(1)加强心肌收缩力（正性肌力作用）。强心苷能选择性加强心肌收缩力，使心脏收缩增强，每搏输出量增加，心动周期的收缩期缩短，舒张期延长，有利于静脉回流。

(2)减慢心率和房室传导。强心苷对心功能不全患畜的心率和节律的主要作用是减慢心率和减慢房室冲动传导。其减慢心率的作用是继发于血流动力学的改善和反射性降低交感神经活性的结果。

(3)利尿作用。心功能不全患畜，由于交感神经血管收缩张力增加，肾小动脉收缩，肾血流量减少，肾小球滤过率降低，导致水、钠潴留。强心苷的作用可使上述过程逆转，当心输出量增加和血流动力学改善时，血管收缩反射停止，肾血流量和肾小球滤过率增加，大大改善水肿症状。

4. 给药方法　给药一般分为两个步骤。第一步：首先在短期内（24～48 h）应用足量的强心苷，使其在血液中迅速达到预期的治疗浓度，发挥充分的疗效，称为“洋地黄化”，所用剂量称为“全效量”。达到全效量的指征是心脏情况改善，心率减慢，接近正常，尿量增加。第二步：在达到全效量后，每天继续用较小剂量补充每日的消除量，以维持疗效，称为“维持量”。

（二）常见药物

洋地黄毒苷(Digitoxin)

【理化性质】　本品为白色结晶性粉末，不溶于水，常制成注射剂和酊剂；应遮光、密封保存于干燥阴凉处。

【体内过程】　洋地黄毒苷内服后能迅速在小肠吸收。酊剂吸收较好，可为75%～90%，内服后45～50 min达峰浓度；片剂吸收较慢，达峰时间约90 min，峰浓度也较低。洋地黄毒苷的蛋白结合率很高，犬为70%～90%。在体内分布广泛，较高浓度发现于肝、胆汁、肠道和肾；中等浓度则是肺、脾和心；较低浓度的组织为血液、骨骼肌和神经系统。部分洋地黄毒苷在肝内进行生物转化，从胆汁排出，可形成肝肠循环。犬的消除半衰期范围为8～49 h，个体差异很大；猫的半衰期长达100 h，故一般不推荐使用。

【作用与应用】　本品具有加强心肌收缩力，减慢心率，减慢房室传导等作用。使用本品后能使每搏输出量增加，心动周期的收缩期缩短，舒张期延长，有利于静脉回流，此外还有一定的利尿作用。

本品主要用于慢性充血性心力衰竭，阵发性室上性心动过速和心房颤动等。

Note

【注意事项】 ①本品排泄缓慢，易于中毒，应严格控制剂量，如出现恶心、呕吐、厌食、头痛、眩晕等症状时应立即停药，中度或重度中毒，应用抗心律失常药如利多卡因治疗或皮下注射阿托品。②与抗心律失常药、钙盐、拟肾上腺素类药同时使用可协同导致心律失常，增加洋地黄毒苷的毒性。③肝肾功能障碍的动物应酌情减少剂量，处于休克、贫血、尿毒症等情况不宜使用。④禁用于急性心肌炎、心内膜炎、创伤性心包炎及主动脉瓣闭锁不全病例。

【制剂、用法与用量】 内服，洋地黄毒苷全效量，一次量，每千克体重，马 0.03～0.06 mg，犬 0.11 mg，一日 2 次，连用 24～48 h。维持量，一次量，每千克体重，马 0.01 mg，犬 0.011 mg，一日 1 次。

毒毛花苷 K(Strophanthin K)

【理化性质】 本品是从夹竹桃科植物绿毒毛旋花种子中提取的强心苷，为白色或微黄色结晶性粉末，遇光易变质，能溶于水，常制成注射液。

【体内过程】 本品口服经胃肠道不易吸收且吸收不规则，不宜口服。静脉注射作用迅速，蓄积性较低，对迷走神经作用很小，静脉注射后 5～15 min 生效，1～2 h 达最大效应，作用维持 1～4 天。可分布于心、肝、肾等组织中。血浆蛋白结合率仅为 5%。以原形经肾排泄。消除半衰期约为 21 h。

【作用与应用】 本品作用与洋地黄毒苷相似，但比洋地黄毒苷快而强，维持时间短。本品具有加强心肌收缩力，减慢心率，减慢房室传导等作用。

适用于急性心功能不全或慢性心功能不全的急性发作，特别是心力衰竭而心率较慢的危急病例。虽然蓄积性小，但对曾应用过洋地黄毒苷的患畜，必须经 1～2 周才能应用，以防中毒。

【注意事项】 本品内服吸收不良，皮下注射可引起局部炎症反应，静脉注射作用快，在体内排泄快，蓄积性小。临用时用 5%葡萄糖注射液稀释，缓慢注射。其他同洋地黄毒苷。

【制剂、用法与用量】 静脉注射，一次量，每千克体重，马、牛 1.25～3.75 mg，犬 0.25～0.5 mg。

二、抗心律失常药

当心脏自律性异常或冲动传导障碍时，均可引起心动过速、过缓或心律不齐，统称为心律失常。心律失常可分为过速型和过缓型两类。前者常见的有心房颤动、房性心动过速、室性心动过速或期前收缩等；后者有房室阻滞、窦性心动过缓等。过缓型心律失常可应用阿托品或肾上腺素类药物治疗。

抗心律失常药可分为两大类，包括治疗过速型心律失常药和治疗过缓型心律失常药。一般情况下，在心动过速时需应用抑制心脏自律性的药物(奎尼丁、普鲁卡因胺等)；心房颤动时需应用抑制房室传导的药物(奎尼丁、普萘洛尔等)；当房室传导阻滞时，则需应用能改善传导的药物(阿托品、苯妥英钠等)。对于自律性过低所引起的过缓型心律失常，则应采用肾上腺素或阿托品类药物。本类药物在兽医临床应用不多，常用药物介绍如下。

奎尼丁(Quinidine)

【理化性质】 奎尼丁来源于金鸡纳树皮所含的生物碱，常用其硫酸盐。

【作用与应用】 奎尼丁的作用主要是抑制心肌兴奋性、传导速率和收缩性，能延长有效不应期，从而防止折返现象的发生和增加传导次数。奎尼丁还具有抗胆碱能神经的活性，能降低迷走神经的张力。

主要用于小动物和马的室性心律失常的治疗，如不应期室上性心动过速、室上性心律失常伴有异常传导的综合征和急性心房颤动。

【注意事项】 犬胃肠道反应有厌食、呕吐或腹泻；心血管系统可能出现衰弱、低血压和负性肌力作用。马可出现消化紊乱、伴有呼吸困难的鼻黏膜肿胀、蹄叶炎、荨麻疹，也可能出现心血管功能失调，包括房室阻滞、循环性虚脱，甚至突然死亡，尤其在静脉注射时容易发生。所以最好能做血中药物浓度监测，犬的治疗浓度为 2.5～5.0 μg/mL，在小于 10 μg/mL 时一般不出现毒性反应。

【制剂、用法与用量】 内服，一次量，每千克体重，犬 6～16 mg，猫 4～8 mg，每日 3～4 次。马第 1 日 5 g，第 2、3 日 10 g(每日 2 次)，第 4、5 日 10 g(每日 3 次)，第 6、7 日 10 g(每日 4 次)，第 8、9 日 10 g(每 5 h 1 次)，第 10 日以后 15 g(每日 4 次)。

普鲁卡因胺(Procainamide)

【理化性质】 普鲁卡因的衍生物，以酰胺键取代酯键的产物，为白色或淡黄色结晶性粉末，无臭，有吸湿性，极易溶于水，易溶于乙醇。

【体内过程】 本品内服给药在肠道吸收，食物或降低胃内 pH 值均可延缓吸收。犬吸收半衰期为 0.5 h，生物利用度约 85%，但个体差异大。可很快分布于全身组织，较高浓度发现于脑脊液、肝、脾、肾、肺、心和肌肉，表观分布容积为每千克体重 1.4～3 L，犬的蛋白结合率为 15%，能穿过胎盘并进入乳汁。部分在肝代谢，犬有 50%～75%以原形从尿液排出，犬的消除半衰期为 2～3 h。

【作用与应用】 本品对心脏的作用与奎尼丁相似而较弱，能延长心房和心室的不应期，减弱心肌兴奋性，降低自律性，减慢传导速度，抗胆碱作用也较奎尼丁弱。

适用于室性早搏综合征、室性或室上性心动过速的治疗，临床报道本品控制室性心律失常比房性心律失常的效果好。

【不良反应】 本品与奎尼丁相似，静脉注射速度过快可引起血压显著下降，故最好能监测心电图和血压。肾衰竭患畜应适当减少剂量。

【制剂、用法与用量】 内服，一次量，每千克体重，犬 8～20 mg，每日 4 次。静脉注射，一次量，每千克体重，犬 6～8 mg(在 5 min 内注完)，然后改为肌内注射，一次量，每千克体重，6～20 mg，每 4～6 h 1 次。肌内注射，每千克体重，马 0.5 mg，每 10 min 1 次，直至总剂量 2～4 mg。

三、抗休克药

机体在大量失血或失血浆时，由于血容量的降低，可导致休克。迅速补足和扩充血容量是抗休克的基本疗法。最好的血容量扩充药是全血、血浆等血液制品。葡萄糖、右旋糖酐等高分子化合物，也能较长时间维持和增加血容量，可用于大量失血、大面积烧伤、剧烈吐泻等引起的循环血容量降低所致的休克。

葡萄糖(Glucose)

【作用与应用】 本品具有强心、利尿、解毒等作用，不同浓度的灭菌葡萄糖水溶液可静脉注射，必要时也可皮下注射。

5%葡萄糖溶液为等渗溶液，用于各种急性中毒，以促进毒物排泄。10%～50%高渗葡萄糖溶液，用于低血糖、营养不良，或用于心力衰竭、脑水肿、肺水肿、牛酮血症时的治疗，以及马、驴、羊等动物妊娠毒血症，用于保肝，可促使酮体下降。

【制剂、用法与用量】 静脉注射，一次量，马、牛 50～250 g，骆驼 100～500 g，羊、猪 10～50 g，犬 5～25 g，猫 2～10 g。

右旋糖酐(Dextran)

【理化性质】 右旋糖酐又名葡聚糖，是一种高分子葡萄糖的聚合物，一般是白色粉末。

【作用与应用】 本品分子量较大，静脉注射后能提高血浆渗透压，扩充血容量，自肾排出时可产生渗透性利尿作用。右旋糖酐分子量越大，自肾排出越慢。常用的有中分子量、低分子量、小分子量三种。中分子量的右旋糖酐静脉注射后，扩容作用持久，约 12 h，用于低血容量性休克。低分子量的右旋糖酐扩容时间 3 h，可降低血液的黏稠度，具有抗血栓形成和改善循环的作用，主要用于各种休克，尤其是中毒性休克。小分子量的右旋糖酐扩容作用弱，但改善循环和利尿作用好，主要用于解救弥散性血管内凝血和急性肾中毒。

中分子量右旋糖酐主要用于改善血容量不足性休克。低分子量和小分子量右旋糖酐用于救治中毒性休克、创伤性休克、弥散性血管内凝血，也可用于血栓性静脉炎等血栓形成疾病的治疗。

【制剂、用法与用量】 静脉注射，马、牛 500～1000 mL，羊、猪 250～500 mL。

四、止血药与抗凝血药

(一)止血药

凡能促进血液凝固和制止出血的药物称止血药。

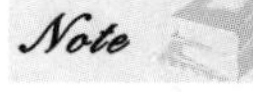

凝血过程是一个复杂的生化反应过程，当血管和组织损伤后，由于提供了粗糙面，血小板破裂并释放凝血因子，加上受损伤组织释放的凝血因子一起形成凝血酶原激活物，促进凝血酶原转变为凝血酶，在凝血酶的催化下，将纤维蛋白原转变为纤维蛋白，形成网状结构，网住血小板和血细胞，形成血凝块，堵住创口，制止出血。

在正常畜体内，血液中还存在着纤维蛋白溶解系统，简称纤溶系统，其主要包括纤维蛋白溶酶原及其激活因子，能使血液中形成的少量纤维蛋白再溶解。机体内的凝血和抗凝之间相互作用，保持着动态平衡，临床上将止血药分为局部止血药和全身止血药。

1. 局部止血药　局部止血药可使出血部位有良好血凝环境，促进血中凝血因子活化，血小板凝集，形成纤维蛋白凝块，堵塞伤口，以达到止血的目的，常用于外伤或外科手术止血。

吸收性明胶海绵

【理化性质】　将 5%～10%明胶溶液加热(约 45 ℃)搅拌至泡沫状，加入少量甲醛硬化冻干，切成适当大小及形状，经灭菌后使用。本品为白色、质轻、多孔状海绵状物；在水中不溶，可被胃蛋白酶溶解消化，有较强的吸水力。

【作用与应用】　本品用于出血部位，可形成良好的凝血环境，促进凝血因子的释放与激活，加速血液凝固。此外，还有机械性压迫止血作用。

主要用于外伤性出血的止血、手术止血等。

【注意事项】　本品为灭菌制剂，使用过程中要求无菌操作，以防污染；打开包装后不宜再消毒，以免延迟吸收性明胶海绵被组织吸收的时间。将本品敷于创口出血部位，再用干纱布按压。

2. 全身止血药　全身止血药主要通过利用凝血因子促进或恢复凝血过程，抑制纤维蛋白溶解系统，直接作用于毛细血管，降低其通透性等发挥止血效果。常用药物有安络血、酚磺乙胺、亚硫酸氢钠甲萘醌、6-氨基己酸、凝血质等。

安络血(Adrenosin)

【理化性质】　安络血又名安特诺新、肾上腺色腙，为肾上腺素缩氨脲与水杨酸钠生成的水溶性复合物。本品为橙红色结晶或结晶性粉末，无臭、无味，易溶于水，常制成注射液。

【作用与应用】　本品主要作用于毛细血管，可增强毛细血管对损伤的抵抗力，降低毛细血管的脆性，使受伤血管断端回缩，并降低毛细血管的通透性，减少血液外渗。

临床适用于毛细血管损伤或通透性增加的出血，如鼻出血、紫癜等；也可用于产后出血，手术后出血，内脏出血和尿血等。安络血不影响凝血过程，对大出血或动脉出血疗效差。

【注意事项】　本品含有水杨酸，长期使用可产生水杨酸反应。抗组胺药能抑制本品的作用。

【制剂、用法与用量】　肌内注射，一次量，马、牛 5～20 mL，羊、猪 2～4 mL。

酚磺乙胺(Etamsylate)

【理化性质】　本品又称止血敏，为白色结晶或结晶性粉末，无臭、味苦，易溶于水，常制成注射液。

【作用与应用】　本品可促进血小板生成，增强血小板凝集并促进释放凝血因子，缩短凝血时间；还可增加毛细血管的抵抗力，降低毛细血管的通透性，防止血液外渗。本品作用迅速，肌内注射后 1 h 作用最强，可维持 4～6 h，毒性低。

临床可用于防治各种出血性疾病，如手术前预防出血和手术后止血，也可用于防治内脏出血和血管脆弱引起的出血。

【注意事项】　预防外科手术出血，应在手术前 15～30 min 给药。可与其他止血药并用。

【制剂、用法与用量】　肌内注射、静脉注射，一次量，马、牛 1.25～2.5 g，羊、猪 0.25～0.5 g。

亚硫酸氢钠甲萘醌(Menadione Sodium Bisulfite)

【理化性质】　本品又称维生素 K_3，为白色结晶性粉末，无臭或微臭，属于人工合成药物，易溶于水，常制成注射液。

【作用与应用】　临床上主要用于维生素 K 缺乏症和低凝血酶原血症。如禽类维生素 K 缺乏；

阻塞性黄疸及急性肝炎时，凝血酶原合成障碍；长期内服肠道广谱抗菌药的患畜；猪、牛水杨酸钠中毒及含双香豆素的腐败霉烂饲料中毒；犬、猫误食华法林杀鼠药中毒等。

主要用于缓解支气管哮喘症状，也用于心功能不全或肺水肿的患畜。

【注意事项】 本品较大剂量可致幼畜溶血性贫血、高胆红素血症及黄疸。长期使用，可损害肝脏，肝功能不良患畜可改用维生素 K_1。内服可吸收，也可肌内注射，但可出现疼痛、肿胀等症状。加大剂量的水杨酸类、磺胺类药等影响其作用，巴比妥类可诱导加速其代谢，故均不宜合用。

【制剂、用法与用量】 肌内注射，一次量，马、牛 100～300 mg，羊、猪 30～50 mg，禽类 2～4 mg。

6-氨基己酸(6-Aminocaproic Acid)

【理化性质】 本品为白色或黄色结晶性粉末，能溶于水，3.25%水溶液为等渗溶液，密封保存。

【作用与应用】 本品为抗纤维蛋白溶解药，能抑制血液中纤维蛋白溶酶原的活性因子，阻碍纤维蛋白溶酶原转变为纤维蛋白溶酶，从而抑制纤维蛋白的溶解，达到止血作用。高浓度时，有直接抑制纤维蛋白溶酶的作用。

临床可用于纤维蛋白溶解症所致的出血，如大型外科手术出血，淋巴结、肺、脾、上呼吸道、子宫及卵巢出血等。

【注意事项】 本品主要由肾脏排泄，在尿中浓度高，容易形成凝块，造成尿路堵塞，故泌尿系统手术后，血尿时慎用或不用。本品不能阻止小动脉出血，在手术时如有活动性动脉出血，须结扎止血。对一般出血不要滥用。

【制剂、用法与用量】 静脉注射，首次量，一次量，马、牛 20～30 g，加于 500 mL 生理盐水或 5%葡萄糖溶液中；羊、猪 4～6 g，加于 100 mL 生理盐水或 5%葡萄糖溶液中。维持量，马、牛 3～6 g，猪、羊 1～1.5 g。每日 1 次。

凝血质(Thromboplastin)

【理化性质】 本品又称凝血活素，为黄色或淡黄色软脂状块状物或粉末，溶于水形成胶体溶液，常制成注射液。

【作用与应用】 本品能促进凝血酶原变成凝血酶，凝血酶又能促进纤维蛋白原变为纤维蛋白，而致血液凝固。

主要用于外科局部止血，亦用于内脏出血等。

【注意事项】 禁止静脉注射，可能形成血栓。用灭菌棉球或纱布浸润本药液敷塞于出血处可用于局部止血。

【制剂、用法与用量】 皮下注射或肌内注射，一次量，马、牛 20～40 mL，羊、猪 5～10 mL。

（二）抗凝血药

凡能延缓或阻止血液凝固的药物称抗凝血药，简称抗凝剂。临床上常用于输血、血样保存、实验室血样检查、体外循环以及防治具有血栓形成倾向的疾病。在输血或血样检验时，为防止血液在体外凝固，需加抗凝剂，称为体外抗凝。当手术后或患有形成血栓倾向的疾病时，为防止血栓形成或扩大，向体内注射抗凝剂，称体内抗凝。

枸橼酸钠(Sodium Citrate)

【理化性质】 本品又称柠檬酸钠，为无色或白色结晶性粉末，无臭、味咸，易溶于水，常制成注射液。

【作用与应用】 钙离子参与凝血过程的每一个步骤，缺乏这一凝血因子时，血液便不能凝固。本品能与血浆中的钙离子形成一种难解离的可溶性复合物枸橼酸钙，使血浆中的钙离子浓度迅速降低而起到抗凝血作用。

本品主要用于体外抗凝，如输血或化验室血样抗凝。

【注意事项】 输血时，枸橼酸钠用量不可过大，否则，血钙迅速降低，可使动物中毒甚至死亡。此时可静脉注射钙剂缓解。

【制剂、用法与用量】 体外抗凝，配成2.5%～4%溶液使用，输血时每100 mL全血加2.5%枸橼酸钠溶液10 mL。

肝素(Heparin)

【理化性质】 肝素是动物体内天然的抗凝血因子，药用肝素是从牛、羊、猪的肺、肝和小肠黏膜提取的一种黏多糖硫酸酯，为白色粉末，易溶于水，常制成注射液。

【作用与应用】 肝素能作用于内源性和外源性凝血途径的凝血因子，所以在体内、体外都有很强的抗凝血作用，对凝血过程每一步几乎都有抑制作用。静脉注射后，其抗凝作用可立即发生，但深部皮下注射则需要1～2 h才起作用。

本品主要用于马和小动物的弥散性血管内凝血的治疗；血栓栓塞性或潜在的血栓性疾病的防治，如肾病综合征、心肌疾病等；体外血液样本的抗凝血。

【注意事项】 过量使用可导致各种黏膜出血、关节积血。

【制剂、用法与用量】 肝素钠注射液，1 mL：12500 IU，治疗血栓、栓塞症，皮下注射、静脉注射，一次量，每千克体重，犬150～250 IU，猫250～375 IU，每日3次；治疗弥散性血管内凝血，马25～100 IU，小动物75 IU。

五、抗贫血药

凡能增进机体造血功能，补充造血物质，改善贫血状态的药物称为补血药或抗贫血药。贫血是指血容量降低，或单位容积内红细胞数或血红蛋白含量低于正常值的病理状态。贫血不是一种独立的疾病，引起贫血的原因很多，临床上可分为四类：失血性贫血、营养性贫血、溶血性贫血、再生障碍性贫血。各种原因引起的贫血，常伴有类似的临床症状和血细胞形态学变化。治疗时应先查明贫血原因，再根据实际情况采取防治措施。

硫酸亚铁(Ferrous Sulfate)

【理化性质】 本品为透明淡蓝色柱状结晶或颗粒，无臭、味咸，易溶于水。在干燥空气中即风化，在湿空气中易氧化并在表面生成黄棕色的碱式硫酸铁，常制成片剂或溶液剂。

【作用与应用】 铁是构成血红蛋白、肌红蛋白或多种酶的重要组成部分，进入机体内的铁60%用于构成血红蛋白，同时铁也是肌红蛋白、细胞色素、血红素加氧酶和金属蛋白酶的重要成分。因此缺乏铁不仅引起贫血，还可能影响其他生理功能。

本品主要用于治疗缺铁性贫血如慢性失血，用于营养不良、孕畜及哺乳仔猪贫血和饲料添加剂中铁强化剂的补充。

【注意事项】 本品刺激性强，内服可致食欲减退、腹痛、腹泻，故宜于饲后投喂；投药期间，禁喂高钙、高磷及含鞣质较多的饲料；可与肠内硫化氢结合，生成硫化铁，减少硫化氢对肠道的刺激，可引起便秘。

【制剂、用法与用量】 内服，一次量，马、牛2～10 g，羊、猪0.5～3 g，猫0.05～1 g。

右旋糖酐铁注射液

【理化性质】 本品为右旋糖酐和氢氧化铁的络合物，为深褐色或棕黑色结晶性粉末。本品略溶于水，常制成注射液。

【作用与应用】 铁是构成血红蛋白、肌红蛋白或多种酶的重要组成部分，因此缺乏铁不仅引起贫血，还可能影响其他生理功能。

主要用于重症缺铁性贫血，如驹、犊、仔猪和毛皮兽的缺铁性贫血，用于严重消化道疾病且严重缺铁，急需补铁的患畜。

【注意事项】 本品刺激性强，故用作深部肌内注射，静脉注射时，切不可漏出血管外，注射量若超过血浆结合限度时，可发生毒性反应。

【制剂、用法与用量】 肌内注射，一次量，驹、犊200～600 mg，仔猪100～200 mg。

右旋糖酐铁钴注射液

【理化性质】 本品又称铁钴注射液，为右旋糖酐和三氯化铁及微量氯化钴制成的胶体注射液。

【作用与应用】 本品具有铁和钴的抗贫血作用，钴具有促进骨髓造血功能的作用，并可改善机体对铁的利用。

主要用于仔猪缺铁性贫血。

【注意事项】 同右旋糖酐铁注射液。本品刺激性强，故用作深部肌内注射，静脉注射时，切不可漏出血管外，注射量若超过血浆结合限度，可发生毒性反应。

【制剂、用法与用量】 深部肌内注射，一次量，仔猪 2 mL。

叶酸(Folic Acid)

【理化性质】 药用叶酸多为人工合成，橙黄色结晶性粉末，无臭、无味，极难溶于水，在氢氧化钠或碳酸钠溶液中易溶，遇光易失效。

【作用与应用】 叶酸是核酸和某些氨基酸合成所必需的物质。当叶酸缺乏时，红细胞的成熟和分裂停滞，造成巨幼红细胞贫血和白细胞减少；患猪表现为生长迟缓、贫血；雏鸡发育停滞，羽毛稀疏，有色羽毛褪色；母鸡产蛋率和孵化率下降、食欲不振、腹泻等。家畜由于消化道微生物能合成叶酸，一般不易发生叶酸缺乏症。只有雏鸡、猪、狐、水貂等必须从饲料中摄取补充。长期使用磺胺类等肠道抑菌药时，家畜也可能发生叶酸缺乏症。

本品主要用于叶酸缺乏症、再生障碍性贫血和母畜妊娠期等。亦常作为饲料添加剂，用于鸡和皮毛动物如狐、水貂的饲养。

【注意事项】 对维生素 B_{12} 缺乏所致的恶心、贫血，大剂量叶酸治疗可纠正血象，但不能改善神经症状。

【制剂、用法与用量】 叶酸片，5 mg。内服，一次量，犬、猫 2.5～5 mg。

维生素 B_{12}(Vitamin B_{12})

【理化性质】 本品为深红色结晶或结晶性粉末，无臭，无味，吸湿性强，略溶于水或乙醇。

【作用与应用】 维生素 B_{12} 具有广泛的生理作用。它参与机体的蛋白质、脂肪和糖的代谢，帮助叶酸循环利用，促进核酸的合成，为动物生长发育、造血、上皮细胞生长所必需。缺乏维生素 B_{12} 时，常可导致猪的巨幼红细胞贫血，畜禽生长发育障碍，鸡蛋孵化率降低，猪运动失调等。成年反刍动物在瘤胃内微生物的作用下，能合成部分维生素 B_{12}，其他食草动物也可在肠道内合成维生素 B_{12}。

主要用于治疗维生素 B_{12} 缺乏所致的巨幼红细胞贫血，也可用于神经炎、神经萎缩、再生障碍性贫血、肝炎等的辅助治疗。

【注意事项】 在防治巨幼红细胞贫血时，本品与叶酸配合应用可取得更为理想的效果。

【制剂、用法与用量】 维生素 B_{12} 注射液。肌内注射，一次量，马、牛 1～2 mg，羊、猪 0.3～0.4 mg，犬、猫 0.1 mg。

六、抗高血压药

抗高血压药又称降压药，是一类能够降低外周血管阻力，使动脉血压下降的药物。抗高血压药虽不能彻底解决高血压，但能通过控制血压以减轻症状，保持或恢复体力，防止高血压所引起的心力衰竭、肾功能障碍及脑血管病等严重并发症。目前应用于犬、猫的抗高血压药主要包括扩张血管药、α 受体阻断药及血管紧张素转化酶抑制剂三类。

（一）扩张血管药

本类药物可直接松弛血管平滑肌，降低外周阻力，纠正血压上升所致的血流动力学异常。主要药物包括肼屈嗪和硝普钠。

肼屈嗪(Hydralazine)

【作用与应用】 本品为烟酸类衍生物，具有中等强度的降血压作用。主要作用于心血管系统，

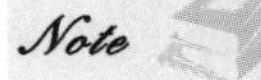

直接松弛小动脉平滑肌，对静脉作用小，使周围血管阻力降低，以致血压下降。舒张压降低较显著，降血压作用快而强，持续时间短。

主要用于肾性高血压及舒张压较高的病例，也可作为妊娠高血压综合征的首选药物。还可增加心输出量，降低血管阻力，治疗犬因二尖瓣关闭不全导致的充血性心力衰竭。单独使用效果不佳，且易引起不良反应，常与利血平、氢氯噻嗪、胍乙啶或普萘洛尔合用，以增加疗效。

【注意事项】 主要不良反应包括反射性心动过速，严重的低血压、厌食、呕吐，低血容量、低血压病例以及肾功能障碍或脑内出血病例慎用本品；缓慢增加剂量可使本品不良反应减少；停用本品须缓慢减量，以免血压突然升高；食物可增加其生物利用度，故宜在饲后服用。

【制剂、用法与用量】 盐酸肼屈嗪片。内服，每千克体重，犬 0.5～3 mg，每 8～12 h 一次，猫 2.5～10 mg，每 12 h 一次。

硝普钠(Sodium Nitroprusside)

【理化性质】 本品为鲜红色透明粉末状结晶，易溶于水，液体呈褐色性质不稳定，放置后或遇光时易分解，可使高铁离子(Fe^{3+})变为低铁离子(Fe^{2+})，液体变为蓝色。

【作用与应用】 本品属速效和短时作用血管扩张药。对动脉和静脉平滑肌均有直接扩张作用，但不影响子宫、十二指肠和心肌的收缩。血管扩张使周围血管阻力降低，因而有降血压作用。血管扩张使心脏前、后负荷均降低，心输出量改善，故对心力衰竭有益。

临床上用于犬、猫的急性肺水肿、高血压急症的紧急降血压，也用于外科麻醉期间进行控制性降血压；还用于继发于二尖瓣反流及主动脉瓣闭锁不全的急性心力衰竭，以及严重的难治性充血性心力衰竭。常与多巴胺或多巴酚丁胺联合应用。

【注意事项】 给药剂量过大、给药时间过长或严重的肝、肾功能障碍均可导致严重的低血压、氰化物中毒。停用本品须缓慢减量，以免血压突然升高。维生素 B_{12} 缺乏时使用本品，可能使病情加重。而给药期间肠道外给药补充维生素 B_{12} 可防止本品导致的氰化物中毒。本品临用时以 5% 葡萄糖注射液稀释成 50 μg/mL 溶液给药。该药液应避光，一旦颜色发生变化则不能使用。连续给药不能超过 21 h。

【制剂、用法与用量】 静脉滴注，一次量，犬、猫每分钟 1～5 μg/kg，根据治疗反应以每分钟 0.5 μg/kg 递增至最大剂量 10 μg/kg。

（二）α 受体阻断药

酚苄明(Phenoxybenzamine)

【理化性质】 本品的盐酸盐为白色结晶性粉末，溶于乙醇、氯仿、丙二醇，略溶于苯，微溶于冷水。

【作用与应用】 本品是 α 受体阻断药，作用较持久，可使周围血管扩张，血流量增加。用于犬、猫外周血管疾病、休克及嗜铬细胞瘤引起的高血压。

【注意事项】 有心血管疾病史的动物应慎用本品。

【制剂、用法与用量】 内服，一次量，猫，每千克体重，0.5～1 mg，每 12 h 一次，连续 5 日；犬，每千克体重，0.5 mg，每 24 h 一次。

（三）血管紧张素转化酶抑制剂

依那普利(Enalapril)

【理化性质】 本品为白色或类白色。

【作用与应用】 本品内服后在体内水解成依那普利拉，后者强烈抑制血管紧张素转换酶，降低血管紧张素Ⅱ的含量，造成全身血管舒张，血压下降，降血压作用强而持久。

主要用于高血压，可用于治疗犬、猫的充血性心力衰竭与高血压，还可减少糖尿病、高血压动物的蛋白尿。

【注意事项】 主要不良反应包括低血压、肾损伤、高血钾、厌食、呕吐、腹泻。肾功能障碍动物应调整剂量。

【制剂、用法与用量】 心脏疾病：内服，每千克体重，犬 0.25～1 mg，猫 0.25 mg，每 12～24 h 一次。高血压：内服，每千克体重，犬 3 mg，每 12～24 h 一次。

雷米普利(Ramipril)

【理化性质】 本品为白色或类白色结晶性粉末。

【作用与应用】 本品为前体药物，从胃肠道吸收后在肝水解生成雷米普利拉。与依那普利拉相比，雷米普利拉是更强效和长时间作用的血管紧张素转化酶抑制剂，可导致外周血管扩张和血管阻力下降，从而产生有益的血流动力学效应。应用同依那普利。

【注意事项】 同依那普利。

【制剂、用法与用量】 内服，一次量，每千克体重，犬 0.125 mg，每 24 h 一次。

(四)其他药物

利血平(Reserpine)

【理化性质】 本品为白色或淡黄色结晶或结晶性粉末，无臭，无色，无味；难溶于水，易溶于二氯甲烷、氯仿，微溶于甲醇、丙酮。

【作用与应用】 本品为肾上腺素能神经阻断性抗高血压药，可减少交感神经中去甲肾上腺素储量，达到抗高血压、减慢心率和抑制中枢神经系统的作用。降血压作用起效慢，但作用持久，对高血压有较好疗效，且毒性小，并有显著的镇静作用，可缓解高血压动物焦虑、紧张和头痛症状。主要用于轻度和中度高血压的治疗。与噻嗪类药合用可增强疗效。

【注意事项】 胃与十二指肠溃疡的犬、猫禁用本品；用药期间如发生明显抑郁，应停止给药。

【制剂、用法与用量】 内服，一次量，每千克体重，犬、猫 0.015 mg，每 12 h 一次。肌内注射或静脉注射，一次量，每千克体重，犬、猫 0.005～0.01 mg，每 12 h 一次。

扫码学课件
4-2

任务二 消化系统药物

畜禽消化系统疾病种类较多，是畜禽的常见病、多发病。畜禽种类不同，消化系统的解剖结构和生理功能各有特点，因而发病类型和发病率也有差异，如马属动物易患疝痛性疾病和胃肠炎，反刍动物易患前胃疾病，猪易患胃肠炎等，同时饲养管理不当、使役不当、气候变化或其他系统疾病及传染病等，都会影响消化系统的功能，从而引起一系列的消化系统疾病。消化系统疾病的治疗原则在于解除病因、改善饲养管理、增强机体调节功能，结合各类消化系统功能调节药物的合理应用，通过调节胃肠道的运动和消化腺的分泌功能，维持胃肠道内环境和微生态平衡，从而改善和恢复消化系统功能。

作用于消化系统的药物很多，根据其药理作用和临床应用，可分为健胃药与助消化药，制酵药与消沫药，抗酸药、胃酸分泌抑制药与胃黏膜保护药，止吐药与催吐药，瘤胃兴奋药，泻药与止泻药等。

一、健胃药与助消化药

视频：4-2
健胃药与
助消化药

(一)健胃药

健胃药是指能促进唾液和胃液分泌，调整胃的功能活动，提高食欲和加强消化的一类药物。根据其性质与作用可分为苦味健胃药、芳香性健胃药和盐类健胃药三种。

1. 苦味健胃药 苦味健胃药来源于植物，具有强烈的苦味，经口内服时，刺激舌部味觉感受器，通过神经反射作用，提高大脑皮层食物中枢的兴奋性，反射性地增加唾液与胃液的分泌，有利于消化，提高食欲，起到健胃作用。常用药物有龙胆、马钱子酊、大黄等。

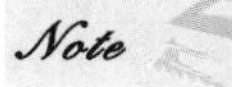

根据其作用机理，临床应用本类药时应注意以下几点：①制成合适的剂型，如散剂、舔剂、溶液

剂、酊剂等。②给药必须经口且接触味觉感受器，不能用胃管投药。③给药宜在饲前 5～30 min 进行。④不宜长期反复使用同一类药物，以防降低药效。⑤用量不宜过大，否则反而抑制胃液的分泌。

龙胆(Radix Gentianae)

【理化性质】 本品为龙胆科植物龙胆或三花龙胆的干燥根茎和根，其有效成分主要为龙胆苦苷、龙胆糖、龙胆碱等。本品粉末为淡黄棕色，味甚苦。

【作用与应用】 本品味苦性寒，因其苦味，内服能作用于舌的味觉感受器，通过迷走神经反射性地兴奋食物中枢，使唾液、胃液的分泌增加以及游离盐酸也相应增多，从而促进消化和提高食欲。一般与其他药物配成复方，经口灌服，临床主要用于治疗动物的食欲不振、消化不良等。

【剂型、用法与用量】 常用剂型为酊剂及复方龙胆酊，其酊剂是龙胆酊，由龙胆末 100 g，加 40% 乙醇 100 mL 浸制而成。复方龙胆酊即苦味酊，由龙胆 100 g、橙皮 40 g、草豆蔻 10 g，加 60%乙醇适量浸制成 1000 mL。龙胆酊：内服，一次量，马、牛 50～100 mL，羊 5～15 mL，猪 3～8 mL，犬、猫 1～3 mL。复方龙胆酊：内服，一次量，马、牛 50～100 mL，羊、猪 5～20 mL，犬、猫 1～4 mL。

马钱子酊(Strychnine Tincture)

【理化性质】 马钱子为马钱科植物马钱的成熟种子，味苦，有毒，含有多种类似的生物碱，主要有马钱子酊(番木鳖碱)等。

【作用与应用】 本品味苦，口服发挥苦味健胃作用，吸收后对脊髓具有选择性兴奋作用。作为健胃药，常用于治疗消化不良、食欲不振、前胃迟缓、瘤胃积食等疾病。安全范围较小，应严格控制剂量，中毒时，可用巴比妥类药物或水合氯醛解救。

【剂型、用法与用量】 常用剂型为马钱子酊、马钱子流浸膏。内服，一次量，马、牛 10～30 mL，羊、猪 1～2.5 mL，犬、猫 0.1～0.6 mL。

大黄(Rhubarb)

【理化性质】 本品为蓼科植物大黄的干燥根茎，味苦，内含苦味质、鞣酸和蒽醌苷类衍生物如大黄素、大黄酚和大黄酸等。

【作用与应用】 其作用与用量有密切关系。口服小剂量时，苦味质发挥其苦味健胃的作用；中等剂量时，鞣酸发挥其收敛止泻作用；大剂量时，因蒽醌苷类被吸收，在体内水解成大黄素和大黄酸等，刺激大肠黏膜，使肠蠕动增加，引起下泻，致泻后往往继发便秘，故临床很少单独作为泻药，常与硫酸钠配合使用。此外，大黄还有极强的抗菌作用，能抑制金黄色葡萄球菌、大肠杆菌、痢疾杆菌、铜绿假单胞菌、链球菌及皮肤真菌等。

临床上主要用作健胃药，也可与硫酸钠配合治疗大肠便秘。大黄末与石灰粉(2∶1)配成撒布剂，可治疗化脓创；与地榆末配合调油，擦于局部，可治疗火伤和烫伤。

【剂型、用法与用量】 常用剂型有大黄粉和大黄苏打片。大黄粉：内服，健胃，一次量，马 10～25 g，牛 20～40 g，羊 2～5 g，猪 1～2 g，犬 0.5～2 g；致泻，马、牛 100～150 g，猪、羊 30～60 g，驹、犊 10～30 g，仔猪 2～5 g，犬 2～4 g。大黄苏打片：内服，一次量，猪 5～10 g，羔羊 0.5～2 g。

2. 芳香性健胃药 芳香性健胃药指药物中含有挥发油、辛辣素、苦味质等成分，具有挥发性香味。内服除能刺激味觉感受器外，还能刺激消化道黏膜，通过迷走神经反射，增加消化液的分泌，促进胃肠蠕动，增加食欲。此外还有轻度的抑菌、祛痰等作用。因此，临床上常用作健胃祛风药，治疗慢性消化不良、胃肠轻度气胀和食积等。常用的药物有陈皮、桂皮、姜等。

陈皮(Pericarpium Citri Reticulatae)

【理化性质】 本品为芸香科植物橘及其栽培变种的干燥成熟果皮，含挥发油、橙皮苷、柑橘素、川陈皮素、肌醇等。

【作用与应用】 本品内服可发挥芳香性健胃药作用，能刺激消化道黏膜，促进消化液的分泌及胃肠蠕动，显现健胃祛风的功效。临床用于消化不良、食积气胀等。

【剂型、用法与用量】 常用剂型为陈皮酊。内服，一次量，马、牛 30～100 mL，羊、猪 10～20

mL，犬、猫 1～5 mL。

桂皮(Cassia Bark)

【理化性质】 本品为樟科植物肉桂的干燥树皮，含挥发性桂皮油，其主要成分为桂皮醛。

【作用与应用】 本品对胃肠黏膜有温和刺激作用，可解除内脏平滑肌痉挛，缓解肠道痉挛性疼痛，同时有扩张末梢血管作用，能改善血液循环。主要用于消化不良、风寒感冒、产后虚弱等。孕畜慎用。

【剂型、用法与用量】 常用剂型为桂皮粉、桂皮酊。桂皮粉：内服，一次量，马、牛 15～45 g，羊、猪 3～6 g，兔、禽 0.5～1.5 g。桂皮酊：内服，一次量，马、牛 30～100 mL，羊、猪 10～20 mL。

姜(Ginger)

【理化性质】 本品为姜科植物姜的干燥根茎。主要有效成分为姜辣素和姜酮。

【作用与应用】 本品温中散寒。内服后，能显著刺激胃肠道黏膜，引起消化液分泌，增加食欲，还能抑制胃肠道异常发酵及促进气体排出。临床用于消化不良、食欲不振、胃肠气胀等。孕畜禁用。

【剂型、用法与用量】 常用剂型为姜酊。内服，一次量，马、牛 15～30 g，羊、猪 3～10 g，犬、猫 1～3 g，兔 0.3～1 g。

3. 盐类健胃药 盐类健胃药内服后通过渗透压作用，轻度刺激消化道黏膜，反射性地引起胃肠蠕动增强，消化液分泌增加，食欲增强，促进消化。常用的有氯化钠、碳酸氢钠、人工盐等。

氯化钠(Sodium Chloride)

【理化性质】 本品为无色、透明结晶性粉末，无臭，味咸，易溶于水，水溶液呈中性。

【作用与应用】 ①内服少量氯化钠，其咸味刺激味觉感受器，渗透压作用于消化道黏膜，反射性地引起消化液分泌增加，胃肠蠕动增强，有健胃作用。②0.9%的溶液为等渗溶液，能补充体液，还可作为多种药物的溶媒以及用于洗眼、冲洗子宫等。③1%～3%的溶液洗涤创伤，5%～10%的溶液用于洗涤化脓疮，有防腐消炎作用。④10%的溶液静脉注射有促进反刍、兴奋瘤胃作用，用于前胃迟缓、瘤胃积食等。

【注意事项】 ①猪、家禽比较敏感，应注意用量。②过量中毒可用溴化物、脱水药或利尿药等进行对症治疗。

【剂型、用法与用量】 常用剂型为粉剂。内服，一次量，马 10～25 g，牛 20～50 g，羊 5～10 g，猪 2～5 g。

碳酸氢钠(Sodium Bicarbonate)

【理化性质】 本品又名小苏打，为白色结晶性粉末，无臭，味咸，在潮湿空气中缓慢分解，易溶于水，水溶液呈弱碱性。

【作用与应用】 ①本品为弱碱性盐，内服后能迅速中和胃酸，缓解幽门括约肌的紧张度，用于胃酸偏高性消化不良。②内服吸收或静脉注射后可增高血液中的碱储备，可用于治疗酸中毒。③过多的碱经尿排出，可使尿液碱化，防止磺胺类等药物在尿中析出形成结晶，引起中毒。

【注意事项】 ①中和胃酸后，可继发性引起胃酸过多。②禁与酸性药物混合应用。

【剂型、用法与用量】 常制成注射液和片剂。内服，一次量，马 15～60 g，牛 30～100 g，羊 5～10 g，猪 2～5 g，犬 1～2 g。

人工盐(Artificial Carlsbad Salt)

【理化性质】 本品又称人工矿泉盐，由干燥硫酸钠 44%、碳酸氢钠 36%、氯化钠 18%、硫酸钾 2%混合制成，为白色粉末，易溶于水，水溶液呈弱碱性。

【作用与应用】 内服小剂量，由于本品具有较强的咸味、苦味，可刺激口腔黏膜及味觉感受器，具有增强食欲，促进胃肠蠕动和分泌的作用，也有中和胃酸的作用。内服大剂量有缓泻作用。常用于猪的消化不良或配合制酵药用于初期便秘。

Note

【注意事项】 ①禁与酸性药物配伍应用。②作为缓泻药使用时需大量饮水。

【剂型、用法与用量】 常用剂型为粉剂。健胃:内服,一次量,马 50～100 g,牛 50～150 g,羊、猪 10～30 g,兔 1～2 g。缓泻:内服,一次量,马、牛 200～400 g,羊、猪 50～100 g,兔 4～6 g。

(二)助消化药

助消化药是指促进胃肠道消化过程的药物。一般是消化液中的主要成分,用来补充消化液中某些成分的不足,发挥替代疗法的作用。常用药物有稀盐酸、胃蛋白酶、胰酶、干酵母、乳酶生等。

稀盐酸(Dilute Hydrochloric Acid)

【理化性质】 本品为无色澄清液体,无臭,呈强酸性,应置于具塞玻璃瓶内,密封保存。

【作用与应用】 ①盐酸是胃液的主要成分之一,可促进胃蛋白酶的活性。适当浓度的稀盐酸可以激活胃蛋白酶原,使其转变成为有活性的胃蛋白酶,并提供酸性环境使胃蛋白酶发挥消化蛋白质的作用。②胃内容物保持一定酸度有利于胃排空及钙、铁等矿物质的溶解与吸收。③具有轻度抑菌、制酵作用。临床主要用于胃酸减少所致的消化不良;胃内异常发酵;马、骡急性胃扩张;牛前胃弛缓、食欲不振;碱中毒等。

【注意事项】 ①禁与碱类、有机酸、盐类健胃药、洋地黄及其制剂等配伍应用。②用量浓度与剂量不宜过大,否则胃酸过多刺激胃黏膜,反射性地引起幽门括约肌痉挛,影响胃排空,产生胃痛。

【剂型、用法与用量】 常用剂型为10%的盐酸溶液。用前须加水稀释成 0.2%的溶液,内服,一次量,马 10～20 mL,牛 15～30 mL,羊 2～5 mL,猪 1～2 mL,犬、禽 0.1～0.5 mL。

胃蛋白酶(Pepsin)

【理化性质】 本品为白色或淡黄色粉末,是从牛、猪、羊等动物胃黏膜提取的一种蛋白分解酶,每克中含蛋白酶活力不得少于 3800 U。

【作用与应用】 内服本品可使蛋白质初步水解成蛋白胨,有助于消化。常与稀盐酸同服用于胃蛋白酶缺乏引起的消化不良。本品在 0.2%～0.4%(pH 值为 1.6～1.8)盐酸的环境中作用最强。

【注意事项】 ①禁与碱性药物、金属盐等配伍。②温度超过 70 ℃很快失效,宜饲前服用。

【剂型、用法与用量】 常制成粉剂。内服,一次量,马、牛 4000～8000 U,羊、猪 800～1600 U,驹、犊 1600～4000 U,犬 80～800 U,猫 80～240 U。

胰酶(Pancreatin)

【理化性质】 本品从牛、羊、猪的胰脏提取制得,为淡黄色粉末,能溶于水,含胰蛋白酶、胰脂肪酶、胰淀粉酶等。遇酸、碱、重金属盐或加热易失效。

【作用与应用】 本品能消化蛋白质、淀粉和脂肪,使其分解为氨基酸、单糖、脂肪酸和甘油,便于吸收。用于幼畜消化不良和疾病的恢复期,也用于胰腺功能障碍引起的消化不良。胰酶在中性或弱碱性环境中作用最强,故常与碳酸氢钠同服。

【剂型、用法与用量】 常用制剂为胰酶肠溶片和胰酶肠溶胶囊。内服,一次量,马、牛 5～10 g,猪、羊 1～2 g,犬 0.2～0.5 g,猫 0.1～0.2 g。

干酵母(Saccharomyces Siccum)

【理化性质】 本品又名食母生,为淡黄白色或淡黄棕色的颗粒或粉末,味微苦,有酵母的特臭,为麦酒酵母菌或葡萄汁酵母菌的干燥菌体。

【作用与应用】 本品富含多种 B 族维生素等生物活性物质,是机体内某些酶系统的重要组成部分,能参与糖、蛋白质、脂肪的代谢和生物氧化过程。常用于食欲不振、消化不良和 B 族维生素缺乏症。

【注意事项】 ①用量过大,可导致腹泻。②含有大量的对氨基苯甲酸,不宜与磺胺类药合用。

【剂型、用法与用量】 常用剂型为干酵母片。内服,一次量,马、牛 120～150 g,羊、猪 30～60 g,犬 8～12 g。

乳酶生(Biofermin)

【理化性质】 本品又名表飞鸣，为白色或淡黄色干燥制剂，微臭，无味，难溶于水。每克含活乳酸杆菌1000万以上。

【作用与应用】 本品为活性乳酸杆菌制剂，能分解糖类生成乳酸，使肠内酸度提高，抑制肠内病原菌繁殖，防止蛋白质发酵，减少肠内产气。主要用于胃肠异常发酵、腹泻和肠臌气等。

【注意事项】 不宜与抗菌药、吸附剂、收敛药、酊剂等配伍应用。

【剂型、用法与用量】 常制成片剂。内服，一次量，驹、犊10～30 g，羊、猪2～4 g，犬0.3～0.5 g。

二、制酵药与消沫药

(一)制酵药

制酵药是指能抑制胃肠道内细菌的活动，阻止胃肠内容物发酵，防止产生大量气体的一类药物。主要用于治疗反刍动物的瘤胃臌胀，也用于马属动物的胃扩张及肠臌气。常用药物有鱼石脂、芳香氨醑、甲醛溶液、大蒜酊等。

鱼石脂(Ichthammol)

【理化性质】 本品又名依克度，为棕黑色浓厚的黏稠性液体，有特臭，能溶于热水，呈弱酸性。

【作用与应用】 ①内服能抑制胃肠内微生物的繁殖，有促进胃肠蠕动、防腐、制酵作用，常用于瘤胃臌胀、前胃弛缓、急性胃扩张等。②外用对局部有温和刺激作用，可消肿，促使肉芽新生，常配成10%～30%软膏用于慢性皮炎、蜂窝织炎等。

【注意事项】 内服时，先用倍量的乙醇溶解，再加水稀释成3%～5%的溶液。

【剂型、用法与用量】 常制成软膏剂。内服，一次量，马、牛10～30 g，羊、猪1～5 g，兔0.5～0.8 g。

芳香氨醑(Aromatic Ammonia Spirit)

【理化性质】 本品为无色澄清液体，久置后变黄，具芳香及氨臭味。

【作用与应用】 本品中所含成分氨、乙醇、茴香油等均有抑菌作用，对局部组织有一定的刺激作用。内服后可制止发酵和促进胃肠蠕动，有利于气体的排出，同时由于刺激胃肠道，增加消化液的分泌，可改善消化功能。常用于消化不良、瘤胃臌胀、急性肠臌气等。

【注意事项】 可配合氯化铵治疗急性、慢性支气管炎。

【剂型、用法与用量】 常用剂型为芳香氨醑剂，由碳酸铵30 g、浓氨水60 mL、柠檬油5 mL、八角茴香油3 mL、90%乙醇750 mL，加水至1000 mL混合而成。内服，一次量，马、牛30～60 mL，羊、猪3～8 mL，犬0.6～4 mL。

(二)消沫药

消沫药是指能降低液体表面张力，使泡沫迅速破裂而使泡内气体逸散的一类药物。常用药物有二甲硅油、松节油等。

牛的瘤胃臌胀一般有两种：一种是瘤胃内游离气体产生过多，而又不能排出所引起的，称气臌胀。这些气体多积聚于瘤胃上方，一般可用制酵药、瘤胃兴奋药，严重的可用套管针排气。另一种是采食了含皂苷较多的苜蓿、紫云英等豆科植物所引起的。因皂苷能降低瘤胃内液体的表面张力，产生黏稠性小气泡夹杂于瘤胃内容物中，不能融汇成大气泡上升到瘤胃上部通过嗳气排出，这种臌胀称为泡沫性臌胀。此时单独应用制酵药往往无效，必须使用消沫药，使泡沫破裂、融合成大气泡，聚升至瘤胃上部，通过嗳气排出。

二甲硅油(Dimethicone)

【理化性质】 本品为二甲基硅氧烷的聚合物，为无色或微黄色澄清液体，不溶于水及乙醇，应密封保存。

【作用与应用】 内服后能迅速降低瘤胃内泡沫液膜的局部表面张力，使泡沫破裂，融合成大气泡，随嗳气排出，产生消除泡沫的作用。其作用迅速，用药 5 min 后起作用，15～30 min 作用最强。常用于治疗瘤胃泡沫性臌胀。

【剂型、用法与用量】 常用剂型为二甲硅油片。内服，一次量，牛 3～5 g，羊 1～2 g。

三、抗酸药、胃酸分泌抑制药与胃黏膜保护药

消化性溃疡为动物常发病之一，是由于损伤因子增强，保护因子减弱所致。常见疾病为胃溃疡，临床治疗应用药物主要有抗酸药、胃酸分泌抑制药与胃黏膜保护药。

（一）抗酸药

抗酸药是指能降低胃内容物酸度的弱碱性无机物质。抗酸药分为易吸收抗酸药和不易吸收抗酸药两大类。易吸收抗酸药主要有碳酸氢钠，其在治疗过程中产生 CO_2，容易引起动物腹胀，产生嗳气；不易吸收抗酸药主要有氢氧化镁、氧化镁、氢氧化铝等。目前常用的是不易吸收抗酸药。

氢氧化镁(Magnesium Hydroxide)

【理化性质】 本品为白色粉末，无臭，无味，几乎不溶于水，不溶于乙醇，溶于稀盐酸。

【作用与应用】 本品内服难吸收，作用较强，可快速调节 pH 值至 3.5。中和胃酸时不产生 CO_2。临床用于胃酸过多与胃炎等。注意若持久大量应用，可引发便秘和腹胀等现象。

【剂型、用法与用量】 常用制剂为镁乳(氢氧化镁混悬剂)。内服，一次量，犬 5～30 mL，猫 5～15 mL。

（二）胃酸分泌抑制药

胃酸是由胃腺壁细胞分泌，壁细胞膜上有组胺(H_2)受体、M 胆碱受体和胃泌素受体，分别被组胺、乙酰胆碱、胃泌素激动后，通过第二信使的介导，最终激活该细胞膜上的 H^+-K^+-ATP 酶(H^+泵，即质子泵)，通过 H^+-K^+ 交换将 H^+ 从壁细胞转运到胃腔内，形成胃酸。因此，阻断壁细胞膜上 H_2受体、M 胆碱受体、胃泌素受体或抑制 H^+-K^+-ATP 酶，都能减少胃酸分泌。因此，胃酸分泌抑制药主要有以下 4 类：H_2受体阻断药，主要有西咪替丁、雷尼替丁等；M 胆碱受体阻断药，主要有溴丙胺太林等；质子泵抑制药，主要有奥美拉唑等；胃泌素受体阻断药，主要有丙谷胺等。

西咪替丁(Cimetidine)

【理化性质】 本品为白色或类白色结晶性粉末；几乎无臭。在甲醇中易溶，在乙醇中溶解，在异丙醇中略溶，在水中微溶，在稀盐酸中易溶。

【作用与应用】 本品为 H_2受体阻断药，可阻断组胺引起的胃酸分泌。临床常用于缓解胃炎和胃溃疡引起的呕吐等。

【注意事项】 ①硫糖铝可能降低 H_2受体阻断药的生物活性，本品与硫糖铝合用时，应提前 2 h 服用硫糖铝。②停用西咪替丁后，胃酸分泌可反弹，因此应逐渐减量停药。

【剂型、用法与用量】 市售剂型主要为西咪替丁片。内服，一次量，每千克体重，犬 5～10 mg，每 8 h 一次，猫 2.5～5 mg，每 12 h 一次。

溴丙胺太林(Propantheline Bromide)

【理化性质】 本品又名普鲁本辛，为白色或类白色的结晶性粉末；无臭，味极苦；微有引湿性，极易溶于水、乙醇或氯仿，不溶于乙醚和苯。

【作用与应用】 本品为节后抗胆碱药，对胃肠道 M 胆碱受体选择性高，有类似阿托品样作用。治疗量，对胃肠道平滑肌的抑制作用强而持久，同时也会减少唾液、胃液和汗液的分泌。中毒量，可阻断神经肌肉传导，引起呼吸麻痹。本品不易通过血脑屏障，故很少发生中枢作用。临床用于胃酸过多症及缓解胃肠痉挛。

【剂型、用法与用量】 市售剂型主要为溴丙胺太林片。内服，一次量，小犬 5～7.5 mg，中犬 15 mg，大犬 30 mg，猫 5～7.5 mg，每 8 h 一次。

（三）胃黏膜保护药

胃黏膜屏障包括细胞屏障和黏液-碳酸氢盐屏障。细胞屏障由胃黏膜细胞顶部的细胞膜和细胞间的紧密连接组成，有抵抗胃酸和胃蛋白酶的作用。黏液-碳酸氢盐屏障是双层黏稠的胶冻状黏液，覆盖在黏膜细胞表面，对黏膜细胞起保护作用。当胃黏膜屏障功能受损时，可导致溃疡发生。胃黏膜保护药就是通过增强胃黏膜的细胞屏障、黏液-碳酸氢盐屏障而发挥抗溃疡病作用。常用的胃黏膜保护药主要有碱式硝酸铋、硫糖铝等。

碱式硝酸铋(Bismuth Subnitrate)

【理化性质】 本品又名次硝酸铋，为白色粉末；无臭或几乎无臭；微有引湿性，在水或乙醇中不溶，在盐酸或硝酸中易溶。

【作用与应用】 本品内服难吸收，小部分在胃肠道内解离出铋离子，与蛋白质结合，产生收敛及保护黏膜作用。大部分次硝酸铋被覆在肠黏膜表面，同时游离的铋离子在肠道内还可与硫化氢结合，形成不溶性硫化铋，覆盖于肠表面，从而对肠黏膜有机械性保护作用，并可减少硫化氢对肠黏膜的刺激作用。临床用于胃肠炎和腹泻等，发挥止泻作用。

【注意事项】 ①对病原菌引起的腹泻，应先用抗菌药控制其感染后再用本品。②碱式硝酸铋在肠内溶解后，可形成亚硝酸盐，量大时能被吸收引起中毒。

【剂型、用法与用量】 常用剂型为片剂。内服，一次量，马、牛 15～30 g，羊、猪、驹、犊 2～4 g，犬 0.3～2 g。

硫糖铝(Sucralfate)

【理化性质】 本品为蔗糖硫酸酯的碱式铝盐，无味，有引湿性。

【作用与应用】 本品在酸性环境下，解离出硫酸蔗糖复合离子，复合离子聚合成不溶的带负电荷的胶体，能与溃疡面带正电荷的蛋白质渗出物相结合，形成一层保护膜覆盖于溃疡面，促进溃疡愈合。临床上常与 H_2受体阻断药或质子泵抑制药一起使用，治疗食道、胃和十二指肠溃疡。

【注意事项】 本品可能降低 H_2受体阻断药、苯妥英钠和四环素的生物活性，联合用药时，应提前 2 h 服用硫糖铝。

【剂型、用法与用量】 常用剂型为片剂。内服，一次量，犬 0.5～2 g，猫 250 mg。

四、止吐药与催吐药

（一）止吐药

止吐药是指能通过不同环节抑制呕吐反应的药物。兽医临床主要制止犬、猫、猪及灵长类动物呕吐反应。主要有甲氧氯普胺、多潘立酮、氯苯甲嗪、舒必利等。

甲氧氯普胺(Metoclopramide)

【理化性质】 本品又名胃复安、灭吐灵，为白色结晶粉末，遇光变成黄色，毒性增强，勿用。

【作用与应用】 本品能抑制催吐化学感受区而呈现强大的中枢性止吐作用。此外，还能作为胃肠推动剂，促进食物和胃蠕动，加速胃的排空，改善呕吐症状。用于胃肠胀满、恶心呕吐及药物性呕吐等。

【注意事项】 犬、猫妊娠时禁用。禁与阿托品、颠茄等制剂合用，以防止药效降低。

【剂型、用法与用量】 常用剂型有片剂、胶囊剂、溶液剂、注射剂等。内服，一次量，犬、猫 10～20 mg。肌内注射，一次量，犬、猫 10～20 mg。

多潘立酮(Domperidone)

【理化性质】 本品又名吗丁啉，为白色或类白色结晶性粉末，无臭。

【作用与应用】 本品为多巴胺受体拮抗剂，能促进胃排空，增强胃及十二指肠运动，使幽门舒张期直径增大，而不影响胃的分泌功能，对结肠运动无影响。主要用于胃肠胀满、胃食道反流、恶心、呕吐等症状。

Note

【剂型、用法与用量】 常用剂型为片剂。内服,一次量,犬、猫 2~5 mg,每 8 h 一次。

氯苯甲嗪(Meclizine)

【理化性质】 本品又名敏克静,为白色或微黄色结晶性粉末,几乎无味,无臭,溶于水。

【作用与应用】 本品有制止变态反应性及晕动病所致呕吐的作用,止吐作用可持续 20 h 左右。主要用于治疗犬、猫动物呕吐。

【剂型、用法与用量】 常用制剂为盐酸氯苯甲嗪片。内服,一次量,每千克体重,犬 1~4 mg,猫 1~2 mg,每日一次。

舒必利(Sulpiride)

【理化性质】 本品又名止吐灵,为白色或类白色结晶性粉末;无臭,味微苦;在乙醇或丙酮中微溶,在氯仿中极微溶解,在水中几乎不溶,在氢氧化钠溶液中极易溶解。

【作用与应用】 本品为中枢止吐药,止吐作用强大。内服止吐效果是氯丙嗪的 166 倍,皮下注射时是氯丙嗪的 142 倍。兽医临床常用作犬的止吐药,止吐效果优于胃复安。

【剂型、用法与用量】 常用制剂为片剂。内服,一次量,每 5~10 kg 体重,犬 0.3~0.5 mg。

(二)催吐药

催吐药是指能引起呕吐的药物。催吐作用可由兴奋呕吐中枢化学感受器引起,如阿扑吗啡;也可通过刺激食道、胃等消化道黏膜,反射性地兴奋呕吐中枢,引起呕吐,如硫酸铜。兽医临床主要用于犬、猫。

阿扑吗啡(Apomorphine)

【理化性质】 本品又名去水吗啡,为白色或浅灰色的光泽结晶或结晶性粉末;溶于水和乙醇,水溶液呈中性;无臭;置于空气中遇光会变成绿色,勿用。

【作用与应用】 本品为中枢反射性催吐药,能直接刺激延髓催吐化学感受器,反射性兴奋呕吐中枢,引起恶心呕吐。内服作用较弱而缓慢,皮下注射作用强烈。常用于犬清除胃内毒物,猫不用。

【剂型、用法与用量】 阿扑吗啡注射液。皮下注射,一次量,猪 10~20 mg,犬 2~3 mg,猫 1~2 mg。

五、瘤胃兴奋药

瘤胃兴奋药又称促反刍药,是指能促进瘤胃平滑肌收缩,加强瘤胃运动,促进反刍,消除瘤胃积食与气胀的药物。促进瘤胃兴奋的药物有拟胆碱类药(毛果芸香碱、新斯的明等)、浓氯化钠注射液、酒石酸锑钾和甲氧氯普胺等。此处仅介绍浓氯化钠注射液。拟胆碱类药对胃肠平滑肌有较强的兴奋作用,可视病情选用(见外周神经系统药物)。

浓氯化钠注射液(Concentrated Sodium Chloride Injection)

【理化性质】 本品为氯化钠的高渗灭菌水溶液,其浓度为 10%,为无色的澄清液体。

【作用与应用】 本品静脉注射后,可提高血液渗透压,使血容量增多,从而改善心脏血管活动。同时能反射性地兴奋迷走神经,促进胃肠蠕动及分泌,增强反刍。当胃肠功能减弱时,这种作用更加显著。常用于前胃弛缓,瘤胃积食,马、骡便秘疝等。本品作用缓和,疗效良好,副作用少。一般在用药后 2~4 h 作用最强,经 12~24 h 作用才逐渐消失。

【注意事项】 ①用时不宜稀释,注射速度宜慢,不可漏出血管外。②心力衰竭和肾功能不全患畜慎用。

【剂型、用法与用量】 常用剂型为注射剂。以氯化钠计,静脉注射,一次量,每千克体重,家畜 0.1 g。

六、泻药与止泻药

(一)泻药

泻药是指能促进肠管蠕动,增加肠内容积或润滑肠腔、软化粪便,从而促进粪便排出的药物。临

床上主要用于治疗便秘或排出消化道内发酵腐败产物和有毒物质，或在服用驱虫药后，用以除去肠内残存的药物和虫体。

根据作用机理可将泻药分为容积性泻药、刺激性泻药、润滑性泻药、神经性泻药四类。

1. 容积性泻药　又称为盐类泻药。常用的有硫酸钠和硫酸镁。其水溶液含有不易被胃肠黏膜吸收的 SO_4^{2-}、Na^+ 和 Mg^{2+} 等离子，在肠内形成高渗，吸收大量水分，软化粪便，增加肠内容积，并对肠黏膜产生机械性刺激，反射性地引起肠蠕动增强；同时，盐类的离子对肠黏膜也有一定的化学刺激作用，使肠蠕动加快，促进粪便排出。

硫酸钠(Sodium Sulphate)

【理化性质】　本品为无色透明大块结晶或颗粒状粉末；味苦而咸；易溶于水，在干燥空气中易失去结晶水而风化。

【作用与应用】　小剂量内服时，能适度刺激消化道黏膜，使胃肠的分泌与蠕动稍增加，故有健胃作用；大剂量内服时，在肠内解离出 SO_4^{2-}、Na^+，不易被肠黏膜吸收，可吸收大量水分，增加肠内容积，软化粪便，刺激肠道蠕动，促进排粪。

临床主要用于：①治疗大肠便秘，配成 6%～8%溶液灌服，常配合大黄等。一般不用于小肠阻塞。②用于排出肠内毒物、异物或辅助驱虫药排出虫体。③10%～20%溶液外用冲洗化脓创和瘘管等。

【剂型、用法与用量】　健胃：内服，一次量，马、牛 15～50 g，猪、羊 3～10 g。致泻：内服，一次量，马 200～500 g，牛 400～800 g，羊 40～100 g，猪 25～50 g，犬 10～20 g，猫 2～5 g，鸡 2～4 g，鸭 10～15 g，貂 5～8 g。

2. 刺激性泻药　本类药物内服后，在胃内一般无变化，到达肠道后，能分解出有效成分，对肠黏膜产生化学性刺激，反射性促进肠管蠕动和增加肠液分泌，产生泻下作用。临床常用药物有大黄、蓖麻油、芦荟、番泻叶等。

蓖麻油(Castor Oil)

【理化性质】　本品是从大戟科植物蓖麻籽中制取的植物油，为淡黄色澄清的黏稠液体；不溶于水，易溶于醇。

【作用与应用】　蓖麻油本身无刺激性，内服到达十二指肠后，一部分被胰脂肪酶分解为蓖麻油酸和甘油。前者在小肠中与钠结合为蓖麻油酸钠，可刺激肠黏膜，增强肠蠕动而引起泻下。未被分解的蓖麻油对肠道和粪块有润滑作用。主要用于幼畜及小动物小肠便秘。中、小家畜内服后，经 3～8 h 发生泻下。对大家畜特别是牛，致泻效果不明确。

【注意事项】　①不宜长期反复应用，以免影响消化功能。②孕畜、肠炎患畜及应用脂溶性驱虫药时，禁用本品。

【剂型、用法与用量】　内服，一次量，马 250～400 mL，牛 300～600 mL，羊、猪 50～150 mL，犬 10～30 mL。

3. 润滑性泻药　本类药物又称油类泻药。内服后，多以原形通过肠道，起润滑肠壁、阻止水分吸收、软化粪便的作用。临床常用药物有液状石蜡和一些植物油如豆油、菜籽油、棉籽油等。

液状石蜡(Liquid Paraffin)

【理化性质】　本品为无色透明的油状液体，无臭无味，呈中性；不溶于水和乙醇，能与多数油类任意混合。

【作用与应用】　内服后，在肠道内不起变化，也不被肠壁吸收，以原形通过肠管，并被覆于肠黏膜表面，阻止肠壁对水分的吸收，对肠道黏膜只起润滑和保护作用，并能软化粪块。本品泻下作用缓和，无刺激性，比较安全。适用于治疗瘤胃积食、小肠便秘、大肠阻塞、肠炎的患畜和孕畜的便秘。

【注意事项】　不宜多次服用，以免影响消化，阻碍脂溶性维生素及钙、磷的吸收。

【剂型、用法与用量】　内服，一次量，马、牛 500～1500 mL，驹、犊 60～120 mL，羊 100～300

mL，猪 50～100 mL，犬 10～30 mL，猫 5～10 mL。可加温水灌服。

4. 神经性泻药 神经性泻药主要包括拟胆碱药如毛果芸香碱等及抗胆碱酯酶药如新斯的明等。它们能兴奋胆碱能神经，增加消化腺分泌，促进胃肠蠕动而致泻。其作用迅速而强大，且副作用也大，宜慎用，并严格控制剂量(见外周神经系统药物)。

(二)止泻药

止泻药是指能制止腹泻，保护肠黏膜，吸附有毒物质或收敛消炎的药物。

根据药理作用特点，止泻药分为三类：①收敛性止泻药，如鞣酸、次硝酸铋等。这类药物具有收敛作用，可形成蛋白膜而保护肠黏膜。②吸附性止泻药，如药用炭、白陶土等，具有吸附作用，能吸附毒素、毒物等，从而减少对肠黏膜的刺激。③抑制肠蠕动止泻药，如阿托品、颠茄酊、阿片酊等，可松弛肠道平滑肌，减少蠕动和分泌，制止腹泻，消除腹痛。

1. 收敛性止泻药

鞣酸(Tannic Acid)

【理化性质】 本品为淡黄色至淡棕色粉末；微有特臭，味极涩；极易溶于水，水溶液呈酸性，久置后缓缓分解。

【作用与应用】 鞣酸是一种蛋白沉淀剂，内服后首先与胃黏膜蛋白结合成鞣酸蛋白，被覆于胃肠黏膜起保护作用。鞣酸蛋白到达小肠后再分解，释放出鞣酸，产生收敛止泻作用。另外，鞣酸还能与一些生物碱结合发生沉淀。临床常内服作为某些生物碱中毒的解毒剂；也可用于湿疹、创伤等。

【剂型、用法与用量】 内服：一次量，马、牛 5～30 g，羊、猪 2～5 g。洗胃：配成 0.5%～1%溶液。外用：配成 5%～10%溶液。

2. 吸附性止泻药

药用炭(Medicinal Charcoal)

【理化性质】 本品又名活性炭，为黑褐色微细的疏松粉末；无臭，无味；不溶于水。

【作用与应用】 药用炭粉末细小，表面积很大(500～800 m^2/g)，具有多孔性，因而吸附性强。内服后，既不被消化也不被吸收，但能吸附有害物质，如病原微生物、发酵产物、气体、毒物、毒素及生物碱等；并能覆盖在肠黏膜表面，保护肠黏膜免受刺激，使肠道蠕动变慢而发挥止泻作用。内服治疗肠炎、腹泻、药物或毒物中毒等。

【注意事项】 ①禁与抗生素、乳酶生合用，因其被吸附而降低药效。②本品也能吸附营养物质，不宜反复应用。③其吸附作用是可逆的，用于吸附毒物时，应随后给予盐类泻药促使排出。

【剂型、用法与用量】 内服，一次量，马 20～150 g，牛 20～200 g，羊 5～50 g，猪 3～10 g，犬 0.3～2 g。

3. 抑制肠蠕动止泻药 当腹泻不止或有剧烈腹痛时，为了制止脱水，消除腹痛，可应用抑制肠蠕动止泻药，如阿托品、颠茄酊、阿片酊等，通过抑制胃肠平滑肌蠕动而止泻。但这类药物副作用较大，常会继发胃肠弛缓、瘤胃臌胀等，宜控制剂量(见外周神经系统药物)。

七、消化系统药物的合理选用

(一)健胃药与助消化药的合理选用

健胃药与助消化药主要用于动物的食欲不振、消化不良，临床上常配伍使用。但食欲不振、消化不良往往是许多全身性疾病或饲养管理不善的临床表现，因此，必须在对因治疗和改善饲养管理的前提下，配合选用本类药物。

马属动物的消化不良，如果出现口干、口臭、色红、苔黄厚、粪干等症状时，宜选用苦味健胃药配合稀盐酸等助消化药；如果出现口腔湿润、色青白、舌苔白、粪稀薄等症状时，宜选用芳香性健胃药配合人工盐等健胃药。猪的消化不良，一般选用人工盐、大黄苏打片或其他适口性较好的健胃药。吮乳幼畜的消化不良，常选用胃蛋白酶、乳酶生、胰酶等。当食草动物吃草不吃料时，可选用胃蛋白酶

配合稀盐酸治疗。牛摄入蛋白质丰富的饲料后，在瘤胃内产生大量的氨，影响瘤胃活动，早期可用稀盐酸或稀醋酸，疗效良好。一般家畜的消化不良，兼有胃肠迟缓、机体虚弱等，应选用芳香性健胃药，配合小剂量马钱子酊；当消化不良兼有胃肠弛缓或胃肠内容物有异常发酵时，宜选用芳香性健胃药，并配合鱼石脂等制酵药。

（二）制酵药与消沫药的合理选用

采食大量容易发酵或腐败变质的饲料易导致臌胀或急性胃扩张，除危急者可以穿刺放气外，一般可用制酵药或瘤胃兴奋药，加速气体排出。对其他原因引起的臌胀，除制酵药外，主要应对因治疗。

在常用的制酵药中以甲醛的作用确实可靠，但由于其对局部组织刺激性强，加之能杀灭多种对机体有益的肠道微生物和纤毛虫，除严重气胀外，一般情况均不宜选用。因此，常选用鱼石脂，其制酵效果较好，且刺激作用较弱。泡沫性臌胀时，如果选用制酵药，仅能制止气体的产生，对已形成的泡沫无消除作用。因此，必须选用消沫药。

（三）泻药与止泻药的合理选用

1. 泻药的合理选用　治疗便秘时，必须根据病因采取综合治疗措施。对于诊断未明的动物肠道阻塞不可随意使用泻药，使用泻药时应防止泻下过度而导致失水、衰竭或继发肠炎等，用药前应注意给予充分饮水，且用药次数不宜过多；对于极度衰竭呈现脱水状态、机械性肠梗阻以及妊娠末期的动物应禁止使用泻药。

大肠便秘的早、中期，一般首选盐类泻药如硫酸钠或硫酸镁，也可大剂量灌服人工盐缓泻。小肠阻塞的早、中期，一般以液状石蜡、植物油为主，其优点是容积小，对小肠无刺激性，且有润滑作用。便秘后期，局部已产生炎症或其他病变时，一般只能选用润滑性泻药，并配合补液、强心、抗炎等药。对幼畜、孕畜及体弱患畜的便秘，多选用人工盐或润滑性泻药。排出毒物时，一般选用盐类泻药，不宜用油类泻药，以防促进脂溶性毒物吸收而加重病情。

2. 止泻药的合理选用　腹泻是临床上常见的一种症状或疾病。一般来说，腹泻本身对机体具有一定的保护意义，可将有害物质排出体外，但过度腹泻不仅影响营养物质的吸收和利用，且会引起机体脱水和钾、钠、氯等电解质紊乱，甚至发生酸中毒。因此，必须适时应用止泻药。腹泻时应根据病因和病情，采用综合治疗措施。首先应消除病因如排泄毒物、抑制病原微生物、改善饲养管理等，再应用止泻药和对症治疗，如补充水分和电解质、纠正酸中毒等。

细菌感染引起的腹泻，尤其是严重急性肠炎时，一般不选用吸附性止泻药和收敛性止泻药，应选用抗菌药进行对因治疗而止泻，如抗生素中的四环素类、氨基糖苷类药物；人工合成抗菌药喹诺酮类、磺胺类药物等；中草药中的黄连素等。对大量毒物引起的腹泻，不急于止泻，应先用盐类泻药以促进毒物排出，待大部分毒物从消化道排出后，方可用碱式硝酸铋等保护受损的胃肠黏膜，或用活性炭吸附毒物。一般的急性水泻，往往导致脱水、电解质紊乱，应首先补液，然后再用止泻药。

任务三　呼吸系统药物

扫码学课件

4-3

呼吸系统疾病是畜禽常发病，尤其当环境条件骤变，如寒冷、多风季节或吸入烟尘及病原微生物入侵等时均可诱发呼吸器官炎症。主要症状为积痰、咳嗽、喘息（有时同时存在），临床上常将祛痰药、镇咳药、平喘药合并应用。

一、祛痰药

凡能促进呼吸道内积痰排出的药物称为祛痰药。其作用在于可促进气管或支气管内腺体的分泌，使黏痰变稀或增进纤毛上皮运动或直接降低黏痰的黏滞性，在机体保护性咳嗽反射参与下，促进痰液排出，间接起到镇咳、平喘的功效。

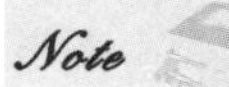

氯化铵

视频：4-3
祛痰药

【理化性质】 本品为白色结晶性粉末；无臭，味咸；易溶于水，有吸湿性，应密封于干燥处保存。

【体内过程】 本品口服后可完全吸收，在体内几乎全部转化降解，仅极少量随粪便排出。氯化铵进入体内，部分铵离子迅速由肝脏代谢形成尿素，由尿液排出；极少量可由呼吸道排出。

【药理作用】 ①刺激性祛痰药，内服后刺激胃黏膜，通过迷走神经兴奋气管及支气管腺体，使腺体分泌增加，稀释黏痰使其易于咳出，并可覆盖在发炎的支气管黏膜表面，使黏膜少受刺激，从而减轻咳嗽，少部分氯化铵由呼吸道排出，也可刺激腺体分泌增加。②吸收后的氯化铵在体内可分解为 NH_4^+、Cl^-，NH_4^+ 在肝脏内合成尿素，它和 Cl^- 经肾排出时，可产生渗透性利尿作用。③氯化铵为酸性盐，能酸化尿液及体液，可用于改变某些药物经肾脏排出的速度或代谢性碱中毒。

【临床应用】 ①适用于呼吸道炎症初期痰少而黏稠时的祛痰，可单用或与其他药物配合使用。②用于心源性水肿或肝性水肿。③排出尿结石，提高某些抗微生物药（四环素、青霉素）对泌尿系统感染的治疗效果，促进碱性毒物排出等。

【注意事项】 ①肾脏功能异常的患畜禁用。②注意用量，用量过大易引起酸中毒。③本品为酸性盐，可使尿液酸化，禁与磺胺类药物同时应用，也禁与碱性药物如碳酸氢钠等配伍应用。

【制剂、用法与用量】 氯化铵片，0.3 g。祛痰：内服，一次量，马 8～15 g，牛 10～25 g，羊 2～5 g，猪 1～2 g，犬、猫 0.2～1 g。酸化剂：内服，一次量，马 4～15 g，牛 15～30 g，羊 1～2 g，犬 0.2～0.5 g（3～4 次/日），猫 0.8 g（或 20 mg/kg）。

碘化钾

【理化性质】 本品为无色透明结晶或白色颗粒状粉末；无臭，味咸；易溶于水，水溶液呈中性；易潮解，应遮光密封保存。

【体内过程】 碘和碘化物在胃肠道内吸收迅速完全，碘也可经皮肤吸收进入体内。在血液中碘以无机碘离子形式存在，由肠道吸收的碘约 30% 被甲状腺摄取，其余主要由尿液排出，少量由乳汁和粪便排出，极少量由皮肤与呼吸道排出。碘可通过胎盘进入胎儿体内，影响胎儿甲状腺功能。

【作用与应用】 ①内服后刺激胃黏膜，反射性地增加支气管腺的分泌，同时吸收后一部分碘离子迅速经呼吸道排出，也可刺激腺体分泌增加而稀释黏痰，但因刺激性较强，故不适用于急性支气管炎，仅适用于治疗慢性支气管炎。②吸收后可滞留于体内病变组织，在酸性环境中游离出 I^-，呈现溶解病变组织，消散炎性产物等作用，临床上用于马流行性淋巴管炎、角膜炎、牛放线菌病等的治疗。③配制碘酊、复方碘溶液的原料，KI 利于碘溶解并使之稳定。

【注意事项】 ①碘化钾在酸性溶液中能解离出游离碘；与甘汞混合后能生成金属汞和碘化汞，使毒性增强。②碘化钾溶液遇到生物碱可生成沉淀；肝肾功能低下患畜慎用。③刺激性强，不适用于急性支气管炎。

【制剂、用法与用量】 碘化钾片，10 mg、20 mg。内服，一次量，马、牛 5～10 g，猪、羊 1～3 g，犬 0.2～1 g。

乙酰半胱氨酸（痰易净）

【理化性质】 本品为白色结晶性粉末，可溶于水和乙醇；有吸湿性，应置于干燥处密封保存。

【体内过程】 本品气雾吸入在 1 min 内起效，最大作用时间 5～10 min，吸收后在肝脏内去乙酰化而成半胱氨酸。

【作用与应用】 本品为黏液溶解性祛痰药，能够使痰液中糖蛋白肽链中的二硫键（—S—S—）断裂，降低痰液的黏滞性，有溶解黏痰的作用，从而使痰易于咳出，其裂解作用的最适 pH 值为 7～9，对脓性或非脓性痰液均有效。适用于急、慢性支气管炎，肺炎，肺气肿等，如与扩张支气管的异丙肾上腺素配合应用，既能够防止痉挛，还能增强祛痰效果，一般以喷雾法给药，用作呼吸系统和眼的黏液溶解药。

【注意事项】 本品水溶液在空气中易氧化变质，因此应临用前配制。避免同时服用强力镇咳

药。不宜与金属、橡胶、氧化剂、氧气接触，故喷雾器必须用玻璃或塑料制作。本品与碘化油、糜蛋白酶、胰蛋白酶有配伍禁忌。

【制剂、用法与用量】 喷雾用乙酰半胱氨酸，0.5 g、1 g。喷雾，犬、猫 50 mL/h，每 12 h 喷雾30～60 min。

二、镇咳药

镇咳药是指通过抑制咳嗽中枢或抑制咳嗽反射弧中其他环节，从而减轻或制止咳嗽的药物。

镇咳药分为中枢性镇咳药和外周性镇咳药。中枢性镇咳药是直接抑制咳嗽中枢而止咳的药，作用快，如可待因、咳必清。外周性镇咳药也称末梢性镇咳药，是抑制咳嗽反射弧中的感受器或抑制传入或传出神经某一环节而镇咳，作用弱而短暂，如甘草等。

可待因(甲基吗啡)

【理化性质】 本品从阿片中提取，也可由吗啡甲基化制备。有硫酸盐和磷酸盐，常用其磷酸盐，为无色细微结晶；味苦，易溶于水。

【体内过程】 本品吸收快而完全，在肝脏内大部分代谢成无活性产物，由尿排出，约 10%转化为吗啡，呈游离型或结合型由尿排出。

【药理作用】 作用与吗啡相似而较弱，能抑制延髓咳嗽中枢，对咳嗽中枢选择性强，镇咳效果好，镇咳作用约为吗啡的 1/4，同时有镇痛作用，镇痛强度为吗啡的 1/10～1/7，强于一般解热镇痛药，能抑制支气管腺体的分泌，使痰液黏稠难以咳出。

【临床应用】 多用于剧痛性干咳，对胸膜炎等干咳、痛咳较为适用。

【注意事项】 本品的不良反应主要有呼吸中枢抑制和便秘作用，还有成瘾性，慎用。禁用于痰多患畜，多用于中、小家畜。

【制剂、用法与用量】 磷酸可待因片，15 mg、30 mg。内服，一次量，马、牛 0.2～2 g，羊、猪 15～60 mg，犬 1～2 mg/kg，猫 0.25～4 mg/kg。

喷托维林(咳必清)

人工合成的非成瘾性中枢性镇咳药。

【理化性质】 本品为白色结晶性或颗粒状粉末；无臭，味苦；易溶于水，水溶液呈酸性；有吸湿性，应置于干燥处密封保存。

【作用与应用】 对咳嗽中枢有选择性抑制作用，但作用较弱，约为可待因的 1/3，也具有末梢性镇咳作用。大剂量时可松弛支气管平滑肌。

临床上主要用于治疗上呼吸道炎症引起的干咳，也常和祛痰药配合用于伴有剧咳的呼吸道炎症。

【注意事项】 ①对多痰性咳嗽不应单用咳必清止咳，应配合祛痰药。②心功能不全并伴有肺淤血的患畜忌用。③大剂量应用易产生便秘和腹胀。

【制剂、用法与用量】 枸橼酸喷托维林片，25 mg。内服，一次量，马、牛 0.5～1 g，羊、猪 0.05～0.1 g，3 次/日。

三、平喘药

平喘药是指具有解除支气管平滑肌痉挛，扩张支气管，达到缓解喘息作用的药物。只能缓解症状，不能根治，因此还需对因治疗。

目前临床上常用麻黄碱、异丙肾上腺素、氨茶碱等。目前认为支气管喘息与体内环磷酸腺苷与环磷酸鸟苷的比值(cAMP/cGMP)有关。比值大，即 cAMP 浓度高，可使支气管平滑肌张力下降而扩张，比值小则反之。细胞内 cAMP 水平的高低受交感神经递质的调节。β 受体兴奋时，激活支气管平滑肌和肥大细胞膜上的腺苷酸环化酶，催化细胞内合成 cAMP，使之浓度增加，提高 cAMP/cGMP 的比值，使支气管平滑肌松弛，支气管扩张。同时 cAMP 还可稳定肥大细胞膜，抑制其释放致敏物质。α 受体兴奋时，腺苷酸环化酶受到抑制，cAMP 合成减少，副交感神经可调节 cGMP 的水平，M 受体激活时，激活鸟苷酸环化酶，使 cGMP 生成增加，引起 cAMP/cGMP 比值下降，导致支气管平滑肌收缩。

氨茶碱

氨茶碱为嘌呤类衍生物，是茶碱与乙二胺的复盐。

【理化性质】 本品为白色或淡黄色颗粒或粉末，微有氨臭，味苦；易溶于水，水溶液呈碱性；应遮光密封保存。

【体内过程】 氨茶碱内服易吸收，马、犬、猪内服生物利用度几乎 100%。吸收后分布于细胞外液和组织，能穿过胎盘并进入乳汁（达血清浓度的 70%）。消除半衰期：马 11.9～17 h，猪 11 h，犬 5.7 h，猫 7.8 h。

【药理作用】

(1)支气管平滑肌松弛作用：氨茶碱对气道平滑肌有较强的直接松弛作用，这个作用机理有多个环节，包括：①抑制磷酸二酯酶，使气道平滑肌细胞内的 cAMP 浓度升高；②刺激内源性肾上腺素的释放，有人发现应用氨茶碱后肾上腺素和去甲肾上腺素浓度升高；③抗炎作用，氨茶碱能抑制组胺和慢反应物质的释放，并能抑制中性粒细胞进入气道；④对支气管和肺脉管系统的平滑肌有直接松弛作用。

(2)兴奋呼吸作用：氨茶碱对呼吸中枢有兴奋作用，可使呼吸中枢对 CO_2 的刺激阈值下降，呼吸深度增加。

(3)强心作用：诱导利尿，但作用较弱。

【临床应用】 主要用于治疗支气管痉挛、喘息性支气管炎等，与儿茶酚胺类药物配合使用。常用于带有心功能不全和/或肺水肿的患畜，如牛、马的肺气肿，犬的心源性气喘。

【注意事项】 对局部有刺激性，应深部肌内注射或静脉注射；静脉注射要用葡萄糖溶液稀释至 2.5%以下浓度，控制注射速度和剂量；禁与酸性药物配伍。

【制剂、用法与用量】 氨茶碱片，0.05 g、0.1 g、0.2 g。内服，一次量，每千克体重，马 5～10 mg，犬、猫 10～15 mg。氨茶碱注射液，2 mL∶0.25 g、2 mL∶0.5 g、5 mL∶1.25 g。肌内注射或静脉注射，一次量，马、牛 1～2 g，猪、羊 0.25～0.5 mg，犬 0.05～0.1 mg。

麻黄碱

【理化性质】 本品为从麻黄科植物麻黄中提取的一种生物碱（麻黄素），也可由人工合成。常用其盐酸盐。盐酸麻黄碱为白色结晶，无臭，味苦；易溶于水，能溶于醇；应遮光密封保存。

【体内过程】 本品易吸收而且完全。因对皮肤黏膜血管收缩作用较弱，故皮下注射吸收迅速。不易被单胺氧化酶等代谢，只有少量在肝内代谢脱去氨基，大部分以原形从尿排出。酸性尿排泄较快。可从乳汁分泌。吸收后，可透过血脑屏障。

【药理作用】 药理作用同肾上腺素，作用于肾上腺素能 α 受体和 β 受体。α 受体兴奋表现为皮肤和内脏血管收缩；β 受体兴奋表现为血管舒张，心脏兴奋，支气管平滑肌松弛。但作用均较肾上腺素弱与持久。

本品特点是可以内服，对支气管平滑肌的松弛作用较强而持久。反复应用易产生快速耐受性。

【临床应用】 主要用作平喘药，治疗支气管哮喘；外用治疗鼻炎，以消除黏膜充血肿胀（0.5%～1%溶液滴鼻）。

【注意事项】 用量过度，动物易躁动不安，甚至出现惊厥等中毒症状，严重时可用巴比妥类等缓解；连续用药易产生快速耐受性，作用迅速减弱甚至完全消失；哺乳期家畜禁用。

【制剂、用法与用量】 盐酸麻黄素片，0.25 mg。内服，一次量，马、牛 50～500 mg，羊 20～100 mg，猪 20～50 mg，犬 10～30 mg，猫 2～5 mg。盐酸麻黄素注射液，1 mL∶30 mg、5 mL∶150 mg。皮下注射，一次量，马、牛 50～300 mg，羊、猪 20～50 mg，犬 10～30 mg。

四、祛痰药、镇咳药与平喘药的合理选用

呼吸系统疾病的病因较多，但对动物来说，最常见的是微生物引起的炎症性疾病，因此用药时首

先应考虑对因治疗，同时有针对性地选用祛痰药、镇咳药、平喘药等进行对症治疗。而咳嗽、咳痰和喘息常同时存在，互为因果，在治疗时祛痰药、镇咳药、平喘药往往配伍应用。

呼吸道炎症初期，痰液黏稠而不易咳出，可选用刺激性弱的祛痰药如氯化铵，对有痰或无痰的咳嗽均有效。而碘化钾刺激性强，不适用于急性支气管炎。呼吸道感染伴全身症状的，应以抗菌药控制感染为主，同时选用刺激性较弱的祛痰药。对于频繁无痛性咳嗽，痰黏滞性增高，难以咳出，应选用碘化钾等刺激性祛痰药。

轻度咳嗽有利于排痰，一般不用镇咳药，而是选用祛痰药将痰液排出后，咳嗽就会减轻或停止。慢性支气管炎，频繁无痛性咳嗽、痰黏滞性高难以咳出，应选用碘化钾等刺激性祛痰药。长期频繁而剧烈的痛性干咳，可选用可待因等强镇咳药，或选用非成瘾性镇咳药咳必清。

轻度喘息，可选用氨茶碱或麻黄碱平喘，辅以氯化铵、碘化钾等祛痰药进行治疗，以使痰液迅速排出，缓解病情，可与镇静剂合用。但不宜应用可待因或咳必清等镇咳药，因其能阻止痰液的咳出，反而加重喘息。喘息发作时，还应辅以氯化铵、碘化钾等祛痰药，不宜选用镇咳药。肾上腺糖皮质激素、异丙肾上腺素等均有平喘作用，可用于过敏性喘息。

总之，呼吸系统疾病在明确诊断的情况下，采用"标""本"兼治的原则，既要考虑对症治疗，更要进行对因治疗。

任务四　泌尿系统药物

扫码学课件 4-4

一、利尿药

视频：4-4 泌尿系统药物

利尿药是直接作用于肾脏，促进电解质和水的排泄，增加尿量的一类药物。主要用于治疗各种水肿或腹腔积液，也用于促进体内毒物和尿道上部结石的排出。

尿液的生成过程包括肾小球滤过、肾小管和集合管的重吸收及分泌三个环节。利尿药通过影响这三个环节而产生作用，按其作用强度和作用部位一般分为三类：高效利尿药（呋塞米）、中效利尿药（氢氯噻嗪）和低效利尿药（螺内酯）。

呋塞米(Furosemide)

【理化性质】 呋塞米，又称速尿，为白色结晶性粉末，无臭、无味；水中不溶，乙醇中略溶，其钠盐溶于水，常制成片剂或注射液，应遮光、密封保存。

【作用与应用】 本品能抑制肾小管髓袢升支的皮质部和髓质部对 Na^+ 和 Cl^- 的重吸收，导致 Na^+ 和 Cl^- 浓度降低，肾小管浓缩功能下降，从而导致水、Na^+ 和 Cl^- 排泄增多。本品作用迅速，内服后 30 min 开始排尿，1～2 h 达到高峰，维持 6～8 h。

本品主要用于治疗各种原因引起的全身水肿及其他利尿药无效的严重病例，还可用于药物中毒时加速药物的排出以及预防急性肾功能衰竭。

【注意事项】 长期大量使用可出现低血钾、低血氯及脱水，应补钾或与保钾利尿药配伍或交替使用。应避免与氨基糖苷类抗生素合用。应避免与头孢菌素类抗生素合用，以免增加后者对肝脏的毒性。

【制剂、用法与用量】 呋塞米片，20 mg、50 mg。内服，一次量，每千克体重，马、牛、羊、猪 2 mg，犬、猫 2.5～5 mg。呋塞米注射液，2 mL：20 mg、10 mL：100 mg。肌内注射、静脉注射，一次量，每千克体重，马、牛、羊、猪 0.5～1 mg，犬、猫 1～5 mg。

氢氯噻嗪(Hydrochlorothiazide)

【理化性质】 本品为白色结晶性粉末，无臭、味微苦；不溶于水，微溶于乙醇，在氢氧化钠溶液中溶解，常制成片剂，应遮光、密封保存。

【作用与应用】 本品能抑制肾小管髓袢升支的皮质部对 NaCl 的重吸收，从而促进肾脏对 NaCl 的排泄而产生利尿作用。本品对碳酸酐酶也有轻度的抑制作用，减少 Na^+-H^+ 交换，增加 Na^+-K^+

交换，可使 K^+、HCO_3^- 排出增加，大量或长期应用可致低钾血症。本品内服后 1 h 开始利尿，2 h 达到高峰，一次剂量可维持 12～18 h。

本品适用于心、肺及肾性水肿，还可用于治疗局部组织水肿以及促进毒物的排出。

【注意事项】 利尿时应与氯化钾合用，以免产生低血钾。与强心药合用时，也应补充氯化钾。

【制剂、用法与用量】 内服，一次量，每千克体重，马、牛 1～2 mg，羊、猪 2～3 mg，犬、猫 3～4 mg。

螺内酯(Spironolactone)

【理化性质】 螺内酯为白色或类白色细微结晶性粉末，有轻微硫醇臭，在水中不溶，常制成片剂。

【作用与应用】 本品具有与醛固酮相似的结构，能与远曲小管和集合管上皮细胞膜的醛固酮受体结合产生竞争性拮抗作用，从而产生保钾排钠的利尿作用。其利尿作用较弱，显效缓慢但作用持久。

本品在临床上一般不作为首选药，常与呋塞米、氢氯噻嗪等其他利尿药合用，以避免过分失钾，并产生最大的利尿效果。

【注意事项】 本品有保钾作用，应用时无须补钾。肾功能衰竭及高血钾患畜忌用。

【制剂、用法与用量】 内服，一次量，每千克体重，马、牛、羊、猪 0.5～1.5 mg，犬、猫 2～4 mg。

二、脱水药

脱水药是指能消除组织水肿的药物，在体内多数不被代谢，能提高血浆及肾小管渗透压，增加尿量，也称为渗透性利尿药。引起的利尿作用不强，临床上主要用于局部组织水肿的脱水，如脑水肿、肺水肿等。常用药物有甘露醇、山梨醇、尿素、高渗葡萄糖等。

甘露醇(Mannitol)

【理化性质】 本品为白色结晶性粉末，无臭、味甜，在水中易溶，常制成注射液。

【作用与应用】 (1)脱水作用：本品内服不易吸收，静脉注射高渗溶液后，可迅速提高血液渗透压，使组织间水分透过血管壁向血液渗透，产生脱水作用。本品不能进入眼及中枢神经系统，但通过渗透压的作用能降低颅内压和眼内压。静脉注射后 20 min 即可显效，作用维持 6～8 h。

(2)利尿作用：本品在体内不被代谢，易经肾小球滤过，并很少被肾小管重吸收，在肾小管内形成高渗，从而产生利尿作用。此外，其还能防止肾毒素的蓄积，对肾起保护作用。

本品主要用于降低眼内压、创伤性脑水肿及其他组织水肿；治疗因急性肾功能衰竭所引起的少尿或无尿；加快毒物的排泄。

【注意事项】 静脉注射时勿漏出血管外，以免引起局部肿胀、坏死。心功能不全患畜不宜应用，以免引起心力衰竭。用量不宜过大，注射速度不宜过快，以防组织严重脱水。

【制剂、用法与用量】 静脉注射，一次量，马、牛 1000～2000 mL，羊、猪 100～250 mL。

三、尿液酸化剂与碱化剂

尿液酸化剂与碱化剂是使尿液呈酸性或碱性的物质，用于促进体内有害碱性或酸性物质的排出，促进结石的排出及调节尿道局部药物浓度。尿液酸化剂常用氯化铵、蛋氨酸，尿液碱化剂常用碳酸氢钠、乳酸钠、枸橼酸钾。

蛋氨酸(Methionine)

【理化性质】 本品也叫甲硫氨酸，为白色薄片状结晶或结晶性粉末，可溶于水、稀酸和碱。

【作用与应用】 本品是含硫的必需氨基酸，与生物体内各种含硫化合物的代谢密切相关，在犬、猫主要作为尿液酸化剂，用于防止某些类型结石的形成(如磷酸铵镁结石和草酸盐结石)，降低尿氨味，也可用于对乙酰氨基酚中毒的解救。

【注意事项】 本品过量可导致代谢性酸中毒，不宜用于肝、肾功能不全或年幼动物。

【制剂、用法与用量】 酸化尿液：内服，一次量，犬 0.2～1 g，猫 0.2 g，每 8 h 一次，调整剂量至尿液 pH 值为 6.5 或更低。对乙酰氨基酚中毒：内服，一次量，犬、猫 2.5 g，每 4 h 一次，连续 4 次。

枸橼酸钾(Potassium Citrate)

【理化性质】 本品为白色颗粒状结晶或白色结晶性粉末，无臭，味咸；微有吸湿性，易溶于水或甘油，几乎不溶于乙醇。

【作用与应用】 本品为碱性钾盐，可增加肾小管对钙离子的重吸收，碱化尿液。可用于草酸盐及尿酸盐尿石症的利尿及碱化尿液，真菌性尿路感染，也可用于低钾血症、钾缺乏症。

【制剂、用法与用量】 30%枸橼酸钾口服溶液。内服，一次量，每千克体重，犬、猫 75 mg，每 12 h 一次。

任务五　生殖系统药物

扫码学课件
4-5

一、生殖激素药物

(一)性激素类药物

性激素是指由动物的性腺，以及胎盘、肾上腺皮质网状带等组织合成的甾体激素，具有促进性器官成熟、副性征发育及维持性功能等作用。雌性动物卵巢主要分泌两种性激素——雌激素与孕激素，雄性动物睾丸主要分泌以睾酮为主的雄激素。

能起同化作用的类固醇衍生物称为同化剂(或同化激素)。同化剂在结构上与睾酮相似，具有类似于蛋白同化的活性，只有较小的雄性化反应。

性激素的分泌，受下丘脑-腺垂体的调节。下丘脑分泌促性腺激素释放激素(GnRH)，它可促进腺垂体前叶分泌促卵泡激素(FSH)和黄体生成素(LH)，在 FSH、LH 的相互作用下，促进雌激素、孕激素及雄激素的分泌。当性激素增加到一定水平时又可通过负反馈作用，使促性腺激素释放激素和促性腺素的分泌减少。

1. 雄激素类药物

甲基睾丸素(甲睾酮)

【理化性质】 本品为白色或乳白色结晶性粉末，无臭，无味，不溶于水，微有吸湿性；应遮光、密封保存。

【药理作用】

(1)对生殖系统：促进雄性生殖器官发育，维持第二性征，保证精子正常发育、成熟，维持精囊腺和前列腺的分泌功能。兴奋中枢神经系统，引起性欲和性兴奋。大剂量能抑制促性腺激素释放激素分泌，减少促性腺激素的分泌量，从而抑制精子的生成。此外，还有对抗雌激素，抑制母畜发情的作用。

(2)对生长：引起氮、钾、钠、磷、硫和氯在体内的滞留，促进蛋白质合成，使肌肉发达，骨质致密，体重增加。当骨髓功能低下时，还直接作用于骨髓，刺激红细胞生成。

【临床应用】

(1)对雄性动物：治疗雄激素缺乏所致的隐睾症，成年公畜雄激素分泌不足的性欲缺乏；诱导发情。

(2)对雌性动物：治疗乳腺囊肿，抑制泌乳。治疗母犬的假妊娠，抑制母犬、母猫发情，但效果不如孕酮。

(3)其他：皮下埋植可促进食品动物生长，提高饲料利用率。过去用得较多，现在有较大争议。

本品能损害雌性胎儿，孕畜禁用。前列腺肿患犬和泌乳母畜禁用。本品还有一定程度的肝脏毒性。

食品动物屠宰前应休药 21 日。

【制剂、用法与用量】 甲基睾丸素片，5 mg。内服，一次量，家畜 10～40 mg，如犬 10 mg，猫 5 mg。

Note

苯丙酸诺龙

苯丙酸诺龙又名苯丙酸去甲睾酮。

【理化性质】 本品属于人工合成品，为白色或乳白色结晶性粉末，几乎不溶于水，溶于乙醇和脂肪油。

【药理作用】 本品为人工合成品，蛋白同化剂。同化作用比甲基睾丸素、丙酸睾丸素强而持久，其雄激素作用较小。

【临床应用】 用于组织分解旺盛的疾病，如严重寄生虫病、犬瘟热、糖皮质激素过量的组织损耗；组织修复期，如大手术后、骨折、创伤等；营养不良动物虚弱性疾病的恢复及老年动物的衰老症；促进食欲，刺激生长，现我国和一些国家禁止用于此用途。

【注意事项】 长期使用可导致肝脏损害和发情紊乱；用药时应多饲喂蛋白质和钙含量高的食物。

【制剂、用法与用量】 苯丙酸诺龙注射液，1 mL：25 mg。肌内注射或皮下注射，一次量，马、牛200～400 mg，驹、犊 50～100 mg，猪、羊 50～100 mg，犬 25～50 mg，猫 10～20 mg，2 周 1 次。

2. 雌激素类药物 常用天然激素雌二醇。人工合成品己烯雌酚和己烷雌酚等已禁用。

雌二醇

雌二醇为天然激素，经提取制得。通常被制成各种酯类应用，如苯甲酸雌二醇、环戊丙酸雌二醇。

【理化性质】 苯甲酸雌二醇为白色结晶性粉末；无臭；不溶于水，微溶于乙醇或植物油，略溶于丙酮。

【药理作用】

(1)对生殖器官：对未成年母畜，促进性器官形成及第二性征发育。对成年母畜，除维持第二性征外，还可促进输卵管肌肉和黏膜的生长发育。促进子宫及其黏膜生长、血管增生扩张；促使黏膜腺体增生。增强子宫的收缩活动，此作用可被催产素进一步加强，而被孕激素抑制。还可使子宫颈周围的结缔组织松软，子宫颈口松弛，但天然雌激素对牛子宫颈口的松弛作用不明显。雌激素给公畜应用后，可产生对抗雄激素的作用，抑制第二性征的发育，降低性欲。

(2)对母畜发情：雌激素能恢复生殖道的正常功能和形态结构，如生殖器官血管增生和腺体分泌，出现发情征象。牛对雌激素很敏感，小剂量的雌二醇 2 次注射，就能使切除卵巢的青年母牛在 3 日内发情。常规剂量的雌二醇，使母牛在 12～48 h 内发情。雌激素所诱导的发情不排卵，动物配种不妊娠。

(3)对乳腺：对处女母牛和母羊，雌激素促使乳房发育和泌乳。与孕酮（黄体酮）合用，效果更加显著。对泌乳母牛，大剂量雌激素因抑制催乳素的分泌而使泌乳停止。

(4)对代谢：雌激素可增强食欲，促进蛋白质合成。但由于肉品中残留的雌激素对人体有致癌作用并危害儿童及未成年人的生长发育，所以禁用作饲料添加剂和皮下埋植剂。

【临床应用】

(1)治疗胎衣不下，排出死胎。配合催产素可用于分娩时子宫肌无力。

(2)治疗子宫炎和子宫蓄脓，可帮助排出子宫内的炎性物质。

(3)在牛发情征象微弱或无发情征象时，可用于小剂量催情。

(4)治疗前列腺肥大，老年犬或阉割犬的尿失禁，母畜性器官发育不全，雌犬过度发情，假妊娠犬的乳房胀痛等。

(5)诱导泌乳。

大剂量使用、长期或不适当使用，可致牛发生卵巢囊肿或慕雄狂，流产，卵巢萎缩，性周期停止等不良反应。

【制剂、用法与用量】 苯甲酸雌二醇注射液，1 mL：1 mg、1 mL：2 mg、2 mL：4 mg。肌内注射，一次量，马 10～20 mg，牛 5～20 mg，猪 3～10 mg，羊 1～3 mg，犬、狐 0.2～0.5 mg、猫、貂、兔 0.1～0.2 mg。

3. 孕激素类药物

孕酮

孕酮又名黄体酮。

【理化性质】 本品为白色或几乎白色的结晶性粉末；不溶于水，溶于植物油、醇、氯仿等。

【药动学】 本品可口服和注射给药，肌内注射后药效维持时间可达 1 周。血液中的孕酮多半与血浆蛋白结合。主要代谢产物为孕二醇和妊娠烯醇酮。代谢产物与葡萄糖醛酸或硫酸结合从尿中和胆汁中排泄，一部分孕酮及其代谢产物也可从乳汁中排泄。

【药理作用】

(1)对子宫：在雌激素作用的基础上，促使子宫内膜增生，腺体开始活动，供受精卵和胚胎早期发育之需；抑制子宫肌收缩，减弱子宫肌对催产素的反应，起“安胎”作用；使子宫颈口关闭，分泌黏稠液，阻止精子通过，防止病原菌侵入。

(2)对卵巢：反馈抑制垂体促性腺激素和下丘脑促性腺激素释放激素的分泌，从而抑制发情和排卵，这是家畜繁殖工作中控制母畜同期发情的基础。一般是注射孕激素、阴道放置孕酮海绵或内服合成的孕激素类药物一段时间(9～14 日)，抑制母畜卵泡的发育和排卵，人为地延长黄体期。一旦停药，孕酮的作用消除，动物垂体同时分泌促性腺激素，促进卵泡生长和动物发情。

(3)对乳腺：刺激乳腺腺泡的发育，在雌激素配合下使乳腺腺泡和腺管充分发育，为泌乳做好准备。

【临床应用】

(1)治疗：习惯性或先兆性流产，尤其是非感染性因素引起的流产和妊娠早期黄体功能不足所致的流产；卵巢囊肿引起的慕雄狂；牛、马排卵延迟。

(2)用于母畜的同期发情：用药后，母畜在数日内即可发情和排卵，但第一次发情受胎率低(一般只有 30%左右)。故常在第二次发情时配种，受胎率可为 90%～100%。

(3)抑制发情：泌乳期奶牛不用。休药期 21 日。

【制剂、用法与用量】 黄体酮注射液，1 mL：10 mg、1 mL：50 mg。肌内注射，一次量，马、牛 50～100 mg，猪、羊 15～25 mg，犬 2～5 mg。间隔 48 h 注射一次。

(二)促性腺激素类药物

卵泡刺激素(FSH)

卵泡刺激素又名促卵泡激素。

【理化性质】 本品是从猪、羊的垂体前叶提取的糖蛋白，为白色粉末，易溶于水。

【药理作用】 对母畜，刺激卵泡颗粒细胞增生和膜层迅速生长发育，甚至引起多发性排卵。与黄体生成素合用，促进卵泡成熟和排卵，使卵泡内膜细胞分泌雌激素。对公畜，促进生精上皮细胞发育和精子形成。

【临床应用】

(1)促进母畜发情：使不发情母畜发情和排卵，提高受胎率和同期发情的效果。

(2)用于超数排卵：牛、羊在发情的前几天注射卵泡刺激素，出现超数排卵，可供卵移植或提高产仔率。

(3)治疗：持久黄体、卵泡发育停止、多卵泡等卵巢疾病。

引起单胎动物多发性排卵，是本品的不良反应。

【制剂、用法与用量】 注射用垂体促卵泡素，50 mg。静脉注射、肌内注射或皮下注射，一次量，马、牛 10～50 mg，猪、羊 5～25 mg，犬 5～15 mg。临用时用 5～10 mL 灭菌生理盐水溶解。

黄体生成素(LH)

【理化性质】 本品是从猪、羊的垂体前叶中提取的糖蛋白，为白色粉末，易溶于水。

【药理作用】 对母畜，与卵泡刺激素协同促进卵泡成熟，引起排卵，形成黄体，产生雌激素。对公畜，促进睾丸间质细胞分泌睾酮，提高公畜的性兴奋，增加精液量，在卵泡刺激素的协同下促进精子形成。

【临床应用】

(1)促进排卵：用药后，黄体生成素突发性升高，卵巢产生胶原酶，使卵泡壁破坏而排卵。母马注射本品后可提高受胎率。

(2)治疗：卵巢囊肿，幼畜生殖器官发育不全，精子生成障碍，性欲缺乏，产后泌乳不足或缺乏等。

【制剂、用法与用量】 注射用垂体促黄体素，25 mg。静脉注射或皮下注射，一次量，马、牛 25 mg，猪 5 mg，羊 2.5 mg，犬 1 mg。临用时用 5 mL 灭菌生理盐水溶解。可在 1～4 周内重复注射。

马绒毛膜促性腺激素(PMSG)

【理化性质】 本品是从妊娠 40～120 日马血清中分离制得的一种糖蛋白，为白色无定形粉末，溶于水，水溶液不太稳定。

【药理作用】 对母畜，主要表现为卵泡刺激素样作用，促进卵泡的发育和成熟，引起母畜发情；也有轻度黄体生成素样作用，促使成熟卵泡排卵甚至超数排卵。对公畜，主要表现为黄体生成素样作用，能增加雄激素分泌，提高性兴奋。

【临床应用】

(1)诱导发情和排卵：不论何种原因所致的静止卵巢，在 PMSG 的刺激下均可由静止变为活动，引起母畜发情和排卵。用于母畜同期发情可提高受胎率。

(2)用于超数排卵：可使母牛超数排卵，用于胚胎移植。用于绵羊可促进多胎。

本品重复使用会产生抗马绒毛膜促性腺激素抗体而降低效力，甚至偶尔产生过敏性休克。

【制剂、用法与用量】 马绒毛膜促性腺激素粉针剂，400 U、1000 U、3000 U。静脉注射或皮下注射，一次量，马、牛 1000～2000 U，猪、羊 200～1000 U，犬、猫 25～200 U。

人绒毛膜促性腺激素(HCG)

【理化性质】 本品是从初孕妇女尿中提取制得的一种糖蛋白，为白色的冻干块状物或粉末，易溶于水。

【药理作用】 主要作用与黄体生成素相似，也有较弱的卵泡刺激素样作用。对母畜，促进卵泡成熟、排卵并形成黄体，延长黄体的持续时间，刺激黄体分泌孕酮。对公畜，促进细精管的功能和间质细胞的活动，增加雄激素分泌，使隐睾患畜的睾丸下降。

【临床应用】

(1)诱导排卵，提高受胎率：在卵泡接近成熟(卵泡直径大于 2 cm)时注射本品，绝大多数马在 24～48 h 内排卵。

(2)增强同期发情的排卵效果：母猪先用孕激素抑制发情，停药时注射马绒毛膜促性腺激素，4 日后再注射本品，同期化准确，受胎率正常。

(3)对患卵巢囊肿并伴有慕雄狂症状的母牛，疗效显著。

(4)治疗公畜性功能减退。

多次应用可引起过敏反应，并降低疗效。

【制剂、用法与用量】 注射用人绒毛膜促性腺激素，500 U、1000 U、2000 U、5000 U。静脉注射或肌内注射，一次量，马、牛 1000～10000 U，猪 500～1000 U，羊 100～500 U，犬 100～500 U，猫 100～200 U。

视频：4-5
缩宫素

二、子宫收缩药

子宫收缩药是一类能兴奋子宫平滑肌的药物。它们的作用，因子宫所处的激素环境、药物种类及用药剂量的不同而表现为节律性收缩或强直性收缩，可用于催产、引产、产后止血或子宫复原。在子宫颈口开放、产道通畅、胎位正常、子宫收缩乏力时用于催产。

缩宫素

缩宫素又名催产素。从牛或猪的垂体后叶中提取，现已人工合成。

【理化性质】 本品为白色粉末或结晶，能溶于水，水溶液呈酸性，为无色澄清或几乎澄清的液体。

【药理作用】 本品可选择性兴奋子宫，加强子宫平滑肌的收缩。子宫收缩的强度及性质，因子宫所处激素环境和用药剂量之不同而异。在妊娠早期，子宫处于孕激素环境中，对催产素不敏感。随着妊娠进行，雌激素浓度逐渐增加，子宫对催产素的反应可逐渐增强，临产时达到高峰。本品小剂量能增加妊娠末期的子宫节律性收缩，较少引起子宫颈兴奋，适用于催产。本品剂量加大时，使子宫的张力持续增高，舒张不完全，出现强直性收缩，适用于产后止血或产后子宫复原。

催产素还能加强乳腺腺泡周围的肌上皮细胞收缩，松弛大的乳导管和乳池周围的平滑肌，促使腺泡腔内的乳汁迅速进入乳导管和乳池，引起排乳。本品对垂体前叶催乳素的分泌也有促进作用。

【临床应用】 用于临产前子宫收缩无力母畜的引产。治疗产后出血、胎盘滞留和子宫复原不全，在分娩后 24 h 内使用。

产道阻塞、胎位不正、骨盆狭窄等临产家畜禁用。

【制剂、用法与用量】 缩宫素注射液，1 mL：10 U、5 mL：50 U。

子宫收缩：静脉注射、肌内注射或皮下注射，一次量，马 75～150 U，牛 75～100 U，猪、羊 10～50 U，犬 5～25 U，猫 5～10 U。如果需要，可间隔 15 min 重复使用。

排乳：马、牛 10～20 U，猪、羊 5～20 U，犬 2～10 U。

麦角新碱

从麦角中提取出的生物碱。主要含麦角碱类，包括麦角胺、麦角毒碱和麦角新碱。

【理化性质】 麦角新碱常用其马来酸盐，为白色或微黄色细微结晶性粉末，无臭，能溶于水和醇，遇光易变质。

【作用与应用】 本品对子宫平滑肌有很强的选择性兴奋作用，持续 2～4 h。与缩宫素的区别如下，本品能兴奋子宫体和子宫颈，剂量稍大即可引起强直性收缩。故不宜用于催产或引产，否则会使胎儿窒息及子宫破裂。

用于子宫需要长时间强烈收缩的情况，如产后出血、产后子宫复原和胎衣不下。

【制剂、用法与用量】 马来酸麦角新碱注射液，1 mL：0.5 mg、1 mL：2 mg。静脉注射或肌内注射，一次量，马、牛 5～15 mg，猪、羊 0.5～1 mg，犬 0.2～0.5 mg，猫 0.07～0.2 mg。

垂体后叶素

从牛或猪脑垂体后叶中提取的水溶性成分，能溶于水，不稳定，含催产素和加压素（抗利尿激素），对子宫的作用与缩宫素相同，但有抗利尿、收缩小血管引起血压升高的副作用。本品在催产、引产、子宫复原等方面的应用，与缩宫素相同。

【制剂、用法与用量】 垂体后叶素注射液，1 mL：10 U、5 mL：50 U。静脉注射、肌内注射或皮下注射，一次量，马、牛 50～100 U，猪、羊 10～50 U，犬 5～30 U，猫 5～10 U。静脉注射时用 5%葡萄糖溶液稀释。

三、前列腺素

前列腺素是前列腺烷酸的衍生物，属二十烷类化合物，最早从人精液中发现，从羊精囊中证实。二十烷类化合物是磷脂类的一系列衍生物的总称，包括前列腺素（prostaglandin，PG）和白三烯（leukotriene，LT）及其类似物。

前列腺素的命名，都是在 PG 后加英文字母（表示型）和下标数字（表示侧链的双键数目），有的在数字后还有希腊字符（指示侧链的方向），如 $PGF_{2\alpha}$。

前列腺素具有广泛的生理（药理）和病理作用，在医药学上占有重要地位。在繁殖和畜牧生产上，主要用其溶解黄体和收缩子宫的作用。在小动物临床上，还用其扩张血管、保护血小板、扩张支气管、保护胃黏膜等作用。所用药物主要有地诺前列素、前列地尔、地诺前列酮、米索前列醇、依前列醇、氟前列醇、氯前列醇等。

地诺前列素(Dinoprost)

地诺前列素又名黄体溶解素，为前列腺素 $F_{2\alpha}$。

【药理作用】 本品对生殖、循环、呼吸以及其他系统具有广泛作用。对生殖系统的作用：溶解黄体，促进子宫收缩，促进垂体前叶释放黄体生成素，影响精子的发生及移行，干扰输卵管的活动及胚胎附植。

本品可溶解黄体，使黄体萎缩，孕酮产生减少和停止，导致黄体期缩短，使母畜同期发情和排卵，有利于人工同期受精或胚胎移植。牛、马、羊注射本品，会出现正常的性周期。本品对断奶仔猪提早发情和配种也有良好效果。对于卵巢黄体囊肿或持久黄体，本品均可使黄体萎缩退化，促进排卵和发情。

本品能兴奋子宫平滑肌，对妊娠和未妊娠的子宫都有作用。妊娠末期子宫对本品尤为敏感，子宫张力增加，子宫颈松弛，适用于催产、引产和人工流产。

【临床应用】

(1)用于同期发情：马、牛、羊注射后出现正常的性周期，注射 2 次，同期发情更准确。

(2)治疗持久黄体和卵巢黄体囊肿：对持久黄体，牛间情期肌内注射本品 30 mg，第 3 日开始发情，第 4～5 日排卵。对卵巢黄体囊肿，注射后第 6～7 日排卵。

(3)用于马、牛、猪催情。

(4)用于公畜，可增加精液射出量和提高人工授精效果。

(5)用于催产、引产、排出死胎，子宫蓄脓、慢性子宫内膜炎。

【制剂、用法与用量】 地诺前列素注射液，1 mL：1 mg、1 mL：5 mg。肌内注射，一次量，马、牛 6～20 mg，羊、猪 3～8 mg。

氯前列醇(Cloprostenol)

本品为人工合成品，为前列腺素 $F_{2\alpha}$ 的同系物。本品对母畜具有溶解黄体和收缩子宫的作用，主要用于牛。在牛的血清半衰期仅数分钟。对非妊娠牛，用药后 2～4 日发情。对交配后 1 周至妊娠 5 个月的母牛，注射后 4～5 日流出胎儿和胎盘。对妊娠 5 个月以上的母牛，引产能力下降，难产机会增加。

用于牛同期发情，子宫蓄脓，母畜催情配种、催产、引产。

【制剂、用法与用量】 氯前列醇注射液，2 mL：0.1 mg、2 mL：0.2 mg。肌内注射，一次量，牛每头 0.2～0.6 mg，猪、羊每头 0.1～0.2 mg。

任务六　实验实训

一、泻药泻下作用观察

【实验目的】 盐类泻药的导泻作用机理和血药浓度对泻下作用的影响。

【实验原理】 肠壁黏膜是一种半透膜，水可向渗透压大的方向流动，盐类泻药易溶于水，其水溶液中的离子不易被肠道吸收，在肠道内形成高渗环境，阻止肠道内水分吸收和将组织中的水分吸收到肠道，使肠道内含有大量水分，增大肠道内容积，对肠壁感受器产生机械和化学刺激，促进肠道蠕动，加快水分向粪便渗透，发挥其浸泡、软化和稀释作用，使之随着肠道蠕动而排出体外。

【实验材料】

1. 动物　家兔，体重 2～3 kg。

2. 药品　5%硫酸钠和 20%硫酸钠、生理盐水、0.25%盐酸普鲁卡因注射液。

3. 器材　兔固定板(或手术台)、台秤、剪毛剪、酒精棉、镊子、手术刀、缝合线、缝合针、止血钳、纱布、10 mL 注射器。

【实验方法】

(1)将家兔仰卧保定于手术台上，腹部剪毛消毒。

(2)以 0.25%盐酸普鲁卡因注射液浸润麻醉手术部位。

(3)切开腹壁，暴露肠管，取出一段小肠，在不损伤肠系膜血管和神经情况下，用缝合线将肠管结扎分成四小段，每段 2～4 cm，使之成为互不相通的盲囊。

(4)向三段肠腔内分别注入 5%硫酸钠、生理盐水、20%硫酸钠，一段留作空白对照，使肠壁充盈适中，不要太膨胀。注射完毕后，将肠壁放回腹腔，缝合腹壁。

(5)2 h 后打开腹壁，观察四段肠壁充盈度有何变化。

【注意事项】

(1)选择肠管的长度和粗细尽量相同。

(2)结扎时各段肠管不相通。

(3)每段肠管的血管要比较均匀。

(4)注射后肠管充盈度尽量相同。

(5)注射时不要损伤肠系膜血管和神经。

【实验结果】 实验结果见表 4-1。

表 4-1 泻药泻下作用实验结果

注入药液名	注入药液肠管变化
5%硫酸钠	
生理盐水	
20%硫酸钠	
空白对照	

二、止血药及抗凝血药作用观察

【实验目的】 学习用毛细管和针挑血滴法测定凝血时间的方法；观察药物促凝血和抗凝血作用，并分析其作用机理。

【实验原理】 凝血过程是一个复杂的生化反应过程，当血管和组织损伤后，由于提供了粗糙面，血小板聚集与凝血因子一起形成凝血酶原激活物，促进凝血酶原转变为凝血酶，在凝血酶的催化下，将纤维蛋白原转变为纤维蛋白，形成网状结构，网住血小板和血细胞，形成血凝块，堵住创口，制止出血。

在正常畜体内，血液中还存在着纤维蛋白溶解系统，简称纤溶系统，其主要包括纤维蛋白溶酶原及其激活因子，能使血液中形成的少量纤维蛋白再溶解。机体内的凝血和抗凝之间相互作用，保持着动态平衡。维生素 K 和止血敏属于止血药，枸橼酸钠和肝素钠属于抗凝血药。

【实验材料】

1. 动物 家兔 3 只，体重 2～3 kg。

2. 药品 10 mg/mL 维生素 K 注射液、20%止血敏(酚磺乙胺)注射液、生理盐水、0.1 mL 4%的枸橼酸钠溶液、0.1 mL 0.02%肝素钠注射液。

3. 器材 兔固定板(或手术台)、台秤、5 mL 注射器 3 个、5 号针头 3 个、毛细管、采血器、试管等。

【实验方法】

(1)取家兔 3 只，分别测定其正常的凝血时间。

(2)3 只家兔分别注射下列药物：

甲兔肌内注射 10 mg/mL 维生素 K 注射液 1 mL。

乙兔静脉注射 20%止血敏(酚磺乙胺)注射液 0.5 mL/kg。

丙兔为对照兔，静脉注射生理盐水 1 mL/kg。

(3)注射完毕 10 min 后，再测定血液凝固时间，以后每 10 min 测 1 次，共测 3 次，比较各种药物的作用。

(4)上述实验完毕后，从丙兔心脏采血 10 mL，于下列 3 个试管中各放入此血 1 mL。

甲试管内有 0.1 mL 4%的枸橼酸钠溶液。

乙试管内有 0.1 mL 0.02%肝素钠注射液。

丙试管内有 0.1 mL 生理盐水。

血液放入试管中，摇动片刻，然后置于试管架上，约 20 min 后观察各试管血液有无凝固现象并记录。

【注意事项】

(1)采血并放入试管中要迅速。

(2)毛细管法测定凝血时间：给药后每间隔 10 min 用针刺破耳缘静脉，并用毛细管吸取血液，自血液流入毛细管内开始计时，待血液注满毛细管后，取出毛细管并平放于桌面上，每隔 15～30 s，折断毛细管约 5mm 长度，并缓慢向左右拉开，观察折断处是否有血凝丝。从取血到首次出现血凝丝的时间即为凝血时间。

(3)针挑血滴法测定凝血时间：按照耳缘静脉采血的操作程序，滴取一滴血液于清洁玻片上，血滴直径约 0.5 cm，放在有湿润棉花的平皿上，防止血液干燥(如空气相对湿度在 90%以上，可直接在室内进行)，每隔 30 s 用大头针尖横过血液向上挑一次，直至针尖能挑起纤维蛋白丝为止，记录从血滴滴于玻片至能挑起纤维蛋白丝的时间(凝血时间)，连续做 3 次，取平均值。

【实验结果】 实验结果见表 4-2。

表 4-2 止血药与抗凝血药作用实验结果

兔号	药物	血凝时间				
		给药前	给药后			
			10 min	20 min	30 min	40 min
甲	10 mg/mL 维生素 K 注射液					
乙	20%止血敏(酚磺乙胺)注射液					
丙	生理盐水					

三、利尿药与脱水药作用观察

【实验目的】 观察呋塞米、甘露醇对家兔的利尿作用；掌握药物利尿的实验方法。

【实验原理】 呋塞米是高效利尿药，通过抑制髓袢升支粗段对氯化钠的重吸收产生利尿作用；快速静脉注射甘露醇，通过渗透压作用使尿量增加。

【实验材料】

1. 动物 雄性家兔 3 只，体重 2～3 kg。

2. 药品 1%呋塞米注射液、20%甘露醇注射液、生理盐水、液状石蜡。

3. 器材 兔固定板(或手术台)、台秤、兔开口器 1 个、10 号导尿管 3 条、20 mL 小量筒 3 个、5 mL 注射器 3 个、5 号针头 3 个、胶布。

【实验方法】

(1)取雄性家兔 3 只，称重标记，分别按每千克体重 50 mL 蒸馏水灌胃。

(2)30 min 后，将家兔仰卧保定于手术台上。

(3)取 10 号导尿管用液状石蜡润滑后，由尿道口缓缓插入膀胱 8～12cm，见有尿液滴出即可，并将导尿管用胶布固定，以防滑脱。

(4)压迫家兔的下腹部，排空膀胱，并在导尿管的另一端接一量筒收集尿液，记录 15 min 内正常尿量。

(5)分别给 3 只家兔耳缘静脉注射生理盐水(每千克体重 5 mL)、1%呋塞米注射液、20%甘露醇注射液。

(6)用量筒收集并记录家兔每 15 min 内的尿量，连续观察 1 h，比较各家兔在不同时间段内尿量的变化和总尿量。

【注意事项】

(1)雄兔比较容易插入导尿管，且应在实验前 24 h 供给充足的饮水和青饲料。

(2)各家兔的体重、灌胃及给药时间尽可能一致,给药前尽量排空膀胱,以免影响实验结果。

(3)插入导尿管时动作要轻缓,以免损伤尿道口。

【实验结果】 实验结果见表 4-3。

表 4-3 药物对家兔排尿量的影响

兔号	正常尿量 15 min	药物	用药后尿量			
			0～15 min	16～30 min	31～45 min	46～60 min
甲		生理盐水				
乙		1%呋塞米注射液				
丙		20%甘露醇注射液				

链接与拓展

呼吸系统相关中药知识拓展

前列腺素知识拓展

利尿药与脱水药的合理选用

临床常用强心药的合理选用

止血药的合理选用

国内禁用兽药(渔药)目录

案例分析

案例一

案例二

案例三

巩固训练

执考真题

复习思考题

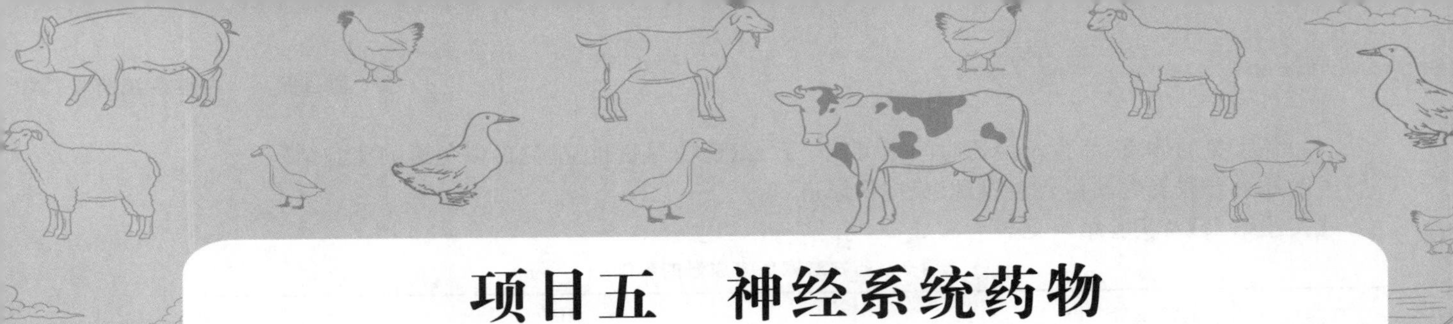

项目五　神经系统药物

项目导入

本项目主要介绍作用于神经系统的药物，主要分为中枢神经系统药物、外周神经系统药物、实验实训三部分。本项目药物在临床及畜牧业生产中的应用极为广泛，因此在教学和学习过程中占有重要的地位。

学习目标

▲知识目标

1. 掌握神经系统药物的作用特点及临床应用。
2. 熟悉神经系统药物的作用机理、药动学特点、不良反应。
3. 了解神经系统药物的分类、理化性质。

▲能力目标

1. 具备开展用药咨询的药理基础知识。
2. 具有对选用药物的合理性进行初步评价的能力。
3. 学会观察局麻药和全麻药的作用。

▲素质与思政目标

珍爱生命，远离毒品，严格遵守《麻醉药品和精神药品管理条例》，合法合规地使用该类药物，培养学生诚信守法精神和职业道德。

案例导入

白色贵宾犬 1 只，雌性，2 岁 8 个月，正常免疫，体重 2.2 kg。主诉就诊前一晚突然口吐白沫、身体不断抽搐、四肢僵硬，抽搐后恢复正常与平时无异，随后又出现一次口吐白沫，但是未见抽搐。第二天下午主人带患犬至宠物医院进行诊治。初步检查发现，该犬未发病时精神良好，体温 38.2 ℃，呼吸、心率正常，神经学检查正常。就诊期间该犬发病一次，四肢发生震颤，空嚼，口腔内分泌大量的白色泡沫。

根据这样一个案例情况，如何对该病例进行进一步分析检查，又如何开展患犬的药物治疗？让我们带着这样一些问题学习神经系统药物的相关知识。

扫码学课件

5-1

任务一　中枢神经系统药物

一、中枢兴奋药

中枢兴奋药是指能兴奋中枢神经系统，增强其活性的一类药物。根据药物的主要作用部位，中枢兴奋药分为三类：①大脑兴奋药，主要兴奋大脑皮层，如咖啡因等；②延髓兴奋药，临床上常用于呼吸中枢抑制，如尼可刹米等；③脊髓兴奋药，临床上常用于神经不全麻痹，如士的宁等。

视频：5-1
中枢兴奋药

（一）大脑兴奋药

大脑兴奋药的主要作用部位为大脑皮层，其可提高大脑皮层高级神经活动，对抗大脑皮层下中枢的抑郁。这类药物有咖啡因、茶碱等，能提高大脑皮层的兴奋性，改善全身代谢活动。

咖啡因(Caffeine)

咖啡因存在于多种植物中，是咖啡豆和茶叶的主要生物碱，属黄嘌呤衍生物，现可人工合成。

【理化性质】 本品为白色针状结晶，无臭，味苦，难溶于水，略溶于乙醇。咖啡因可与苯甲酸钠1∶1混合生成易溶于水的苯甲酸钠咖啡因(俗称安钠咖)。

【体内过程】 本品内服或注射均易吸收，但经消化道吸收不规则，有刺激性；复盐吸收良好，刺激性亦小；能通过血脑屏障和胎盘屏障；主要在肝内发生氧化、去甲基化或乙酰化，大部分以甲基尿酸和黄嘌呤形式经尿排出。

【作用与应用】 本品可抑制磷酸二酯酶对环磷酸腺苷的分解，增强机体代谢活动，与儿茶酚胺类药物具有协同作用。①对中枢神经系统的作用：小剂量即能提高动物机体对外界的感应性，使精神兴奋；治疗量时则以大脑皮层兴奋过程加强，而不减弱抑制过程为特征，表现为动物对刺激的反应增强，反射的潜伏期缩短，疲劳消除，短暂提高肌肉工作能力；较大剂量能兴奋延髓呼吸中枢、血管运动中枢和迷走神经，出现短暂的呼吸加深加快、血压升高和心率减慢；超量会导致脊髓过度兴奋，表现为不安和强直性惊厥。②对心血管系统的作用：本品对心血管系统具有中枢性和外周性的双重作用，两方面的作用相反，一般是外周性作用占优势。小剂量时，心率减慢（迷走神经兴奋），血管收缩（血管运动中枢兴奋）。较大剂量时，心率、心肌收缩力和心输出量增加（直接兴奋心肌），血管舒张（直接舒张血管平滑肌）。③其他作用：如利尿，收缩/舒张胃肠道、支气管和胆道平滑肌，促进糖原分解，激活脂酶等。

咖啡因可用作中枢兴奋药和强心药。用作中枢兴奋药时，本品的中枢兴奋作用最强，对大脑皮层特别敏感，是乙醚和其他麻醉药的直接对抗剂，因而用于重症衰竭、中枢抑制药用药过量引起的中毒，过度劳役引起的精神沉郁，血管运动中枢和呼吸中枢衰竭，剧烈腹痛（主要作为保护体力），牛产后麻痹和肌红蛋白血尿症。用作强心药时，本品除中枢兴奋作用外，在较大剂量下还可兴奋延髓呼吸中枢和血管运动中枢，对心肌、血管、支气管有直接作用，能增强心肌收缩力，增加心率、心输出量及松弛血管、支气管平滑肌。因而可用于高热、中暑、中毒等引起的急性心力衰竭。

【不良反应】 咖啡因是一种比较安全的中枢兴奋药，治疗量一般无不良反应，但剂量过大易引起中毒，表现为反射亢进、肌肉抽搐乃至惊厥，最后可因超限抑制而死亡。本品中毒可用溴化物、水合氯醛和巴比妥类解救，但不能用麻黄碱或肾上腺素等强心药，以防毒性增强。

【注意事项】 本品忌与鞣酸、碘化物及盐酸四环素、盐酸土霉素等酸性药物配伍，以免发生沉淀；心动过速或心律不齐时禁用。

【制剂、用法与用量】 苯甲酸钠咖啡因（安钠咖）注射液，10 mL∶1 g、10 mL∶2 g。皮下注射、肌内注射：牛、马 2～5 g，猪、羊 0.5～2 g，鸡 0.025～0.05 g，犬 0.1～0.3 g。静脉注射：牛、马 2～4 g，猪、羊 0.5～1 g，鹿 0.5～2 g。一般 1～2 次/日，重症给药间隔时间 4～6 h。

（二）延髓兴奋药

延髓兴奋药能直接或间接兴奋延髓呼吸中枢，增加呼吸频率和呼吸深度，故又称呼吸兴奋药，对血管运动中枢也有不同程度的兴奋作用。多用于抢救一般呼吸抑制的患畜，抢救呼吸肌麻痹的效果不佳，最常用的是尼可刹米。

尼可刹米(Nikethamide，Coramine)

尼可刹米又称可拉明，为人工合成品。

【理化性质】 本品为无色至淡黄色的澄清油状液体；放置冷处，即成结晶；有轻微的特臭；有引

湿性；凝点为 22～24 ℃；能与水、乙醇、三氯甲烷或乙醚任意混合。

【体内过程】 内服或注射均易吸收，通常注射给药。作用维持时间短暂，一次静脉注射仅持续 5～10 min。在体内转变为烟酰胺，再被甲基化成 N-甲基烟酰胺经尿排出。

【作用与应用】 本品主要直接兴奋延髓呼吸中枢，亦可刺激颈动脉体和主动脉弓化学感受器，反射兴奋呼吸中枢，使呼吸加深加快，并提高呼吸中枢对二氧化碳的敏感性。对大脑、血管运动中枢和脊髓有微弱的兴奋作用，对其他器官无直接兴奋作用。大剂量可引起惊厥，但安全范围较宽。

本品常用于各种原因引起的呼吸抑制。如中枢抑制药中毒、因疾病引起的中枢性呼吸抑制、二氧化碳中毒、溺水、新生仔畜窒息等。对呼吸肌麻痹则效果不佳，如司可林中毒和链霉素急性中毒所致的呼吸抑制。此外，在解救中枢抑制药中毒方面，本品对吗啡中毒效果好于巴比妥类中毒。

【不良反应】 本品安全范围较大，不易引起惊厥。但大剂量可使血压升高、出汗、心律失常；过量中毒时可兴奋大脑和脊髓，表现为兴奋不安、震颤、肌肉僵直、惊厥甚至死亡。

【注意事项】 如出现惊厥，应及时注射地西泮或小剂量硫喷妥钠；本品注射速度不宜过快；本品兴奋作用之后，常出现中枢神经抑制现象。

【制剂、用法与用量】 尼可刹米注射液，0.5 g∶2 mL。静脉注射、皮下注射或肌内注射，一次量：马、牛 2.5～5 g，羊、猪 0.25～1 g，犬 0.125～0.5 g。必要时可间歇 2 h 重复一次。

（三）脊髓兴奋药

脊髓兴奋药是指能选择性兴奋脊髓的药物。此类药物能选择性阻止抑制性神经递质对神经元的抑制作用，从而兴奋脊髓。脊髓兴奋药可提高脊髓反射功能，其代表药物是士的宁，小剂量能提高脊髓反射兴奋性，大剂量可引起强制性惊厥。

士的宁（Strychnine）

士的宁又名番木鳖碱，是从番木鳖碱或马钱的种子中提取的生物碱，多用其硝酸盐。

【理化性质】 其硝酸盐为无色棱状结晶或白色结晶性粉末；无臭，味极苦；略溶于水，微溶于乙醇；遮光，密封保存。

【体内过程】 本品内服或注射均能迅速吸收，并能较均匀地分布。本品排泄缓慢，易产生蓄积作用。

【作用与应用】 本品与甘氨酸受体结合后，能竞争性阻断脊髓闰绍细胞释放的突触后抑制性神经递质甘氨酸，从而选择性兴奋脊髓。治疗量可缩短脊髓反射时间，使神经冲动易传导（如听觉、视觉、味觉和触觉等敏感性增强），骨骼肌张力增加。

本品常用于治疗巴比妥类中毒、瘫痪、弱视等。直肠、膀胱括约肌的不全麻痹，非损伤性阴茎下垂，因挫伤引起的臀部、尾部与四肢的不全麻痹以及颜面神经麻痹等可用本品进行治疗。本品内服后能反射性地引起胃肠道分泌增加，促进食欲，改善消化功能，因此在临床上还可用作苦味健胃药。此外，本品在改善视神经营养等方面也有一定作用。

【不良反应】 本品毒性大，安全范围小，过量易出现肌肉震颤、脊髓兴奋性惊厥、角弓反张等。

【注意事项】 肝功能不全、癫痫及破伤风患畜禁用；孕畜及有中枢神经系统兴奋症状的患畜禁用；本品排泄缓慢，长期应用易蓄积中毒，故使用时间不宜过长，重复给药时应酌情减量；因过量出现惊厥时应保持动物安静，避免外界刺激，并迅速使用水合氯醛、巴比妥类药物进行解救。

【制剂、用法与用量】 硝酸士的宁注射液，1 mL∶2 g。皮下注射，一次量，马、牛 15～30 mg，羊、猪 2～4 mg，犬 0.5～0.8 mg。

二、中枢抑制药

中枢抑制药是指能降低中枢神经系统功能活动的药物，包括全身麻醉药，镇静、安定和催眠药，抗癫痫药和抗惊厥药，麻醉性镇痛药。

（一）全身麻醉药

全身麻醉药简称全麻药，是一类能可逆性地抑制中枢神经系统，暂时引起意识、感觉、运动及反

射消失、骨骼肌松弛，但仍保持延髓生命中枢功能的药物。动物在麻醉状态下进行手术，对术者和患畜都很有好处，还能避免动物发生疼痛性休克。

全麻药对中枢神经系统的作用是一个由浅入深的过程。中枢神经受抑制的程度与药物在该部位的浓度有关，低剂量产生镇静作用，随着剂量的增加可产生全身麻醉作用，进一步可引起麻痹，甚至死亡。为了增强全麻药作用效果，降低其毒副作用，临床上常采用联合用药或辅助其他药物进行复合麻醉。常用的麻醉方式有以下几种：麻醉前给药、诱导麻醉、基础麻醉、配合麻醉和混合麻醉。常用的药物主要用于外科手术，根据全麻药的理化性质和使用方法不同可将其分为吸入麻醉药和非吸入麻醉药两大类。

1. 全身麻醉的分期 中枢神经系统各部位对麻醉药的敏感程度不同，随着血药浓度的变化，中枢的各个部位出现不同程度的抑制，因而出现不同的麻醉时期。最先抑制的是大脑皮层，然后是间脑、中脑、脑桥，再次为脊髓，最后是延髓。因此，全麻过程大约可以分为下列几个时期。

(1)诱导麻醉期：又可分为镇痛期与兴奋期。镇痛期短，不易察觉，也没有显著的临床意义。兴奋期动物做不自主运动，有一定危险性，是麻醉药作用于大脑，导致大脑皮层失去对大脑皮层下中枢的调节与抑制作用而产生的。

(2)外科麻醉期：随着血药浓度的升高，间脑、中脑、脑桥和脊髓受到不同程度的抑制，因而表现出意识消失、反射性兴奋减弱、痛觉消失、肌肉松弛等一系列麻醉现象，适宜进行手术。根据麻醉深度的不同，外科麻醉期可以分为以下三个阶段。

①浅麻醉期：动物安静，痛觉反应减弱或消失，骨骼肌松弛，呼吸脉搏转慢，瞳孔逐渐缩小，角膜反射、肛门反射减弱。这是兽医临床进行外科手术的最佳时期。

②深麻醉期：呼吸减慢变浅，血压下降，骨骼肌极度松弛，瞳孔轻度扩张，对光反射减弱，角膜反射消失，但仍有肛门反射。兽医临床一般不应麻醉至此深度。

③麻痹期：又称呼吸麻痹期。这一时期延髓的生命中枢已经受到严重抑制，呼吸微弱，脉搏细弱，血压降至危险线，瞳孔突然扩大，呼吸停止，心跳也随即停止，动物死亡。

麻醉的苏醒则按麻醉相反的顺序进行。在完成手术后，一般应使苏醒时间尽量缩短以减少在苏醒过程中动物挣扎所造成的意外损伤。

2. 复合麻醉 为了增强麻醉药的作用，减少副作用，常用的复合麻醉方式如下。

(1)麻醉前给药：在应用麻醉药之前，先用一种或几种药物以补救麻醉药的缺陷或增强麻醉效果。例如，给予阿托品以减少呼吸道的分泌和胃肠蠕动，并防止迷走神经兴奋所致的心率减慢；给予镇静、安定药使动物安静和安定，易于保定。

(2)诱导麻醉：为避免麻醉诱导期过长，先用诱导期短的药物如丙泊酚、氧化亚氮等，使动物快速进入外科麻醉期，然后改用其他麻醉药如七氟烷维持麻醉。

(3)基础麻醉：先用巴比妥类或水合氯醛使动物达到浅麻醉状态，然后用其他麻醉药使动物进入合适的外科麻醉深度，以减轻麻醉药的不良反应并增强麻醉药的效果。

(4)配合麻醉：将局部麻醉药或其他药物配合全身麻醉药使用，例如，使用全身麻醉药使动物达到浅麻醉状态，再在术野或其他部位施用局部麻醉药，以减少全身麻醉药的用量或毒性。在使用全身麻醉药的同时给予肌肉松弛药，以满足外科手术对肌肉松弛的要求；给予镇痛药，以增强麻醉药的镇痛效果。

(5)混合麻醉：将两种或两种以上的麻醉药混合在一起使用，以达到取长补短的目的，如氟烷与乙醚混合，水合氯醛与硫酸镁溶液混合。

3. 全身麻醉药分类

1)非吸入麻醉药

1934 年，短效巴比妥类的出现，开创了非吸入麻醉药(注射麻醉药)的先河。非吸入麻醉药的优点是能比较迅速和完全地控制麻醉的诱导，对大动物和呼吸道阻塞的动物非常重要；对仪器设备的要求较低，引起恶心的概率也较小。但非吸入麻醉药容易过量；麻醉的深度不能快速逆转；麻醉和肌肉松弛的质量总体上不如吸入麻醉药；多数需要通过复合麻醉才能获得理想效果。兽医临床上使用较多的非吸入麻醉药是丙泊酚、巴比妥类和水合氯醛等。

水合氯醛(Chloral Hydrate)

【理化性质】 本品为白色或无色透明的结晶，有刺激性特臭，味微苦，露置于空气中易挥发且部分出现液化。本品极易溶解于水，易溶于乙醇、氯仿或乙醚。

【体内过程】 本品内服或直肠给药均易吸收，犬内服 15～30 min 血药浓度达峰值，并广泛分布于机体各组织。本品在肝或肾中还原成仍具有中枢抑制作用的代谢产物三氯乙醇，小部分氧化成无活性的三氯乙酸。本品代谢产物主要与葡萄糖醛酸结合成氯醛尿酸，经肾迅速排出。

【作用与应用】 水合氯醛及其代谢产物三氯乙醇均能对中枢神经系统产生抑制作用，其作用机理主要是抑制网状结构上行激活系统。本品小剂量镇静，中等剂量催眠，大剂量产生全身麻醉和抗惊厥作用。兴奋期不明显，麻醉期长。其安全范围较小，剂量稍大即会引起延髓的抑制，而剂量过小又效果不佳；而且镇痛作用较弱，肌肉松弛不完整，较难掌握麻醉深度。另外，麻醉后苏醒的恢复时间较长，易造成动物损伤。因此，水合氯醛作为单一使用的麻醉药并不理想，多作复合麻醉药用。

本品可用于镇静、抗惊厥和麻醉。如马、猪、犬等的全身麻醉，马属动物的急性胃扩张、肠阻塞、痉挛性腹痛、子宫及直肠脱出的镇静，食道、膈肌、肠道、膀胱痉挛的解痉挛，破伤风、脑炎及中枢兴奋药中毒的抗惊厥。

【不良反应】 本品对局部组织有强烈刺激性，可引起牛、羊等动物唾液分泌量的增加，对呼吸中枢有较强的抑制作用，对肝、肾有一定损害作用。

【注意事项】 水合氯醛对局部组织有强烈刺激性，故不可皮下或肌内注射，静脉注射时，不得漏出血管外。内服或灌肠时应配成 1%～5%的水溶液，并加黏浆剂，但全身麻醉时以静脉注射为优，猪可腹腔注射；本品严禁用于心脏病、肺水肿及机体虚弱的患畜；本品中毒时应立即注射氯化钙和中枢兴奋药(如安钠咖、尼可刹米等)进行解毒，但不可用肾上腺素，因为肾上腺素可导致心脏震颤；牛、羊对本品敏感，故一般不用，用前应先注射小剂量阿托品；手术时应注意保温。

【制剂、用法与用量】 水合氯醛粉，镇静，内服或灌肠。一次量，马、牛 10～25 g，猪、羊 2～4 g，犬0.3～1 g。麻醉，静脉注射，一次量，每千克体重，马、牛 0.08～0.12 g，水牛 0.13～0.18 g，猪 0.15～0.18 g，骆驼 0.1～0.11 g，犬 0.15～0.25 g。

水合氯醛硫酸镁注射液(为含水合氯醛 8%、硫酸镁 5%与氯化钠 0.9%的灭菌溶液)，50 mL、100 mL。麻醉，静脉注射，一次量，马、牛 200～400 mL；镇静，静脉注射，一次量，马、牛 100～200 mL。

水合氯醛乙醇注射液(为含水合氯醛 5%、乙醇 12.5%的灭菌溶液)，静脉注射，一次量，马、牛 100～300 mL。

戊巴比妥(Pentobarbital)

【理化性质】 戊巴比妥的钠盐为白色、结晶性的颗粒或白色粉末；无臭，味微苦，有引湿性，极易溶于水，在醇中易溶。

【体内过程】 本品口服易吸收，迅速分布于全身各组织与体液中，且易通过胎盘屏障，较易通过血脑屏障。本品主要在肝代谢失活，并从肾排泄，只有约 1%从唾液、粪便和胆汁中排出，蓄积作用较小。

【作用与应用】 戊巴比妥无镇痛作用，戊巴比妥钠对呼吸和循环有显著的抑制作用，能使血液中红细胞、白细胞数量减少，血沉加快，凝血时间延长。本品麻醉后的苏醒期长，一般需 6～18 h 才能完全恢复，猫可长达 72 h。

主要用于基础麻醉、镇静和抗癫痫，也可用于安乐术。本品可内服、肌内注射和皮下注射。内服和肌内注射用于镇静，皮下注射用于麻醉和安乐术。静脉注射是麻醉的最佳给药途径。静脉注射时宜先快速注射半量，稍后再注入剩余的量，以避免兴奋，也可减少麻醉前给予的镇静药或安定药的

剂量。

【不良反应】 本品能明显抑制呼吸和循环，还能减少红细胞、白细胞数量，加快血沉，延长凝血时间，剂量加大对肾也有一定影响。

【注意事项】 本品属中效巴比妥类药，在其苏醒阶段不宜注射葡萄糖。

【制剂、用法与用量】 注射用戊巴比妥钠粉针，0.1 g、0.5 g，临用前配成3%～6%溶液。①镇静：一次量，每千克体重，肌内注射或静脉注射，马、牛、猪、羊5～15 mg，犬内服15～25 mg。②麻醉：一次量，每千克体重，马静脉注射15～25 mg，维持麻醉45 min，约4 h苏醒；牛静脉注射15～20 mg，维持麻醉35 min，约1.5 h苏醒；猪静脉注射或腹腔注射10～25 mg可麻醉0.5～1 h，4～6 h苏醒；羊静脉注射30 mg，维持麻醉30～40 min，2～3 h苏醒；犬肌内注射或静脉注射25～30 mg，维持麻醉0.5～1 h，约4 h苏醒。

氯胺酮(Ketamine)

【理化性质】 本品为白色结晶性粉末，溶于水，水溶液呈酸性，微溶于乙醇。

【体内过程】 本品吸收后首先大部分分布于脑组织，然后分布于其他组织，可通过胎盘屏障，猫肌内注射后约10 min达峰浓度。本品在猫、犬和马的血浆蛋白结合率分别为37%～53%、53%、50%；猫、犊、马的半衰期为1 h。本品绝大部分在肝内迅速转化为苯环己酮而随尿液排出，故作用时间短；其代谢产物亦有轻度的麻醉作用。

【作用与应用】 本品可抑制丘脑新皮层的传导，同时还可兴奋脑干和边缘系统，产生迅速的全身麻醉。麻醉时，动物意识模糊，痛觉消失，但各种反射如咳嗽、吞咽、眨眼、缩肢反射依然存在，对刺激仍有反应；肌肉张力增加，出现“木僵样”姿势；眼球震颤正常，唾液和泪腺分泌增加。肌肉僵直和强制性昏厥是分离麻醉药的特有现象。与安定药(地西泮或乙酰丙嗪等)合用，僵直消失。本品分离麻醉的种属差异大，副作用包括震颤、惊厥(特别是大剂量和过量)，有些动物必须与其他药物(如地西泮)合用才能防止其兴奋作用。

【不良反应】 本品可使动物血压升高，唾液分泌增多，呼吸抑制，呕吐等；高剂量可产生肌肉张力增加、惊厥、呼吸困难、痉挛、心搏暂停和苏醒期延长等。

【注意事项】 本品宜缓慢静脉注射；麻醉时不宜单独使用本品；驴、骡及禽类不宜用本品。

【制剂、用法与用量】 盐酸氯胺酮注射液，2 mL：0.1 g、10 mL：0.1 g。静脉注射：一次量，每千克体重，马1 mg，牛、羊2 mg。肌内注射：一次量，每千克体重，猪12～20 mg，羊20～40 mg，犬5～7 mg，鹿10 mg，猴4～10 mg，水貂6～14 mg。

复方氯胺酮注射液(15%盐酸氯胺酮，15%赛拉嗪，0.005%盐酸苯乙哌酯)。肌内注射：一次量，每千克体重，猪0.1 mL，犬0.033～0.067 mL，猫0.017～0.02 mL，马、鹿0.015～0.025 mL。

硫喷妥钠(Thiopental Sodium)

【理化性质】 本品为乳白色或淡黄色粉末，有蒜臭味，味苦；有引湿性，易溶于水，水溶液不稳定，放置后徐徐分解，煮沸时产生沉淀；潮解后变质而增加毒性，不能再使用。

【体内过程】 本品脂溶性高，静脉注射后首先分布于血液灌流量大的脑、肝、肾等组织，能迅速透过血脑屏障产生作用；随后再迅速分布在肌肉和脂肪组织，致使脑内药物浓度迅速下降，故其作用维持时间很短。本品能通过胎盘屏障。本品主要在肝代谢，经脱羧脱硫后形成巴比妥酸，但其代谢速度较慢，最后随尿液排出。本品犬的半衰期为7 h，绵羊为3～4 h。

【作用与应用】 本品有高度亲脂性，属超短效巴比妥类药，静脉注射后迅速抑制大脑皮层，通常30 s至1 min动物呈现麻醉状态，无兴奋期。本品对中枢神经系统的抑制作用主要是通过易化或增强脑内γ-氨基丁酸(抑制性神经递质)的作用，使突触后电位抑制延长；同时阻断兴奋性神经递质谷氨酸盐的作用，从而降低大脑皮层的兴奋性，抑制网状结构的上行激活系统，产生全身麻醉作用。本品肌肉松弛作用差，镇痛作用很弱；能明显抑制呼吸中枢，抑制程度与用量、注射速度有关；能直接抑制心脏和心血管运动中枢，使血压下降；可通过胎盘屏障影响胎儿血液循环及呼吸。

【不良反应】 犬易出现心律失常；猫注射本品后会出现窒息、轻度的低血压；马单独应用本品时可出现兴奋和严重的运动失调，另外还可能出现一过性白细胞减少，以及高血糖、窒息、心动过速和呼吸性酸中毒等。

【注意事项】 本品药液只供静脉注射，且不宜快速注射；反刍动物在用本品麻醉前需注射阿托品，以减少腺体分泌；肝、肾功能不全，重病，衰弱，休克，腹部手术，支气管哮喘患畜禁用本品；本品过量可引起呼吸与循环抑制，可用戊四氮等解救。

【制剂、用法与用量】 注射用硫喷妥钠，1 g、0.5 g。静脉注射：一次量，每千克体重，马、牛、羊、猪 10～15 mg，犊 15～20 mg，犬、猫 20～25 mg。临用前，加灭菌注射用水或氯化钠注射液配成 2.5%溶液。

丙泊酚(Propofol)

丙泊酚又名异丙酚、双异丙酚、2,6-二异丙基苯酚。与其他注射麻醉药的结构不同，丙泊酚在酚环上有两个异丙基。

【理化性质】 本品为白色均匀乳状液体，不溶于水，溶于大部分有机溶剂。

【体内过程】 丙泊酚与血浆蛋白结合率高，在体内可以迅速分布，具有高度亲脂性，能透过血脑屏障及胎盘屏障，可通过乳汁分泌。经肝代谢为无活性的结合物，经肾排泄。

【作用与应用】 本品能降低 γ-氨基丁酸从受体上解离的速度，降低大脑皮层的血流量、大脑皮层血管阻力和代谢氧耗，从而抑制大脑皮层活动。根据剂量不同，依次出现抗焦虑、镇静和麻醉作用。起效迅速，麻醉强度是硫喷妥钠的 1.6～1.8 倍。单次给药后，犬和猫的苏醒时间为 20～30 min；多次静脉注射或输注，苏醒时间也不会延长。本品没有镇痛作用，单用不是优良的外科麻醉药，与阿片类合用效果好。

本品主要用作诱导麻醉药（在使用阿片类或镇静药作麻醉前给药之后）和短效维持麻醉药。本品能降低眼内压，因此还可作为眼科手术的诱导麻醉药。

【不良反应】 本品快速或过量用药可能会引起心肺抑制，包括低血压、呼吸暂停和血氧饱和度下降；与硫喷妥钠相比，本品更能引起低血压（应用本品后可引起交感神经活性和心肌收缩力下降，全身血管阻力下降）。

【注意事项】 本品使用期间，应保持患畜呼吸道畅通并加强连续监护，确保人工通气和供氧可随时实施。当使用丙泊酚维持麻醉时，患畜有可能快速觉醒，应仔细对患畜进行监测，因为在给予丙泊酚麻醉维持剂量后可能会出现呼吸暂停；从丙泊酚诱导麻醉过渡到给予吸入麻醉剂维持麻醉时，需给予额外低剂量的丙泊酚进行过渡，过渡期给予丙泊酚也可能出现呼吸暂停；给予吸入麻醉剂维持麻醉时也可给予丙泊酚来提高麻醉的深度，在这过程中给予丙泊酚也可能会出现呼吸暂停；本品制剂在使用前应摇动混匀，只能使用溶液均匀和容器完好的产品；避免吸入本品，避免皮肤、眼睛直接接触本品或本品相关制剂。若不慎接触，使用大量的水冲洗 15 min。若存在持续刺激反应，请尽快就医。

【制剂、用法与用量】 丙泊酚注射液，20 mL：200 mg。静脉注射，单独应用时，每千克体重，犬 5.5 mg，40～60 s 注完。当合并麻醉前给药时，给药剂量和给药速度视患犬情况确定。

2)吸入麻醉药

吸入麻醉药或挥发性麻醉药是一类在室温和常压下以液态或气态形式存在，容易挥发成气体的麻醉药物。吸入麻醉药的特点：作用能迅速逆转，麻醉和肌肉松弛的质量高，药物的消除主要靠肺呼吸而不是肝或肾的功能，用药成本较低，给药需要使用特殊的装置，有的易燃易爆。

氧化亚氮是最古老的吸入麻醉药。环丙烷、麻醉乙醚、甲氧氟氯乙炔和恩氟烷为易燃品，氟烷、异氟烷、地氟烷、七氟烷为非易燃品。非易燃品现已在临床上广泛使用，最常用的是异氟烷。

异氟烷(Isoflurane)

【理化性质】 本品常温常压下为澄清无色液体，有刺鼻臭味；与金属（包括铝、锡、黄铜、铜等）不

发生反应，能被橡胶吸附；为非易燃易爆品。

【体内过程】 与其他氟类麻醉药如恩氟烷或氟烷相比，本品在动物机体中的生物转化很少。麻醉苏醒时绝大部分异氟烷从呼吸道排出。在麻醉之后，只有极少部分在体内代谢，少部分吸入的异氟烷可以尿代谢产物的形式回收。主要代谢产物是三氟乙酸。正常情况下，对肾功能没有影响。

【作用与应用】 本品抑制中枢神经系统，与其他吸入麻醉药相同，能增加脑部的血流量和颅内压，降低脑的代谢率，减少大脑皮层的氧耗。此外，本品麻醉诱导和动物苏醒都较快，麻醉的深度也能迅速调整，在各种动物的安全范围都相当大。

本品可作为诱导和/或维持麻醉药而用于各种动物，如犬、猫、马、牛、猪、羊、鸟等。用量取决于动物的种类、健康状况、体重和合用的其他药物。

【不良反应】 本品应用中出现的不良反应一般为剂量依赖的药理生理学作用，包括呼吸抑制、低血压和心律失常；在术后可能出现寒战、恶心、呕吐和肠梗阻。

【注意事项】 麻醉前给予镇静药或安定药后，本品诱导麻醉速度会加快；本品用作维持麻醉药时，可与镇静药、镇痛药、注射麻醉药配合使用；本品不得用于食品动物；本品苏醒期较短，出现苏醒延长时，应考虑是否与合用的其他麻醉药、体温下降和其他生理变化有关。

【制剂、用法与用量】 异氟烷，每瓶 100 mL。诱导麻醉：浓度 3%～5%（在吸入气体中所占比例），犬、猫 3～5 L/min，牛、驹、猪 5～7 L/min，成年鸟 5 L/min，小鸟 1～3 L/min。

（二）镇静、安定和催眠药

镇静药是指能对中枢神经系统产生抑制作用，从而减弱功能活动、调节兴奋性、消除躁动不安和恢复安静的药物。能诱导睡眠或近似自然睡眠，维持正常睡眠并易于唤醒的药物称为催眠药。安定药则是一类能缓解焦虑而又不产生过度镇静的药物。催眠药、镇静药和安定药往往不能严格区分，镇静药较大剂量可以促进睡眠，大剂量呈现抗惊厥和麻醉作用。兽医临床上常用的镇静药有吩噻嗪类药物（如氯丙嗪）、苯二氮䓬类药物（如地西泮）、α_2-肾上腺素能受体激动剂（如赛拉嗪、赛拉唑）和溴化物等。

氯丙嗪（Chlorpromazine）

氯丙嗪是吩噻嗪类药物，又名冬眠灵。

【理化性质】 本品盐酸盐为白色或乳白色结晶性粉末；微臭，味极苦；有引湿性，遇光渐变色；水溶液呈酸性；在水、乙醇或三氯甲烷中易溶，在乙醚或苯中不溶。

【体内过程】 本品内服、注射均易吸收，易通过胎盘屏障和血脑屏障，但内服吸收不规则，并有个体和种属差异。本品主要在肝内经羟基化、硫氧化等代谢。本品大部分随尿液排出，余者经粪便排出，少部分进入肝肠循环；其排泄很慢，动物体内氯丙嗪残留时间可达数月之久。

【作用与应用】 本品可阻断中枢神经 D 受体和 α 受体，产生镇静、安定、止吐等作用；引起血管扩张，改善微循环；抑制体温调节中枢，使体温下降；加强中枢抑制药的作用。

临床上主要用作镇静药，如强化麻醉以及使动物安静等。

【不良反应】 可能引起兴奋和不安，马属动物禁用；过大剂量可使犬、猫等动物出现心律不齐，四肢与头部震颤，甚至四肢与躯干僵硬等不良反应。

【注意事项】 不可与 pH 值 5.8 以上的药物配伍，如青霉素钠（钾）、戊巴比妥钠、苯巴比妥钠、氨茶碱和碳酸氢钠等；过量引起的低血压禁用肾上腺素解救，但可选用去甲肾上腺素；有黄疸、肝炎和肾炎的患畜及年老体弱动物慎用。

【休药期】 牛、羊、猪 28 日；弃奶期 7 日。

【制剂、用法与用量】 酸氯丙嗪片（12.5 mg、25 mg、50 mg）：内服，一次量，每千克体重，犬、猫 2～3 g。

盐酸氯丙嗪注射液，2 mL：0.05 g、10 mL：0.25 g。宜用 10%葡萄糖溶液稀释成 0.5%的浓度使用。静脉注射，一次量，每千克体重，牛、马 0.5～1 mg，猪、羊 1～2 mg。肌内注射：一次量，每千克体重，牛、马 1～2 mg，猪、羊 1～3 mg，犬、猫 1.1～6.6 mg。

赛拉嗪(Xylazine)

赛拉嗪又称二甲苯胺噻嗪、隆朋、麻保静。

【理化性质】 本品为噻嗪类衍生物，为白色结晶性粉末；味微苦；在丙酮或苯中易溶，在乙醇或三氯甲烷中溶解，在石油醚中微溶。

【体内过程】 本品静脉、肌内注射或皮下注射吸收快，内服吸收不好，各种给药途径存在种属差异。作用持续时间，牛 1～5 h，马 30～60 min，犬 2～3 h，猪不足 30 min，呈剂量依赖性。马宜静脉注射给药。本品通过胎盘的量有限，较少出现胎儿抑制作用。本品在大多数动物中出现迅速、广泛的代谢，形成多种代谢产物(约 20 种)，其中一种是 1-氨基 2,6-二甲基苯。约 70%以游离和结合形式从尿中排出，原形仅占不到 10%。原形的半衰期：绵羊 23 min，马 50 min，牛 36 min，犬 30 min。代谢产物在大多数动物体内消除持续 10～15 h。

【作用与应用】 本品具有镇痛、镇静和中枢性肌肉松弛作用，特点是毒性低、安全范围大、无蓄积作用。兽医临床上主要用于家畜和野生动物的化学保定和基础麻醉。

【不良反应】 犬、猫用药后常出现呕吐、肌肉震颤、心搏徐缓、呼吸频率下降等，另外，猫可出现排尿增加；反刍动物对本品敏感，用药后表现为唾液分泌增多，瘤胃迟缓、臌胀，腹泻，心搏徐缓和运动失调等，妊娠后期的牛会出现早产或流产；马属动物用药后可出现肌肉震颤、心搏徐缓、呼吸频率下降、多汗，以及颅内压增高等。

【注意事项】 产乳供人食用的牛、羊，在泌乳期不得使用；马静脉注射速度宜慢，给药前可先静脉注射小剂量阿托品，以免发生心脏传导阻滞；牛用本品前应禁食一段时间，并注射阿托品；手术时应采用伏卧姿势，并将头放低，以防止异物性肺炎及减轻瘤胃臌胀时对心肺的压迫。妊娠后期牛不宜应用；犬、猫应用后可引起呕吐；有呼吸抑制、心脏病、肾功能不全等症状的患畜慎用；中毒时，可用 α_2-肾上腺素受体阻断药及阿托品等解救。

【休药期】 牛、羊 14 日，鹿 15 日。

【制剂、用法与用量】 盐酸赛拉嗪注射液，2 mL：0.2 g、5 mL：0.1 g、10 mL：0.2 g。肌内注射：一次量，每千克体重，马 1～2 mg，牛 0.1～0.3 mg，羊 0.1～0.2 mg，犬、猫 1～2 mg，鹿 0.1～0.3 mg。

赛拉唑(Xylazole)

本品又名二甲苯胺噻唑、静松灵，是 20 世纪 70 年代国内合成的新药。

【理化性质】 本品为白色结晶性粉末；味苦；不溶于水；可与盐酸制成易溶于水的盐酸二甲苯胺噻唑。

【体内过程】 本品静脉注射后约 1 min 或肌内注射后 10～15 min 即可呈现良好的镇静和镇痛作用。马肌内注射 1.5 h 达血药峰浓度，绵羊肌内注射 0.22 h 达血药峰浓度，半衰期约为 4 h。

【作用与应用】 本品作用与赛拉嗪相似，用药后表现为镇静、嗜睡和镇痛。静脉注射后 1 min、肌内注射后 10～15 min 起效。牛最敏感，猪、犬、猫、兔及野生动物敏感性较差。兽医临床常用作镇痛性化学保定药。本品有镇静、镇痛和骨骼肌松弛作用，主要用于家畜和野生动物的化学保定，也可用于基础麻醉。

【不良反应】 反刍动物对本品敏感，用药后表现为唾液分泌增多，瘤胃迟缓、臌胀，腹泻，心搏徐缓和运动失调等，妊娠后期的牛出现早产或流产；马属动物用药后可出现肌肉震颤、心搏徐缓、呼吸频率下降、多汗，以及颅内压增加等。

【注意事项】 同赛拉嗪。

【休药期】 牛、羊 28 日，弃奶期 7 日。

【制剂、用法与用量】 盐酸赛拉唑注射液，5 mL：0.1 g、10 mL：0.2 g。肌内注射：一次量，每千克体重，马、骡 0.5～1.2 mg，驴 1～3 mg，黄牛、牦牛 0.2～0.6 mg，水牛 0.4～1 mg，羊 1～3 mg，鹿 2～5 mg。

溴化物(Bromide)

【理化性质】 溴化物属卤素类化合物，包括溴化钠、溴化铵、溴化钾、溴化钙等。溴化物多为无色的结晶或结晶性粉末，味苦咸，易溶于水，有刺激性，应密封保存。

【体内过程】 本品内服后迅速由肠道吸收，溴离子在体内多分布于细胞外液。溴化物主要经肾脏排出，肾脏对溴离子和氯离子的排出量是按照其在体内所含浓度的比例而定的：当体内氯化物含量增加时，氯离子的排出量增加，溴离子排出量也增加；当体内氯化物含量减少时，氯离子的排出量减少，溴离子排出量也减少。溴化物的排出最初较快，以后缓慢。

【作用与应用】 溴化物在体内释放出溴离子，溴离子能加强和集中大脑皮层的抑制，呈现镇静作用。当大脑皮层兴奋过程占优势时，这种作用更为明显。大剂量溴化物可引起睡眠，两种以上溴化物合用有相加作用。

本品常用作镇静药，用以缓解中枢神经系统兴奋性症状。

【不良反应】 溴化物对局部组织和胃肠黏膜有刺激性，静脉注射时不可漏出血管外；内服浓度不要太高，应稀释，配成1%～3%的水溶液；长期应用可引起蓄积中毒。溴化物连续用药不宜超过1周。发现本品中毒后应立即停药，可内服或静脉注射氯化钠，利用氯的排出促使溴离子排出。

【注意事项】 连续给予溴化物时，易引起蓄积中毒，表现为嗜睡、乏力和皮疹等。中毒时的解救除立即停药外，应内服或静脉注射氯化钠和应用利尿药以加速溴化物的排出。

【制剂、用法与用量】 溴片，每片含溴化钾 0.12 g、溴化钠 0.12 g、溴化铵 0.06 g。内服：一次量，马 15～50 g，牛 15～60 g，猪 5～10 g，羊 5～15 g，犬 0.5～2 g，家禽 0.1～0.5 g。

溴化钙注射液，20 mL∶1 g、50 mL∶2.5 g。静脉注射，一次量，每千克体重，马、牛 2.5～5 g。

地西泮(Diazepam)

地西泮别名安定。

【理化性质】 本品为白色或类白色的结晶性粉末；无臭；在丙酮或三氯甲烷中易溶，在乙醇中溶解，在水中几乎不溶。

【体内过程】 本品内服吸收迅速，30 min 至 2 h 达峰浓度，但在小动物中有很强的首过效应。本品脂溶性高，分布广泛，易透过血脑屏障和胎盘屏障。本品在肝代谢，可生成几种具有药理活性的代谢产物，主要为去甲地西泮；其代谢产物通过与葡萄糖醛酸结合而灭活，主要由肾排出，亦可从乳汁排出。本品犬、猫和马的半衰期分别为 2.5～3.2 h、5.5 h 和 7～22 h。

【作用与应用】 本品为长效的苯二氮䓬类药物。本品主要作用于大脑的边缘系统和脑干的网状结构，加强抑制性神经递质 γ-氨基丁酸的作用，产生镇静、催眠、抗焦虑、抗惊厥、抗癫痫和中枢性肌肉松弛作用。

本品临床上主要用作镇静药，也可用于各种动物的保定、癫痫发作、基础麻醉及麻醉前给药。此外，本品还能对抗士的宁等中枢兴奋药过量而致的惊厥。

【不良反应】 猫可产生行为改变(受刺激、抑郁等)，并可能引起肝损伤。经 5～11 日内服治疗可出现临床食欲减退、昏睡、ALT/AST 值增加，高胆红素血症；犬可出现兴奋效应，不同个体可出现镇静或癫痫两种极端效应，犬还表现为食欲增强。

【注意事项】 孕畜和肝肾功能障碍者禁用；本品与镇痛药合用时应将后者的剂量减少 1/3；本品肌内注射和皮下注射吸收少，会引起疼痛。一般静脉注射和内服给药，静脉注射时速度要慢；本品能增加其他中枢抑制药的作用，若同时应用应注意调整剂量。

【制剂、用法与用量】 地西泮片，2.5 mg、5 mg。内服：一次量，犬 5～10 mg，猫 2～5 mg，水貂 0.5～1 mg。

地西泮注射液，2 mg∶10 mL。肌内注射、静脉注射：一次量，每千克体重，马 0.1～0.15 mg，牛、羊、猪 0.5～1 mg，犬、猫 0.6～1.2 mg，水貂 0.5～1 mg。

(三)抗癫痫药和抗惊厥药

癫痫和惊厥是两种不同的疾病。癫痫是大脑神经元突发性异常放电，导致短暂的大脑功能障碍

的一种慢性疾病，以阵痛发作和可重复性为特征，常用的抗癫痫药有苯巴比妥、苯妥英钠、卡马西平、丙戊酸钠等。而惊厥是由于中枢神经系统器质性或功能性异常导致的全身骨骼肌不自主的单次或连续强烈收缩，这种表现主要是由大脑神经元过度兴奋(过度放电)导致神经系统间歇性功能失调引起的，常用的抗惊厥药有硫酸镁注射液、巴比妥类药物、水合氯醛等。

苯巴比妥(Phenobarbital)

【理化性质】 本品为白色有光泽的结晶性粉末；无臭；饱和水溶液显酸性反应。本品在乙醇或乙醚中溶解，在三氯甲烷中略溶，在水中极微溶解，在氢氧化钠或碳酸钠溶液中溶解。

【体内过程】 本品内服、肌内注射均易吸收，并广泛分布于各组织及体液中，其中以肝、脑浓度较高。血浆蛋白结合率40%～50%，透过血脑屏障速率极低，起效慢，内服后1～2 h，肌内注射20～30 min起效。本品在肝内主要通过氧化代谢，在反刍动物体内代谢快。本品在肾小管处可部分重吸收，故消除慢，药效长。

【作用与应用】 本品具有镇静、催眠、抗惊厥及抗癫痫作用，随剂量而异。本品作为广泛应用的一线抗癫痫药，对各种癫痫发作都有效，尤其对癫痫大发作和癫痫持续状态有良效，但对癫痫小发作效果较差。主要用于缓解脑炎、破伤风以及士的宁等中毒引起的惊厥，亦可用于犬、猫的镇静及癫痫治疗。

【不良反应】 犬可能表现抑郁与躁动不安综合征，有时出现运动失调；猫对本品敏感，易致呼吸抑制。

【注意事项】 肝肾功能不全、支气管哮喘或呼吸抑制的患畜禁用。严重贫血、心脏疾病的患畜及孕畜慎用；中毒时可用安钠咖、戊四氮、尼可刹米等中枢兴奋药解救；内服本品中毒的初期，可先用1∶2000的高锰酸钾溶液洗胃，再以硫酸钠(忌用硫酸镁)导泻，并结合用碳酸氢钠碱化尿液以加速药物排泄。

【制剂、用法与用量】 苯巴比妥片，15 mg、30 mg、100 mg。内服：一次量，每千克体重，犬、猫6～12 mg。

注射用苯巴比妥钠，0.1 g、0.5 g。肌内注射：一次量，羊、猪0.25～1 g，每千克体重，犬、猫6～12 mg。

硫酸镁注射液(Magnesium Sulfate Injection)

本品为硫酸镁的灭菌水溶液。

【理化性质】 本品为无色的澄清液体。

【体内过程】 肌内注射或静脉注射起效快，药物均由肾排出，排出的速度与血镁浓度和肾小球滤过率相关。

【作用与应用】 镁离子可抑制中枢神经的活动，抑制运动神经肌肉接头乙酰胆碱的释放，阻断神经肌肉连接处的传导，降低或解除肌肉收缩作用，同时对血管平滑肌有舒张作用，使痉挛的外周血管扩张，降低血压。

兽医临床上主要用作镇静药与抗惊厥药，如破伤风及其他痉挛性疾病的治疗。

【不良反应】 静脉注射速度过快或过量可导致血镁过高，引起血压剧降、呼吸抑制、心动过缓、神经肌肉兴奋传导阻滞，甚至死亡。

【注意事项】 静脉注射宜缓慢，遇有呼吸麻痹等中毒现象时，应立即静脉注射钙剂解救；患有肾功能不全、严重心血管疾病、呼吸系统疾病的患畜慎用或禁用；与硫酸黏菌素、硫酸链霉素、葡萄糖酸钙、盐酸普鲁卡因、四环素、青霉素等药物存在配伍禁忌。

【制剂、用法与用量】 硫酸镁注射液，10 mL∶1 g、10 mL∶2.5 g。静脉注射、肌内注射：一次量，每千克体重，马、牛10～25 g，羊、猪2.5～7.5 g，犬、猫1～2 g。

(四)麻醉性镇痛药

镇痛药是主要作用于中枢或外周神经系统，选择性抑制和缓解各种疼痛，减轻疼痛所致的恐惧、

紧张和不安情绪的药物。包括以吗啡为代表的麻醉性镇痛药和以阿司匹林为代表的解热镇痛药，在解除患畜痛苦方面发挥了巨大作用。

麻醉性镇痛药是指对中枢神经系统产生可逆性麻醉的同时，又具有镇痛作用的药物。通常指阿片类药物及其人工合成药物，如吗啡、可待因及其衍生物，也包括对阿片受体具有激动、部分激动或激动-拮抗混合作用的合成药物，如布托啡诺等。本类药物主要用于强效镇痛，易引起依赖性，必须谨慎使用。

吗啡(Morphine)

【理化性质】 本品为白色针状结晶或结晶性粉末，有苦味，遇光易变质，溶于水，略溶于乙醇。

【体内过程】 本品肌内注射、皮下注射及直肠给药均可吸收，但内服给药首过效应明显，生物利用度较低。本品在体内较集中分布于肝、肾和肺组织，在中枢神经系统浓度较低。本品可通过胎盘屏障使胎儿麻醉，亦有少量可自乳汁排出。主要在肝与葡萄糖醛酸结合从尿液排出。

【作用与应用】 本品为阿片受体激动剂，可产生强大的中枢性镇痛作用，镇痛范围广，对各种疼痛都有效，但具有成瘾性。主要用于剧痛和犬的麻醉前给药，中枢抑制类药物与本品有协同作用。

【不良反应】 可引起组胺释放、呼吸抑制、支气管收缩、中枢神经系统抑制、呕吐、肠蠕动减弱、便秘(犬)、体温过高(牛、羊、马和猫)或过低(犬、兔等)；猫强烈兴奋。

【注意事项】 本品不宜用于产科镇痛；胃扩张、肠阻塞及臌胀者禁用；肝肾功能不全者慎用；幼畜对本品敏感，慎用或不用。

【制剂、用法与用量】 盐酸吗啡注射液，1 mL：10 mg、10 mL：100 mg。镇痛，皮下注射：每千克体重，马 0.1～0.2 mg，犬 0.5～1 mg。麻醉前给药，皮下注射量，犬 0.5～2 mg。

哌替啶(Phetidine)

本品为人工合成的镇痛药，又名杜冷丁。

【理化性质】 本品为白色结晶性粉末，味微苦，无臭，常用其盐酸盐。

【体内过程】 盐酸盐内服吸收良好，但有较强的首过效应。肌内注射、皮下注射，0.5～1 h 镇痛作用最强。对大多数动物的作用持续 1～6 h，犬、猫除外(1～2 h)。血浆蛋白结合率约 60%。主要在肝代谢生成哌替啶酸与去甲哌替啶，后者具有中枢兴奋作用。最后以结合物形式从尿排出，约有 5%以原形排出。

【作用与应用】 与吗啡相比，镇痛作用较弱(1/10～1/7)，对呼吸的抑制强度相同，但作用时间较短，能解除平滑肌痉挛(强度为阿托品的 1/20～1/10)。也能兴奋催吐的化学感受区，易引起恶心、呕吐。与阿托品合用，可解除平滑肌痉挛并增加止痛效果。

本品主要用于缓解创伤性疼痛和某些内脏疾病的剧痛。

【不良反应】 本品具有心血管抑制作用，易致血压下降；可致猫过度兴奋；过量中毒可致呼吸抑制、惊厥、心动过速、瞳孔散大等；具有成瘾性。

【注意事项】 不宜用于妊娠动物、产科手术；过量中毒时，除用纳络酮对抗呼吸抑制外，尚需配合使用巴比妥类药物以对抗惊厥；慢性阻塞性肺疾病、支气管哮喘、肺源性心脏病和严重肝功能减退的患畜禁用；对注射部位有较强刺激性，一般不做皮下注射。

【制剂、用法与用量】 盐酸哌替啶注射液，1 mL：25 mg、1 mL：50 mg、2 mL：100 mg。皮下注射、肌内注射：一次量，每千克体重，马、牛、羊、猪 2～4 mg；犬、猫 5～10 mg。

扫码学课件
5-2

任务二　外周神经系统药物

一、概述

外周神经系统可分为传出神经纤维和传入神经纤维两大类，故外周神经系统药物包括作用于传

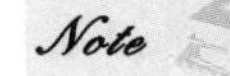

出神经和传入神经的药物。

传出神经系统包括运动神经和自主神经(植物神经)。运动神经分布于骨骼肌并支配其运动,自主神经分布于内脏、平滑肌、腺体等而调节其功能。自主神经又可分为交感神经和副交感神经。

传出神经兴奋时通过神经末梢释放的化学递质(简称递质)进行信息传递。目前已知的传出神经递质主要有乙酰胆碱和去甲肾上腺素两种,根据神经冲动时所释放的递质不同,传出神经可分为胆碱能神经和肾上腺素能神经。胆碱能神经包括自主神经节前纤维、所有副交感神经节后纤维、小部分交感神经节后纤维及运动神经,其末梢释放的递质是乙酰胆碱;而大多数交感神经节后纤维则属于肾上腺素能神经,其末梢释放的递质为去甲肾上腺素。

在分布有胆碱能神经的组织细胞中,存在一种受体能选择性地与乙酰胆碱发生反应;同样在分布有肾上腺素能神经的组织细胞中则存在去甲肾上腺素受体。能和相应的递质选择性起反应的这两种受体,分别称为"胆碱受体"和"肾上腺素受体"。分布在胆碱能神经节后纤维所支配的效应器细胞膜上的胆碱受体称为"毒蕈碱胆碱受体"(简称 M 胆碱受体或 M 受体);在神经节突触中及骨骼肌运动终板内的胆碱受体,则称为"烟碱胆碱受体"(简称 N 胆碱受体或 N 受体)。N 受体又分为 N_1 受体和 N_2 受体两个亚型,其中 N_1 受体位于神经节细胞膜上,N_2 受体位于骨骼肌运动终板内。分布于大部分交感神经节后纤维所支配的效应器细胞膜上的受体,依据其对兴奋肾上腺素受体的化学物质的敏感性不同,可分为 α 肾上腺素受体(简称 α 受体)和 β 肾上腺素受体(简称 β 受体)。α 受体又分为 α_1 受体和 α_2 受体,β 受体又分为 β_1 受体和 β_2 受体。其中 β_1 受体主要分布于心脏和脂肪细胞上,β_2 受体主要分布于支气管、骨骼肌、平滑肌等细胞膜上。

作用于传出神经的药物的分类,主要根据其引起拟似或拮抗传出神经兴奋的效应来分类。凡能引起类似胆碱能神经兴奋效应的药物,包括直接和间接激动胆碱受体的药物,称为"拟胆碱药"。同样,凡能引起类似肾上腺素能神经兴奋效应的药物,包括直接或间接激动肾上腺素受体的药物,称为"拟肾上腺素药";凡能阻断受体,使神经递质不能激动受体而发生效应的药物,称为拮抗药或阻断药,如"抗胆碱药"或"抗肾上腺素药"。抗肾上腺素药如心得安等,兽医临床应用很少。作用于传入神经的药物本任务仅介绍局部麻醉药和皮肤黏膜用药。

二、拟胆碱药

本类药物包括能直接与胆碱受体结合产生兴奋效应的药物,即胆碱受体激动药(如氨甲酰甲胆碱等)及通过抑制胆碱酯酶活性,导致乙酰胆碱蓄积,间接引起胆碱能神经兴奋效应的药物——抗胆碱酯酶药(如新斯的明等)。本类药物一般能使心率减慢、瞳孔缩小、血管扩张、胃肠蠕动及腺体分泌增加等。临床可用于胃肠迟缓、肠麻痹等疾病的治疗。过量中毒时可用抗胆碱药(如阿托品等)解救。

氨甲酰胆碱(卡巴胆碱,Carbachol)

【理化性质】 本品为无色或淡黄色小棱柱形的结晶或结晶性粉末,有潮解性;极易溶于水,微溶于无水乙醇,在丙酮或乙醚中不溶;耐高温,煮沸不被破坏。

【体内过程】 本品易被胆碱酯酶灭活,故作用时间较长。本品制剂一般为皮下注射给药,切忌肌内注射或静脉注射。

【作用与应用】 本品能直接兴奋 M 受体和 N 受体,并可促进胆碱能神经末梢释放乙酰胆碱,发挥直接和间接拟胆碱作用。对胃肠、膀胱、子宫等平滑肌作用强。小剂量即可促使消化液分泌,加强胃肠收缩,促进内容物迅速排出,增强反刍动物瘤胃的兴奋性。对心血管系统作用较弱,一般小剂量对骨骼肌无明显影响。

本品临床可用于治疗胃肠蠕动减弱的疾病,如胃肠迟缓、肠便秘、胃肠积食、子宫弛缓、胎衣不下及子宫蓄脓等。

【不良反应】 本品作用强烈而广泛,选择性差,较大剂量可引起腹泻、血压下降、呼吸困难、心脏传导阻滞等。

【注意事项】 为避免不良反应发生，可将一次量分2～3次皮下注射，每次间隔30 min左右；中毒时可用阿托品解救，但效果不理想；本品禁用于老龄、体弱、妊娠的动物及心肺疾病及机械性肠梗阻患畜等。

【制剂、用法与用量】 氨甲酰胆碱注射液，1 mL：0.25 mg、5 mL：1.25 mg。皮下注射：一次量，马、牛1～2 mg，羊、猪0.25～0.5 mg，犬0.025～0.1 mg。

氨甲酰甲胆碱(Bethanechol)

【理化性质】 常用其盐酸盐，为白色结晶或结晶性粉末；有氨臭，置空气中易潮解；极易溶于水，易溶于乙醇，不溶于三氯甲烷或乙醚。

【体内过程】 本品不易被胆碱酯酶灭活，故作用时间较长。其性质稳定，可以口服。

【作用与应用】 本品可激动M受体，对N受体无作用，特别是对胃肠道和膀胱平滑肌的选择性较高，对心血管系统几乎无影响。

兽医临床主要用于术后腹气胀、胃肠迟缓、尿潴留、胎衣不下、子宫蓄脓以及其他原因所致的胃肠道或膀胱功能异常。

【不良反应】 禁止静脉注射或肌内注射给药，以免引起强烈的不良反应。

【注意事项】 肠道完全阻塞、创伤性网胃炎及妊娠动物禁用；过量中毒时可用阿托品解救。

【制剂、用法与用量】 氯化氨甲酰甲胆碱注射液，1 mL：2.5 mg、5 mL：12.5 mg、10 mL：25 mg。皮下注射：一次量，每千克体重，马、牛0.05～0.1 mg，犬、猫0.25～0.5 mg。

毛果芸香碱(Pilocarpine)

毛果芸香碱又名匹鲁卡品，是从毛果芸香属植物中提取的一种生物碱，其水溶液稳定，现已能人工合成。

【理化性质】 其硝酸盐为无色结晶性粉末，易溶于水，需遮光密闭保存。

【作用与应用】 本品可直接选择兴奋M受体，产生与节后胆碱能神经兴奋时相似的效应。其特点是对多种腺体和胃肠平滑肌有强烈的兴奋作用，但对心血管系统及其他器官的影响较小，一般情况下并不使心率减慢，血压下降。对眼部作用明显，无论是局部点眼还是注射，都能使瞳孔缩小，这是因为其可兴奋虹膜括约肌上的M受体，使虹膜括约肌收缩。

本品可用于治疗大动物不全阻塞性肠便秘、胃肠迟缓、手术后肠麻痹等。用0.5%～2%的毛香芸果碱溶液点眼缩瞳，并配合扩瞳药阿托品交替使用，可治疗虹膜炎或周期性眼炎，防止虹膜与晶状体粘连。

【不良反应】 本品易致支气管腺体分泌增加和支气管平滑肌收缩加强而引起呼吸困难和肺水肿，主要表现为流涎、呕吐和出汗等。

【注意事项】 机体脱水时，使用本品前应大量饮水或补充体液，防止因各种腺体大量分泌而加重脱水；肠道完全阻塞性便秘患畜禁用，以防肠管剧烈收缩而致肠破裂；老年、体弱、妊娠、心肺疾病的患畜禁用。

【制剂、用法与用量】 硝酸毛果芸香碱注射液，1 mL：30 mg、5 mL：150 mg。皮下注射：一次量，马、牛50～150 mg，羊10～50 mg，猪5～50 mg，犬3～20 mg。

新斯的明(Neostigmine)

本品又名普洛色林，是人工合成的抗胆碱酯酶药。

【理化性质】 本品为白色结晶性粉末，易溶于水，可溶于乙醇，常制成注射液。临床上常使用的是溴化新斯的明和甲硫酸新斯的明。

【体内过程】 本品口服难吸收，不易透过血脑屏障，一般为皮下注射或肌内注射给药。本品既可被血浆中胆碱酯酶水解，亦可在肝中代谢。

【作用与应用】 本品通过抑制胆碱酯酶活性而发挥完全拟胆碱作用，此外能直接激动骨骼肌运动终板上N_2受体。本品对腺体、眼、心血管及支气管平滑肌作用较弱；对胃肠道平滑肌能促进胃收

Note

缩，减少胃酸的分泌；并能促进小肠、大肠，尤其是结肠的蠕动，从而防止肠道弛缓、促进肠内容物向下推进。此外，本品对骨骼肌兴奋作用较强，但对中枢作用较弱。

本品主要用于胃肠迟缓、重症肌无力和胎衣不下等，也可用于竞争性骨骼肌松弛药（箭毒）中毒的解救。

【不良反应】 过量可引起出汗、心动过缓、肌肉震颤或肌肉麻痹。

【注意事项】 机械性肠梗阻、支气管哮喘患畜禁用；中毒时可用阿托品对抗其对 M 受体的兴奋作用。

【制剂、用法与用量】 甲硫酸新斯的明注射液，1 mL : 0.5 mg、1 mL : 1 mg、5 mL : 5 mg、10 mL : 10 mg。肌内注射、皮下注射：一次量，马 4～10 mg，牛 4～20 mg，羊、猪 2～5 mg，犬 0.25～1 mg。

三、抗胆碱药

抗胆碱药又称胆碱受体阻断药。此类药物能与胆碱受体结合，从而阻断胆碱能神经递质或外源性拟胆碱药与受体的结合，产生抗胆碱作用。本类药物依据作用部位可分为 M 胆碱受体阻断药（如阿托品、东莨菪碱）、N 胆碱受体阻断药（如琥珀胆碱、筒箭毒碱）和中枢性抗胆碱药，前两类药物在兽医临床上常用。

阿托品(Atropine)

阿托品是从茄科植物颠茄、莨菪、曼陀罗等提取的生物碱，现可人工合成。

【理化性质】 本品硫酸盐为无色结晶或结晶性粉末；无臭，味极苦；在水中极易溶解，乙醇中易溶；水溶液久置、遇光或碱性药物易变质，应遮光密闭保存。阿托品注射剂 pH 值为 3～6.5。

【体内过程】 本品易从胃肠道及其他黏膜吸收，也可从眼吸收或少量从皮肤吸收；能通过血脑屏障和胎盘屏障；在肝代谢，后经肾排泄，30%～50%以原形随尿排出。

【作用与应用】 本品为阻断 M 胆碱受体的抗胆碱药，能与乙酰胆碱竞争 M 胆碱受体，从而阻断乙酰胆碱及外源性拟胆碱药的 M 样作用。大剂量也能阻断位于神经节和骨骼肌运动终板部位的 N 胆碱受体。

本品药理作用广泛：

①解除平滑肌的痉挛。治疗量的阿托品对过度收缩或痉挛的胃肠平滑肌有极显著的松弛作用，对膀胱逼尿肌次之，对支气管和输尿管的平滑肌作用较弱。

②抑制腺体分泌。唾液腺和汗腺对阿托品极为敏感，小剂量能使唾液腺、支气管腺和汗腺（马除外）分泌减少，较大剂量可减少胃液分泌。

③解除迷走神经对心脏的抑制，使心率加快（包括解除血管痉挛，改善微血管循环）。治疗量的阿托品可短暂减慢心率，较大剂量阿托品可解除迷走神经对心脏的抑制，对抗因迷走神经过度兴奋所致的传导阻滞及心律失常。大剂量可加快心率，促进房室传导，并能扩张外周及内脏血管，解除小动脉痉挛，改善微循环。

④兴奋呼吸中枢。大剂量阿托品可明显兴奋迷走神经中枢、呼吸中枢、大脑皮层运动区和感觉区。中毒量可引起大脑和脊髓的强烈兴奋。

兽医临床常用于胃肠道平滑肌痉挛、肠套叠、唾液分泌过多、有机磷农药中毒、麻醉前给药、拮抗拟胆碱神经兴奋症状等。

【药物相互作用】 本品可增强噻嗪类利尿药、拟肾上腺素药的作用；可加重双甲脒的某些毒性症状，引起肠蠕动的进一步抑制。

【不良反应】 本品副作用与用药目的有关，其毒性作用往往是剂量过大或静脉注射速度过快所致；本品在麻醉前给药或治疗消化道疾病时易致肠臌气、瘤胃臌胀、便秘等。

【注意事项】 用于消化道疾病时，可使肠蠕动减弱，分泌减少，易致肠臌气和肠便秘等。尤其是胃肠道过度充盈或饲料剧烈发酵时，可使胃肠过度扩张，甚至破裂；治疗量时有口干、便秘、皮肤干燥

等不良反应，一般停药后可自行消除；剂量过大，易引起中毒，常出现口干、瞳孔散大、脉搏变快而弱、兴奋不安、肌肉震颤等，严重时，出现昏迷、呼吸浅表、运动麻痹等。最后终因惊厥、呼吸抑制、窒息死亡；本品中毒用毛果芸香碱等拟胆碱药解救，结合使用镇静药或抗惊厥药等对症治疗。

【制剂、用法与用量】 硫酸阿托品片（0.3 mg）。内服：一次量，每千克体重，犬、猫 0.02～0.04 mg。

硫酸阿托品注射液，1 mL：0.5 mg、2 mL：1 mg、1 mL：5 mg。肌内注射、皮下注射或静脉注射：一次量，每千克体重，麻醉前给药，马、牛、羊、猪、犬、猫 0.02～0.05 mg。解救有机磷酸酯类中毒，马、牛、羊、猪 0.5～1 mg，犬、猫 0.1～0.15 mg，禽 0.1～0.2 mg。

东莨菪碱(Scopolamine)

东莨菪碱是从洋金花、颠茄、莨菪等植物中提取的一种生物碱，常用其氢溴酸盐。

【理化性质】 本品氢溴酸盐为无色结晶或白色结晶性粉末，无臭，有微风化性；在水中易溶，在乙醇中略溶，在三氯甲烷中极微溶解，在乙醚中不溶。

【体内过程】 本品为叔胺类生物碱，易从胃肠道吸收，分布于全身组织，可通过血脑屏障和胎盘屏障，主要在肝代谢。

【作用与应用】 本品作用与阿托品相似，但扩瞳和抑制腺体分泌的作用比阿托品更强，抗震颤作用比阿托品强 10～20 倍，对心血管、支气管和胃肠道平滑肌的作用较弱。对中枢神经系统的作用明显。小剂量时犬、猫出现抑制，大剂量兴奋。马属动物均为兴奋。

【不良反应】 马属动物常出现中枢兴奋；用药动物可出现胃肠蠕动减弱、腹胀、便秘、尿潴留、心动过速。

【注意事项】 马属动物及心律失常、慢性支气管炎患畜慎用本品。

【制剂、用法与用量】 氢溴酸东莨菪碱注射液，1 mL：0.3 mg、1 mL：0.5 mg。皮下注射，一次量，牛 1～3 mg，羊、猪 0.2～0.5 mg。

四、拟肾上腺素药

拟肾上腺素药是指能兴奋肾上腺素能神经的药物，包括 α 受体兴奋药，如去甲肾上腺素；α、β 受体兴奋药，如肾上腺素、麻黄碱；β 受体兴奋药如异丙肾上腺素。异丙肾上腺素主要用于扩张支气管，故又称支气管扩张药或平喘药，在兽医临床较少应用。

肾上腺素(Epinephrine)

【理化性质】 本品为白色或类白色结晶性粉末；无臭；与空气接触或受日光照射，易氧化变质；在中性或碱性水溶液中不稳定；饱和水溶液呈弱碱性反应。肾上腺素是由肾上腺髓质分泌的，药用的肾上腺素可以从家畜肾上腺提取或人工合成。本品在水中极微溶解，在乙醇、三氯甲烷、乙酸、脂肪油或挥发油中不溶；在无机酸或氢氧化钠溶液中易溶，在氨溶液或碳酸钠溶液中不溶。临床上常用其盐酸盐。

【体内过程】 本品内服可在胃肠道和肝迅速代谢，因此内服给药无效。皮下注射因局部血管收缩而吸收延迟，一般在 5 min 后出现作用。肌内注射作用可立即出现，其缩血管作用缓和，吸收作用强烈。本品经稀释并减少用量后，亦可采用作用更为强烈的静脉注射方式用于急救。本品能通过胎盘屏障进入乳汁分泌，但不能透过血脑屏障。本品主要由神经末梢回收和单胺氧化酶、儿茶酚胺氧化甲基转移酶代谢灭活。

【作用与应用】 本品对 α 和 β 受体均有很强的兴奋作用，药理作用广泛而复杂。

①兴奋心脏：通过激动心脏 β_1 受体，提高心肌兴奋性，增加心肌收缩力，增加心输出量和耗氧量。

②收缩或扩张血管：本品对血管有收缩和舒张两种作用，这与体内各部位血管的受体种类不同有关。本品对以 α 受体占优势的皮肤、黏膜及内脏血管产生收缩作用，而对以 β 受体占优势的冠状动脉血管和骨骼肌血管有舒张作用。

③对平滑肌的作用：本品对支气管平滑肌有松弛作用，当支气管平滑肌痉挛时，作用更为明显。

④升高血压:对血压的影响与剂量有关,常用剂量使收缩压升高,舒张压不变或下降;大剂量使收缩压和舒张压均升高。

⑤对代谢的影响:肾上腺素能促进肌糖原和肝糖原的分解,使血糖升高。同时还能促进脂肪水解,使血中游离脂肪酸增多。由于糖和脂肪代谢加速,故细胞耗氧量也随之增加。

⑥其他作用:肾上腺素既能使马、羊等动物发汗,兴奋竖毛肌,也能收缩脾被膜平滑肌,使脾中储备红细胞进入血液循环,增加血液中红细胞数。本品还可兴奋呼吸中枢。

【药物相互作用】 碱性药物如氨茶碱、磺胺类的钠盐、青霉素钾(钠)等可使本品失效;某些抗组胺药(如苯海拉明、氯苯那敏)可增强其作用;酚妥拉明可拮抗本品的升压作用。普萘洛尔可增强其升高血压的作用,并拮抗其兴奋心脏和扩张支气管的作用;强心苷可使心肌对本品更敏感,合用易出现心律失常;与催产素、麦角新碱等合用,可增强血管收缩,导致高血压或外周组织缺血。

【不良反应】 本品可诱发兴奋、不安、颤抖、呕吐、高血压(过量)、心律失常等。局部重复注射可引起注射部位坏死。

【注意事项】 心血管器质性病变及肺出血的患畜禁用;本品使用时剂量不宜过大,静脉注射时,应当稀释后缓慢注射;本品禁用于水合氯醛中毒的患畜,也不宜与强心苷、钙剂等具有强心作用的药物配伍应用;本品用于急救时,可根据病情将0.1%肾上腺素进行10倍稀释后静脉注射,必要时可进行心内注射,并配合有效的人工呼吸等措施。

【制剂、用法与用量】 盐酸肾上腺素注射液,0.5 mL∶0.5 mg、1 mL∶1 mg、5 mL∶5 mg。皮下注射,一次量,马、牛2~5 mL,羊、猪0.2~1 mL,犬0.1~0.5 mL。静脉注射,一次量,马、牛1~3 mL,羊、猪0.2~0.6 mL,犬0.1~0.3 mL。

去甲肾上腺素(Norepinephrine)

【理化性质】 药用其酒石酸盐,为白色或近乎白色结晶性粉末,无臭,味苦,遇光易变质;易溶于水,微溶于乙醇,在三氯甲烷、乙醚中不溶;在中性溶液尤其是碱性溶液中,迅速氧化变色失活,在酸性溶液中较稳定;水溶液pH值为3.5。

【体内过程】 本品内服无效,皮下注射或肌内注射亦很少吸收,一般采用静脉注射给药。本品入血后很快消失,较多分布于肾上腺素能神经支配的心脏等器官及肾上腺髓质,不易通过血脑屏障。本品主要在肝代谢,经儿茶酚胺氧化甲基转移酶和单胺氧化酶降解,后随尿液排出。

【作用与应用】 本品主要激动α受体,对β受体的兴奋作用较弱,尤其对支气管平滑肌和血管上的β_2受体作用很小。对皮肤、黏膜、血管有较强收缩作用(外周阻力增加,血压升高),但冠状动脉血管扩张。对心脏作用较肾上腺素弱,使心肌收缩加强,心率加快,传导加速。小剂量静脉滴注升压作用不明显,较大剂量时,收缩压和舒张压均明显升高。

本品有较强的升压作用,可增加休克时心、脑等重要器官的血液供应,因此临床上常用于休克的治疗。

【药物相互作用】 本品与洋地黄毒苷同用,易致心律失常;与催产素、麦角新碱等合用,可增强血管收缩,导致高血压或外周组织缺血。

【不良反应】 本品大剂量可引起心律失常、高血压。

【注意事项】 本品限用于休克早期的应急抢救与在短时间内小剂量静脉滴注,不宜长期大剂量使用;静脉滴注时严防药液外漏,以免引起局部组织坏死;本品禁用于器质性心脏病、高血压患畜。

【制剂、用法与用量】 重酒石酸去甲肾上腺素注射液,1 mL∶2 mg、2 mL∶10 mg。静脉滴注:一次量,马、牛8~12 mg,羊、猪2~4 mg,临用前稀释成每毫升中含4~8 μg的药液。

麻黄碱(Ephedrine)

【理化性质】 其盐酸盐为白色针状结晶或结晶性粉末;无臭,味苦;在水中易溶,在乙醇中微溶。

【体内过程】 本品内服易吸收,皮下注射及肌内注射吸收更快,可通过血脑屏障进入脑脊液。本品不易被单胺氧化酶等代谢,只有少量在肝内代谢脱去氨基,大部分以原形随尿液排出,亦可随乳汁排出。

Note

【作用与应用】 本品药理作用与肾上腺素相似，但作用弱而持久。本品既能直接激动肾上腺素α受体和β受体，产生拟肾上腺素样作用，又能促进肾上腺素能神经末梢释放去甲肾上腺素，间接激动肾上腺素受体，对支气管平滑肌 β_2 受体有较强作用，使支气管平滑肌松弛。

本品常用作平喘药，也用作局部血管收缩药和扩瞳药，如治疗鼻炎，消除鼻腔黏膜的充血、肿胀。

【药物相互作用】 与非甾体抗炎药或神经节阻滞药同时应用可增加高血压的风险；碱化剂（如碳酸氢钠、枸橼酸盐等）可减少麻黄碱从尿中排出，延长其作用时间；与强心苷类药物合用，可致心律失常；与巴比妥类药物合用，后者可减轻本品的中枢兴奋作用。

【不良反应】 用药过量时易引起兴奋、失眠、不安、神经过敏、震颤等症状；有严重器质性心脏病或接受洋地黄治疗的患畜，也可引起心律失常；麻黄碱短期内连续应用，易产生快速耐药性。

【注意事项】 哺乳期家畜禁用本品；对肾上腺素、异丙肾上腺素等拟肾上腺素药过敏的动物，对本品亦过敏；本品不可与可的松、巴比妥类及硫喷妥钠合用。

【制剂、用法与用量】 盐酸麻黄碱片，25 mg。内服：一次量，马、牛 0.05～0.3 g，羊、猪 0.02～0.05 g，犬 0.01～0.03 g。

盐酸麻黄碱注射液，0.03 g : 1 mL、0.15 g : 5 mL。皮下注射或肌内注射：一次量，牛、马 50～300 mg，猪、羊 20～50 mg，犬 10～30 mg。

五、抗肾上腺素药

抗肾上腺素药，又称肾上腺素能阻断剂。本类药物与肾上腺素受体结合后，阻断去甲肾上腺素或拟肾上腺素药与受体的结合。按照作用，又分α肾上腺素能阻断剂（如酚苄明、酚妥拉明等）、β肾上腺素能阻断剂（如普萘洛尔、丁氧胺等）和肾上腺素能神经元阻断剂（如胍乙啶、利血平等）。本类药物共同的副作用是躯体张力低下、镇静或抑郁、胃肠蠕动增强或腹泻、影响射精、血容量和钠潴留增加。长期使用会诱导受体发生反馈性调节、瞳孔缩小、胰岛素释放增加。抗肾上腺素药在兽医临床应用较少。

六、局部麻醉药

局部麻醉药简称局麻药，是主要作用于局部，并能可逆地阻断神经冲动的传导，引起机体特定区域感觉丧失的药物。

视频：5-2 常用的局部麻醉药

局麻药对其所接触到的中枢神经和外周神经都有阻断作用，使兴奋阈升高，动作电位降低，传导速度减慢，不应期延长，直至完全丧失兴奋性和传导性。此时神经细胞膜保持正常的静息跨膜电位，任何刺激都不能引起去极化，故名非去极化型阻断。局麻药在较高浓度时也能抑制平滑肌及骨骼的活动。局部麻醉作用是可逆的，对组织无损伤。

（一）影响局部麻醉作用的因素

(1)神经干或神经纤维的特性：在临床上可以看出局麻药对感觉神经作用较强，对传出神经作用较弱，神经纤维的直径越小越易被阻断，无髓鞘神经较易被阻断，有髓鞘神经中的无髓鞘部分较易被阻断。

(2)药物的浓度：在一定范围内药物的浓度与药效呈正相关，但增加药物浓度并不能延长作用时间，反而有增加吸收入血引起毒性作用的可能。

(3)加入血管收缩药：在局麻药中加入微量的肾上腺素(1/100 000)，能使局麻药的持续时间明显延长。但进行四肢环状封闭时则不宜加入血管收缩药。

(4)用药环境的 pH 值：用药环境（包括制剂、体液、用药的局部等）的 pH 值对局麻药的离子化程度有直接影响，因此应使用药环境的 pH 值尽量接近药物的解离常数，才能取得更好的局麻效果。

（二）局部麻醉方式

(1)表面麻醉：将药液滴眼、涂布或喷雾于黏膜表面，使其透过黏膜而到达感觉神经末梢。这种方法麻醉范围窄，持续时间短，一定要选择穿透力较强的药物。

(2)浸润麻醉：将低浓度的局麻药注入皮下或术野附近组织，使神经末梢麻醉。此法局麻范围较集中，适用于小手术及大手术的术野麻醉。除使局部痛觉消失外，还因大量低浓度的局麻药压迫术野周围的小血管，可以减少出血。一般选用毒性较低的药物。浸润麻醉是局麻最常用的方式，兽医临床上常用于各种浅表手术。

(3)传导麻醉或外周神经阻断麻醉：把药液注射在神经干、神经丛或神经节周围，使该神经支配的区域麻醉。此法多用于四肢和腹腔的手术。使用的药液宜稍浓，但药液的量不能太多。

(4)静脉阻断：事前用止血器阻止循环血液进入受药区，将大容量、低浓度的局麻药注入静脉。药物透过血管壁，扩散进入局部神经而起作用。此法在兽医临床现已较少应用。

(5)硬膜外麻醉：把药液注入硬膜外腔，阻滞由硬膜外传出的脊神经。根据手术的需要，又可分为荐尾间隙硬膜外麻醉(从第1、2尾椎间注入局麻药，以麻醉盆腔)和腰荐硬膜外麻醉(牛从腰椎与荐椎间注入局麻药，以麻醉腹腔后段和盆腔)两种。

(6)脊髓或蛛网膜下腔麻醉：将局麻药注入脊髓末端的蛛网膜下腔(绵羊和猫一般为腰骶部)。由于动物的脊髓在椎管内终止的部位存在很大的种属差异，此法在兽医临床已很少应用。

(7)封闭疗法：将局麻药注射到患部的周围或其神经通路，阻断病灶部的不良冲动向中枢传导，以减轻疼痛、改善神经营养。

(三)常用局部麻醉药的特点及用途

常用局麻药的特点见表5-1。

表5-1 常用局麻药的特点

药物	效价强度	起效	持续时间/min	pK_a	不解离分数/(%) pH值为7.4	蛋白结合率/(%)	脂溶性
普鲁卡因	1	慢	45～60	8.9	3	6	0.6
利多卡因	2	快	60～120	7.9	25	70	2.9
丁卡因	8	慢	60～180	8.5	7	76	80

常用局麻药的用途见表5-2。

表5-2 常用局麻药的用途

药物	表面麻醉	浸润麻醉	传导麻醉	硬膜外麻醉	蛛网膜下腔麻醉
普鲁卡因	否	是	是	是	是
利多卡因	是	是	是	是	是
丁卡因	是	否	是	是	是

(四)常用的局部麻醉药

普鲁卡因(Procaine)

【理化性质】 本品盐酸盐为白色结晶或结晶性粉末；无臭；味微苦；在水中易溶，在乙醇中略溶，在三氯甲烷中微溶，在乙醚中几乎不溶。

【体内过程】 本品在用药部位吸收迅速，吸收后大部分与血浆蛋白暂时结合，而后被逐渐释放出来，再分布到全身。本品能较快通过血脑屏障和胎盘屏障。游离型普鲁卡因可迅速地被血浆中的拟胆碱酯酶水解，生成对氨基苯甲酸和二乙氨基乙醇，从尿中排出。

【作用与应用】 本品为短效酯类局麻药，对皮肤、黏膜穿透力差，故不适于表面麻醉。注射后1～3 min有局麻效应，持续45～60 min。本品具有扩张血管的作用，加入微量缩血管药物肾上腺素则局麻时间延长。吸收作用主要是对中枢神经系统和心血管系统的影响，小剂量中枢轻微抑制，大剂量时则兴奋。另外，还能降低兴奋性和传导性。

广泛用于浸润麻醉、传导麻醉、硬膜外麻醉和封闭疗法。

【药物相互作用】 在每100 mL盐酸普鲁卡因药液中加入0.1%盐酸肾上腺素溶液0.2～0.5 mL，可延长药效1～1.5 h；本品禁与磺胺类药物、洋地黄、抗胆碱酯酶药、肌松药、巴比妥类、碳酸氢钠、氨茶碱、硫酸镁等合并使用；本品与青霉素形成的盐可延缓青霉素的吸收。

【不良反应】 本品用量过大、浓度过高时，吸收后可对中枢神经产生毒性作用，表现为先兴奋后抑制，甚至造成呼吸麻痹等。

【注意事项】 本品不宜静脉注射；不宜进行表面麻醉；本品用于硬膜外麻醉和四肢环状封闭时，不宜加入肾上腺素；本品剂量过大可出现吸收作用，引起中枢神经系统先兴奋、后抑制的中毒症状，应对症治疗；马对本品比较敏感。

【制剂、用法与用量】 普鲁卡因注射液，5 mL：0.15 mg、10 mL：0.3 mg、50 mL：1.25 mg、50 mL：2.5 mg。浸润麻醉、封闭疗法：0.25%～0.5%溶液；传导麻醉：2%～5%溶液，每个注射点，大动物 10～20 mL，小动物 2～5 mL；硬膜外麻醉：2%～5%溶液，马、牛 20～30 mL。

利多卡因(Lidocaine)

【理化性质】 本品盐酸盐为白色结晶性粉末；无臭；味苦；易溶于水；常制成注射液。

【体内过程】 本品易被吸收，表面或注射给药，1 h 内有 80%～90%被吸收，与血浆蛋白暂时性结合率为 70%。进入体内后大部分先经肝微粒体酶降解，再进一步被酰胺酶水解，最后随尿液排出；少量出现在胆汁中，10%～20%以原形随尿液排出。本品能透过血脑屏障和胎盘屏障。

【作用与应用】 本品属酰胺类中效麻醉药。局麻作用比普鲁卡因强 1～3 倍，穿透力强，作用快，维持时间长(为 1～2 h)，扩张血管作用不明显，其吸收作用表现为中枢神经抑制。此外，还能抑制心室自律性，缩短不应期，可用于治疗心律失常。

本品为局麻药，常用于表面麻醉、浸润麻醉、传导麻醉和硬膜外麻醉。

【不良反应】 推荐剂量使用有时出现呕吐；过量使用时主要有嗜睡、共济失调、肌肉震颤等；大剂量吸收后可引起中枢兴奋如惊厥，甚至发生呼吸抑制。

【注意事项】 当本品用于硬膜外麻醉和静脉注射时，不可加肾上腺素；剂量过大易出现吸收作用，可引起中枢抑制、共济失调、肌肉震颤等。

【制剂、用法与用量】 盐酸利多卡因注射液，5 mL：0.1 g、10 mL：0.2 g、10 mL：0.5 g、20 mL：0.4 g。浸润麻醉：配成 0.25%～0.5%溶液。表面麻醉：配成 2%～5%溶液。传导麻醉：配成 2%溶液，每个注射点，马、牛 8～12 mL，羊 3～4 mL。硬膜外麻醉：配成 2%溶液，马、牛 8～12 mL。

丁卡因(Tetracaine)

【理化性质】 本品为人工合成药，常用其盐酸盐，为白色结晶或结晶性粉末；无臭；在水中易溶，在乙醇中溶解，在乙醚中不溶。

【作用与应用】 本品为长效酯类局麻药，脂溶性高，组织穿透力强，局麻作用比普鲁卡因强 10 倍，麻醉维持时间长，可达 3 h 左右。但出现局麻作用的潜伏期较长，5～10 min。本品毒性较普鲁卡因大，为其 10～12 倍。

本品为局麻药，常用于表面麻醉。

【不良反应】 大剂量可致心脏传导系统抑制。

【注意事项】 本品毒性大，作用慢，一般不宜用作浸润麻醉。

【制剂、用法与用量】 盐酸丁卡因注射液，5 mL：50 mg。0.5%～1%等渗溶液，滴眼，用于眼科表面麻醉；1%～2%溶液，用于鼻、喉头喷雾或气管内插管；0.1%～0.5%溶液，用于泌尿道黏膜麻醉；0.2%～0.3%溶液，用于硬膜外麻醉，最大剂量每千克体重不超过 2 mg/kg。

七、皮肤黏膜用药

皮肤黏膜用药是指在用药皮肤的局部起作用的药物。兽医上使用的皮肤黏膜用药有保护剂、刺激剂等，可制成软膏剂、泥敷剂、糊剂、粉剂、敷料、膏剂、混悬剂和洗涤剂使用。

兽医上现已大量使用透皮给药系统。例如，每月定期将杀虫药施于皮肤的某个区域，用于控制全身的蚤或蜱；芬太尼透皮膏药被广泛用于术后镇痛。其他适应证的透皮给药系统也将日益增加。

扫码学课件
5-3

任务三 实验实训

一、水合氯醛的全身麻醉作用及氯丙嗪的增强麻醉作用

【实验目的】 观察水合氯醛的麻醉作用及主要体征变化，了解氯丙嗪的增强麻醉作用。

【实验材料】

(1)动物：家兔 3 只。

(2)药物：10%水合氯醛、2.5%氯丙嗪。

(3)器材：家兔固定器、5 mL 注射器 3 支、2 mL 注射器 1 支、电子秤、体温计、听诊器等。

【实验方法】

(1)取家兔 3 只，称重，编号，观察其正常活动，如呼吸、脉搏、体温、痛觉反射、角膜反射、骨骼肌紧张度等。

(2)分别给家兔注射药物。甲兔耳缘静脉注射全麻醉量的水合氯醛，即每千克体重 1.2 mL 的 10%水合氯醛；乙兔耳缘静脉注射半麻醉量的水合氯醛，即每千克体重 0.6 mL 的 10%水合氯醛；丙兔先耳缘静脉注射每千克体重 0.12 mL 2.5%氯丙嗪，后耳缘静脉注射半麻醉量的 10%水合氯醛。

(3)分别观察各家兔的反应及体征变化。

【注意事项】

(1)必须仔细观察给药前后家兔的临床表现，记录麻醉维持时间，同时还要注意家兔体温的变化。

(2)准确控制水合氯醛和氯丙嗪的剂量。

【实验结果】 实验结果见表 5-3。

表 5-3 全身麻醉实验结果

兔号	体重	药物	麻醉时间		用药前			用药后		
			出现时间	麻醉时间	痛觉反射	角膜反射	肌肉紧张度	痛觉反射	角膜反射	肌肉紧张度
甲		全麻醉量水合氯醛								
乙		半麻醉量水合氯醛								
丙		氯丙嗪+半麻醉量水合氯醛								

【课后作业】 分析全身麻醉时，为什么要观察体征？氯丙嗪麻醉前给药有什么好处？

二、肾上腺素对普鲁卡因局部麻醉作用的影响

【实验目的】 观察肾上腺素对普鲁卡因局部麻醉作用的影响。

【实验材料】

(1)动物：家兔 1 只。

(2)药物：0.1%盐酸肾上腺素注射液，2%盐酸普鲁卡因注射液。

(3)器材：注射器(1 mL、5 mL)、8 号针头、剪毛剪、镊子、酒精棉球、台秤等。

【实验方法】

(1)取家兔 1 只，称重，观察其正常活动，用针刺其后肢，观察并记录有无疼痛反应。

(2)按每千克体重 2 mg 的剂量，在家兔两侧坐骨神经周围分别注入 2%盐酸普鲁卡因注射液和加有 0.1%盐酸肾上腺素注射液的 2%盐酸普鲁卡因注射液。

(3)5 min 后观察两后肢有无运动障碍，并用针刺两后肢，观察有无痛觉反应，以后每 10 min 检查一次，观察两后肢感觉恢复的情况。

【注意事项】

(1)使家兔自然俯卧，在尾部坐骨棘与股骨头之间可摸到一凹陷，即为坐骨神经部位，注射点需要准确把握。

(2)注意普鲁卡因与肾上腺素的比例，即每 10 mL 2%盐酸普鲁卡因注射液中加入 0.1%盐酸肾上腺素注射液 0.1 mL。

【实验结果】 实验结果见表 5-4。

表 5-4 局部麻醉实验结果

药物	用药前反应	用药后时间/min						
		5	10	20	30	40	50	60
普鲁卡因								
普鲁卡因+肾上腺素								

【课后作业】 分析家兔两后肢运动和感觉恢复时间有何不同，说明普鲁卡因与肾上腺素合用并进行局部麻醉的临床意义。

链接与拓展

中华人民共和国农业农村部

中华人民共和国农业农村部畜牧兽医局

实验动物的麻醉方法

实验动物镇静、止痛、麻醉和安乐死指南

案例分析

案例

巩固训练

执考真题

复习思考题

项目六 抗组胺药、解热镇痛抗炎药和肾上腺皮质激素类药

项目导入

扫码学课件 6

本项目主要介绍抗组胺药、解热镇痛抗炎药和肾上腺皮质激素类药，主要分为四个任务项，分别为抗组胺药、解热镇痛抗炎药、肾上腺皮质激素类药和实验实训。本项目药物作用较为迅速且药效较强，在临床及畜牧业生产中的应用也较为广泛，所以本项目药物十分重要。

学习目标

▲知识目标

1. 了解组胺和组胺受体的概念。
2. 了解抗组胺药、解热镇痛抗炎药的作用机理。
3. 了解解热镇痛抗炎药的分类及其特点，合理选用解热镇痛抗炎药。
4. 了解肾上腺皮质激素类药的不良反应、临床应用和注意事项。
5. 掌握常见肾上腺皮质激素类药的药理作用、应用及用法。

▲能力目标

1. 能够根据不同的临床病例合理正确地选择抗组胺药。
2. 能够根据不同的临床病例合理正确地选择解热镇痛抗炎药。
3. 能够根据不同的临床病例合理正确地选择肾上腺皮质激素类药。
4. 能够合理正确地选用本项目药物，最大限度发挥药物的治疗作用，减少药物的不良反应，养成正确合理使用药物的习惯。

▲素质与思政目标

1. 具有救死扶伤，敬畏生命的品格；尊重和保障动物福利。
2. 具有合理选药，正确用药的职业素养和职业道德。
3. 具有较强的责任心和责任感，认真对待每一例临床病例。

案例导入

重庆市张某家 2 岁比熊犬，体重 5 kg；主诉该犬平日身体健康，吃喝拉撒均正常，定期驱虫和接种疫苗；今天下午出门到草地上厕所，晚上回家后发现该犬面部水肿，在地上和墙角磨蹭。经临床检查，发现该犬眼周水肿，结膜潮红，流泪；口唇水肿明显，瘙痒明显；体温 39.1 ℃，脉搏每分钟 115 次，呼吸每分钟 43 次。根据病史情况和临床检查结果，初步诊断该犬患有什么疾病，应如何进行治疗？让我们带着这样一些问题学习抗组胺药、解热镇痛抗炎药和肾上腺皮质激素类药的相关知识。

任务一 抗组胺药

视频:6
抗组胺药、解热镇痛抗炎药和肾上腺皮质激素类药综述

一、组胺与组胺受体

组胺是广泛存在于机体组织内的一种自体活性物质，组织中的组胺以无活性结合型存在于肥大细胞及嗜碱性粒细胞中，当这些细胞受理化因素刺激而发生损伤，或发生抗原抗体反应时，会引起大量活化的组胺释放，并迅速与靶细胞上组胺受体结合而产生强大的生物效应。现已知组胺受体有H_1受体、H_2受体和H_3受体。H_1受体主要分布于皮肤血管、支气管和胃肠平滑肌，被组胺激活后引起皮肤血管通透性增加而导致皮炎；若呼吸道平滑肌痉挛则引起呼吸困难和哮喘；若胃肠道平滑肌痉挛则出现腹痛、腹泻等。H_2受体主要分布于胃壁腺细胞，被组胺激活后能增加胃液的分泌。中枢神经系统可能还存在组胺的H_3受体，其在兽医临床上的意义尚待研究。

抗组胺药在结构上与组胺相似，二者竞争效应器细胞膜上的组胺受体，阻断组胺与组胺受体结合，从而缓解或消除组胺受体被组胺激活后呈现的作用。临床上分为H_1受体阻断药和H_2受体阻断药。

二、抗组胺药

能对抗组胺作用的药物称为抗组胺药或抗过敏药。具有抗组胺作用的药物很多，如糖皮质激素、肾上腺素、钙剂、维生素 C 等，下面介绍部分抗组胺药。

（一）H_1 受体阻断药

苯海拉明

苯海拉明，又名可他敏。

【理化性质】 本品属人工合成的白色结晶性粉末，无臭，味苦，服后有麻痹感；易溶于水和醇，应密闭保存。

【作用与应用】 苯海拉明为组胺H_1受体阻断药，有明显的抗组胺作用，能消除支气管和胃肠平滑肌痉挛，降低毛细血管的通透性，减轻过敏反应，具有镇静、抗胆碱止吐和轻微局部麻醉作用。本品与氨茶碱、麻黄碱、维生素 C 或钙剂合用，能提高疗效。主要用于过敏性疾病，如荨麻疹、血清病、皮肤瘙痒症、血管神经性水肿、小动物运输晕眩、止吐、药物过敏反应等，也可用于组织损伤伴有组胺释放的疾病，如烧伤、冻伤、湿疹等；还可用于过敏性休克，因饲料过敏引起的腹泻和蹄叶炎，有机磷中毒的辅助治疗。对过敏性胃肠痉挛和腹泻有一定疗效，对过敏性支气管痉挛疗效差。

【注意事项】 苯海拉明尚有中枢抑制作用，故用药后动物精神沉郁或昏睡，不必停药。但不宜静脉注射。

【制剂、用法与用量】 盐酸苯海拉明片，每片 25 mg；盐酸苯海拉明注射液，0.02 g/mL、0.1 g/5 mL。内服：一次量，牛 600～1200 mg，马 200～1000 mg，羊、猪 80～120 mg，犬 30～60 mg，猫 10～30 mg，每 12 h 一次。肌内注射：每千克体重，牛、马 100～500 mg，羊、猪 40～60 mg，犬 0.5～1 mg，每 12 h 一次；猫 1 mg，每 8 h 一次。

盐酸异丙嗪

盐酸异丙嗪，又名非那根、抗胺荨。

【理化性质】 本品为人工合成品，呈白色或近乎白色的粉末或颗粒，几乎无臭，味苦；在空气、日光中变为蓝色；极易溶于水，易溶于乙醇及氯仿，几乎不溶于丙酮或乙醚。

【作用与应用】 盐酸异丙嗪的抗组胺作用与应用同苯海拉明，但作用比苯海拉明强而持久，副作用较小，可加强镇静药、镇痛药和麻醉药的作用，能使体温降低，具有止吐作用。

【注意事项】 本品有刺激性，不宜皮下注射，且不宜与氨茶碱混合注射。

Note

【制剂、用法与用量】 盐酸异丙嗪片，每片12.5 mg、25 mg；盐酸异丙嗪注射液，250 mg/10 mL，50 mg/2 mL。内服：一次量，牛250～1000 mg，猪、羊100～500 mg，犬50～100 mg。肌内注射：一次量，牛、马250～500 mg，羊、猪50～100 mg，犬25～50 mg。不能与氨茶碱混合注射。

马来酸氯苯那敏

马来酸氯苯那敏，又名扑尔敏。

【理化性质】 本品为白色结晶性粉末，无臭，味苦；易溶于水、乙醇、氯仿，微溶于乙醚。

【作用与应用】 本品作用与应用同苯海拉明，但作用比苯海拉明强而持久，对中枢神经的抑制和嗜睡的副作用较轻。此外，本品可由皮肤吸收，制成软膏外用可治疗皮肤过敏性疾病。

【制剂、用法与用量】 扑尔敏片，每片4 mg；扑尔敏注射液，10 mg/mL。内服：一次量，牛、马80～100 mg，羊、猪10～20 mg，犬2～4 mg，猫1～2 mg，每8 h一次。肌内注射：一次量，牛、马60～100 mg，羊、猪10～20 mg，犬2.5～10 mg，猫2～5 mg。

阿司咪唑

阿司咪唑，又名息斯敏。

【理化性质】 本品为人工合成品，呈白色结晶或结晶性粉末，熔点149.1 ℃。

【药动学】 本品内服后吸收迅速，溶解后0.5～1 h达血药峰浓度，药效达24 h。在肝、肺、肾等主要器官中的浓度很高，而在肌肉内分布很少，主要经肺代谢。

【作用与应用】 本品是一种无中枢镇静和抗胆碱能作用的新型抗组胺药，不能透过血脑屏障，有强而持久的抗组胺作用。主要用于过敏性鼻炎、过敏性结膜炎、荨麻疹以及其他过敏反应的治疗。

【注意事项】 孕畜慎用。

【制剂、用法与用量】 息斯敏片，每片10 mg。内服：一次量，犬、猫0.25～0.5 mg。

（二）H_2受体阻断药

西咪替丁

西咪替丁，又名甲氰咪胍、甲氰咪胺。

【理化性质】 本品为人工合成的无色结晶，可溶于水，水溶液pH值为9.3，在稀酸中溶解度增大。

【药动学】 本品内服后吸收迅速，1.5 h达血药峰浓度，半衰期为2 h，大部分以原形从尿中排出，12 h可排出内服量的80%～90%。

【作用与应用】 本品为较强H_2受体阻断药，能抑制因组胺或五肽胃泌素刺激引起的胃液分泌，无抗胆碱作用。主要用于治疗胃肠道溃疡、胃炎、胰腺炎和急性胃肠道（消化道前段）出血。对皮肤瘙痒症有一定疗效。本品能降低肝血流量，干扰其他药物的吸收。

【制剂、用法与用量】 西咪替丁片，每片200 mg；西咪替丁注射液，100 mg/mL。内服，一次量，猪300 mg，每12 h一次；每千克体重，牛8～16 mg，犬5～10 mg，每8 h一次；每千克体重，猫2.5～5 mg，每12 h一次。肌内注射：每千克体重，犬5～10 mg，每8 h一次；猫2.5～5 mg，每12 h一次。

雷尼替丁

雷尼替丁，又名呋喃硝胺。

【理化性质】 本品为人工合成的白色或淡黄色粉末，易溶于水、乙醇和甲醇，不溶于氯仿。

【药动学】 本品内服后吸收，1～2 h达血药峰浓度，半衰期为2～2.5 h，不受食物及制酸剂的影响。

【作用与应用】 本品作用与应用同西咪替丁，但比西咪替丁强5～8倍，且具有速效和长效的优点，而副作用很弱。

【注意事项】 本品可在肾脏与其他药物竞争肾小管分泌，故肾功能不全者慎用。

【制剂、用法与用量】 雷尼替丁片，每片150 mg；雷尼替丁注射液，50 mg/2 mL。内服，一次量，驹150 mg，每12 h一次；每千克体重，犬2 mg，猫3.5 mg，每12 h一次。肌内注射，每千克体重，犬2 mg，猫2 mg，每12 h一次。

任务二 解热镇痛抗炎药

解热镇痛抗炎药(非甾体类抗炎药)具有解热、镇痛作用,多数药物还具有抗炎、抗风湿作用。解热镇痛抗炎药能抑制体内前列腺素(PG)的合成,选择性地作用于动物体温调节中枢,降低发热动物的体温,而对正常体温几乎无影响。前列腺素(PG)既是体温升高的致热原,又是一种炎症介质,能使动物痛觉增敏,出现局部炎症(产生红、肿、热、痛等)一系列反应。解热镇痛抗炎药的机理是抑制PG的合成,故既能使动物的体温恢复正常,又能达到抗炎、镇痛的目的。

一、水杨酸类

水杨酸类是苯甲酸类的衍生物,有水杨酸、水杨酸钠和乙酰水杨酸等。水杨酸钠由于刺激性大,不适宜内服,只供外用,有抗真菌和溶解角质的作用。水杨酸钠和乙酰水杨酸内服有解热镇痛和抗炎、抗风湿作用。

水杨酸钠

水杨酸钠,又名柳酸钠。

【理化性质】 本品为无色或微带淡红色的细微结晶或鳞片,或为白色结晶性粉末,易氧化,在空气中可逐渐变黄色、红棕色,甚至深棕色;应遮光、密闭保存。

【药动学】 本品内服易吸收,一般 1～2 h 达到最高浓度,均匀分布于各组织中,主要在肝中代谢。

【作用与应用】 水杨酸钠具有较强的抗炎、抗风湿作用,但解热、镇痛效果差,一般不作解热、镇痛药用。主要用于治疗急性风湿病,如关节炎,关节疼痛、肿胀等。

【注意事项】 水杨酸钠内服对胃有刺激性,使用时应与淀粉合用或经稀释后灌服。但静脉注射要缓慢,且不可漏于血管外。长期大剂量使用易引起出血。

【制剂、用法与用量】 水杨酸钠片,每片 0.3 g、0.5 g;水杨酸钠注射液,1 g/10 mL、2 g/20 mL、5 g/50 mL。内服:一次量,牛 15～75 g,马 10～50 g,羊、猪 2～5 g,犬 0.2～2 g,鸡 0.1～0.12 g。静脉注射,一次量,牛、马 10～30 g,羊、猪 2～5 g,犬 0.1～0.5 g。

阿司匹林

阿司匹林,又名乙酰水杨酸。

【理化性质】 本品为白色结晶或结晶性粉末,无臭或略带醋酸臭,味微酸;微溶于水,易溶于乙醇;能溶解于氯仿或乙醚;应密封,在干燥处保存。

【药动学】 本品内服后 30～45 min 显效,经 2～3 h 达血药峰浓度,广泛分布于各组织,在肝代谢,主要以代谢产物的形式自尿排出,很少部分以水杨酸形式排出;维持时间 4～6 h。

【作用与应用】 乙酰水杨酸是水杨酸的衍生物,解热、镇痛效果好,抗炎、抗风湿作用强,还有促进尿酸排泄及抑制炎性渗出作用。常用于多种原因引起的高热、感冒、关节痛、风湿痛、神经肌肉痛、痛风和软组织炎症等。对急性风湿病疗效迅速、确实。但只能缓解症状,不易根治。目前在人医临床已用于防止血栓形成、术后心肌梗死等。

【注意事项】 本品对猫有严重的毒性反应,不宜用于猫。本品长期使用易引起消化道出血,可用维生素 K 治疗,不宜空腹投药。长期使用易引发胃肠溃疡。胃炎、胃溃疡、胃出血、肾功能不全患畜慎用。

【制剂、用法与用量】 阿司匹林片,每片 0.3 g、0.5 g。内服:一次量,牛、马 15～30 g,羊、猪 1～3 g,犬 0.2～1 g。猫,每千克体重 0.075 g(防止血栓形成),每 48 h 一次。

二、苯胺类

非那西丁

非那西丁,又名乙酰对氨基苯乙醚。

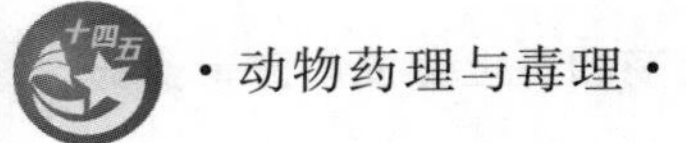

【理化性质】 本品为人工合成品，呈白色鳞状结晶，无臭，无味；不溶于水，难溶于热水。

【药动学】 本品内服易吸收，服后 20～30 min 出现药效，持续 5～6 h，不易进入脑脊液，主要在肝代谢。

【作用与应用】 本品抑制丘脑下部前列腺素的合成与释放的作用很强，而对外周作用差，故解热作用强，镇痛、抗炎作用弱。原形及其代谢产物扑热息痛均有解热效果，药效强度与阿司匹林相当，作用缓慢而持久。主要用作解热，不用于抗炎、抗风湿等。

【注意事项】 大剂量或长期反复使用，可引起高铁血红蛋白血症，出现组织缺氧、发绀。猫及肾、肝功能损害的家畜禁用（该药能抑制凝血酶原合成，猫及肾、肝功能损害的家畜禁用。猫血红蛋白含有 8 个巯基，更容易因细胞谷胱甘肽耗竭导致血红蛋白氧化，引起细胞坏死）。

【制剂、用法与用量】 非那西丁片，内服：一次量，牛、马 10～20 g，猪 1～2 g，羊 1～4 g，犬 0.1～1 g。

扑热息痛

扑热息痛，又名对乙酰氨基酚、醋氨酚。

【理化性质】 本品是苯胺的衍生物，人工合成品，为白色或淡白色结晶粉末，无臭，味微苦，在热水或乙醇中易溶，在水中微溶。

【药动学】 本品内服易吸收，0.5～1 h 达血药峰浓度；体内经肝代谢，肾排出；半衰期为 1～3 h。

【作用与应用】 扑热息痛具有较强而持久的解热作用，副作用小，镇痛、抗炎作用弱，无抗风湿作用。临床中常作为中、小动物的解热镇痛药。

【注意事项】 同非那西丁。

【制剂、用法与用量】 对乙酰氨基酚片，每片 5 g；对乙酰氨基酚注射液。内服：一次量，牛、马 10～20 g，羊 1～4 g，猪 1～2 g，犬 0.1～1 g。肌内注射：一次量，牛、马 5～10 g，羊 0.5～2 g，猪 0.5～1 g，犬 0.1～0.5 g，猫禁用。

三、吡唑酮类

吡唑酮类常用药物都是安替比林的衍生物，有氨基比林、保泰松等，均有解热、镇痛、抗炎、抗风湿作用。其中氨基比林解热作用强，保泰松抗炎效果好。

氨基比林

氨基比林，又名匹拉米洞。

【理化性质】 本品为白色结晶性粉末，无臭，味微苦；遇光渐变质，能溶于水，水溶液呈碱性。

【药动学】 本品内服吸收迅速，很快达到血药峰浓度，半衰期为 1～4 h。

【作用与应用】 本品与巴比妥类合用能增强镇痛效果，有利于缓和疼痛症状。常用于治疗肌肉痛、神经痛和关节痛。对马、骡疝痛、发热和急性风湿性关节炎也有一定的疗效，但镇痛效果弱。

【注意事项】 长期连续使用，易致白细胞减少症。

【制剂、用法与用量】 氨基比林片，每片 0.5 g。复方氨基比林注射液，0.2 g/10 mL、0.2 g/20 mL。内服：一次量，牛、马 8～20 g，羊、猪 2～5 g，犬 0.13～0.4 g。皮下注射、肌内注射：一次量，牛、马 0.4～1 g，羊、猪 50～200 mg。休药期 28 天，弃奶期 7 天。

安痛定注射液（由 5%氨基比林、2%安替比林、0.9%巴比妥制成的灭菌水溶液，为无色或带极微黄色的澄清溶液），2 mL、5 mL、10 mL。皮下注射、肌内注射：牛、马 0.4～1 g，羊、猪 50～200 mg。

保泰松

保泰松，又名布他酮、布他唑丁。

【理化性质】 本品为白色或微黄色结晶性粉末，味微苦；难溶于水，能溶于乙醇和乙醚，易溶于碱溶液及氯仿中，性质比较稳定。

【药动学】 本品内服吸收迅速而完全，2 h 达血药峰浓度，肌内注射吸收缓慢，血药峰浓度可达 6～10 h。

【作用与应用】 保泰松具有较强的抗炎、抗风湿作用，解热作用较差，因毒性较大，一般不作解热镇痛药用。临床主要用于风湿病、关节炎、腱鞘炎、黏液囊炎及睾丸炎等。在治疗风湿病时，必须连续应用，直至病情好转为止。

【注意事项】 犬、猫对保泰松敏感，应慎用。有胃肠道溃疡，心、肝、肾疾病的患畜及食品动物、泌乳奶牛等禁用。

【制剂、用法与用量】 保泰松片，每片 0.1 g；保泰松注射液，600 mg/3 mL。内服：每千克体重，马 22 mg，首量加倍，羊、猪 33 mg，犬 2～20 mg，每 12 h 一次，3 日后用量酌减。肌内注射：每千克体重，犬 2～20 mg，猫 6～8 mg。

四、有机酸类

吲哚美辛

吲哚美辛，又名消炎痛。

【理化性质】 本品为人工合成的吲哚衍生物，呈白色或微黄色结晶性粉末，几乎无臭，无味，溶于丙酮，略溶于甲醇、乙醇、氯仿和乙醚，不溶于水。

【药动学】 本品单胃动物内服吸收迅速而完全，1.5～2 h 达血药峰浓度；血浆蛋白结合率达 90%，一部分经肝代谢，排泄快，主要经尿排出，少量经胆汁排出。

【作用与应用】 本品具有抗炎、解热、镇痛和肌肉松弛作用，其中抗炎作用最强，比保泰松强 84 倍，比氢化可的松也强，与这些药物合用，可减少它们的用量及副作用。解热、镇痛效果较差，但对炎性疼痛的镇痛效果比保泰松、安乃近和水杨酸钠强。对痛风性关节炎和骨关节炎的效果较强，能有效地减轻症状。主要用于慢性风湿性关节炎、神经痛、腱炎、腱鞘炎及肌肉损伤等。

【注意事项】 本品能引起犬、猫恶心、腹痛、下痢等，有时还可引起溃疡，可致肝和造血功能损害。肾病及胃肠道溃疡患畜慎用。

【制剂、用法与用量】 消炎痛片，每片 25 mg。内服：每千克体重，牛、马 1 mg，羊、猪 2 mg。

苄达明

苄达明，又名炎痛静、消炎灵。

【理化性质】 本品为白色结晶性粉末，无臭，味辛辣，易溶于水、乙醇或氯仿。

【作用与应用】 本品具有解热、抗炎、镇痛作用，对炎性疼痛的镇痛效果强于吲哚美辛，抗炎效果与保泰松相似或稍强，对急性炎症、外伤和术后炎症的效果明显。主要用于手术伤、外伤和风湿性关节炎等炎性疼痛。

【注意事项】 副作用主要有食欲不振、恶心、呕吐。

【制剂、用法与用量】 炎痛静片，每片 25 mg。内服：每千克体重，牛、马 1 mg，羊、猪 2 mg。

萘洛芬

萘洛芬，又名萘普生、消痛灵、甲氧萘丙酸。

【理化性质】 本品为白色或类白色结晶性粉末，无臭；溶于甲醇、乙醇或氯仿，略溶于乙醚，不溶于水；水溶解度与 pH 值有关，pH 值高时易溶，pH 值低时不溶。

【药动学】 本品内服吸收完全，2～4 h 达血药峰浓度，在血中 99% 以上与血浆蛋白结合，约 95% 自尿中以原形及代谢产物的形式排出。半衰期为 46 h，药效在 5 h 后出现。

【作用与应用】 本品具有镇痛、抗炎或解热作用，抗炎作用比保泰松强 11 倍，镇痛作用为阿司匹林的 7 倍，解热作用是阿司匹林的 22 倍。临床用于肌炎和软组织炎症的疼痛及跛行、风湿、痛风和关节炎。狗对本品敏感，可见出血或胃肠道毒性。

【制剂、用法与用量】 萘洛芬片，每片 100 mg、125 mg，250 mg；萘普生注射液，0.1 g/2 mL、0.2 g/2 mL。内服：每千克体重，马 5～10 mg，犬 2～5 mg，首量加倍。马，静脉注射，每千克体重 5 mg。

布洛芬

布洛芬，又名异丁苯丙酸、芬必得、异丁洛芬。

【理化性质】 本品为白色结晶性粉末，稍有特异臭，几乎无味；易溶于乙醇、乙醚、丙酮、氯仿，在水中几乎不溶，易溶于氢氧化碱或碳酸碱溶液中。

【药动学】 本品犬内服吸收迅速，0.5～3 h达血药峰浓度，半衰期为4～6 h。

【作用与应用】 本品解热、镇痛、抗炎作用比阿司匹林、保泰松强，镇痛作用比阿司匹林弱，但毒副作用比阿司匹林小。主要用于狗的肌肉、骨骼系统功能障碍伴发的炎症、疼痛及风湿性关节炎等。犬使用后2～6 h可见呕吐，2～6周可见胃肠受损。

【制剂、用法与用量】 布洛芬片，每片0.2 g。内服：每千克体重，犬10 mg。

酮洛芬

酮洛芬，又名优洛芬。

【理化性质】 本品为白色结晶性粉末，无臭，无味；极易溶于甲醇，几乎不溶于水。

【药动学】 本品内服后吸收迅速，1 h达血药峰浓度，在血中与血浆蛋白结合力强，半衰期为0.6～1.9 h，24 h内自尿排出30%～90%，主要以葡萄糖醛酸结合物形式排出。

【作用与应用】 本品为芳基烷酸类化合物，具有强大的抗炎、镇痛、解热作用。治疗风湿性关节炎，本品比阿司匹林、萘普生、布洛芬、双氯芬酸和炎痛喜康等作用强，副作用小，毒性低。镇痛作用是消炎痛的34倍，解热作用是消炎痛的28倍，抗炎作用为消炎痛的2.5～6倍。对于术后疼痛，镇痛比哌替啶有效，且比扑热息痛、可待因合用的药效长。与保泰松相比，本品毒副作用极低。在兽医临床上，目前主要用于马和犬的风湿性关节炎、痛风、外伤及手术后抗炎、镇痛。

【制剂、用法与用量】 酮洛芬丸，每丸50 mg；酮洛芬注射剂：15 g/100 mL。内服：每千克体重，犬0.25 mg，猫1 mg。肌内注射：每千克体重，犬2 mg。皮下注射：每千克体重，猫2 mg。静脉注射：每千克体重，马2.2 g，每24 h一次，连用5日，用药后2日内生效，12日效果明显。

五、邻氨基苯甲酸类

甲芬那酸

甲芬那酸，又名扑湿痛。

【理化性质】 本品为白色或类白色结晶性粉末，味初淡而后微苦；不溶于水，略溶于乙醇；久露于光则色变暗。

【作用与应用】 本品具有镇痛、抗炎和解热作用。镇痛、抗炎效果好，比阿司匹林分别强2.5倍和5倍，比氨基比林强4倍，但不如保泰松。解热作用较持久。用于治疗犬运动系统慢性炎症及马急、慢性炎症，如关节炎、跛行等。

【注意事项】 长期服用可表现为嗜睡、恶心、腹泻、皮疹等，哮喘患畜慎用。

【制剂、用法与用量】 甲芬那酸片，每片0.25 g。内服，每千克体重，马22 mg，犬11 mg。

甲氯芬那酸

甲氯芬那酸，又名抗炎酸、甲氯灭酸。

【理化性质】 本品为无色结晶性粉末，可溶于水，水溶液呈碱性，常用其钠盐。

【药动学】 本品反刍动物内服后，0.5 h达血药峰浓度，用药曲线呈双峰现象，马内服后，0.5～4 h达血药峰浓度。

【作用与应用】 本品抗炎效果强于阿司匹林、氨基比林、保泰松和吲哚美辛，镇痛效果与阿司匹林相似，但不及氨基比林。用于治疗运动系统障碍，如风湿性、类风湿性关节炎。本品对胃肠道副作用小。

【制剂、用法与用量】 甲氯芬那酸片，每片0.25 g。内服：每千克体重，马22 mg，犬11 mg，奶牛10 mg。

六、其他药物

柴胡

【理化性质】 本品为伞形科植物狭叶柴胡的干燥根或全草。柴胡含有挥发油、柴胡皂苷、脂肪油、柴胡醇等。茎叶中还含有芸香苷。

【药动学】 柴胡内服或肌内注射吸收迅速，1～1.5 h 达血药峰浓度。

【作用与应用】 本品具有解热、镇痛、抗炎及降低血液中胆固醇的作用。常用于感冒及上呼吸道感染等的治疗。

【制剂、用法与用量】 柴胡注射液，1 g/1 mL。肌内注射：一次量，牛、马 20～40 g，羊、猪 5～10 g。内服：一次量，牛、马 15～45 g，羊、猪 10～20 g。

氟尼辛葡甲胺

【理化性质】 本品为白色或类白色结晶性粉末，无臭，有引湿性；在水、甲醇、乙醇中溶解，在乙酸中几乎不溶，是氟尼辛与葡甲胺以 1∶1 比例形成的复盐。

【作用与应用】 本品是动物专用的具有镇痛、解热、抗炎和抗风湿作用的药物。氟尼辛葡甲胺是一种强效环氧化酶抑制剂。可用于小动物的发热性、炎性疾病，肌肉痛和软组织痛等，也可用于犬内毒素血症、腐败性腹膜炎、骨关节炎等。

【注意事项】 犬对本品敏感，连续使用不得超过 3 日。勿与其他解热镇痛抗炎药同时使用。

【制剂、用法与用】 氟尼辛葡甲胺颗粒(以氟尼辛计)，0.5 g/10 g，5 g/100 g，10 g/200 g，50 g/1000 g；氟尼辛葡甲胺注射液(以氟尼辛计)，0.01 g/2 mL，0.5 g/10 mL，0.25 g/50 mL，2.5 g/50 mL，0.5 g/100 mL，5 g/100 mL。内服：每千克体重，犬、猫 2 mg，每 12～24 h 一次，连用不超过 5 日。肌内注射、静脉注射：每千克体重，犬、猫 1～2 mg，每 12～24 h 一次，连用不超过 5 日。休药期，猪、牛 28 日。

任务三 肾上腺皮质激素类药

一、概述

肾上腺皮质激素(简称皮质激素)是肾上腺皮质所分泌激素的总称。皮质激素按其生理作用可分为三类：①盐皮质激素类；②氮皮质激素类；③糖皮质激素类。糖皮质激素以可的松和氢化可的松为代表，主要影响糖类、蛋白质和脂肪的代谢。药理剂量的糖皮质激素具有明显的抗炎、抗毒素、抗免疫和抗休克的作用，被广泛应用于兽医临床。本章主要介绍糖皮质激素。

虽然从动物的肾上腺素中可提取天然的糖皮质激素，但现在所用的糖皮质激素均为人工合成。兽医临床上应用的糖皮质激素有氢化可的松、泼尼松、地塞米松、去炎松、倍他米松等。糖皮质激素经胃肠道吸收迅速，一般在 2 h 内出现血药峰浓度，肌内注射或皮下注射后，可在 1 h 内达到血药峰浓度，进入血液的糖皮质激素，少部分呈游离状态，大部分与血浆蛋白结合。

(一)糖皮质激素的药理作用

糖皮质激素具有十分广泛的药理作用，概括起来有以下几方面。

(1)抗炎作用：糖皮质激素对物理、化学、生物及免疫等多种原因引起的炎症和各种类型炎症的全过程都有强大的对抗作用。炎症初期，能抑制炎症局部的血管扩张，降低血管通透性，减少血浆渗出和细胞浸润，能缓解或消除炎症局部的红、肿、热、痛等症状。在炎症后期能抑制毛细血管和成纤维细胞的增生及纤维合成，影响瘢痕组织的形成和创伤的愈合。

(2)免疫抑制作用：糖皮质激素是临床上常用的免疫抑制剂之一，能抑制免疫反应的很多环节，如抑制巨噬细胞对抗原的处理和吞噬，减少循环血液中淋巴细胞的数量。大剂量时，对细胞免疫的抑制作用明显，从而抑制抗体生成，但不能改变自身免疫体质而除去病因，只能控制症状，且对正常免疫也有抑制作用，因而易导致继发感染，应当警惕。糖皮质激素还能抑制组胺等活性物质的释放。

(3)抗毒素作用：糖皮质激素能提高机体对细菌(主要是革兰氏阴性菌，如大肠杆菌、痢疾杆菌、脑膜炎球菌等)内毒素的耐受能力，对抗内毒素对机体的损害，减轻细胞的损伤，以保护机体度过危

险期(如缓解症状,退高热,改善病情)。但对细菌外毒素(主要由革兰氏阳性菌产生)所引起的损害无保护作用。

(4)抗休克作用:在休克时,机体血压下降,内脏缺血、缺氧,引起溶酶体破裂,使组织分解,引起心肌收缩力减弱、心输出量减少、内脏血管收缩等循环衰竭。使用大剂量糖皮质激素可稳定溶酶体膜,既能减少心肌抑制因子的形成,又能对抗去甲肾上腺素的缩血管作用,保持微循环通畅,故可用于休克。

(5)其他作用:糖皮质激素能刺激骨髓造血功能,增加血液中的中性粒细胞、红细胞和血小板,增加血红蛋白和纤维蛋白原等;可对抗各型变态反应,缓解过敏性疾病的症状;能使血糖升高,促进肝糖原形成,增加蛋白质分解,抑制蛋白质合成,也能使脂肪分解。长期使用易引起水肿、骨质疏松。

(二)糖皮质激素的应用

糖皮质激素可用于多种疾病,但多数只能缓解或抑制症状。其应用如下。

(1)严重的感染性疾病:糖皮质激素不得用于一般的感染性疾病,但当感染对动物的生命或生产带来严重危害时,应用很有必要。对中毒性细菌性痢疾、中毒性肺炎、腹膜炎、产后子宫炎、败血症等,可迅速缓解症状,使患畜度过危险期,促进患畜康复,但要与足量有效的抗生素合用。

(2)控制炎症:用糖皮质激素治疗各类动物的各种炎症、各种眼炎、关节炎、腱鞘炎、心包炎、腹膜炎等,有抗炎止痛、暂时改善症状、防止组织过度破坏、抑制体液渗出、防止粘连和瘢痕形成等后遗症。治疗期间,如果炎症不能痊愈,停药后常会复发。

(3)过敏性疾病:糖皮质激素对皮肤的过敏性疾病和自身免疫性疾病有较好疗效。如荨麻疹、血清病、过敏性皮炎、脂溢性皮炎、蹄叶炎、风湿热、类风湿性关节炎和其他化脓性炎症等。局部或全身给药,能迅速缓解和消除症状,对伴有急性水肿和血管通透性增加的疾病,疗效更明显,但不能根治。

(4)抗休克:对治疗各种休克都有较好疗效,以早期、大量、短时用药为好。对感染中毒性休克必须配合有效的抗生素。

(5)代谢性疾病:对牛的酮血症或羊的妊娠毒血症等代谢性疾病有显著疗效,可升高血糖,使酮体下降。

(三)不良反应

糖皮质激素长期应用或使用不当,常会产生不良反应。

(1)使用糖皮质激素后,由于机体防御能力降低,突然停药易发生继发感染,或使潜在性病灶扩散。因此,应用于感染性疾病时,应合并使用有效抗生素。

(2)糖皮质激素有保钠排钾作用,长期使用易出现水肿和低钾血症,加快蛋白质异化和钙、磷排泄作用,易引起家畜出现肌肉萎缩无力、骨质疏松、幼畜生长抑制。应适时停药或给予必要的治疗。骨软症、骨折治疗期均不得使用糖皮质激素。

(3)长期使用糖皮质激素时,能引起糖皮质激素分泌减少,导致肾上腺皮质功能减退。突然停药后,由于体内糖皮质激素不足,易引起停药症状,可出现比治疗前更为严重的病症(称"反跳")。因此,在长期用药后,必须逐渐减量,缓慢停药,或在治愈后使用一段时间的促皮质激素,以促进肾上腺皮质功能的恢复。

(4)糖皮质激素对机体各个系统均有影响,能抑制变态反应,用药期间可影响疫苗接种、结核菌素试验、鼻疽菌素点眼和其他免疫学实验诊断。原因不明的传染病、糖尿病患畜和孕畜等不宜使用。

二、常用药物

氢化可的松

氢化可的松,又名可的索、皮质醇。

【理化性质】 本品为天然的糖皮质激素,为白色或近乎白色的结晶性粉末,无臭,初无味,随后有持续的苦味;遇光渐变质;略溶于乙醇或丙酮,微溶于氯仿,不溶于水和乙醚。

【药动学】 肌内注射吸收少,在体内作用很弱,一般多采用静脉注射,作用时间少于 12 h。

【作用与应用】 本品极难溶于液体，主要治疗严重的中毒性感染或其他危险病症。但疗效不显著，水肿等副作用较多见。局部应用有较好疗效，故常用于乳腺炎、眼科炎症、皮肤过敏性炎症、关节炎和腱鞘炎等。

【制剂、用法与用量】 氢化可的松注射液，10 mg/2 mL、25 mg/5 mL、100 mg/20 mL。静脉注射，一次量，牛、马 0.2～0.5 g，羊、猪 0.02～0.08 g，每 24 h 一次，每千克体重，犬 0.5 mg，猫 0.5 mg，每 12 h 一次。关节腔内注射，牛、马 0.05～0.25 g，每 24 h 一次。

泼尼松

泼尼松，又名强的松、去氢可的松。

【理化性质】 本品为人工合成品。醋酸盐为白色或近乎白色的结晶性粉末，无臭，味苦；不溶于水，微溶于乙醇，易溶于氯仿。

【药动学】 肌内注射后作用时间为 12～36 h。

【作用与应用】 水、钠潴留的副作用较轻。其抗炎作用常被用于某些皮肤炎症和眼科炎症，如角膜炎、结膜炎、巩膜炎、神经性皮炎、湿疹等。肌内注射可治疗牛酮血症。

【注意事项】 角膜溃疡者禁用。

【制剂、用法与用量】 醋酸泼尼松片，每片 5 mg。内服，一次量，牛、马 100～300 mg，羊、猪首次量 20～40 mg，维持量 10～20 mg；每千克体重，犬 0.5～2 mg，猫 0.5～1 mg，每 12～24 h 一次。醋酸泼尼松软膏、醋酸泼尼松眼膏：1%皮肤涂擦或 0.5%点眼，适量。

地塞米松

地塞米松，又名氟美松。

【理化性质】 本品为人工合成品。常用其醋酸盐和磷酸盐。本品的磷酸钠盐为白色或微黄色粉末，无臭，味微苦；有吸湿性；在水或甲醇中溶解，几乎不溶于丙酮和乙醚。

【药动学】 本品给药后，数分钟出现药效，维持 48～72 h。

【作用与应用】 本品抗炎作用比氢化可的松强 25～30 倍，抗过敏作用较强，而水、钠潴留的副作用很小，但易引起孕畜早产，能促进钙从粪中排出，可引起负钙平衡；对牛的同步分娩有较好作用。应用同其他糖皮质激素。

【制剂、用法与用量】 地塞米松片，每片 0.75 mg；地塞米松磷酸钠注射液，1 mg/1 mL、2 mg/1 mL、5 mg/1 mL。内服，一次量，马、牛 5～20 mg，每千克体重，犬、猫 0.01～0.16 mg，每 24 h 一次。肌内或静脉注射，一日量，牛 5～20 mg，马 2.5～5 mg，羊、猪 4～12 mg，犬、猫 0.125～1 mg。关节腔内注射，一次量，牛、马 2～10 mg。乳房内注射，一次量，每乳室 10 mg。休药期，牛、羊、猪 21 日；弃奶期，72 h。

倍他米松

【理化性质】 本品为人工合成品，为地塞米松的同分异构体；为白色或类白色结晶性粉末，无臭，味苦；略溶于乙醇，微溶于二氧六环，几乎不溶于水或氯仿。

【作用与应用】 本品抗炎作用及糖异生作用比地塞米松强，水、钠潴留副作用比地塞米松轻。应用同地塞米松，也可用于母畜的同步分娩。

【制剂、用法与用量】 倍他米松片，每片 0.5 mg。内服，一次量，犬、猫 0.25～1 mg。

泼尼松龙

泼尼松龙，又名氢化泼尼松、强的松龙。

【理化性质】 本品为人工合成品，为白色或类白色结晶性粉末，无臭，味苦；几乎不溶于水，在乙醇或氯仿中微溶。

【作用与应用】 本品作用与泼尼松相似，可静脉注射、肌内注射、乳房内注射和关节腔内注射等。给药后在体内作用时间维持 12～36 h。内服的疗效不理想。

【制剂、用法与用量】 醋酸氢化泼尼松，每片 5 mg；醋酸氢化泼尼松注射液，10 mg/mL。内服，每千克体重，犬 0.5 mg，猫 0.5～1 mg，每 12～24 h 一次。静脉注射或静脉滴注、肌内注射，一次量，牛、马 50～150 mg，羊、猪 10～20 mg，严重病例可酌情增加剂量。关节腔内注射，牛、马 20～80 mg，每 24 h 一次。

曲安西龙

曲安西龙，又名去炎松、氟羟氢化泼尼松。

【理化性质】 本品为人工合成品，为白色或近白色结晶性粉末，无臭，味苦；微溶于水，稍溶于乙醇、氯仿、乙醚等。

【作用与应用】 本品内服易吸收，抗炎作用比氢化可的松强 5 倍，比泼尼松强，水、钠潴留作用很轻微。适用于类风湿性关节炎、支气管哮喘、过敏性皮炎、神经性皮炎、湿疹及其他结缔组织疾病等。

【制剂、用法与用量】 去炎松片，每片 1 mg、2 mg、4 mg。内服，一次量，犬 0.125～1 mg；猫 0.125～0.25 mg，每 12 h 一次，连服 7 日。醋酸去炎松混悬液，125 mg/5 mL、200 mg/5 mL。肌内注射和皮下注射，一次量，牛 2.5～10 mg，马 12～20 mg，每千克体重，犬、猫 0.1～0.2 mg。关节腔内或滑膜腔内注射，一次量，牛、马 6～18 mg，犬、猫 1～3 mg。必要时 3 日后再注射 1 次。

醋酸氟轻松

醋酸氟轻松，又名醋酸肤轻松。

【理化性质】 本品为人工合成品，为白色结晶性粉末，无臭；不溶于水，易溶于乙醇，常用其醋酸酯。

【作用与应用】 本品是外用糖皮质激素中疗效最理想而副作用最小的品种，显效迅速，止痒效果好，很低浓度（0.025%）即有明显疗效。适用于湿疹、神经性皮炎、皮肤瘙痒症、皮肤过敏及其他皮炎等。

【制剂、用法与用量】 醋酸氟轻松软膏，2.5 mg/10 g、5 mg/20 g。外用适量，每 6～8 h 一次。

任务四　实验实训

解热镇痛抗炎药及氯丙嗪的降温作用。

【实验目的】 观察解热镇痛抗炎药对人工发热家兔的解热作用及氯丙嗪的降温作用。

【实验材料】

（1）动物：家兔。

（2）药物：10%氨基比林溶液或 10%安替比林溶液，30%安乃近注射液，1%盐酸氯丙嗪注射液，生理盐水。

（3）器材：台秤，体温计，注射器，针头等。

【实验方法】

（1）取健康成年家兔 4 只，称重，编号为甲、乙、丙、丁后，测量体温。

（2）在实验前 5 h 左右，分别给 4 只家兔肌内注射蛋白胨（每千克体重 1 g 或每只家兔注入 10 mL 灭菌牛奶）使其发热，注射后每隔半小时检查一次，当体温增高 0.5 ℃以上时，注射解热药。

（3）发热的甲兔静脉注射（或肌内注射）10%氨基比林溶液（或 10%安替比林溶液），每千克体重 2 mL。发热的乙兔静脉注射（或肌内注射）30%安乃近注射液，每千克体重 2 mL。丙兔以同样途径注射 1%盐酸氯丙嗪注射液，以每千克体重 1 mL 剂量给予。丁兔则按每千克体重 2 mL 的剂量静脉注射（或肌内注射）生理盐水，同时要记录给药时间。

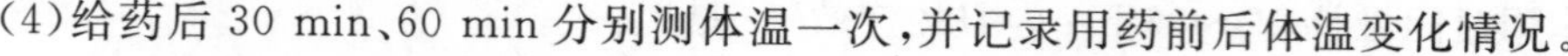

（4）给药后 30 min、60 min 分别测体温一次，并记录用药前后体温变化情况。

【实验结果】 实验结果见表 6-1。

表 6-1 实验结果

兔号	体温				
	正常	用药前（发热）	药物	用药后 30 min	用药后 60 min
甲			10%氨基比林溶液或 10%安替比林溶液		
乙			30%安乃近注射液		
丙			1%盐酸氯丙嗪注射液		
丁			生理盐水		

【课后作业】 实验结果说明什么问题？临床上应用解热镇痛抗炎药有哪些注意事项？

链接与拓展

中国兽药协会

自体活性物质

过敏反应

案例分析

案例一

案例二

巩固训练

执考真题

复习思考题

Note

项目七　水盐代谢调节药和营养药

项目导入

本项目主要介绍水盐代谢调节药和营养药，主要分为六个任务项，分别为体液补充药，电解质与酸碱平衡调节药，钙、磷及微量元素，维生素，氨基酸，生化制剂。

学习目标

▲知识目标

1. 掌握水盐代谢调节药的作用机理、应用。
2. 掌握酸碱平衡调节药的主要作用和临床应用。
3. 掌握微量元素、维生素、氨基酸、生化制剂的主要作用和临床应用。
4. 理解钙、磷及微量元素的概念、作用。

▲能力目标

1. 能针对兽医临床上常见的钙、磷及微量元素，维生素等营养素的临床缺乏症进行对症治疗。
2. 能够在畜禽日粮中正确添加钙、磷、微量元素、维生素及电解质等。
3. 能够合理应用体液补充药、电解质与酸碱平衡调节药。

▲素质与思政目标

1. 自觉遵守畜牧兽医法规，在兽药的生产、经营、使用及监督过程中严格遵守《兽药管理条例》，具有遵纪守法的思想规范和意识。
2. 具有正确合理使用水盐代谢调节药和营养药的意识，具有较高的职业素养和职业道德。
3. 具有较强的自我管控能力和团队协作能力，有较强的责任感和科学认真的工作态度。

案例导入

某养禽场，初产蛋鸡的产蛋率为20%～30%时，死亡率最高，产蛋率达60%以上时，死亡率逐渐降低。临床特征表现为排水样粪便，粪便中的固态物质很少，大量的水分夹杂着一些未消化的饲料，粪便的颜色相对比较正常，严重时走近鸡群能听见排水便声。防治措施：①注重通风换气，加强消毒，做好营养补充，调整钙、磷比例，可以用乳酸钙进行调节，鱼肝油饮水促进钙、磷的吸收转化，补充B族维生素以促进食欲，减少应激反应；②调节蛋鸡的肠道菌群，饲料中可以多添加加酶益生宝或复合酶调节剂，注意防暑降温，多补充维生素C，增强蛋鸡的免疫力。

根据这样一个案例情况，如何加强蛋鸡的饲养管理，如何开展发病鸡的药物治疗？让我们带着这样一些问题学习水盐代谢调节药和营养药的相关知识。

任务一　体液补充药

扫码学课件 7-1

动物体内的液体由水及溶解在水中的无机盐、有机物一起构成，统称体液。水是体液中的主要成分，也是动物体内含量最多的物质。体液广泛分布于机体细胞内外，细胞内液是物质代谢的主要部位，细胞外液则是机体各细胞生存的内环境。保持体液容量、分布和组成的动态平衡，是保证细胞正常代谢、维持各种器官生理功能的必需条件。体液中的电解质有一定的浓度和比例。各种电解质在机体内保持相对恒定，并处于动态平衡之中。体内水和电解质的动态平衡是通过神经、体液的调节来实现的。临床上常见的水与电解质代谢紊乱有高渗性脱水、低渗性脱水、等渗性脱水、水肿、水中毒、低钾血症和高钾血症。电解质代谢失衡时，如在病理状态下停饮、腹泻、呕吐、出汗等，临床上常用氯化钠、氯化钾等溶液调节，使之平衡恢复。正常情况下，体液占动物体重的60%～70%，但在病理情况下，如久病停食、停饮，以及瘤胃积食、肠阻塞使摄入量不足，加之呕吐、腹泻、大汗等使体液大量排出，必将引起水盐代谢障碍和酸碱平衡紊乱，出现不同程度的脱水。如果损失体重10%的体液，可引起机体严重的物质代谢障碍；损失体重20%～25%的体液就会引起死亡。因此，为了维持动物机体正常的新陈代谢，恢复体液平衡，必须根据脱水程度和脱水性质及时补液。

机体在大量失血或失血浆时，由于血容量的降低，可导致休克。迅速补足和扩充血容量是抗休克的基本疗法。最好的血容量扩充剂是全血、血浆等血液制品。

葡萄糖

视频：7-1 体液补充药

【理化性质】　本品为无色、透明的立方形结晶或白色结晶性粉末，无臭，味咸，易溶于水，几乎不溶于乙醇，常制成注射液。

【作用与应用】　5%的葡萄糖水溶液为等渗溶液。葡萄糖在小肠吸收，由转运蛋白介导。葡萄糖的主要作用是供给能量、增强肝的解毒能力；改善心肌营养、供给心肌能量，增强心肌的收缩能力。等渗(5%)葡萄糖静脉输注，有补充水分、扩充血容量的作用，作用迅速，但维持时间短。高渗(10%、25%、50%)葡萄糖还可提高血液的晶体渗透压，使组织脱水，扩充血容量，起到暂时利尿的作用。

【制剂、用法与用量】　静脉注射，一次量，马、牛 50～250 g，骆驼 100～500 g，羊、猪 10～50 g，犬 5～25 g，猫 2～10 g。

任务二　电解质与酸碱平衡调节药

扫码学课件 7-2

一、电解质平衡调节药

视频：7-2 电解质与酸碱平衡调节药

动物机体的正常活动，要求体液 pH 值稳定在 7.35～7.45，这种体液的相对稳定性称为酸碱平衡。机体酸碱平衡的维持，主要依赖于缓冲体系的调节。其中以碳酸氢盐缓冲对([$BHCO_3$]/[H_2CO_3])最为重要。在病理状态下，当[H_2CO_3]增高或[$BHCO_3$]下降，影响到酸碱平衡时称酸中毒；反之，称碱中毒。酸中毒有两种，即呼吸性酸中毒和代谢性酸中毒。临床上以代谢性酸中毒较为多见，如急性感染、疝痛、缺氧、高热和休克等，会使体内产生过多的磷酸根、硫酸根、乳酸、丙酮酸及酮体等酸性物质而导致酸中毒。

氯化钠

【理化性质】　本品为白色或无色结晶性粉末。味甜，易溶于水，常制成注射液。

【作用与应用】　氯化钠为调节细胞外液渗透压和容量的主要电解质，具有调节细胞内外水分子平衡的作用。0.85%～0.9%的氯化钠溶液与哺乳动物体液等渗，故又称生理盐水。等渗氯化钠溶液可用于严重腹泻或大量出汗以及水、钠离子、氯离子大量丢失等病例，也可用于大出血或中毒时的

急救。在大出血而未能找到胶体溶液时，可用等渗氯化钠溶液静脉滴注，以防止血容量激减引起心输出量不足、血压下降和休克的发生。中毒时静脉输注等渗氯化钠溶液可促进毒物排出。高渗氯化钠溶液静脉输注还可促进瘤胃蠕动，增强动物反刍功能。

【制剂、用法与用量】 氯化钠注射液(生理盐水)，500 mL：4.5 g、1000 mL：9 g。静脉注射，一次量，马、牛 1000～3000 mL，猪、羊 250～500 mL，犬 100～500 mL。浓氯化钠注射液，50 mL：5 g、250 mL：25 g，用法与生理盐水相同。复方氯化钠注射液(林格氏液)，(100 mL 中氯化钠 0.85 g、氯化钙 0.033 g、氯化钾 0.03 g)，用法与生理盐水相同。

氯化钾

【理化性质】 本品为无色长棱形、立方形结晶或白色结晶性粉末，无臭，味咸涩，易溶于水，制成注射液。

【作用与应用】 动物体中钾离子主要(约 90%)存在于细胞内液，因而钾离子是维持细胞内液渗透压和酸碱平衡的主要电解质。钾离子浓度过高或不足能直接影响水分子、钠离子和氢离子细胞内外的转移，导致水和酸碱平衡失调。氯化钾主要用于防止低钾血症、严重腹泻所致的缺钾和洋地黄中毒引起的心律不齐的解救。补钾应以小剂量，缓缓滴注为宜。注射过快或剂量过大，易引起心脏抑制及高钾血症。高钾血症时可选用钙制剂(氯化钙或葡萄糖酸钙静脉注射)纠正。肾功能不良的病例使用钾制剂时应慎重。

【制剂、用法与用量】 氯化钾注射液，10 mL：1 g。静脉注射，一次量，马、牛 2～5 g，猪、羊0.5～1 g，必须用 5%葡萄糖注射液稀释成 0.1%～0.3%浓度后缓慢注射。

二、酸碱平衡调节药

酸碱平衡失调时，根据临床类型不同可分为呼吸性酸(或碱)中毒、代谢性酸(或碱)中毒，而以代谢性酸中毒为常见。治疗时除针对病因进行处理外，还应及时使用酸碱平衡调节药，迅速有效地恢复酸碱平衡。

碳酸氢钠

【理化性质】 本品又称小苏打，为白色结晶性粉末，无臭，味咸。在潮湿空气中易分解，水溶液放置稍久，或振摇，或加热，碱性增强。常制成注射液和片剂。

【作用与应用】 碳酸氢钠有增加机体碱储备，纠正酸中毒的作用。内服或静脉注射后，碳酸氢根离子与氢离子结合生成碳酸，再分解成二氧化碳和水。前者经肺排出，使体内氢离子浓度下降，纠正代谢性酸中毒。该作用迅速，疗效可靠。适用于严重的酸中毒、感染性中毒或休克。此外，本品还可用于碱化尿液，防止磺胺类药对肾脏的损害。本品可中和胃酸，缓解幽门括约肌的紧张，卡他性胃炎时，能溶解黏液，改善消化功能。内服后，一部分从支气管腺排出，能增加腺体分泌、兴奋纤毛上皮、溶解黏液、稀释痰液而起祛痰作用。

【注意事项】 ①注意将 5%碳酸氢钠注射液稀释成 1.3%～1.5%碳酸氢钠的等渗溶液。②急用时若不稀释，注射速度宜缓慢。③注射给药时切勿漏出血管外，以免对局部组织产生强刺激。④应用过量易引起碱中毒。对心力衰竭、急性或慢性肾功能不全病例，应慎用。

【制剂、用法与用量】 碳酸氢钠注射液，10 mL：0.5 g、250 mL：12.5 g、500 mL：25 g。静脉注射，一次量，马、牛 15～30 g，猪、羊 2～6 g，犬 0.5～1.5 g，用 2.5 倍生理盐水稀释成 1.4%的浓度进行注射。

碳酸氢钠片，0.3 g、0.5 g。内服，一次量，马 15～60 g、牛 30～100 g、猪 2～5 g、羊 5～10 g、犬 0.5～2 g。

乳酸钠

【理化性质】 本品为白色坚硬的碎块或颗粒。极易溶于水，常制成注射液。

【作用与应用】 乳酸钠进入机体后，在有氧条件下，经肝脏乳酸脱氢酶脱氢氧化为丙酮酸，再进入三羧酸循环氧化脱羧为二氧化碳和水，前者转化为碳酸氢根离子，与钠离子结合成碳酸氢钠，从而

发挥其纠正酸中毒的作用。主要治疗代谢性酸中毒，特别是高钾血症等引起的心律失常伴有的酸血症。

【注意事项】 ①用于纠正代谢性酸中毒时，对伴有休克、缺氧、肝功能障碍和右心室衰竭的酸中毒，不宜选用本品，而应选用碳酸氢钠纠正。②乳酸性酸中毒禁用，否则可引起代谢性碱中毒。③乳酸钠注射液与红霉素、四环素、土霉素等混合可发生沉淀或混浊。

【制剂、用法与用量】 乳酸钠注射液，20 mL：2.24 g、50 mL：5.60 g、100 mL：11.20 g。静脉注射，一次量，马、牛 200～400 mL，猪、羊 40～60 mL，用 5 倍生理盐水稀释成 1.9%的浓度进行注射。

任务三 钙、磷及微量元素

扫码学课件 7-3

一、概述

钙、磷及微量元素是动物新陈代谢和生长发育所必需的重要元素，一般多作为饲料添加剂给予，具有调节畜禽新陈代谢，促进生长发育的作用。

二、钙、磷制剂

视频：7-3 钙、磷及微量元素

钙、磷分别以总钙量的 99%以上和总磷量的 80%以上分布于骨骼和牙齿中，对骨骼系统的发育和维持其硬度起主要作用，且有多种其他生理功能。血浆钙可降低毛细血管和细胞膜的通透性，降低神经、肌肉的兴奋性，作为血浆凝血因子参与凝血过程；骨骼肌中的钙可引起肌肉收缩。血中磷酸盐是血液缓冲体系的重要组成成分；细胞膜磷脂在构成膜结构、维持膜的功能和在代谢调控上均起重要作用。

氯化钙(Calcium Chloride)

【理化性质】 本品为白色、坚硬的碎块或颗粒；无臭，味微苦，易溶于水，极易潮解；密封、干燥处保存。

【作用与应用】 ①促进骨骼、牙齿的钙化和保证骨骼正常发育：常用于钙、磷不足引起的骨软症和佝偻病。与维生素 D 联用，效果更好。②维持神经、肌肉的正常兴奋性：当血钙浓度降低时，神经、肌肉的兴奋性增高，甚至出现强直性痉挛；反之，则神经、肌肉的兴奋性降低，出现软弱无力等症状。临床上用于缺钙引起的抽搐、痉挛，牛的产前或产后瘫痪，猪的产前截瘫等。③致密毛细血管内皮细胞：钙能降低毛细血管的通透性，减少渗出，有抗炎、消肿和抗过敏作用。临床上用于炎症初期及某些过敏性疾病的治疗，如皮肤瘙痒、血清病、荨麻疹、血管神经性水肿等。

此外，钙离子能对抗镁离子引起的中枢抑制和横纹肌松弛作用，可解救镁盐中毒；作为重要的凝血因子，可参与凝血过程。

【注意事项】 ①本品刺激性大，只宜静脉注射，不可漏注血管外，以免引起局部肿胀和坏死。②静脉注射速度宜慢，以免血钙骤升，导致心律失常，使心脏停止于收缩期。③钙与强心苷类均能加强心肌的收缩，二者不能合用。

【制剂、用法与用量】 氯化钙注射液，10 mL：0.3 g、10 mL：0.5 g、10 mL：0.6 g、20 mL：1 g。静脉注射，一次量，马、牛 20～60 g，猪、羊 1～15 g，犬 0.1～1 g。氯化钙葡萄糖注射液，20 mL：(氯化钙 1 g+葡萄糖 5 g)，50 mL：(氯化钙 2.5 g+葡萄糖 12.5 g)，100 mL：(氯化钙 5 g+葡萄糖 25 g)。静脉注射，一次量，马、牛 100～300 mL，猪、羊 20～100 mL，犬 5～10 mL。

葡萄糖酸钙(Calcium Gluconate)

【理化性质】 本品为白色结晶或颗粒状粉末，无臭、无味、能溶于水。

【作用与应用】 作用与应用和氯化钙相同。

【注意事项】 刺激性小，比氯化钙安全。常用于防治钙的代谢障碍。

【制剂、用法与用量】 葡萄糖酸钙注射液,20 mL∶1 g,50 mL∶5 g,100 mL∶10 g,500 mL∶50 g,静脉注射,一次量,马、牛 20～60 g,猪、羊 5～15 g,犬 0.5～2 g。

磷酸二氢钠(Sodium Dihydrogen Phosphate)

【理化性质】 磷酸二氢钠为无色结晶或白色粉末,易溶于水,几乎不溶于乙醇。

【作用与应用】 磷酸二氢钠是补充体内磷元素的常用药物。磷是骨骼、牙齿的组成成分,单纯缺磷也能引起佝偻病和骨软症;磷参与构成磷脂,以维持细胞膜的结构和功能;磷是三磷酸腺苷、脱氧核糖核酸与核糖核酸的组成成分,参与机体的能量代谢,对蛋白质合成、畜禽繁殖都有重要作用;磷还构成磷酸盐缓冲对,参与体液酸碱平衡的调节。

临床上主要用于钙、磷代谢障碍疾病以及急性低磷血症或慢性缺磷症。

【制剂、用法与用量】 磷酸二氢钠粉。内服,一次量,马、牛 90 g,3 次/日。

三、微量元素

微量元素通常是指铁、钴、硒、铜、锌、锰、碘、氟、钼等。它们在动物体的组织细胞中含量极微,有的只有百万分之几甚至亿万分之几,故称微量元素。但对动物生命活动却具有十分重要意义,它们是酶、激素、维生素的组成成分,对体内的生化过程起着调节作用。动物所需的微量元素主要来自植物性饲料,故与土壤、水中含有的微量元素有关。动物摄入微量元素不足或过多,均会影响其生长发育或发生病变。随着我国畜牧业发展,特别是大型养殖场要特别注意微量元素的补充。

硒(Selenium)

【理化性质】 本品为红色或灰色粉末,带灰色金属光泽的固体;性脆,有毒;溶于二硫化碳、苯、喹啉。

【作用与应用】 ①抗氧化:硒是谷胱甘肽过氧化物酶的组成成分,参与所有过氧化物的还原反应,能防止细胞膜和组织免受过氧化物的损害。②参与辅酶 Q 的合成:辅酶 Q 在呼吸链中起递氢作用,参与 ATP 的生成。③维持畜禽正常生长:硒蛋白是肌肉组织的正常成分,缺乏时可发生白肌病样的严重肌肉损害,以及心、肝和脾的萎缩或坏死。④维持精细胞的结构和功能;公猪缺硒,可致睾丸曲细精管发育不良,精子减少。此外,可降低汞、铅、银等重金属的毒性,增强机体免疫力。

硒在临床上用于防治羔羊、犊、驹、仔猪的白肌病和雏鸡渗出性素质,如与维生素 E 联用,效果更好。

【中毒与解救】 硒具有一定的毒性,用量过大可发生中毒,表现为运动失调、鸣叫、起卧、出汗,严重的体温升高、呼吸困难等。中毒后服用砷剂,可减少体内硒的吸收和促进硒从胆汁排出。也可喂含蛋白质丰富的饲料,结合补液、补糖,缓解中毒。

【制剂、用法与用量】 亚硒酸钠注射液,1 mL∶1 mg,1 mL∶2 mg,5 mL∶5 mg,5 mL∶10 mg。肌内注射,一次量,马、牛 30～50 mg,驹、犊 5～8 mg,仔猪、羔羊 1～2 mg。家禽 1 mg 混于饮水 100 mL 自饮。作预防时,可适当减量。亚硒酸钠维生素 E 注射液,1 mL∶1 mg,5 mL∶5 mg,10 mL∶10 mg。肌内注射,一次量,驹、犊 5～8 mL,羔羊、仔猪 1～2 mL。

锌(Zinc)

【理化性质】 锌是各种家畜必需的一种微量元素。锌是碳酸酐酶、碱性磷酸酶、乳酸脱氢酶等多种酶的组成成分,锌参与精氨酸酶、组氨酸脱氨酶、卵磷脂酶、尿激酶等多种酶的激活;维持皮肤和黏膜的正常结构与功能;参与蛋白质、核酸、激素的合成与代谢。另外,锌还能提高机体的免疫功能。

【作用与应用】 锌的缺乏,可引起猪生长缓慢、食欲减退、皮肤和食道上皮细胞变厚和过度角化;奶牛的乳房及四肢出现皲裂;家禽发生皮炎和羽毛稀少,雏鸡生长缓慢、严重皮炎、脚与羽毛生长不良等。

【制剂、用法与用量】 硫酸锌,内服,一日量,牛 0.05～0.1 g,驹 0.2～0.5 g,猪、羊 0.2～0.5 g,禽 0.05～0.1 g。猪每日 0.2～0.5 g,数日内见效,经过几周,皮肤损伤可完全恢复;绵羊每日服 0.3～0.5 g,可增加产羔数;1～2 岁马每日补充 0.4～0.6 g,能改善骨质营养不良;鸡为每千克饲料 286 mg。实际生产中,多将硫酸锌混于饲料中给予。

铜(Cuprum)

【理化性质】 铜为具有紫红色光泽的金属，有很好的延展性，导热和导电性能较好。铜的活动性较弱。

【作用与应用】 铜能促进骨髓生成红细胞和合成血红蛋白，促进铁在胃肠道的吸收，并使铁进入骨髓。缺铜时，会引起贫血，红细胞寿命缩短，以及生长停滞等；铜是多种氧化酶如细胞色素氧化酶、抗坏血酸氧化酶、酪氨酸酶、单胺氧化酶、黄嘌呤氧化酶等的组成成分，与生物氧化密切相关；酪氨酸酶能催化酪氨酸氧化生成黑色素，维持黑的毛色，并使羊毛的弯曲度增加和促进羊毛的生长。缺乏时，可使羊毛褪色、毛弯曲度降低或毛脱落；铜还能促进磷脂的生成而有利于大脑和脊髓的神经细胞形成髓鞘，缺乏时，脑和脊髓神经纤维髓鞘发育不正常或脱髓鞘。铜制剂可用于上述铜的缺乏症。

【制剂、用法与用量】 硫酸铜，饲料添加，内服，1 日量，牛 2 g，犊牛 1 g；羊，每千克体重 20 mg。作生长促进剂，混饲，每 1000 kg 饲料，猪 800 g、鸡 20 g。硫酸铜催吐，用 1%溶液，猪一次内服 50～80 mL。

钴(Cobalt)

【理化性质】 钴为具有光泽的钢灰色金属，比较硬而脆，在常温下不与水作用，在潮湿的空气中也很稳定，可溶于稀酸。

【作用与应用】 钴是维生素 B_{12} 的组成成分，能刺激骨髓的造血功能，有抗贫血作用。反刍动物瘤胃内的微生物必须利用摄入的钴，合成自身所必需的维生素 B_{12}。另外，钴还是核苷酸还原酶和谷氨酸变位酶的组成成分，参与脱氧核糖核酸的生物合成和氨基酸的代谢。钴缺乏时，血清维生素 B_{12} 降低，引起动物尤其是反刍动物，出现食欲减退、生长减慢、贫血、肝脂肪变性、消瘦、腹泻等症状。内服钴制剂，能消除以上钴缺乏症。

【制剂、用法与用量】 氯化钴片或氯化钴溶液，20 mg，40 mg。内服(治疗量)，一次量，牛 500 mg，犊牛 200 mg，羊 100 mg，羔羊 50 mg。预防量，牛 25 mg，犊牛 10 mg，羊 5 mg，羔羊 2.5 mg。

锰(Manganese)

【理化性质】 锰为银白色金属，质坚而脆，属于比较活泼的金属，加热时能与氧气产生化合反应，易溶于稀酸生成二价锰盐。

【作用与应用】 骨基质黏多糖的形成需要硫酸软骨素参与，而锰则是硫酸软骨素形成所必需的成分。因此，缺锰时，骨的形成和代谢发生障碍，动物表现为腿短而弯曲、跛行、关节肿大。雏禽则发生骨短粗病，腿骨变形，膝关节肿大；仔畜发生运动失调；母畜有发情障碍，不易受孕；公畜性欲降低，精子不能形成；鸡的产蛋率下降，蛋壳变薄，孵化率降低。

【制剂、用法与用量】 硫酸锰，混饲，每 1000 kg 饲料添加 242 g，可满足各种动物的需要。

任务四 维 生 素

扫码学课件 7-4

一、概述

维生素是动物体内维持正常代谢所必需的一类有机化合物。与三大营养物质不同，维生素主要是构成酶的辅酶(或辅基)，参与机体物质和能量代谢。缺乏时，可引起特定的维生素缺乏症。

动物体内的维生素主要由饲料供给，少数维生素也能在体内合成，机体一般不会缺乏。但如果饲料中维生素不足、动物吸收或利用发生障碍以及需要量增加等，均会引起维生素缺乏症，这时，需要应用相应的维生素进行治疗，同时还应改善饲养管理条件，采取综合防治措施。

维生素分脂溶性维生素和水溶性维生素两大类。

二、脂溶性维生素

脂溶性维生素包括维生素 A、维生素 D、维生素 E 和维生素 K，可溶于脂类或油类溶剂中，不溶

Note

于水。吸收后主要储存于肝脏和其他脂肪组织中，以缓放方式供机体吸收利用。

视频：7-4 微生素

维生素 A(Vitamin A)

维生素 A 存在于动物组织、蛋及全奶中。植物中只含有维生素 A 的前体物——类胡萝卜素，它们在动物体内可转变为维生素 A。

【理化性质】 维生素 A 为淡黄色油溶液，或结晶与油的混合物(加热至 60 ℃为澄清溶液)，无败油臭；不溶于水，易溶于油脂溶剂。

【作用与应用】 ①维持视网膜的微光视觉：维生素 A 参与视网膜内视紫红质的合成，视紫红质是感光物质，能使动物在弱光下看清周围的物体。当其缺乏时，可出现视物障碍，在弱光中视物不清即夜盲症，甚至完全丧失视力。②维持上皮组织的完整性：维生素 A 参与组织间质中黏多糖的合成，黏多糖对细胞起着黏合、保护作用，是维持上皮组织正常结构和功能所必需的物质。缺乏时，皮肤、黏膜、腺体、气管和支气管的上皮组织干燥和过度角化，可出现眼干燥症、角膜软化、皮肤粗糙等症状。③参与维持正常的生殖功能，促进幼畜生长发育。缺乏时，公畜睾丸不能合成和释放雄激素，性功能下降。母畜发情周期紊乱，孕畜因胎盘损害，可出现胎儿被吸收、流产、死胎。幼畜生长停顿，发育不良。

本品主要用于防治维生素 A 缺乏症，如皮肤硬化症、眼干燥症、夜盲症、角膜软化症、母畜流产、公畜生殖力下降、幼畜生长发育不良。

【制剂、用法与用量】 维生素 AD 油，1 g：维生素 A 5000 U 与维生素 D 500 U。内服，一次量，马、牛 20～60 mL，羊、猪 10～15 mL，犬 5～10 mL，禽 1～2 mL。

维生素 AD 注射液，1 mL：维生素 A 50000 U 与维生素 D 5000 U，包装有 0.5 mL、1 mL、5 mL 三种针剂。肌内注射，一次量，马、牛 5～10 mL，驹、犊、猪、羊 2～4 mL，仔猪、羔羊 0.5～1 mL。

维生素 D(Vitamin D)

维生素 D 为类固醇衍生物，主要有维生素 D_2(麦角钙化醇)和维生素 D_3(胆钙化醇)。植物中的麦角固醇(维生素 D_2原)、动物皮肤中的 7-脱氢胆固醇(维生素 D_3原)，经日光或紫外线照射可转变为维生素 D_2和维生素 D_3。此外，鱼肝油、乳、肝、蛋黄中维生素 D_3含量丰富。

【理化性质】 维生素 D 为白色晶体，能溶于脂溶性溶剂；耐热，特别是在中性及碱性溶液中能耐高温和氧化，但在酸性溶液中较不稳定，逐渐分解、失效。

【作用与应用】 维生素 D 本身无生物活性，须在肝内羟化酶的作用下，变成麦角钙化醇或胆钙化醇，然后经血液转运到肾脏，在甲状旁腺激素的作用下进一步羟化形成 1,25-二羟麦角钙化醇和 1,25-二羟胆钙化醇，才有生物学活性。活化的维生素 D 能促进小肠对钙、磷的吸收，保证骨骼正常钙化，维持正常的血钙和血磷浓度。当维生素 D 缺乏时，钙、磷的吸收代谢紊乱，引起幼畜佝偻病、成畜骨软症、奶牛产奶量下降和鸡产蛋率降低且蛋壳易碎等。临床上用于防治佝偻病和骨软化症等，亦可用于妊娠和泌乳期母畜，以促进钙、磷的吸收。

【制剂、用法与用量】 维生素 D_2注射液，0.5 mL：3.75 mg(15 万 U)，1 mL：7.5 mg(30 万 U)，1 mL：15 mg(60 万 U)。肌内注射，一次量，每千克体重，家畜 1500～3000 U。

维生素 E(Vitamin E)

维生素 E 又名生育酚。维生素 E 主要存在于绿色植物及种子中，是一种抗氧化剂。

【理化性质】 维生素 E 为黄色或黄色透明的黏稠液体；几乎无臭，遇光色渐变深、本品在无水乙醇、丙酮、乙醚或石油醚中易溶，在水中不溶。

【作用与应用】 ①抗氧化作用：维生素 E 对氧十分敏感，极易被氧化，可保护其他物质不被氧化。在细胞内，维生素 E 可通过与氧自由基起反应，抑制有害的脂类过氧化物(如过氧化氢)产生，阻止细胞内或细胞膜上的不饱和脂肪酸被过氧化物氧化、破坏，保护生物膜的完整性。维生素 E 与硒有协同抗氧化作用。②维持内分泌功能，促进性激素分泌，调节性腺的发育和功能，并能防止流产，

提高繁殖力。此外，还有抗毒、解毒、抗癌作用及能提高机体的抗病能力。

当维生素 E 缺乏时，动物表现为生殖障碍、细胞通透性损害和肌肉病变。如公畜睾丸发育不全、精子量少且活力降低，母畜胚胎发育障碍、死胎、流产；脑软化、渗出性素质、幼畜白肌病；骨骼肌、心肌等萎缩、变性、坏死。临床上主要用于防治畜禽的维生素 E 缺乏症。

【制剂、用法与用量】 维生素 E 注射液，1 mL：50 mg，10 mL：500 mg。皮下注射、肌内注射，一次量，驹、犊 0.5～1.5 g，羔羊、仔猪 0.1～0.5 g，犬 0.03～0.1 g。

三、水溶性维生素

水溶性维生素包括 B 族维生素和维生素 C，均溶于水。

维生素 B_1(Vitamin B_1)

维生素 B_1 又名硫胺素。维生素 B_1 广泛存在于种子外皮和胚芽中，动物肝脏和猪瘦肉中含量较多，反刍动物瘤胃和马的大肠内微生物也可合成，供机体吸收利用。

【理化性质】 维生素 B_1 为白色结晶或结晶性粉末；有微弱的特臭，味苦；干燥品在空气中迅速吸收约 4%的水分。维生素 B_1 在水中易溶，在乙醇中微溶，在乙醚中不溶。

【作用与应用】 ①参与糖代谢：维生素 B_1 是丙酮酸脱氢酶系的辅酶，参与糖代谢过程中的 α-酮酸（如丙酮酸、α-酮戊二酸）氧化脱羧反应，对释放能量起重要作用。缺乏时，丙酮酸不能正常地脱羧进入三羧酸循环，造成丙酮酸堆积，能量供应减少，使神经组织功能受到影响。表现为神经传导受阻，出现多发性神经炎症状，如疲劳、衰弱、感觉异常、肌肉酸痛、肌无力等。严重时，可发展为运动失调、惊厥、昏迷甚至死亡，禽类出现“观星状”姿势，还可导致心功能障碍。②抑制胆碱酯酶活性：维生素 B_1 可轻度抑制胆碱酯酶的活性，使乙酰胆碱作用加强。缺乏时，胆碱酯酶活性增强，乙酰胆碱水解加快，胃肠蠕动缓慢，消化液分泌减少，动物表现出食欲不振、消化不良、便秘等症状。

临床上主要用于防治维生素 B_1 缺乏症，也可作为牛酮血症、神经炎、心肌炎的辅助治疗药。给动物大量输入葡萄糖时，可适当补充维生素 B_1，以促进糖代谢。

【注意事项】 ①维生素 B_1 对多种抗生素都有灭活作用，不宜与抗生素混合应用。②维生素 B_1 水溶液呈微酸性，不能与碱性药物混合应用。

【制剂、用法与用量】 维生素 B_1 片，10 mg，50 mg。内服，一次量，马 100～500 mg，猪、羊 25～50 mg，犬 10～25 mg，猫 5～10 mg。维生素 B_1 注射液，1 mL：10 mg，1 mL：25 mg，10 mL：250 mg。皮下注射、肌内注射，用量同维生素 B_1 片。

维生素 B_2(Vitamin B_2)

维生素 B_2 又名核黄素。维生素 B_2 广泛存在于酵母、青绿饲料、豆类、麸皮中，家畜胃肠内微生物亦能合成。

【理化性质】 维生素 B_2 为橙黄色结晶性粉末；微臭，味微苦；溶液易变质，在碱性溶液中或遇光变质更快。本品在水、乙醇、三氯甲烷或乙醚中几乎不溶，在稀氢氧化钠溶液中溶解。

【作用与应用】 维生素 B_2 是体内黄酶类的辅基，在生物氧化的呼吸链中起着递氢作用，参与糖、脂肪、蛋白质和核酸代谢，还参与维持眼的正常视觉功能。当缺乏时，雏鸡出现典型的足趾蜷缩、腿软弱无力、生长停滞；母鸡产蛋率下降；猪表现为腿肌僵硬、角膜炎、晶状体混浊、慢性腹泻、食欲不振，母猪早产；毛皮动物则脱毛且毛皮质量受损；反刍动物很少发生维生素 B_2 缺乏症，因其瘤胃内微生物能合成维生素 B_2，且饲料中维生素 B_2 的含量也很丰富。

本品主要用于防治维生素 B_2 缺乏症，如脂溢性皮炎、胃肠功能紊乱、口角溃烂、舌炎、阴囊皮炎等。也常与维生素 B_1 合用，发挥复合 B 族维生素的综合疗效。

维生素 B_2 对多种抗生素也有不同程度的灭活作用，不宜与抗生素混合应用。

【制剂、用法与用量】 维生素 B_2 片，5 mg，10 mg。内服，一次量，牛、马 100～150 mg，猪、羊 20～30 mg，犬 10～20 mg，猫 5～10 mg。

维生素 B_2 注射液，2 mL：10 mg，5 mL：25 mg，10 mL：50 mg。皮下注射、肌内注射，用量同维生素 B_2 片。

维生素 B_6(Vitamin B_6)

【理化性质】 维生素 B_6 为白色或类白色结晶或结晶性粉末；无臭，味酸苦；遇光渐变质。本品在水中易溶，在乙醇中微溶，在三氯甲烷或乙醚中不溶。

【作用与应用】 维生素 B_6 在体内经磷酸化后，生成磷酸吡哆醛及磷酸吡哆胺，参与氨基酸代谢，发挥辅酶的作用。磷酸吡哆醛还参与脂肪代谢中亚油酸转变为四烯酸的过程。

主要用于维生素 B_6 缺乏症的治疗，也可用于长期和大量服用异烟肼而引起的神经炎和胃肠道反应。

【制剂、用法与用量】 维生素 B_6 注射液，1 mL：25 mg，1 mL：50 mg，2 mL：100 mg，10 mL：500 mg。肌内注射、静脉注射，一次量，牛、马 3～5 g，猪、羊 0.5～18 g。

维生素 B_6 片，10 mg。内服，用量同维生素 B_6 注射液。

维生素 B_{12}(Vitamin B_{12})

【理化性质】 维生素 B_{12} 是含有金属元素钴的维生素，为深红色结晶性粉末，吸湿性强，在水或乙醇中略溶。

【作用与应用】 维生素 B_{12} 具有广泛的生理作用，参与机体的蛋白质、脂肪和糖的代谢，帮助叶酸循环利用，促进核酸的合成，为动物生长发育、造血、上皮细胞生长及维持神经髓鞘完整性所必需。缺乏时，常可导致猪的巨幼红细胞贫血、犊牛发育不良、鸡蛋孵化率降低等。主要用于治疗维生素 B_{12} 缺乏所致的巨幼红细胞贫血，也可用于神经炎、神经萎缩、再生障碍性贫血、肝炎等的辅助治疗。

【制剂、用法与用量】 维生素 B_{12} 注射液，1 mL：0.05 mg，1 mL：0.1 mg，1 mL：0.25 mg，1 mL：0.5 mg，1 mL：1 mg。肌内注射，一次量，牛、马 1～2 g，猪、羊 0.3～0.4 mg，犬、猫 0.1 mg。

叶酸(Folic Acid)

【理化性质】 药用叶酸多为人工合成，黄橙色结晶性粉末，极难溶于水，遇光则失效。叶酸广泛存在于酵母、绿叶蔬菜、豆饼、苜蓿粉、麸皮、籽实类(玉米缺乏)中，动物内脏、肌肉、蛋类中的含量很多。

【作用与应用】 叶酸在体内与某些氨基酸的互变及嘌呤、嘧啶的合成密切相关。当叶酸缺乏时，红细胞的成熟和分裂停滞，造成巨幼红细胞贫血和白细胞减少；患猪表现为生长迟缓、贫血；雏鸡发育停滞，羽毛稀疏，有色羽毛褪色；母鸡产蛋率下降、腹泻等。家畜由于消化道微生物能合成叶酸，一般不易发生叶酸缺乏症。长期使用磺胺类药等肠道抗菌药时，家畜也有可能发生叶酸缺乏症。

主要用于叶酸缺乏症、再生障碍性贫血和母畜妊娠期等。亦常作为饲料添加剂，用于鸡和皮毛动物狐、水貂等的饲养。与维生素 B_{12}、维生素 B_6 联用，可提高疗效。

【制剂、用法与用量】 叶酸片，5 mg。内服，一次量，犬、猫 0.5～1 片。肌内注射，雏鸡 0.05～0.1 mg，育成鸡 0.1～0.2 mg。

维生素 C(Vitamin C)

维生素 C 又名抗坏血酸。维生素 C 广泛存在于新鲜水果、蔬菜和青绿饲料中。

【理化性质】 维生素 C 为白色结晶或结晶性粉末，无臭，味酸，久置色渐变微黄，水溶液呈酸性。本品在水中易溶，在乙醇中略溶，在三氯甲烷或乙醚中不溶。

【药理作用】 ①参与体内氧化还原反应：维生素 C 极易氧化脱氢，又有很强的还原性，在体内参与氧化还原反应而发挥递氢作用。如使红细胞的高铁血红蛋白还原为有携氧功能的低铁血红蛋白；在肠道内促进三价铁还原为二价铁，有利于铁的政收；使叶酸还原为二氢叶酸，继而还原为有活性的四氢叶酸，参与核酸形成过程。

Note

②参与细胞间质合成，维生素 C 能参与胶原蛋白的合成，胶原蛋白是细胞间质的主要成分，故维生素 C 能促进胶原组织、结缔组织、骨、软骨、皮肤等细胞间质的合成，保持细胞间质的完整性，增加毛细血管壁的致密性，降低其通透性及脆性。

③解毒作用：维生素 C 在谷胱甘肽还原酶的催化下，使氧化型谷胱甘肽还原为还原型谷胱甘肽，还原型谷胱甘肽的巯基(—SH)能与金属铅、砷离子及细菌毒素、苯等相结合而排出体外，保护含巯基酶的—SH 不被毒物破坏，具有解毒作用。

④增强机体抗病力：维生素 C 能提高白细胞和吞噬细胞的功能，促进抗体形成，增强抗应激能力，维护肝脏的解毒功能，改善心血管功能。

⑤抗炎与抗过敏作用：维生素 C 能拮抗组胺和缓激肽的作用，并直接作用于支气管 β 受体而松弛支气管平滑肌，还能抑制糖皮质激素在肝脏中的分解破坏，因而对炎症和过敏有对抗作用。

⑥促进多种消化酶的活性：维生素 C 能激活胃肠道各种消化酶(淀粉酶除外)的活性，有助于消化。

【临床应用】 临床常用于急性或慢性传染病、热性病、慢性消耗性疾病、中毒、慢性出血、高铁血红蛋白血症及各种贫血的辅助治疗，也用于风湿病、关节炎、骨折与创伤愈合不良及过敏性疾病等的辅助治疗。

【注意事项】 反刍动物内服本品，其在瘤胃内易被破坏；不宜与磺胺类、氨茶碱等碱性药物配用。维生素 C 对氨苄青霉素、邻氯青霉素、头孢菌素、四环素、金霉素、土霉素、强力霉素、红霉素、新霉素、链霉素、卡那霉素、林可霉素等都有不同程度的灭活作用，因此不可以混合注射。

【制剂、用法与用量】 维生素 C 片，100 mg。内服，一次量，马 1～3 g，猪 0.2～0.5 g，犬 0.1～0.5 g。维生素 C 注射液，2 mL：0.1 g，2 mL：0.25 g，5 mL：0.5 g，20 mL：2.5 g。肌内注射、静脉注射，一次量，马 1～3 g，牛 2～4 g，猪、羊 0.2～0.5 g，犬 0.02～0.1 g。

任务五 氨 基 酸

扫码学课件 7-5

一、氨基酸概述

氨基酸是含有碱性氨基和酸性羧基的有机化合物，羧酸碳原子上的氢原子被氨基取代后形成的化合物。氨基酸分子中含有氨基和羧基两种官能团。与羟基酸类似，氨基酸可按照氨基连在碳链上的不同位置而分为 α-、β-、γ-、ω-等氨基酸，但经蛋白质水解后得到的氨基酸都是 α-氨基酸，而且仅有二十二种，包括甘氨酸、丙氨酸、缬氨酸、亮氨酸、异亮氨酸、甲硫氨酸(蛋氨酸)、脯氨酸、色氨酸、丝氨酸、酪氨酸、半胱氨酸、苯丙氨酸、天门冬酰胺、谷氨酰胺、苏氨酸、天冬氨酸、谷氨酸、赖氨酸、精氨酸、组氨酸、硒半胱氨酸和吡咯赖氨酸(仅在少数细菌中发现)，它们是构成蛋白质的基本单位。

二、临床常用氨基酸

赖氨酸

视频：7-5 氨基酸

【理化性质】 本品为白色或类白色的结晶性粉末；无臭，味苦。本品在水中溶解，在乙醇和三氯甲烷中几乎不溶。

【药理作用】 赖氨酸是动物的必需氨基酸之一，能促进动物机体发育、增强免疫功能，并有提高中枢神经组织功能的作用。赖氨酸为碱性必需氨基酸，由于谷物食品中的赖氨酸含量甚低，且在加工过程中易被破坏而缺乏，故称为第一限制性氨基酸。动物体内只有补充了足够的 L-赖氨酸才能提高食物蛋白质的吸收和利用，达到均衡营养，促进生长发育的目的。

【临床应用】 临床上主要用于赖氨酸缺乏症。

【制剂、用法与用量】 赖氨酸粉。内服，每吨饲料中加入 3.5～9.0 g。

蛋氨酸

【理化性质】 本品为白色薄片状结晶或结晶性粉末，有特殊气味，味微甜。

【药理作用】 对肝脏有保护作用，可抗肝硬化、脂肪肝及各种急性、慢性、病毒性、黄疸性肝炎；对心肌有保护作用，保护心肌细胞线粒体免受损害。缺乏时引起食欲减退、发育不良、体重减轻、肝肾功能减弱、肌肉萎缩、皮毛变质等。

【临床应用】 临床上主要用于蛋氨酸缺乏症。

【制剂、用法与用量】 蛋氨酸粉。内服，每吨饲料中加入 3.3～4.4 g。

苏氨酸

【理化性质】 本品为白色斜方晶系或结晶性粉末；无臭，味微甜；253 ℃熔化并分解。高温下溶于水，25 ℃溶解度为 20.5 g/100 mL；不溶于乙醇、乙醚和氯仿。

【药理作用】 苏氨酸能平衡氨基酸，促进蛋白质合成和沉积，消除因赖氨酸过量造成的体重下降，减轻色氨酸或蛋氨酸过量引起的生长抑制；吸收进入体内后可转变为其他氨基酸，特别是在饲料氨基酸不平衡时更为明显；苏氨酸缺乏会抑制免疫球蛋白及 T、B 淋巴细胞的产生，进而影响免疫功能；调节脂肪代谢，在宠物饲料中添加苏氨酸对机体脂肪代谢有明显的影响，它能促进磷脂合成和脂肪酸氧化。

【临床应用】 临床上主要用于苏氨酸缺乏症。

【制剂、用法与用量】 苏氨酸粉。内服，每吨饲料中加入 4.3～8.1 g。

复方氨基酸

【药理作用】 具有促进动物机体蛋白质代谢，纠正负氮平衡，补充蛋白质，加快伤口愈合的作用。

【临床应用】 主要用于手术、严重创伤、大面积烧伤引起的氨基酸缺乏及各种疾病引起的低蛋白血症等。

【注意事项】 滴注过快可引起恶心、呕吐等不良反应。严重肝肾功能障碍的动物慎用；氨质血症、无尿症、心力衰竭及酸中毒等未纠正前禁用。

【制剂、用法与用量】 复方氨基酸注射液 250 mL。静脉注射：一次量，犬、猫 20～100 mL。

任务六 生化制剂

扫码学课件 7-6

三磷酸腺苷

【理化性质】 本品为白色冻干块状物或粉末；无臭，微有酸性；有引湿性，易溶于水，不溶于有机溶剂；在碱性溶液中稳定。

视频：7-6 生化制剂

【药理作用】 本品为一种辅酶，是体内生化代谢的主要能量来源，参与体内脂肪、蛋白质、糖、核酸及核苷酸的代谢。

【临床应用】 常用于急、慢性肝炎，心力衰竭，心肌炎，血管痉挛和进行性肌肉萎缩。

【制剂、用法与用量】 三磷酸腺苷二钠注射液，2 mL：20 mg；注射用三磷酸腺苷，20 mg。三磷酸腺苷注射液，肌内注射或静脉注射：一次量，犬 10～40 IU。

细胞色素 C

【理化性质】 本品来源于牛心或马心，为红色冻干粉末，溶于水，灭菌水溶液为橙红色的澄清液体。

【药理作用】 ①在呼吸链中，本品为生物氧化过程中的电子传递体。其作用原理：在酶存在的情况下，对组织的氧化、还原有迅速的酶促作用。通常外源性细胞色素 C 不能进入健康细胞，但在缺

氧时，细胞膜的通透性增加，细胞色素C便有可能进入细胞及线粒体内，增强细胞氧化，能提高氧的利用率。

②可诱导细胞凋亡：细胞色素C是一种细胞色素氧化酶，是电子传递链中唯一的外周蛋白，位于线粒体内侧外膜。从线粒体中泄露出的细胞色素C有诱导细胞凋亡的作用。

【临床应用】 本品用于组织缺氧的急救和辅助用药，如一氧化碳中毒、严重休克缺氧、麻醉及肺部疾病引起的呼吸困难等。

【制剂、用法与用量】 细胞色素C注射液，2 mL：15 mg。肌内注射或静脉注射，一次量，成年大型犬15～30 mg，一日1～2次，加25%葡萄糖注射液20 mL混匀后，缓慢注射，亦可用5%～10%葡萄糖注射液或生理盐水稀释后滴注。

肌苷

【理化性质】 本品为白色粉末，无臭，味微苦涩；易溶于水、稀盐酸或氢氧化钠溶液，难溶于乙醇、氯仿等。

【药理作用】 ①本品为腺嘌呤的前体，能直接透过细胞膜进入体细胞，参与体内核酸代谢、能量代谢和蛋白质的合成。

②活化丙酮酸氧化酶系，提高辅酶A的活性，活化肝功能，并使处于低能缺氧状态下的组织细胞继续进行代谢，有助于受损肝细胞功能的恢复，并参与机体能量代谢与蛋白质合成。

③提高ATP水平，并可转变为各种核苷酸，可刺激体内产生抗体，还可促进肠道对铁的吸收，活化肝功能，加速肝细胞的修复，有增强白细胞增生的作用。

【临床应用】 用于治疗急、慢性肝炎，肝硬化及白细胞减少、血小板减少等；也可作为冠心病、心肌梗死、风湿性心脏病、肺源性心脏病的辅助用药。

【制剂、用法与用量】 肌苷片。内服：一次量，成年大型犬0.2～0.4 g，一日3次，必要时用量可加倍；幼犬，一次量0.1～0.2 g，一日3次。肌苷注射液，5 mL：100 mg。静脉注射，一次量，成年大型犬0.2～0.6 g，可用5%葡萄糖注射液或注射用生理盐水20 mL稀释注射，一日1～2次；幼犬0.1～0.2 g，一日1次。

辅酶A

【理化性质】 本品为白色或类白色的块状或粉状物冻干，有引湿性，易溶于水。

【药理作用】 本品为体内乙酰化反应的辅酶，参与体内乙酰化反应，对糖、脂肪和蛋白质的代谢起着重要作用，如三羧酸循环、肝糖原积存、乙酰胆碱合成、降低胆固醇量、调节血脂含量及合成甾体物质等，均与本品有密切关系。

【临床应用】 用于各种原因引起的白细胞减少症、血小板减少症、各种心脏疾病，急、慢性肝炎，肝硬化等。

【注意事项】 急性心肌梗死动物及对本品过敏者禁用。

【制剂、用法与用量】 注射用辅酶A，50 IU，100 IU。肌内注射或静脉注射，一次量，犬50～100 IU。

链接与拓展

国家兽药基础数据库

案例分析

案例

巩固训练

执考真题

复习思考题

项目八　抗肿瘤药

项目导入

本项目主要介绍抗肿瘤的药物，分为常用的抗肿瘤药、免疫功能调节药、抗肿瘤药的合理应用三个任务项。

学习目标

▲知识目标

1. 掌握常用的抗肿瘤药的分类及临床应用；免疫功能调节药的临床应用。
2. 理解免疫功能调节药的概念、作用机理及其分类。
3. 掌握抗肿瘤药的合理应用。

▲能力目标

能够合理正确地选用抗肿瘤药以及免疫功能调节药。

▲素质与思政目标

1. 具有正确合理使用药物的意识，具有较高的职业素养和职业道德。
2. 具有较强的自我管控能力和团队协作能力，有较强的责任感和科学认真的工作态度。

案例导入

患宠为一只5岁，体重27千克，未做过去势手术的古代牧羊犬，主诉此犬近半年食欲下降，精神沉郁，嗜睡，消瘦明显，近来一段时间腹部增大，腰部皮肤对称性严重脱毛，色素过度沉着，乳头也比以前增大，有多饮多尿现象，病理学检查及临床症状：此犬精神差，轻度脱水，眼结膜稍白同时有大量分泌物，全身脱毛并且呈对称性。腹部皮肤变薄，血管充盈，色素沉着，乳头增大，阴囊内发现一侧相对较小的睾丸，对侧未见睾丸，腹下亦未触及，包皮下垂。触诊腹部增大有较大硬块，听诊心肺尚可。初诊为隐睾肿瘤。根据这样一个案例情况，该如何进行治疗？让我们带着这样一些问题学习抗肿瘤药。

任务一　常用的抗肿瘤药

扫码学课件

8-1

一、概述

机体在各种致癌因素的作用下，局部组织的某一个细胞在基因水平失去对其生长的正常调控，导致其克隆性异常增生而形成的病变，称为肿瘤。肿瘤组织结构和物质代谢，不仅与生理状态下的组织完全不同，而且与病态下的组织也有着不同，影响着动物机体的正常生命活动。

Note

肿瘤已成为严重危害动物机体健康的常见病、多发病，但尚无特效的防治措施。目前肿瘤的治疗方法有根治性手术切除和消除亚临床转移灶，巩固手术治疗效果的化学治疗、放射治疗和免疫治疗在内的综合治疗措施。

二、抗肿瘤药的作用机理及分类

1. 作用机理

(1)抑制核酸合成：核酸是一切生物的重要生命物质，部分抗肿瘤药可在不同环节阻止核酸和蛋白质的合成，从而影响肿瘤细胞的分裂增殖，属于细胞周期特异性抗肿瘤药。

(2)破坏 DNA 结构和功能：DNA 结构功能的破坏可导致细胞分裂，增殖停止甚至死亡。少数受损细胞的 DNA 可修复而存活下来，引起耐药，如烷化剂、铂类化合物、丝裂霉素等。

(3)干扰转录过程，阻止 RNA 合成：如蒽环类，可嵌入 DNA 双螺旋链的碱基对之间，干扰转录过程，阻止 mRNA 的形成。代表性的药物有柔红霉素、放线菌素 D 等。

(4)影响蛋白质合成：根据药物主要干扰的生化步骤分类如下。①影响微管蛋白装配的药物，干扰有丝分裂中纺锤体的形成，使细胞停止于分裂中期，如长春新碱、紫杉醇及秋水仙碱等。②干扰核蛋白功能，阻止蛋白质合成的药物，如三尖杉碱。③影响氨基酸供应，阻止蛋白质合成的药物，如门冬酰胺酶可降解血中门冬酰胺，使瘤细胞缺乏此氨基酸，不能合成蛋白质。

(5)影响体内激素平衡：与激素相关的肿瘤如乳腺癌、子宫内膜癌，仍部分地保留了对激素的依赖性和受体。通过内分泌或激素治疗，可改变原来机体的激素平衡和肿瘤生长的内环境，从而抑制肿瘤的生长。

2. 不良反应 多数抗肿瘤药治疗指数小，选择性差，杀伤肿瘤细胞的同时，对正常组织细胞也有杀伤作用，特别是对增殖更新、更快的骨髓、淋巴组织、胃肠黏膜上皮、毛囊和生殖细胞等正常组织的损伤更明显。

(1)骨髓抑制：绝大多数抗肿瘤药对造血系统都有不同程度的毒性作用。一般损伤 DNA 的药物对骨髓的抑制作用较强，抑制 RNA 合成的药物次之，影响蛋白质合成的药物对骨髓的抑制作用较小。

(2)胃肠道反应：表现为呕吐、厌食、急性胃炎、便秘等，严重时出现胃肠道出血、肠梗阻、肠坏死，还有不同程度的肝损伤。

(3)变态反应：一般变态反应的临床主要表现为皮肤、血管神经性水肿，呼吸困难，低血压，过敏性休克等。

(4)肾损伤及化学性膀胱炎：肾损伤包括肾功能异常，血清肌酐升高或蛋白尿，甚至少尿、无尿，急性肾功能衰竭。化学性膀胱炎包括尿频、尿急、尿痛及血尿。

(5)其他：神经系统反应，外周神经系统主要表现为肢体麻木和感觉异常、可逆性末梢神经炎、下肢无力；中枢神经系统主要表现为意识混乱、昏睡、罕见惊厥和意识丧失；自主神经系统主要表现为小肠麻痹引起的便秘、腹胀等。

3. 分类 按照药物来源和化学性质分类。

(1)烷化剂：如氮芥、苯丁酸氮芥、环磷酰胺等。

(2)抗代谢药：如氨甲蝶呤、阿糖胞苷等。

(3)抗生素：如更生霉素、多柔比星等。

(4)植物碱：如长春新碱、秋水仙碱等。

(5)激素类：如肾上腺皮质激素、雄激素、雌激素等。

(6)其他药物：如顺铂、卡铂、门冬酰胺酶等。

视频：8-1 常用抗肿瘤药

三、常用抗肿瘤药

(一)烷化剂类

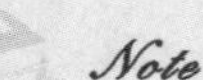

烷化剂又称烃化剂，是一类化学性质很活泼的化合物。它们具有活泼的烷化基团，能与细胞中

DNA 或蛋白质中的氨基、羟基和磷酸基等起作用，常可形成交叉连接或引起脱嘌呤作用，造成 DNA 结构和功能的损害，甚至引起细胞死亡。

氮芥

【理化性质】 常用其盐酸盐，为白色结晶性粉末；有吸湿性与腐蚀性；在水中极易溶解，在乙醇中易溶；应遮光、密封保存。

【药理作用】 本品为最早应用的烷化剂类抗肿瘤药，与鸟嘌呤第 7 位氮共价结合，产生 DNA 双链内的交叉连接或 DNA 同链内不同碱基的交叉连接，起到抑制 DNA 的作用。G 期及 M 期细胞对氮芥的细胞毒作用最为敏感，由 G1 期进入 S 期延迟。大剂量时对各周期的细胞和非增殖期细胞均有杀伤作用。

【临床应用】 主要用于恶性淋巴瘤及癌性胸膜、心包及腹腔积液，对急性白血病无效。

【注意事项】 ①局部刺激性强，必须静脉注射；漏出血管外易引起溃疡，一旦漏出血管外应立即局部皮下注射 0.25%硫代硫酸钠或生理盐水及冷敷 6～12 h。②有骨髓抑制作用，可引起白细胞、血小板明显减少，持续 9～20 日。③除胃肠道反应外，还多见毛发脱落、黄疸等症状。④有致畸、致癌作用。

【制剂、用法与用量】 氮芥注射液。静脉注射，一次量，犬 5～10 mg，每周 1～2 次，疗程间隔为 2～4 周。

苯丁酸氮芥

苯丁酸氮芥又称流克伦、瘤可宁、氯氨布西。

【理化性质】 本品为类白色结晶性粉末，微臭；遇光或放置日久，色逐渐变深；不溶于水，易溶于乙醇、氯仿。

【药理作用】 药理作用基本同氮芥，主要通过引起 DNA 链的交叉连接而影响 DNA 的功能。

【临床应用】 主要用于慢性淋巴细胞白血病。

【注意事项】 ①消化道反应、骨髓抑制均较轻，但大剂量或长期应用则骨髓抑制较深，恢复时间延长。②偶见过敏、皮疹、发热。③长期或者大剂量应用会导致间质性肺炎及抽搐。

【制剂、用法与用量】 苯丁酸氨芥片。内服，首次给药，每千克体重，犬、猫 0.1～0.2 mg；维持剂量，每千克体重、犬、猫 0.03～0.1 mg，总量 400～500 mg 为 1 疗程。

环磷酰胺

【理化性质】 本品为白色结晶或结晶性粉末(失去结晶水即液化)，在室温中稳定；在水中溶解，水溶液不稳定，故应在溶解后短时间内使用。本品易溶于乙醇；应避免高热(32 ℃以下)及日光照射。

【药理作用】 本品属于细胞周期非特异性药物，药理作用与氮芥相同。

【临床应用】 对恶性淋巴瘤、白血病、多发性骨髓瘤均有效，对神经母细胞瘤、横纹肌瘤、骨肉瘤及多种癌症也有一定疗效。本品可单独或与其他药物联合用于治疗淋巴组织增生性疾病，如淋巴肉瘤、白血病等。

【注意事项】 同氮芥。

【制剂、用法与用量】 ①D 环磷酰胺片。内服：抗癌用，一次量，犬 50～100 mg，一日 2 次，连用 2～4 周；抑制免疫用，一次量，犬 25～55 mg，一日 2 次，连用 4～6 周。②环磷酰胺注射液。静脉注射，一次量，每千克体重，犬 4 mg，一日 1 次，可用到总量 8～10 g。目前多提倡中等剂量间歇给药，一次量，犬 0.6～1 g，每 5～7 日 1 次，疗程和用量同上；亦可一次大剂量给予，每千克体重 20～40 mg，间隔 3～4 周再用。

(二)抗代谢类

抗代谢类主要作用于细胞周期中的 S 期，且小剂量重复用药或连续静脉输注效果较好。这些药物是一些自然代谢产物的相似物，可取代正常的嘌呤或嘧啶。这些药物的主要毒性是骨髓抑制及胃

肠道毒性。

阿糖胞苷

【理化性质】 本品为白色或类白色结晶性粉末，溶于水、乙醇、氯仿；应遮光、密封、冷藏保存。

【药理作用】 本品是主要作用于细胞S期的嘧啶类抗代谢类药，通过抑制细胞DNA的合成，干扰细胞的增殖。阿糖胞苷进入体内磷酸化后转为二磷酸阿糖胞苷及三磷酸阿糖胞苷，从而抑制细胞DNA聚合及合成。

本品为细胞周期特异性药物，对处于S期细胞的作用最敏感，抑制RNA及蛋白质合成的作用较弱。

【临床应用】 主要用于急性白血病。对急性粒细胞白血病疗效最好，对急性单核细胞白血病及急性淋巴细胞白血病也有效。一般均与其他药物合并应用。

【注意事项】 ①骨髓抑制、消化道反应常见，少数可见肝功能异常、发热、皮疹。②四氢尿苷可抑制脱氨酶，延长阿糖胞苷血浆半衰期，提高血中浓度，起增效作用。③本品可使细胞部分同步化，继续使用环磷酰胺等药物可增效。

【制剂、用法与用量】 阿糖胞苷注射液。静脉注射，一次量，每千克体重，犬2～5 mg，一日1次，连用10～14日。

（三）抗生素类

抗生素类通过多种途径发挥作用，最主要是通过自由基或拓扑异构酶-Ⅱ依赖性机制导致DNA损伤。目前，市场上有几种合成或半合成抗生素，这些药物的主要毒性是骨髓抑制以及胃肠道毒性。

放线菌素D(更生霉素)

【理化性质】 本品为鲜红色或橙红色结晶性粉末；无臭，有吸湿性，遇光及热不稳定，效价降低；几乎不溶于水；应遮光、密封保存。

【药理作用】 本品在细胞内经过还原酶活化后起作用，使DNA解聚，同时影响DNA的复制；高浓度时对RNA和蛋白质的合成也有抑制作用。主要作用于晚G期和早S期细胞，在酸性及缺氧条件下也有作用。

【临床应用】 本品对多种实体肿瘤有效，特别是对消化道癌，是目前常用的抗肿瘤药之一。

【注意事项】 ①当本品漏出血管外时，应立即用1%普鲁卡因局部封闭，或用50～100 mg氢化可的松局部注射，及时冷湿敷。②骨髓功能低下、肝功能损害、感染，有痛风、尿酸性肾结石病史及近期接受过放射治疗或抗肿瘤药者慎用本品。

（四）植物碱

植物碱来自长春花属的植物以及盾叶鬼臼。主要的毒性是漏出会使血管周围形成腐肉。依托泊苷不能通过静脉注射输入，因其载体可引起过敏反应。常用植物碱包括长春新碱、依托泊苷。

长春新碱

【理化性质】 本品硫酸盐为白色或类白色的疏松状或无定形固体，有吸湿性，遇光或热变黄。

【药理作用】 本品是从夹竹桃科植物长春花中提取的有效成分。抗肿瘤作用的靶点是微管，通过抑制微管蛋白的聚合而影响纺锤体微管的形成，使有丝分裂停止于中期。还可干扰蛋白质代谢及抑制RNA多聚酶的活力，并抑制细胞膜类脂质的合成和氨基酸在细胞膜上的转运。

【临床应用】 本品为兽医临床上较常用的抗肿瘤药，在犬、猫淋巴瘤（如急性或慢性淋巴细胞白血病）、软组织瘤（如血管肉瘤）、特发性血小板减少性紫癜治疗中与其他抗肿瘤药如多柔比星、环磷酰胺等联合应用。单独使用用于治疗犬的传染性生殖道肿瘤。

【注意事项】 ①猫应用本品一段时间后可能出现严重的中性粒细胞减少症。犬、猫应用本品后可能出现胃肠道反应，如引起猫厌食、犬呕吐，还可能出现便秘，本品禁止鞘内给药。②本品不宜与门冬酰胺酶联合用药。

【制剂、用法与用量】 注射用硫酸长春新碱，1 mg，2 mg，5 mg。犬，静脉注射，一次量 0.5～0.75 mg/m^2，每周 1 次。猫，静脉注射，一次量 0.5 mg/m^2 或 0.025 mg/kg，每周 1 次。

扫码学课件 8-2

任务二　免疫功能调节药

大多数抗微生物药或其代谢产物通过改变产生免疫应答的多个环节，有增强或减弱动物机体免疫功能的能力，进而产生对抗体有利或不利的影响。

视频：8-2 免疫功能调节药

一、免疫增强类药

1. 硒　硒是维持机体正常生命活动所必需的微量元素，在体内以多种生物活性形式参与机体生理功能的调节，其中重要的功能就是增强机体的免疫力，促进 B 淋巴细胞产生抗体。机体缺硒时，可能产生某些疾病、能量缺乏性营养不良、溶血性贫血等。

2. 黄芪　作为免疫增强类药，黄芪具有独特的优势，其卓越的双向调节功能和较小的毒副作用已得到普遍认可。黄芪皂苷的免疫增强作用最为突出。另外，黄芪黄酮、皂苷的免疫增强作用强于多糖，单独对黄芪皂苷的免疫功能进行研究，发现它能促进小鼠 T、B 淋巴细胞的增殖和抗体生成。

3. 左旋咪唑　左旋咪唑不仅具有广谱的驱虫效果，而且还是第一个被发现具有免疫调节作用的化学合成物。其免疫调节机理有三方面：①具有拟胆碱样作用（与咪唑基团有关）；②能诱导机体产生各种淋巴因子；③代谢产物具有清除自由基功能。左旋咪唑主要用于自身免疫病的治疗，能够促进免疫细胞增长、激活免疫因子、直接抵御病原菌，但长期使用会有一定的副作用，导致肝功能损伤等。

二、免疫抑制类药

1. 磺胺类药　磺胺类药能干扰过氧化氢的产生，使多形核白细胞（PMN）髓过氧化物酶-过氧化氢-卤化物系统作用减弱，从而使杀菌作用和巨噬细胞功能减弱。

2. 氨基苷类　氨基苷类由氨基部分和非糖部分的苷元结合而成，包括链霉素、庆大霉素、卡那霉素、壮观霉素及人工合成的妥布霉素、阿米卡星等。一般而言，该类药物在治疗浓度时可抑制巨噬细胞的趋化、吞噬杀菌作用。

3. 四环素类　四环素类对 PMN 趋化、吞噬杀菌均具有抑制作用，只是程度不同而已，该作用除与钙离子、镁离子结合有关外，也与抑制细胞色素氧化酶的合成及胞内药物蓄积有关，使呼吸酶受到抑制。

扫码学课件 8-3

任务三　抗肿瘤药的合理应用

合理应用抗肿瘤药是提高疗效、降低不良反应发生率的关键。

视频：8-3 抗肿瘤药的合理应用

一、选择敏感药物

根据疾病的病理、分化、分期以及体质合理选用药物。

二、联合疗法

根据药物的作用机理和毒性，选择联合用药方案。

（1）不同作用机理的抗肿瘤药合用可提高疗效。

（2）作用于细胞增殖周期中不同时期的药物联合应用，可分别杀灭各期肿瘤细胞，提高疗效。

（3）毒性不同的药物联合用药，既可提高疗效，又可降低毒性。

三、综合考虑

根据抗癌谱，结合不同的肿瘤对不同药物的敏感性不同的这一特点，选用不同的药物。

链接与拓展

犬淋巴瘤

口腔肿瘤

案例分析

案例一

案例二

巩固训练

执考真题

复习思考题

项目九　解　毒　药

项目导入

扫码学课件9

本项目主要介绍用于动物的解毒药，主要分为三个任务项，分别为非特异性解毒药、特异性解毒药、实验实训。本项目药物在临床及畜牧业生产中的应用广泛，关乎动物的生命安全，所以本项目内容在教学和学习过程中占有着重要的地位。

学习目标

▲知识目标

1. 了解非特异性解毒药的种类。
2. 掌握特异性解毒药的解毒原理与临床应用。
3. 理解有机磷、金属及类金属、有机氟、亚硝酸盐、氰化物中毒的中毒机理。

▲能力目标

1. 能够根据兽医临床的中毒性疾病合理选择并正确使用解毒药。
2. 掌握有机磷中毒的临床解救。

▲素质与思政目标

1. 重视药物安全使用的重要性，培养学生职业道德和社会责任感。
2. 辩证看待药物与毒物的区别，用药过程中既要考虑药物疗效，也要充分考虑药物安全。
3. 自觉遵守畜牧兽医法规，在兽药的生产、经营、使用及监督过程中严格遵守《兽药管理条例》，具有遵纪守法的思想规范和意识。

任务一　非特异性解毒药

视频：9-1
非特异性解毒药

非特异性解毒药又称为一般解毒药，指能阻止毒物继续吸收和促进排出的药物。非特异性解毒药不具有特异性，解毒效能较低，但解毒范围广，对多种外源化学物或药物中毒均可应用。非特异性解毒药在毒物产生毒性之前，通过破坏毒物、促进毒物排出、稀释毒物浓度、保护胃肠黏膜、阻止毒物吸收等方式，保护机体免受毒物进一步损害，赢得抢救时间。非特异性解毒药一般用于未能确定毒物的性质和种类之前，是急性中毒时的常规处理方法。常用的非特异性解毒药包括物理性解毒药、化学性解毒药、药理性解毒药和对症治疗药等。

一、物理性解毒药

（一）吸附剂

吸附剂可吸附毒物，减少或延缓毒物在体内的吸收，以起到解毒的目的。吸附剂一般不溶于水，机体不易吸收，除氰化物中毒外，任何经口进入畜体的毒物均可应用。但吸附剂不能改变毒物性质，

时间过长，毒物会从吸附剂中脱离，所以应配合泻药或催吐剂使毒物排出体外。常用的吸附剂有药用炭、高岭土、木炭粉等。

（二）催吐剂

催吐剂使动物发生呕吐，促进毒物排出。催吐剂一般用于中毒初期，在毒物被胃肠道吸收前，使动物发生呕吐，排空胃内容物，防止进一步中毒或减轻中毒症状。但当中毒症状十分明显时，使用催吐剂意义不大。常用的催吐剂有硫酸铜、吐酒石等。

（三）泻药

泻药就是通过加强胃肠道蠕动，促进胃肠道内毒物的排出，以避免或减少毒物的吸收，一般用于中毒的中期。一般应用硫酸镁或硫酸钠等盐类泻药，但氯化汞中毒时不能用盐类泻药。在巴比妥类、阿片类、颠茄中毒时，不能用硫酸镁泻下，尽可能用硫酸钠。对发生严重腹泻或脱水的动物应慎用或不用泻药。

（四）利尿药

急性中毒时，常选用速尿等利尿药加速毒物从血液经肾排出。速尿的利尿作用强且作用快，使用方便，既可口服也可静脉注射，是极为实用的急性中毒的解毒药。

（五）其他

在中毒时，可以通过静脉输入生理盐水、葡萄糖等，以稀释血液中毒物浓度，减轻毒性作用。

二、化学性解毒药

（一）氧化剂

利用氧化剂与毒物间的氧化反应破坏毒物，从而使毒物毒性减弱或消失。常用于生物碱类药物、氰化物、巴比妥类、阿片类、士的宁、蛇毒、砷化物、一氧化碳、棉酚等的解毒。有机磷中毒时禁止使用氧化剂解毒，否则会生成毒性更强的对氧磷类。常用的氧化剂有高锰酸钾、过氧化氢等。

（二）中和剂

利用弱酸弱碱类中和剂与强碱强酸类毒物发生中和作用，使其失去毒性。在使用中和剂时必须了解毒物的性质，否则反而会加重毒性。常用的酸性解毒剂有稀盐酸、醋酸等，常用的碱性解毒剂有碳酸氢钠、氧化镁和肥皂水等。

（三）还原剂

利用还原剂与毒物间的还原反应破坏毒物，从而使毒物毒性降低或丧失，常用的药物有维生素C。

（四）沉淀剂

沉淀剂可使毒物沉淀，减少其毒性或延缓吸收而产生解毒作用。常用的沉淀剂有3%～5%鞣酸、浓茶、稀碘酊、钙剂、蛋清、牛奶等。

三、药理性解毒药

利用药物与毒物之间的拮抗作用，部分或完全抵消毒物的毒性作用而产生解毒效果。

（一）拟胆碱药与抗胆碱药

毛果芸香碱、氨甲酰胆碱、新斯的明等拟胆碱药与阿托品、颠茄及其制剂、东莨菪碱等抗胆碱药有拮抗作用，可互为解毒药。阿托品对有机磷农药及吗啡类药物也有一定的拮抗解毒作用。

（二）中枢抑制药与中枢兴奋药

水合氯醛、巴比妥类等中枢抑制药与尼可刹米、安钠咖、士的宁等中枢兴奋药及麻黄碱、山梗菜碱、美解眠（贝美格）等有拮抗作用。

四、对症治疗药

中毒时往往伴有一些严重的症状，如呼吸衰竭、心力衰竭、惊厥、休克等，如不迅速处理会影响动物康复，甚至危及生命。因此，在解毒的同时要及时使用强心药、呼吸兴奋药、抗惊厥药、抗休克药等对症治疗药以配合解毒。

任务二 特异性解毒药

视频：9-2 特异性解毒药

特异性解毒药可特异性地对抗或阻断毒物的毒性作用，从而发挥解毒作用。本类药物特异性强，在中毒的治疗中占有重要的地位。特异性解毒药可分为胆碱酯酶复活剂、金属络合剂、高铁血红蛋白还原剂、氰化物解毒剂和其他解毒剂等。

一、有机磷酸脂类中毒的特异性解毒药

有机磷酸酯类（简称有机磷）在畜牧业上广泛用于驱除或杀灭动物体内、外寄生虫，在农业上广泛作为杀虫农药，如敌百虫、乐果、甲胺磷等，这类药毒性强，若保管或使用不当，可导致动物中毒。

（一）中毒机理

有机磷酸酯类具有高度的脂溶性，可经皮肤、黏膜、消化道或呼吸道进入体内，与体内的胆碱酯酶迅速结合，形成磷酰化胆碱酯酶，抑制了胆碱酯酶的活性，使其失去水解乙酰胆碱的能力，导致乙酰胆碱在体内大量蓄积，引起胆碱能神经过度兴奋的中毒症状。

轻度中毒时主要表现为 M 样症状，动物出现流涎、呕吐、出汗、腹泻，有时大便出血，瞳孔缩小，心率迟缓，呼吸困难，可视黏膜发绀。

中度中毒时除上述病症加重外，主要表现为 N 样症状，出现骨骼肌的兴奋，发生肌肉震颤，严重者全身抽搐、痉挛。

重度中毒时还会出现中枢神经先兴奋后抑制的症状，动物出现躁动不安、共济失调、惊厥等，最后转入昏迷、血压下降、呼吸中枢麻痹而死亡。

（二）解毒原理

（1）生理拮抗剂：生理拮抗剂又称 M 受体阻断药，如阿托品、东莨菪碱、山莨菪碱等，可竞争性地阻断乙酰胆碱和 M 受体结合，而解除其中毒症状。阿托品只能迅速解除 M 样症状与部分中枢神经系统症状，对 N 样症状无效，也不能使受抑制的胆碱酯酶复活。所以，应尽早、足量、反复注射阿托品，对中度、重度的中毒必须与胆碱酯酶复活剂同时使用。治疗过程中，动物如果出现过度兴奋、心率过快、体温升高等阿托品中毒症状，应减量或暂停给药。

（2）胆碱酯酶复活剂：这类药物可恢复胆碱酯酶的活性，包括碘解磷定、氯磷定、双复磷、双解磷等，它们都属于肟类化合物。其所含肟基可与机体内游离的有机磷以及已与胆碱酯酶结合的有机磷的磷酰基结合，使胆碱酯酶复活而发挥解毒作用。

胆碱酯酶被有机磷抑制超过 36 h，其活性难以恢复，所以应用胆碱酯酶复活剂治疗有机磷中毒时，宜越早越好。

（三）常用解毒药

阿托品

【理化性质】 本品为无色或白色结晶性粉末，常用其硫酸盐，遇光易氧化，呈棕黄色时不可用药，常制成片剂和注射剂。

【作用与应用】 阿托品为抗胆碱类药，具有松弛平滑肌，解除平滑肌痉挛；抑制腺体分泌；扩大瞳孔；扩张血管；轻度兴奋呼吸中枢等作用。可用于动物中毒后出现类似副交感神经兴奋的症状。

【注意事项】 阿托品只能用于轻度有机磷中毒，因为本品不能恢复胆碱酯酶的活性，故在重度

Note

中毒的动物救治中，应并用胆碱酯酶复活剂，并酌减阿托品用量，以免引起阿托品中毒。

【制剂、用法与用量】 硫酸阿托品注射液。静脉注射，一次量，每千克体重，马、牛、羊、猪 0.5～1 mg，犬、猫 0.1～0.15 mg，禽 0.1～0.2 mg。

碘解磷定(派姆、PAM)

【理化性质】 本品为黄色颗粒结晶或结晶性粉末，遇光易变质，应遮光、密封保存。

【作用与应用】 本品能复活被有机磷抑制的胆碱酯酶，对有机磷引起的 N 样症状抑制作用明显，而对 M 样症状抑制作用较弱。用药越早，解毒效果越好，对中毒已久的病例无效。因碘解磷定在体内迅速分解，其作用仅维持 1.5 h 左右，故应反复给药至症状消失为止。解救敌百虫、敌敌畏、乐果、马拉硫磷、八甲磷中毒时应与阿托品同用。

【注意事项】 禁止与碱性药物配伍，与碱性药物配伍易水解成毒性更强的氰化物。大剂量静脉注射时可抑制呼吸中枢，静脉注射太快会产生呕吐、心动过速、运动失调、暂时性呼吸抑制等反应。如果药液漏注到血管外，有强烈的刺激性，用时需注意。

【制剂、用法与用量】 碘解磷定注射液。静脉注射，一次量，每千克体重，家畜 15～30 mg，症状缓解前 2 h 注射一次；症状缓解后，每日 4～6 次，连用 2 日。

氯磷定(氯解磷定、氯化派姆)

【理化性质】 本品为微带黄色的结晶性粉末，易溶于水，忌与碱性药物混合；脂溶性差，不能透过血脑屏障，一般肌内注射或静脉给药。

【作用与应用】 氯磷定的药理作用同碘解磷定。它使胆碱酯酶复活的能力比碘解磷定略强，性质稳定。用于多种急性有机磷中毒，能迅速解除 N 样症状，消除肌肉颤动。但对 M 样症状效果差，故与阿托品合用。对不同的有机磷中毒解救效果存在差异，对乐果中毒无效；对马拉硫磷、对硫磷、内吸磷等急性中毒疗效好；对敌百虫、敌敌畏等中毒疗效差。

【注意事项】 同碘解磷定。

【制剂、用法与用量】 氯解磷定注射液。静脉注射、肌内注射：一次量，每千克体重，家畜 15～30 mg。

二、金属及类金属中毒的特异性解毒药

随着工业的快速发展，金属及类金属元素对环境的污染越来越严重，人类及动物通过各种生态链接触大量金属及类金属而引起中毒。相对密度(比重)大于 5.0 的金属称为重金属，如汞、铜、铅、银、锰、锌等。类金属如砷、磷等，它们的化学性质类似于金属，有些毒理作用也与重金属相似。多种金属与类金属通过各种途径进入机体后，可引起中毒。

(一)中毒机理

金属、类金属引起动物中毒，共同的特点：都能与组织细胞内氧化还原酶系统的巯基结合，特别是与丙酮酸氧化酶的巯基结合，抑制酶的活性，影响组织细胞的功能，而出现一系列的中毒症状。这些金属与类金属在高浓度时，能直接腐蚀组织，使组织坏死。

(二)解毒原理

解毒常使用金属络合剂，它们与金属、类金属离子有很强的亲和力，可与金属、类金属离子络合形成无活性、难解离的可溶性络合物，随尿排出。金属络合剂与金属、类金属离子的亲和力大于含巯基酶与金属、类金属离子的亲和力，其不仅可与金属及类金属离子直接结合，而且还能夺取已经与酶结合的金属及类金属离子，使组织细胞中的酶复活，恢复其功能，起到解毒作用。

(三)常用解毒药

二巯丙醇

【理化性质】 本品为无色或几乎无色、澄清液体，有类似蒜的臭味，溶于水、乙醇、植物油及其他有机溶剂，水溶液不稳定，常制成注射液；应遮光、密闭保存。

【作用与应用】 本品为巯基络合剂，与金属和类金属的亲和力较强，与它们形成无毒的络合物从尿中排出。二巯丙醇不仅能防止金属和类金属离子与巯基酶相结合，还能夺取已与酶结合的金属和类金属离子，使酶复活，消除中毒症状。

主要用于急、慢性砷中毒，对汞和金中毒也有效；也可用于铬、铜及锌中毒，对铅、锰中毒疗效差，对锑、铋中毒无效，禁用于铁中毒。与依地酸钙钠合用，可治疗幼小动物的急性铅中毒性脑病。

本品与金属和类金属离子结合后，仍有一定量的离子释放出来，可再次中毒。同时，中毒越久，酶的复活越难，故解救时，必须及早、足量和反复用药，以达到更好的解毒效果。

【注意事项】 ①本品为竞争性解毒剂，应及早、足量使用。重金属中毒严重或解救过迟时疗效不佳。②本品仅供肌内注射，由于注射后会引起剧烈疼痛，故宜深部肌内注射。③肝、肾功能不全动物慎用。④碱化尿液可减少复合物重新解离，从而使肾损害减轻。⑤本品可与硒、铁等金属形成有毒复合物，其毒性作用高于金属本身，故本品应避免与硒或铁盐同时应用。在最后一次使用本品时，至少经过 2 h 才能应用硒、铁制剂。⑥二巯丙醇对机体其他酶系也有一定抑制作用，故应控制剂量。

【制剂、用法与用量】 二巯丙醇注射液。肌内注射，一次量，每千克体重，家畜 2.5～5 mg。

依地酸钙钠

【理化性质】 本品为白色结晶或颗粒性粉末，无臭，无味，极易溶于水，不溶于乙醇或乙醚。

【作用与应用】 本品为乙二胺四乙酸二钠钙，是很强的金属络合剂，可与多种金属离子形成无毒、稳定且可溶解的络合物经尿排出。

本品对解救铅中毒有特效，故有解铅乐之称。另外对铜、锌、锰、铬及放射性金属也有效。但与锑络合的复合物很不稳定，故不能作为锑中毒的解毒药。对汞、砷无效。

【注意事项】 大剂量使用可致肾小管水肿等，用药期间应注意查尿。若尿中出现管型、蛋白、红细胞、白细胞，甚至少尿或肾功能衰竭时，应立即停药。对各种肾病患畜和肾毒性金属中毒动物应慎用，对少尿、无尿和肾功能不全的动物应禁用。本品对犬具有严重的肾毒性。长期用药有一定致畸作用。

【制剂、用法与用量】 依地酸钙钠注射液。静脉注射，一次量，每千克体重，马、牛 3～6 g，猪、羊 1～2 g，每日 2 次，连用 4 日，临用时，用生理盐水或 5%葡萄糖注射液稀释成 0.25%～0.5%浓度，缓慢注射。皮下注射，每千克体重，犬、猫 25 mg。

二巯丙磺钠

【理化性质】 本品为白色结晶性粉末，有类似蒜的臭味，在水中易溶，在乙醇、三氯甲烷或乙醚中不溶。

【作用与应用】 本品作用大致与二巯丙醇相似，但毒性较小。除对砷、汞中毒有效外，对铋、铬、锑也有效。用于解救砷、汞、铅等中毒。

【制剂、用法与用量】 二巯丙磺钠注射液。静脉注射、肌内注射，一次量，每千克体重，马、牛 5～8 mg，猪、羊 7～10 mg，第 1～2 日每 4～6 h 一次，从第 3 日开始一日 2 次。

青霉胺(二甲基半胱氨酸)

【理化性质】 本品为白色或类白色结晶粉末，在水中易溶，在乙醇中微溶，在三氯甲烷或乙醚中不溶。

【作用与应用】 本品为青霉素分解产物，属单巯基络合剂。青霉胺能络合铜、铁、汞、铅、砷等，形成稳定和可溶性复合物，随尿迅速排出。内服吸收迅速，副作用小，不易破坏，可供轻度重金属中毒或其他络合剂有禁忌时选用。对铜中毒的解毒效果强于二巯丙醇；对汞、铅中毒的解毒效果不及依地酸钙钠和二巯丙磺钠。毒性低于二巯丙醇，无蓄积作用。

【制剂、用法与用量】 青霉胺片。内服，一次量，每千克体重，家畜 5～10 mg，每日 4 次，5～7 日为一疗程，间歇 2 日，一般用 1～3 个疗程。

三、有机氟中毒的特异性解毒药

目前在消灭农作物害虫方面，经常使用氟乙酸钠、氟乙酰胺和甲基氟乙酸等有机氟制剂，往往造成家畜误食而中毒。另外，在有机氟化工厂附近的牧地和水源若被有机氟污染，也易导致人兽中毒。

（一）中毒机理

有机氟可通过皮肤、消化道和呼吸道进入体内，之后经酰胺酶分解生成氟乙酸，氟乙酸与辅酶 A 作用生成氟乙酰辅酶 A，后者再与草酰乙酸作用生成氟柠檬酸，氟柠檬酸的化学结构与柠檬酸相似。因此，氟柠檬酸可竞争性地抑制乌头酸酶而阻断三羧酸循环的顺利进行，使糖代谢中断，组织代谢发生障碍。同时氟柠檬酸在体内大量蓄积，破坏细胞的正常功能，特别是对神经系统和心脏功能的严重损害可导致动物中毒甚至死亡。动物中毒时主要表现为不安、厌食、步态失调、呼吸心跳加快等症状，甚至死亡。

（二）解毒原理

切断有机氟对三羧酸循环的破坏，特效解毒药是乙酰胺。

（三）常用解毒药

乙酰胺（解氟灵）

【理化性质】 本品为白色结晶性粉末，能溶于水，常制成注射液。

【作用与应用】 本品对有机氟杀虫药、杀鼠药氟乙酰胺、氟乙酸钠等中毒具有解毒的作用。有机氟进入机体后，脱胺生成氟乙酸，阻碍细胞正常生理功能，引起细胞死亡。乙酰胺由于其化学结构与氟乙酰胺相似，乙酰胺的乙酰基与氟乙酰胺争夺酰胺酶，使后者不能转化为氟乙酸，从而消除其对机体的毒性。

有机氟中毒时病情发展迅速，应尽早、足量使用乙酰胺。本品酸性强，肌内注射时局部疼痛，可配合应用 0.5%普鲁卡因或利多卡因，以减轻疼痛。

【用法与用量】 乙酰胺注射液。静脉注射、肌内注射，一次量，每千克体重，家畜 50～100 mg。

滑石粉

【理化性质】 本品为白色或灰白色微细粉末，无臭，无味，有滑腻性，不溶于水。

【作用与应用】 滑石粉分子中含有镁原子，易与氟离子形成络合物，降低血中氟浓度，减少机体对氟的吸收。因此，其是可用于氟中毒的解毒剂。滑石粉毒性低，治疗奶牛地方性氟病，疗效可靠。

【制剂、用法与用量】 内服量，牛每次 20 g，混饲投药，一日 2 次，连用 15 日为 1 个疗程，停药 3 日后，视情况继续用药。

四、亚硝酸盐中毒的特异性解毒药

家畜出现亚硝酸盐中毒的主要原因是大量饲喂了含有亚硝酸盐的饲料，如长期堆积变质的青绿饲料或经长时间焖煮的白菜、萝卜等，这些植物中的硝酸盐在适当的温度、湿度和酸碱度条件下，经细菌和酶的作用可转化为亚硝酸盐，或饮用了耕地排出的水、浸泡过大量植物的坑塘水，或误食了硝酸铵（钾）等化肥而引起中毒。

（一）中毒机理

亚硝酸盐进入机体后，将血液中的亚铁血红蛋白氧化成高铁血红蛋白，使亚铁血红蛋白失去运氧的功能，最终因血液不能供给组织足够的氧而中毒。若 30%以上的血红蛋白变为含有三价铁的血红蛋白时，则出现中毒症状。主要表现为组织缺氧，黏膜发绀，肌肉无力，运动、呼吸困难，心跳加快，严重者死亡，中毒的特征是动物的血液呈酱油色，且凝固时间延长。

（二）解毒原理

针对亚硝酸盐的毒理，通常使用还原剂，如亚甲蓝、硫代硫酸钠、维生素 C 静脉注射解救。它们能将高铁血红蛋白还原为亚铁血红蛋白，以恢复其携氧的能力，解除组织缺氧的中毒症状。

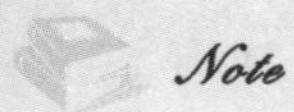

(三)常用解毒药

亚甲蓝(美蓝、甲烯蓝)

【理化性质】 本品为深绿色有光泽的柱状结晶性粉末,无臭,易溶于水和乙醇,常制成注射液。

【作用与应用】 使用亚甲蓝后,因其在血液中浓度的不同,对血红蛋白可产生氧化和还原两种作用。小剂量的亚甲蓝进入机体后,在体内脱氢辅酶的作用下,迅速被还原成还原型亚甲蓝,具有还原作用,能将高铁血红蛋白还原成低铁血红蛋白,重新恢复其携氧的功能。同时还原型亚甲蓝又被氧化成氧化型亚甲蓝,如此循环进行。此作用常用于治疗亚硝酸盐中毒及苯胺类等所致的高铁血红蛋白血症。

使用大剂量亚甲蓝时,体内脱氢辅酶来不及将亚甲蓝完全转化为还原型亚甲蓝,未被转化的氧化型亚甲蓝直接利用其氧化作用,使正常的低铁血红蛋白氧化成高铁血红蛋白,此作用可加重亚硝酸盐中毒,但高铁血红蛋白与氰离子有较强的亲和力,可用于解除氰化物中毒。

本品小剂量用于亚硝酸盐中毒,大剂量用于氰化物中毒。

【注意事项】 ①本品刺激性大,禁止皮下注射或肌内注射。②本品与强碱性溶液、氧化剂、还原剂和碘化物等有配伍禁忌。③葡萄糖能促进亚甲蓝的还原作用,常与高渗葡萄糖溶液合用以提高疗效。

【制剂、用法与用量】 静脉注射,一次量,每千克体重,家畜,解救高铁血红蛋白血症 1~2 mg,解救氰化物中毒 5~10 mg。

五、氰化物中毒的特异性解毒药

氰化物是毒性极大、作用迅速的毒物。氰化物种类很多,如工业生产用的氰化钠(钾)、有机氰(乙腈、丙烯腈)、氢氰酸等。某些植物如高粱苗、马铃薯幼芽、醉马草,以及桃、杏、枇杷等核仁内含有各种氰苷,进入体内后,经过水解可以生成氢氰酸导致中毒。畜禽如误食了上述氰化物或含有氰苷的植物等均可引起中毒。

(一)中毒机理

氰化物的氰离子(CN^-)能迅速与氧化型细胞色素氧化酶中的 Fe^{3+} 结合,形成氰化高铁细胞色素氧化酶,从而阻碍此酶转化为 Fe^{2+} 的还原型细胞色素氧化酶,使酶失去传递氧的功能,使组织细胞不能利用血中氧,形成"细胞内窒息",导致细胞缺氧而中毒。由于氢氰酸在类脂质中溶解度大,并且中枢神经对缺氧敏感,所以氢氰酸中毒时,中枢神经首先受到损害,并以呼吸和血管运动中枢为甚,动物表现为先兴奋后抑制,终因呼吸麻痹、窒息死亡。血液呈鲜红色为其主要特征。

(二)解毒原理

解救氰化物中毒的关键是迅速恢复细胞色素氧化酶的活性和加速氰化物转变为无毒或低毒的物质排出体外。常联合使用高铁血红蛋白形成剂(如亚硝酸钠、大剂量亚甲蓝)和供硫剂(如硫代硫酸钠)。首先使用亚硝酸钠或大剂量亚甲蓝等,使血液中部分亚铁血红蛋白氧化为高铁血红蛋白,高铁血红蛋白对氰离子有很强的亲和力,不但能与血液中游离的氰离子结合,而且还能夺取已与细胞色素氧化酶结合的氰离子,形成氰化高铁血红蛋白,使细胞色素氧化酶复活而发挥解毒作用。但生成的氰化高铁血红蛋白不稳定,仍可解离出部分氰离子,再次产生毒性,故需要进一步给予硫代硫酸钠,与氰离子结合成稳定而毒性很小的硫氰酸盐,随尿液排出而彻底解毒。

(三)常用解毒药

亚硝酸钠

【理化性质】 本品为微黄色或白色结晶性粉末,无臭,易溶于水,水溶液呈碱性,常制成注射剂。

【作用与应用】 亚硝酸钠能使亚铁血红蛋白氧化为高铁血红蛋白,高铁血红蛋白与氰化物具有高度的亲和力,可用于解救氰化物中毒。但氰化高铁血红蛋白很快又逐渐解离,释放出氰离子重现毒性作用。所以静脉注射亚硝酸钠数分钟后,应立即使用硫代硫酸钠。

Note

【注意事项】 ①本品仅能暂时性地延迟氰化物对机体的毒性，静脉注射数分钟后，应立即使用硫代硫酸钠。②本品容易引起高铁血红蛋白血症，故不宜大剂量或反复使用。③本品有扩张血管作用，注射速度过快时，可致血压降低、心动过速、出汗、休克、抽搐。

【制剂、用法与用量】 亚硝酸钠注射液。静脉注射，一次量，每千克体重，马、牛 2 g，猪、羊 0.1～0.2 g。

硫代硫酸钠(大苏打)

【理化性质】 本品为无色透明或结晶性粉末，味苦咸，有风化性和潮解性，极易溶于水，不溶于醇，水溶液呈弱碱性。

【作用与应用】 本品因含有活泼的硫原子，在体内转硫酶的作用下，可与氰离子结合，生成无毒的硫氰酸盐从尿中排出，可用于解救氰化物中毒。本品的应用必须在氧化剂之后，不能同时使用。本品具有还原性，还可用于下列中毒情况。

(1)硝酸盐中毒：能使高铁血红蛋白还原为低铁血红蛋白。

(2)金属和类金属的中毒：能与砷、汞、铅、铋、碘等结合生成低毒或无毒的物质排出，但效果不如二巯丙醇。

【注意事项】 ①本品不易由消化道吸收，静脉注射后可迅速分布到全身各组织，故临床以静脉注射或肌内注射给药。②本品解毒作用产生较慢，应先静脉注射氧化剂如亚硝酸钠或亚甲蓝，再缓慢注射本品，但不能将两种药液混合静脉注射。③对内服中毒动物，还应使用 5%硫代硫酸钠溶液洗胃，并于洗胃后保留适量溶液于胃中。

【制剂、用法与用量】 硫代硫酸钠注射液。静脉注射、肌内注射，一次量，马、牛 5～10 g，猪、羊 1～3 g，猫 1～2 g。

任务三 实验实训

【实验目的】 通过实验观察有机磷中毒的症状，比较阿托品与碘解磷定的解毒效果。

【实验材料】

(1)动物：家兔 3 只。

(2)药物：10%敌百虫溶液、0.1%硫酸阿托品注射液、2.5%碘解磷定注射液。

(3)器材：注射器(1 mL/5 mL)、家兔固定器、台秤、8 号针头、酒精棉球、剪毛剪、听诊器、尺子等。

【实验方法】

(1)取家兔 3 只，称重标记后，剪去背部或腹部被毛，分别观察并记录其正常活动、唾液分泌情况、瞳孔大小、有无粪尿排出、呼吸心跳次数、胃肠蠕动情况及有无肌肉震颤现象等。

(2)按每千克体重 1 mL 分别给 3 只家兔耳缘静脉缓慢注射 10%敌百虫溶液，待出现中毒症状时，观察并记录上述指标的变化情况。如 20 min 后未出现中毒症状，再追加 1/3 剂量。

(3)待中毒症状明显时，按每千克体重 1 mL 给甲兔耳缘静脉注射 0.1%硫酸阿托品注射液；按每千克体重 2 mL 给乙兔耳缘静脉注射 2.5%碘解磷定注射液；丙兔同时注射 0.1%硫酸阿托品注射液和 2.5%碘解磷定注射液，方法、剂量同甲、乙两兔。

(4)观察并记录甲、乙、丙三只家兔解救后各项指标的变化情况。

【注意事项】

(1)敌百虫可通过皮肤吸收，接触后应立即用自来水冲洗干净，切忌使用肥皂，否则敌百虫在碱性条件下可转化为毒性更强的敌敌畏。

(2)解救时动作要迅速，否则动物会因抢救不及时而死亡。

(3)瞳孔大小受光线影响，在整个实验过程中不要随便改变家兔固定器位置，保持光线条件一致。

【实验结果】 实验结果见表 9-1。

表 9-1 有机磷中毒与解救结果

兔号	药物	观察指标						
		体重	瞳孔大小	唾液分泌	肌肉震颤	呼吸频率	心率	胃肠蠕动
甲	注射 10%敌百虫溶液前							
	注射 10%敌百虫溶液后							
	注射 0.1%硫酸阿托品注射液后							
乙	注射 10%敌百虫溶液前							
	注射 10%敌百虫溶液后							
	注射 2.5%碘解磷定注射液后							
丙	注射 10%敌百虫溶液前							
	注射 10%敌百虫溶液后							
	注射 0.1%硫酸阿托品注射液和 2.5%碘解磷定注射液后							

【课后作业】 记录实验过程和结果，分析有机磷中毒时，阿托品和碘解磷定分别能缓解哪些症状，为何两者联用效果更好？

链接与拓展

兽用处方药和非处方药管理办法

动物中毒解救的基本原则

其他毒物中毒与解毒药

案例分析

案例

巩固训练

执考真题

复习思考题

Note

模块二　动 物 毒 理

项目十　动物毒理基础知识

项目导入

扫码学课件10

本项目主要介绍动物毒理基本概述、毒性参数、毒物的损害作用与非损害作用三个任务项。随着人民群众对绿色食品需求的日益增加，健康中国概念逐渐深入人心并成为国家发展的重要战略，研究毒理学相关内容可以为制定我国兽药及药物饲料添加剂安全性毒理学评价程序、动物食品中兽药最高残留限量、饲料卫生标准及动物组织中兽药残留检测方法等有关法律法规提供科学依据。因此本项目内容在教学和学习过程中占有重要的地位。

学习目标

▲知识目标

1. 掌握毒物的概念、毒性作用及分类、致死剂量、阈剂量、安全限值。
2. 理解危险性、危险度、安全性、损伤作用与非损伤作用。

▲能力目标

1. 能够认识毒物，并对毒物进行科学评价。
2. 能够在动物生产中合理控制药物及外源化学物的使用，有效减少或避免动物中毒。

▲素质与思政目标

1. 自觉遵守畜牧兽医法规，具有遵纪守法的思想意识。
2. 杜绝乱用或违规添加药物，避免动物中毒，培养珍爱生命、爱护动物的职业素养。
3. 具有较强的自我管控能力和团队协作能力，有较强的责任感和科学认真的工作态度。

案例导入

在日常生活中，我们经常会见到或听说某动物因吃了某些东西或药物出现一些轻重不一的中毒症状，对动物的生命健康造成严重威胁。

那么动物为什么会出现这种现象？哪些食物或药物会导致这种现象的发生呢？这种现象能否避免？如何避免？接下来让我们带着一系列的问题开始本项目的内容学习吧。

视频：10-1
动物毒理学概述

任务一　动物毒理基本概述

一、毒物及其分类

（一）毒物

在一定条件下，能对机体产生损害作用或使机体出现异常反应的外源化学物称为毒物。毒物可

Note

以是固体、液体或气体，在与机体接触或进入机体后，由于其本身固有的特性，能与机体发生物理、化学或生物化学反应，干扰或破坏机体的正常生理功能，引起暂时或永久的功能性或器质性损害，甚至危及生命。

毒物是一个相对的概念，与非毒物之间并无绝对界限。正如毒理学家 Paracelsus 所说，物质本身并非毒物，只有在一定剂量下才变成毒物；毒物和药物只是剂量不同。以马杜霉素为例，在饲料中添加药物浓度为 5 mg/kg 马杜霉素的条件下，能预防雏鸡的球虫病，可作为治疗药物使用；但当饮水中的浓度达到 6 mg/kg 时，就会抑制鸡的生长；当达到 9～10 mg/kg 就会引起中毒，便成了毒物。由此证明，要区分是否有毒，主要取决于机体与之接触的剂量与用途，有时还取决于毒物的结构和理化性状及动物的种类和生理状态。

（二）毒物的分类

1. 内源性毒物 内源性毒物是在动物体内形成的毒物，主要是机体的代谢产物。正常情况下，由于自体解毒机制或排泄作用，这些物质对机体不产生毒性作用，但当机体正常生理功能发生紊乱时，即可产生毒性作用，如肾功能障碍引起的尿毒症、代谢障碍引起的酸中毒等。

2. 外源性毒物 外源性毒物即环境毒物，在一定条件下，从自然环境中进入机体内的毒物，致病作用往往较强，有些还能促进内源性毒物的形成，加重中毒的临床症状和病理过程，因此，外源性毒物对动物中毒的发生和发展具有特别重要的作用。目前常用的“外源化学物”一词通常都是指毒物。根据其用途和分布范围可分为以下几类。

(1)工业化学物类毒物：包括生产原料、辅料，以及生产过程中产生的中间体、副产品、杂质、废弃物和产成品等。

(2)食品或饲料类毒物：包括各种食品添加剂、饲料添加剂、着色剂、调味剂、防霉剂和防腐剂以及食品和饲料变质后产生的毒素等。

(3)药用化学物类毒物：包括人医和兽医用于诊断、预防和治疗的化学物，各种消毒剂、改善畜禽生产性能和提高产量的各种药物添加剂等。

(4)环境有关类毒物：如环境中的各种污染物，生产过程中产生的废水、废气和废渣中的各种化学物等。

(5)日用化学物类毒物：如化妆品、洗涤用品、家庭卫生防虫杀虫用品等。

(6)农用化学物类毒物：包括农药、化肥、除草剂、植物生长调节剂、瓜果蔬菜保鲜剂等。

(7)生物类毒素：如动物毒素、植物毒素、霉菌毒素和细菌毒素等。

(8)军事类毒物：如芥子气等化学武器毒剂。

此外，毒物还可以按化学结构和理化性质、毒性作用的性质、毒性的级别、毒性作用的靶器官、毒性作用机理进行分类，可根据具体情况予以选择。

二、毒性作用及分类

毒性作用是指毒物本身或其代谢产物在靶组织或靶器官达到一定数量并与生物大分子相互作用的结果，是毒物对动物机体所引起不良或有害的生物学效应。毒性作用又称毒作用或毒效应。毒性作用的特点是动物机体接触毒物后，表现出各种生理生化功能障碍，应激能力下降，维持机体的稳态能力降低以及对生产环境中的各种有害因素易感性增高等。

外源化学物对动物机体的毒性作用，可根据毒性作用特点、发生的时间和部位以及机体对其的敏感性分为以下几类。

1. 速发作用与迟发作用 速发作用是指某些外源化学物与机体接触后在短时间内引起的即刻毒效应，如氰化物和亚硝酸盐等引起的急性中毒。迟发作用是指在一次或多次接触某种外源化学物后，经过一定时间间隔才出现的毒效应。例如，某些有机磷农药引起动物急性中毒恢复后 8～14 日又可出现一些迟发性神经毒性作用，如肌肉疼痛、后肢共济失调，严重者后肢麻痹等。

Note

2. 局部作用与全身作用 局部作用是指某些外源化学物对机体接触部位直接造成的损害作用。

如强酸、强碱对皮肤的烧灼、腐蚀作用，吸入刺激性气体引起呼吸道黏膜的损伤等。全身作用是指外源化学物被机体吸收入血后，经分布过程到达体内靶组织器官或全身所产生的毒效应。如亚硝酸盐引起高铁血红蛋白血症导致机体全身性缺氧。

3. 可逆作用与不可逆作用 可逆作用是指机体停止接触外源化学物后，造成的损伤逐渐恢复。如大多数外源化学物引起机体的功能性改变大多为可逆作用。不可逆作用是指机体停止接触外源化学物后，损伤不能恢复，甚至进一步发展加重。此类外源化学物引起动物机体组织形态学改变大多属于不可逆作用。外源化学物的毒性作用是否可逆，主要取决于被损伤组织和功能的再生与恢复能力。

4. 过敏性反应 过敏性反应是机体对外源化学物产生的一种病理性免疫反应，也称变态反应。引起这种过敏性反应的外源化学物称为过敏原。过敏原可以是完全抗原，也可以是半抗原。过敏性症状往往轻重不一，轻者仅表现为皮肤症状，重者可发生休克甚至死亡，故对机体有害无益。

5. 高敏感性与高耐受性 高敏感性是指某一动物群体在接触较低剂量的特异外源化学物后，仅少数动物出现中毒症状，大多数动物并无任何异常表现。高耐受性是指接触某一外源化学物的动物群体中的少数个体，可耐受远高于其他个体所能耐受的剂量的一种不敏感表现，耐受倍数可达 2～5 倍。

6. 特异体质反应 特异体质反应是指某些有先天性遗传缺陷的动物个体，对于某些外源化学物表现出的异常的反应性。例如，猫的肝脏因缺乏葡糖醛酸基转移酶，无法正常代谢，当使用如阿司匹林这类需要葡糖醛酸基转移酶参与的药物时，即使按规定剂量用药也会中毒。

三、危险性、危险度、安全性

1. 危险性 危险性指外源化学物在特定的接触条件下，对机体产生损害作用可能性的定量估计。其大小主要取决于外源化学物毒性的大小、与机体接触的可能性和接触程度。如黄曲霉毒素和苯并芘二者引起肝癌的毒性较接近，但动物机体接触黄曲霉毒素的可能性远大于苯并芘，则黄曲霉毒素引起动物产生肝癌的危险性就明显大于苯并芘；而乙醇虽毒性较小，却经常有不少中毒病例发生，则其危险性就较大。

2. 危险度 危险度是指从事某项活动，如吸烟、喝酒等而使机体损伤、致病或死亡的概率。在生活中，只要接触外源化学物，总有一定风险，只是危险到什么程度，这是评价风险的基本。

3. 安全性 无危险性(零危险度)或危险性达到可忽略的程度，或在建议使用剂量和接触方式下，该外源化学物引起的损害作用是否超过社会“可接受的”危险性范围。这种损害若超过“可接受的”危险性范围就是不安全的，但实际上不存在绝对的无危险性。

任务二 毒性参数

视频：10-2
毒性参数

各类外源化学物的性质不同，毒性往往也存在较大差异，如有些物质需采食极大剂量才会引起动物中毒，而有些物质则采食极少量就能使动物中毒死亡。因此，为了更好地判定外源化学物的毒性大小和毒性作用特点，以及比较不同外源化学物的毒性，通常用毒性参数来评价。

一、致死剂量

致死剂量(LD)是指某种外源化学物引起机体死亡的剂量。如果外源化学物存在于空气或水中，就叫致死浓度(LC)。它是用于评价外源化学物毒性的一种重要指标。

1. 绝对致死量 绝对致死量(LD_{100})是指外源化学物引起受试动物全部死亡的最低剂量。在一个动物群体中，不同个体对外源化学物的耐受性存在差异，因此，一般不把 LD_{100} 作为评价外源化学物毒性大小或对不同外源化学物毒性进行比较的参数。

2. 最小致死量 最小致死量(MLD 或 LD_{01})是指外源化学物使受试动物群体中个别动物出现死亡的剂量。

3. 最大耐受量 最大耐受量(MTD 或 LD_0)是指外源化学物不引起受试动物死亡的最高剂量。

4. 半数致死量 半数致死量(LD_{50})是指受试动物一次染毒或者 24 h 内受试动物多次染毒后引起半数动物出现死亡的剂量，也称致死中量。

在以上这些致死剂量中，LD_{50}最敏感和最稳定，是评价外源化学物急性毒性大小最主要的参数，也是对不同外源化学物进行急性毒性分级的基础标准。外源化学物毒性大小与LD_{50}成反比，即毒性越大，LD_{50}的值越小；反之，LD_{50}的值越大。

5. 半数耐受量 半数耐受量是指水中受试水生生物在规定时间内有半数水生生物(如鱼类)存活的浓度，单位为 mg/L。

二、阈剂量和无作用剂量

1. 阈剂量 阈剂量是指在一定时间内，一种外源化学物按一定的方式与机体接触，使机体产生不良效应的最低剂量。从理论上讲，低于此剂量的任何剂量都不应对机体产生任何损害作用，故又称为最小作用剂量(MEL)。阈剂量又有急性阈剂量与慢性阈剂量之分，急性阈剂量是与外源化学物一次接触所得，慢性阈剂量则为长期反复多次与外源化学物接触所得。

2. 无作用剂量 无作用剂量又称最大无作用剂量，是指某种外源化学物在一定的时间内，按一定方式与机体接触，用现代的检测方法和最灵敏的观察指标，未能观察到对机体产生不良效应的最高剂量，也称为未观察到损害作用剂量(NOAEL)。

由于阈剂量和无作用剂量是两个相邻的毒性参数，低于阈剂量就是无作用剂量，在无作用剂量的基础上，稍微增加剂量即可达到阈剂量。但是由于受到检测手段的限制，机体的一些细微异常改变往往不能被发现，只有当剂量增加达到一定水平时，才能观察到损害作用，故在实际工作中得到的这两个剂量之间存在一定的差距。因此，如果选用最敏感的动物，最敏感的指标，最好的观察手段，足够的动物数量，进行长期染毒后得到的无作用剂量，就可以定为该外源化学物的无作用剂量。

三、安全限值

安全限值是指为保护人群健康，对生产生活环境和各种介质(空气、水、食物和土壤等)中与人群身体健康有关的各种因素(物理、化学和生物等)所规定的浓度和接触时间的限制性量值，在低于此浓度和接触时间内，根据现有的知识，不会观察到任何直接或间接的有害作用。也就是说，在低于此浓度和接触时间内，对个体或群体健康的危险度是可忽略的。安全限值可以是每日容许摄入量(ADI)、可耐受摄入量(TI)、参考剂量(RfD)、参考浓度(RfC)和最高容许浓度(MAC)等。

1. 每日容许摄入量(ADI) 每日容许摄入量是以体重表达的，以此量终生摄入无可测量的健康危险性(标准人体重为 60 kg)。

2. 可耐受摄入量(TI) 可耐受摄入量是由 IPCS(国际化学品安全规划署)提出的，是指没有可估计的有害健康的终生摄入的容许量。该值大小取决于摄入途径，TI 可用不同的单位来表达，如吸入时用空气中浓度(如 $\mu g/m^3$或 mg/m^3)表示。

3. 参考剂量和参考浓度 参考剂量和参考浓度是美国国家环境保护局(EPA)对非致癌物质进行危险性评价时提出的概念。参考剂量(RfD)和参考浓度(RfC)，是指一种平均剂量和估计值。人群(包括敏感亚群)终生暴露于该水平时，预期在一生中发生非致癌(或非致突变)性有害效应的危险度很低，在实际上是不可检出的。

4. 最高容许浓度(MAC) 最高容许浓度是指某一外源化学物可以在环境中存在而不致对人体造成任何伤害的浓度。MAC 的概念对生活环境和生产环境都适用，但人类在生活与生产活动中的具体接触情况存在较大差异，同一外源化学物在生活环境中与生产环境中的 MAC 也不相同。

安全系数(SF)是根据所得的无作用剂量提出安全限值时，为解决由实验动物资料外推到人的不确定因素及人群毒性资料本身所包含的不确定因素而设置的转换系数。安全系数一般采用 100，认为安全系数 100 是物种间差异(10)和个体间差异(10)两个安全系数的乘积。

不确定系数是用来处理因结果外推和数据局限性而造成的不确定性的一个数量化的系数，用以提高健康指导值保护水平。受诸多条件(尤其是数据不足甚至缺失)的限制，风险评估的整个过程，

尤其是在暴露评估和危害特征描述两个步骤中，始终伴随着不确定性。如何处理不确定性或者说如何选择不确定系数将对风险评估结果产生重大影响，因为不确定系数是确定每日容许摄入量（ADI）或每日耐受摄入量（TDI）等健康指导值的关键 。不确定系数比安全系数更为恰当，因为它可避免被误解为绝对安全，并且不确定系数的大小与不确定性大小成比例，而不是与安全性成比例，因此不确定系数的选择应根据可利用的科学证据。

任务三　毒物的损害作用与非损害作用

外源化学物对生物体产生毒性的具体表现是对机体造成不同程度的损害，即产生损害作用。但在许多情况下，尤其在临床症状出现之前要区别损害作用和非损害作用非常困难。

一、损害作用

损害作用是指外源化学物对机体产生的持久而不可逆的生物学改变，如机体功能容量的改变、体内稳态维持能力下降、对应激状态的代偿能力降低以及对环境易感性增高；机体形态、结构、功能、生长发育等生理生化和行为方面的指标都超过正常值范围。

此外，损害作用还可表现为，随着外源化学物剂量的增加，机体对它的代谢速度和消除速度减慢；某些关键酶的活性受到抑制，致使相关的天然底物浓度增高，造成机体的功能紊乱；酶系统中两种酶的相对活性比值发生改变；或在负荷试验中，对专一底物的代谢和消除能力降低等。

二、非损害作用

非损害作用是指机体在外源化学物的作用下所发生的形态、结构、功能暂时性的和可逆的生物学异常变化，这些变化均在机体代偿能力范围之内。当机体停止接触该种外源化学物后，机体生理、生化和行为方面的指标、生长发育过程及寿命都不发生改变；维持稳态的能力和对额外应激状态代偿的能力、环境易感性等均不发生变化。

值得一提的是，损害作用与非损害作用都是在外源化学物的作用之下机体所产生的一种反应，在生物学作用中，量的变化往往引起质的变化，所以非损害作用与损害作用具有一定相对性。因此，随着科技的不断进步，我们应用发展辩证的眼光去看待损害作用和非损害作用的相对性和发展性。

链接与拓展

危险化学品安全管理条例

巩固训练

复习思考题

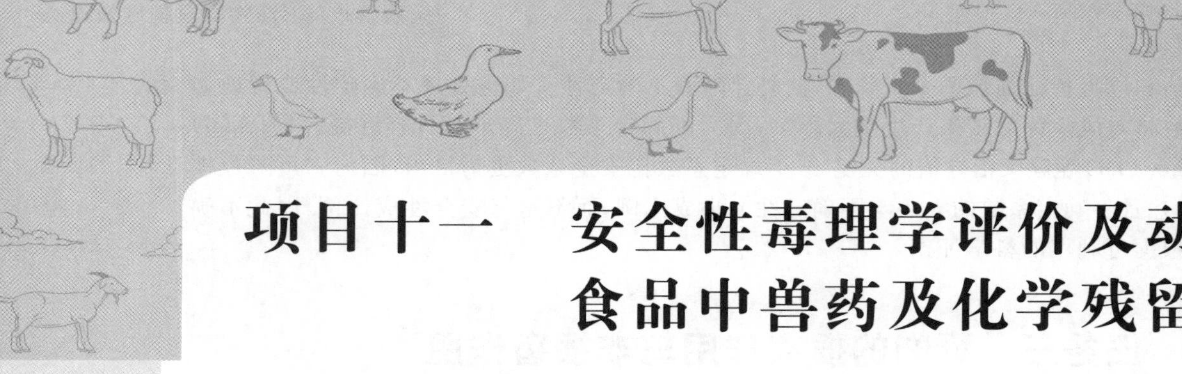

项目十一　安全性毒理学评价及动物源食品中兽药及化学残留

项目导入

扫码学课件 11

本项目主要介绍安全性毒理学评价及动物源食品中兽药及化学残留，主要分为三个任务项，分别为安全性毒理学试验及评价、安全性毒理学评价、动物源食品中兽药及化学残留。通过动物试验和对人群的观察，运用现代毒理学理论，并结合流行病学调查分析，评价动物源食品中兽药及化学残留在规定条件下对人体是否安全，从而决定其能否进入市场或阐明安全使用的条件，以达到最大限度地减小其危害作用、保护人民身体健康的目的，所以本项目内容在教学和学习过程中占有着重要的地位。

学习目标

▲知识目标

1. 掌握急性毒性试验、蓄积毒性试验、亚慢性和慢性毒性试验、致突变作用、致癌作用的概念。
2. 理解试验动物选择的方法，动物的随机分组方法，染毒方法，急性毒性、蓄积毒性、亚慢性和慢性毒性试验设计及评价。
3. 理解蓄积毒性的产生原理，在发育各阶段毒性作用的特点及具体表现。
4. 动物源食品中兽药及化学残留的预防措施。

▲能力目标

1. 学会急性、蓄积毒性试验设计及评价。
2. 能采取相应措施预防动物源食品中兽药及化学残留。

▲素质与思政目标

1. 通过学习安全性毒理学评价，培养科学严谨的态度。
2. 通过学习动物源食品中兽药及化学残留，学生规则意识、法律意识、安全意识增强。

案例导入

药物性损害现已成为主要致死疾病之一，仅次于心脏病、癌症、慢性阻塞性肺疾病、脑卒中。据报道，美国医院患者发生药物性损害而死亡的病例每年约为 10 万。药物性损害已对人类健康构成威胁，成为一个全球性问题。那么当我们拿到一个食品或产品时应用什么方法来评价其安全性，如不安全其危害程度有多大呢？为了保障动物食品安全，可以从哪些方面来采取预防措施？接下来让我们带着一系列的问题开始本项目内容的学习吧。

任务一 安全性毒理学试验及评价

视频:11-1 安全性毒理学试验及评价

为了评价外源化学物的安全性所进行的各种毒性试验称安全性毒理学试验。包括一般毒性试验和特殊毒性试验。

一般毒性又称一般毒性作用或基础毒性,是指外源化学物在一定的剂量、接触时间和接触方式下,对试验动物产生总体毒效应的能力。根据试验动物接触外源化学物的剂量大小和时间长短所产生的毒效应,可分为急性毒性、蓄积毒性、亚慢性毒性和慢性毒性等;评价外源化学物的一般毒性所进行的试验称一般毒性试验。

一、急性毒性试验设计及评价

(一)试验目的

急性毒性是指人或动物一次或于 24 h 之内多次接触外源化学物后,在短期内所发生的毒效应,包括中毒症状、体重变化、病理检查和致死效应(死亡和死亡时间)等指标。急性毒性试验的目的是通过对试验所得资料的分析,了解外源化学物急性毒性的强度、性质、毒效应的特征及可能的靶器官,初步评价外源化学物的危险性,了解外源化学物的剂量-反应(效应)关系,为亚慢性毒性试验、蓄积毒性试验等其他毒性试验的设计提供参考。

(二)急性毒性试验设计

急性毒性试验是最基础的毒性试验,除用半数致死量(LD_{50})测定外,还有半数耐受量测定和 7 日喂养试验、固定剂量法、急性毒性分级法等。其中以半数致死量测定、半数耐受量测定和 7 日喂养试验研究较多。

1. 试验动物选择 根据试验目的和要求,尽可能选择对外源化学物的反应和代谢特点与人或靶动物相同或相近的动物。目前常规选择如下:一种是啮齿类,如大鼠、小鼠、豚鼠、家兔等;另一种是非啮齿类,如犬、猫、猴等。系统毒性研究较常用的啮齿类动物如大鼠和小鼠,非啮齿类动物如犬。豚鼠常用于皮肤刺激试验和致敏试验,兔常用于皮肤刺激试验和眼刺激试验。遗传毒理学试验多用小鼠,致癌试验常用大鼠和小鼠,致突变试验常用大鼠、小鼠和兔。迟发性神经毒性试验常用母鸡。一般假设,如以与人相同的接触方式、大致相同的剂量水平,在两个物种有毒性反应,则人有可能以相同的方式发生毒性反应。当不同物种的毒性反应有很大的差异时,必须研究外源化学物在不同物种的代谢、动力学及毒性作用机理,然后才可将试验结果外推到人。在挑选试验动物时着重从以下几个方面考虑。

(1)性别:不同性别的动物对外源性化学物的敏感性存在差异,而毒性试验的主要目的是测定 LD_{50},因此为了保证试验的公平性,原则上要求雌雄各半,除非当外源化学物的毒性有明显的性别差异时,则需要选用雌雄两种性别的动物分别进行试验,求出各自的 LD_{50}。

(2)年龄和体重:毒理学研究中,应根据研究目的和任务选择适龄的动物。一般而言,急性试验选用成年动物,慢性试验因试验周期长,应选用较年幼的或初断乳的动物,以使试验周期能覆盖成年期。动物的年龄应由其出生日期来定,但实际工作中常以动物的体重粗略地判断动物的年龄,作为挑选适龄动物的依据。同一试验中,组内个体间体重差异应小于 10%,组间平均体重差异不超过 5%。

此外,生理状况、健康及营养状况对毒性试验结果亦有重要影响,因此,用于急性毒性试验的所有动物,宜选未交配和未受孕的动物,并在开始试验前完成 1~2 周的试验前检疫,剔除临床异常者,并给予合理的配方饲料,以保证试验动物是健康正常的。

2. 试验分组及试验剂量

(1)试验分组:根据试验目的,按随机分配的原则,将试验动物分配到各个试验组中去。通常急

性毒性试验设5～7个剂量组，究竟设计多少个组，取决于致死剂量范围以及最高致死量与最大耐受量比值的大小。在毒性试验中，除试验组外，还需要设置对照组，对照组除不给予受试物（外源化学物）外，其他控制条件尽量与试验组相同。

（2）试验剂量：Lock(1983)提出一个简化的剂量设计程序，抛弃了预测 LD_0 和 LD_{100} 的程序，预试时只设计10 mg/kg 体重、100 mg/kg 体重、1000 mg/kg 体重三个固定的剂量组，每组3只动物。从高剂量组开始，如在高或中剂量组无死亡即可不必做下一个剂量的试验。根据预试死亡情况设置合适的间距，即可按表中指定的正式剂量进行试验，每组1只动物。两步共用13只动物（表11-1）。

表 11-1　急性致死毒性试验简化剂量设计方案

预试剂量/(mg/kg 体重)			正式剂量/(mg/kg 体重)			
10	100	1000				
—	—	0/3	—	1600	2900	5000
—	0/3	1/3	600	1000	1700	2900
—	0/3	2/3	200	400	800	1600
—	0/3	3/3	140	225	370	600
0/3	1/3	3/3	50	100	200	400
0/3	2/3	3/3	20	40	80	160
0/3	3/3	3/3	15	25	40	60
1/3	3/3	3/3	5	10	20	40
2/3	3/3	3/3	2	4	8	16
3/3	3/3	3/3	1	2	4	8

注：表中的分母为受试动物数，分子为死亡动物数。

根据以上试验结果，取2～3个相邻剂量的几何均值即得 LD_{50} 值。例如 370 mg/kg 体重和 600 mg/kg 体重剂量组的死亡率分别为0/1和1/1，根据以上试验结果，取几何均值（先将试验值变换成对数值，然后求这些对数值的算术均数，最后求算数均数的反对数的值）为470 mg/kg 体重。

3. 试验动物染毒途径　根据试验的目的、受试物的性质和用途，按人和动物实际接触的途径和方式选择恰当的染毒途径。通常外源化学物（受试物）的染毒途径主要有经消化道染毒、经呼吸道染毒、经皮肤染毒和经其他途径染毒。

（1）经消化道染毒：环境污染物如农药、食品添加剂、兽药残留、工业废水等均可经消化道进入机体，因而在环境毒理学、食品毒理学和动物毒理学中，经消化道染毒是最主要和最常用的染毒途径。

①灌胃：根据外源化学物的性质选择不同的溶剂溶解或稀释受试物，借助灌胃器将其灌入动物的胃内的一种方法。该方法剂量准确易控制，是经常使用的染毒途径，特别是在急性毒性和亚急性毒性研究中最为常用，但灌胃可能存在因操作不慎误伤食道或误入气管造成动物死亡的风险，操作中应正确处理。

②喂饲：按动物每日采食量或饮水量计算，将外源化学物拌入饲料或溶于饮水中让动物自行采食的一种方法。这是人类和动物实际接触外源化学物的方式，但往往受诸多因素影响，如动物在摄食过程中饲料浪费损失较多，易导致剂量不够准确；外源化学物本身性质不稳定，加到饲料和饮水中时易分解或降解进而影响剂量；外源化学物有异味，动物拒食，严重影响剂量的准确性。因此，喂饲适用于7日喂养试验、亚慢性毒性试验和慢性毒性试验等试验周期较长的毒性研究，一般不用于测定 LD_{50} 的试验。

③吞咽胶囊：将受试物按所需剂量装入药用胶囊内，试验时将胶囊放在动物的咽部，强迫动物吞咽。该方法具有染毒剂量准确的优点，特别适用于有异味、有挥发性或易水解的受试物，主要用于

鸡、兔、猫、犬、猪、羊等动物。

(2)经呼吸道染毒:气态和易挥发的液态外源化学物,如气体、粉尘、烟、雾等均可经呼吸道吸入染毒。在研究这些外源化学物时可采用人工染毒和动物自行吸入两种方式,前者是将外源化学物注入动物气管内,后者有静式吸入和动式吸入等方式。

①静式吸入:在密闭的容器或染毒柜中直接输入一定容积的气态外源化学物,或定量加入易挥发的液态外源化学物,使其在容器中挥发至有一定浓度,适用于每次染毒时间短,动物数量不多的情况。该方法设备简单、操作方便、消耗受试物少,但是染毒柜内外源化学物的浓度会随时间的延长而逐渐降低,难以维持稳定浓度,甚至有些外源化学物可经皮肤吸收,造成交叉接触而影响试验结果。

②动式吸入:将试验动物置于一个既能不断补充新鲜空气,排出污染空气,又具有稳定的受试物浓度的配气系统中,在染毒过程中受试物浓度、染毒柜内氧和二氧化碳分压、温度、湿度等均维持相对恒定,动式吸入染毒适用于每次染毒时间较长的情况。

③气管注入:将液态或固态外源化学物注入麻醉后的试验动物气管内,使之分布于肺脏。该方法仅适用于肺脏的中毒模型研究。气管注入有气管插入法、气管穿刺法和暴露气管穿刺法三种。

(3)经皮肤染毒:将外源化学物涂布于动物体表,以观察外源化学物经皮肤吸收的毒性和刺激性。该方法主要适用于研究可经皮肤接触而穿透皮肤的液态、气态和粉尘状外源化学物的急性中毒。染毒前首先要去除染毒部位的被毛,然后选择对皮肤无刺激、无损伤,且易均匀涂布的溶剂或赋形剂,最后将受试物和赋形剂混合均匀涂布于动物体表,但试验中应注意防止因动物舔食造成交叉接触而影响试验结果;对有挥发性的外源化学物,可用塑料薄膜盖住涂布区,以防止外源化学物挥发。

皮肤接触外源化学物时,受到接触面积,接触时间,环境中温度、湿度的影响,因此宜选择成年动物,接触时间一般为 6～24 h,用温水或溶剂清洗涂布部位残留的外源化学物,观察中毒症状和动物死亡情况。

(4)经其他途径染毒:在外源化学物的急性毒性试验中,有时采用注射途径染毒,如溶于水的外源化学物要求测定静脉注射的 LD_{50} 时,常用的注射方法有静脉注射、肌内注射、皮下注射和腹腔注射等。注射方法主要用于绝对毒性研究、比较毒性研究、毒物静脉注射代谢动力学研究和中毒的急救药物筛选。

4. LD_{50} 计算 参见项目末链接与拓展相关内容。

(三)急性毒性试验评价

评价外源化学物急性毒性的强弱及其对人类的潜在危害程度,可根据国际上普遍采用的外源化学物的急性毒性分级标准(表 11-2)来进行,并结合急性毒性作用带或其斜率以及试验过程中各项观察指标进行综合评价。如有些外源化学物,其急性毒性作用很弱,但小剂量长期摄入时,可因蓄积作用而表现出严重的毒性作用;有些外源化学物一般毒性作用不明显,但可显示出致癌、致突变的特殊的毒性作用。因此,对外源化学物的毒性进行评价时,除急性毒性试验外,还必须进行亚慢性和慢性毒性试验及其他特殊毒性试验,才可对外源化学物的毒性做出较为全面的评价。

表 11-2 外源化学物急性毒性分级(WHO)

级别	大鼠经口 LD_{50}/(mg/kg 体重)	大鼠吸入 LD_{50}/(mg/kg 体重)	兔经皮 LD_{50}/(mg/kg 体重)	对人可能致死的估计量	
				单次量/(g/kg 体重)	总量/(g/60 kg 体重)
剧毒	<1	<10	<5	<0.05	<0.1
高毒	1～49	10～99	5～43	0.05～0.49	0.1～3
中等毒	50～499	100～999	44～349	0.5～4.9	3.1～30

续表

级别	大鼠经口 LD_{50}/(mg/kg 体重)	大鼠吸入 LD_{50}/(mg/kg 体重)	兔经皮 LD_{50}/(mg/kg 体重)	对人可能致死的估计量	
				单次量/(g/kg 体重)	总量/(g/60 kg 体重)
低毒	500～4999	1000～9999	350～2179	5～15	31～250
实际无毒	≥5000	≥10000	≥2180	>15	>1000

二、蓄积毒性试验

外源化学物反复多次与机体接触，被吸收进入体内的速度或数量超过其消除速度或数量时，外源化学物或其代谢产物在体内的浓度或量将逐渐增加并储存，这一现象称为外源化学物的蓄积，蓄积的外源化学物及其代谢产物对机体产生的毒性作用称为蓄积毒性作用。

蓄积作用有物质蓄积和功能蓄积之分。物质蓄积是指机体反复多次接触外源化学物后，测得机体内存在的该外源化学物的原形或其代谢产物的量；功能蓄积是指外源化学物多次与机体接触，引起机体功能损害的累积所致的慢性毒性作用。蓄积作用是外源化学物导致慢性毒性作用的物质基础，因此蓄积毒性试验的主要目的是了解外源化学物在动物体内的蓄积情况，为评价外源化学物的慢性毒性和其他毒性试验的剂量选择提供依据，了解动物对外源化学物能否产生耐受现象，为制定卫生标准提供依据。

蓄积毒性试验是检测外源化学物在体内蓄积性大小的试验，其方法一般采用蓄积系数法，求出蓄积系数 K，判断蓄积毒性的强弱。

蓄积系数 K＝机体多次接触外源化学物达到预计效应的累计剂量/一次接触该外源化学物产生相同效应的剂量，以死亡为效应指标时，用下式表示：

$$K=\frac{LD_{50}(n)}{LD_{50}(1)}$$

一般认为，K 值越小，表明外源化学物蓄积毒性越大。如果外源化学物在动物体内全部蓄积或每次染毒后毒效应叠加，则 $K=1$；如果反复染毒产生过敏现象，则可能 $K<1$；若外源化学物产生部分蓄积，则 $K>1$；随着外源化学物蓄积作用减弱，K 值增加，通常认为 $K\geqslant5$，其蓄积作用极弱。根据蓄积系数分级标准来评价外源化学物的蓄积毒性（表 11-3），虽然方法简单，对评价外源化学物的蓄积作用有一定的价值，但不能判定是物质蓄积还是功能蓄积，而且有些外源化学物的慢性毒性无法用 K 值表示。

表 11-3　蓄积系数分级标准

蓄积系数(K)	蓄积毒性分级
<1	高度蓄积
1～3	明显蓄积
3～5	中等蓄积
≥5	轻度蓄积

总之，在蓄积毒性试验中，除观察死亡情况外，还应仔细观察并记录动物的一般表现及体重变化，必要时应进行病理学检查，以便了解外源化学物可能的靶器官。

三、亚慢性和慢性毒性试验

亚慢性毒性是指人或试验动物连续较长时间接触较大剂量的外源化学物所出现的毒效应。较大剂量是相对于低剂量而言，其上限一般低于急性毒性试验的 LD_{50}。试验是以反复染毒、更长的接触时间和更为广泛深入的观察为基础，研究在较长时间内（约为试验动物寿命的 10%）接触较大剂量

外源化学物后，试验动物所产生的生物学效应，包括体重变化、食物摄取、中毒症状、脏器系数（指某个脏器的湿重与单位体重的比值）、病理学检查和生化检验指标等。试验过程中，要求每次（日）染毒剂量及染毒时间相等。其试验目的包括：观察较长时期接触外源化学物对动物所产生毒性作用的性质、靶器官；获取亚慢性毒性试验的参数如 NOAEL 及最大耐受量等，估测阈剂量；了解外源化学物对成年动物生殖功能的影响以及对子代的致突变作用；为慢性毒性试验和致癌试验的剂量选择以及观察指标的筛选提供依据。

慢性毒性是指人或试验动物长期反复接触低剂量的外源化学物所产生的毒效应，染毒时间往往超过 90 日。在慢性毒性试验中，应重点观察在亚慢性毒性试验中已经显现的阳性指标，因为许多外源化学物在环境中的浓度并不具有明显的急性毒性，然而在长期反复接触的情况下，就会产生潜在的、累积的毒效应。慢性毒性试验的目的是确定动物长期、反复接触低剂量的外源化学物所产生的慢性毒性作用性质、靶器官、中毒机制及其剂量-反应关系，为最终评定外源化学物能否应用及制定 ADI 提供依据。

亚慢性和慢性毒性试验评价所依据的原则、内容基本相同，都是根据试验中的观察指标、检测结果及其综合分析，确定外源化学物的毒效应、敏感指标和相关参数如阈剂量、NOAEL 等，对该化学物的亚慢性、慢性毒性做出综合性评价。另外，大多数学者认为，没有必要对所有的化学药品进行慢性毒性试验，可用亚慢性毒性试验结果推测化学药品的慢性毒性。试验结果显示，多数药品的毒性在试验 90 日内即已显示出来，并且慢性毒性 NOAEL 等于亚慢性 NOAEL/20，由亚慢性毒性试验结果推测慢性毒性试验结果可节省试验时间与经费，不仅能促进各种新的化学药品的开发，而且可避免外界因素的影响。但美国 FDA 规定，凡是能致癌、引起白内障、怀疑可能影响免疫功能以及供人终生应用的药品等，均需进行慢性毒性试验。

四、致突变作用与致突变试验

致突变试验是用来检查外源化学物是否能引起试验动物遗传物质突变。如外源化学物能引起试验动物生殖细胞中遗传基因的突变，就会导致试验动物的后代出现可以观察到的并可遗传的变化，从而导致胎儿的畸形（与致畸作用有一定相关性）或患遗传疾病。如果外源化学物能够引起试验动物体细胞基因的突变，也可导致癌变的发生（与致癌作用有一定相关性）。

五、致癌作用与致癌试验

致癌试验是检查外源化学物或其代谢产物是否有致癌或诱发肿瘤的慢性毒性试验，通常和慢性毒性试验同时进行。如果某种外源化学物的给予量极微，在慢性毒性试验中出现中毒现象，需要再单独进行致癌试验。

国际抗癌联盟（IARC）要求在多种或多品系动物试验中，特别是在某物质不同剂量或不同染毒途径的试验中见到恶性肿瘤发生率增高，或在肿瘤发生率、肿瘤出现的部位、肿瘤典型与否或出现肿瘤的年龄等各方面均明显突出时，才确定为动物致癌物。

任务二　安全性毒理学评价

一、概述

安全性毒理学评价是指通过动物试验和人群的观察，阐明化学物的毒性及潜在的危害，对该化学物能否投放市场做出取舍的决定，或提出人兽安全的接触条件，即对人类使用这种化学物的安全性做出评价的研究过程。人们经常接触的化学物有环境污染物、工业污染物、食品污染物（包括食品添加剂、药品、食品化学污染物）、兽药和农药等。目前，已知人类可能接触或销售的化学物有 500 万种，现在正以每年 1000 种的速度不断涌现，这些化学物在使用过程中，对生态环境及人类健康造成了严重的威胁。

为了保证人类的健康、生态系统的平衡和良好的环境质量，许多国家和组织对化学物的毒性评价都有一定的标准。美国于 1979 年颁布了《美国联邦食品、药物和化妆品法案》，对各种化学物进行管理；国际经济与发展合作组织于 1982 年颁布了《化学物质管理法》，提出了一整套毒理试验、良好实验室规范和化学毒物投放市场前申报毒性资料的最低限度要求。我国卫生部在 1985 年公布《食品安全性毒理学评价程序(试行)》；1994 年国家卫生部批准通过了中华人民共和国国家标准《食品安全性毒理学评价程序》(GB 15193.1—1994)；1995 年国家农业农村部发布了中华人民共和国国家标准《农药登记毒理学试验方法》(GB 15670—1995)；1984 年在第六届全国人民代表大会常务委员会第七次会议上通过了《中华人民共和国药品管理法》；1985 年卫生部颁布并实施的《新药审批办法》中，对药物的毒理学评价做出了具体规定；1989 年 9 月 2 日农业部颁布《新兽药及新制剂管理办法》；1991 年农业部颁布《新兽药一般毒性试验和特殊试验技术要求》。

从各类国家标准、规定或管理法中可见，我国和世界其他国家一样，药品、食品(食品添加剂、食品污染物等)、农药、兽药、饲料添加剂等人们在日常生活和动物生产中广泛接触的化学物必须经过安全性评价后才能被允许投产、进入市场或进行进出口贸易。随着高科技时代的到来，一些新物质，如基因工程产品、新的生物物质也将纳入此类管理范畴。

二、安全性毒理学评价程序的基本内容

(一)试验前的准备工作

试验前应了解化学物(受试物)的基本性质，以便预测毒性和进行合理的试验设计。

1. 收集受试物有关的基本资料

(1)化学结构：根据结构式可以预测一些受试物的毒性大小和致癌性。

(2)组成成分和杂质：受试物中存在杂质时，有时可导致错误的评价，特别是对于低毒受试物，在动物试验中可因其中所含的杂质而增加毒性。

(3)理化性质：主要了解受试物外观、相对密度、沸点、熔点、水溶性或脂溶性、蒸汽压及其在常见溶剂中的溶解度、乳化性或混悬性、储存稳定性等。

(4)受试物的定量分析方法：通过向有关部门了解，或查阅有关文献资料获得，必要时需由实验室测定而获得。

(5)原料和中间体：了解受试物生产流程、生产过程所用的原料和中间体，可以帮助估测受试物的毒性。

2. 了解受试物的使用情况　包括使用方式及人兽接触途径、用途及使用范围、使用量，这些将为毒性试验的设计和对试验结果进行综合评价等提供参考。

3. 进行适用人兽实际接触和应用的产品形式的试验　一般来说，用于安全性毒理学评价的受试物应采用工业品或市售商品，以反映实际接触的情况。在整个试验过程中所使用的受试物必须是规格、纯度完全一致的产品。当需要确定该受试物的毒性来源于受试物还是所含杂质时，通常采用纯品和应用品分别试验，将其结果进行比较。如我国农药登记管理规定，进行急性毒性试验(包括经口、经皮肤和经呼吸道)的受试农药应包括原药和制剂。

4. 选择合适的试验动物　试验动物对受试物的代谢方式应尽可能与人相近。进行毒理学评价时，优先考虑哺乳类的杂食动物。如大鼠是杂食动物，食性和代谢过程与人类较为接近，对许多受试物的毒性作用比较敏感，还具有体型小、自然寿命不太长，价格便宜、易于饲养等特点。此外，小鼠、仓鼠(地鼠)、豚鼠、家兔也可使用。为了减少同种动物不同品系造成的差异，最好选用纯系动物、内部杂交动物和第一代杂交动物进行试验。

(二)确定不同阶段安全性毒理学试验项目及评价

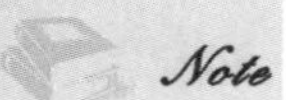

我国对农药、食品、兽药、饲料添加剂等产品的安全性毒理学评价一般要求分阶段进行，各类物

质依照的法规不同，因而各阶段的试验有所不同。归纳起来，完整的毒理学评价通常可划分为以下四个阶段。

1. 第一阶段（急性毒性试验） 了解受试物的急性毒性作用强度、性质和可能的靶器官，为急性毒性定级、进一步试验的剂量设计和毒性判定指标的选择提供依据。该阶段主要有以下试验。

（1）急性毒性试验：测定经口、经皮、经呼吸道的急性毒性参数，即 LD_{50} 和 LC_{50}，对受试物的毒性做出初步的估计。

（2）动物皮肤、黏膜试验：包括皮肤刺激、眼刺激和皮肤变态反应试验，化妆品毒性评价还应增加皮肤光毒和光变态反应试验。凡是有可能与皮肤或眼接触的受试物应进行这些项目的试验。

（3）吸入刺激阈浓度试验，对呼吸道有刺激作用的受试物应进行本试验。

2. 第二阶段（亚急性毒性试验和致突变试验） 了解多次重复接触受试物对机体健康可能造成的潜在危害，并提供靶器官和蓄积毒性等资料，为亚慢性毒性试验设计提供依据，并且初步评价受试物是否存在致突变性或潜在的致癌性。

（1）蓄积毒性试验：应注意受损靶器官的病理组织学检查。

（2）致突变试验：包括鼠伤寒沙门氏菌营养缺陷型回复突变试验（Ames 试验）、哺乳动物培养细胞染色体畸变试验、小鼠骨髓多染红细胞微核试验、精子畸形试验、小鼠睾丸精原细胞染色体畸变试验和显性致死试验等。在我国食品、农药和兽药等安全性评价程序中，一般首选 Ames 试验、小鼠骨髓多染红细胞微核试验、显性致死试验三项。若三项试验呈阳性，除非该受试物具有十分重要的价值，否则应放弃继续试验；若一项呈阳性，再加两项补充试验仍呈阳性者，一般也应放弃。

3. 第三阶段（亚慢性毒性试验和代谢试验） 了解长期反复接触受试物对动物的毒性作用和靶器官，评估该受试物对人兽健康可能引起的潜在危害，确定最大无作用剂量的估计值，并为慢性毒性试验和致癌试验设计提供参考依据。

（1）亚慢性毒性试验：包括 90 日亚慢性毒性试验和致突变试验、繁殖试验等。

（2）代谢试验（毒物动力学试验）：了解受试物在体内的吸收、分布和排泄速度，有无蓄积性及在主要器官组织中的分布。

4. 第四阶段（慢性毒性试验和致癌试验） 预测长期接触可能出现的毒性作用，尤其是进行性或不可逆性毒性作用及致癌作用，同时为确定最大无作用剂量和判断受试物能否应用于实际提供依据。本阶段包括慢性毒性试验和致癌试验，这些试验所需时间周期长，可以考虑二者结合进行。

对受试物按以上四个阶段依次进行毒性试验及评价的过程中，受试物在任何阶段按一定标准被判断为无毒或毒性小时，才可进入下一阶段试验，否则被放弃，依次类推。只有四个阶段都判断为无毒或毒性较小时，才能被允许考虑使用。进行安全性毒理学评价的受试物不同，判断毒性的标准也不同，如在食品中，当 LD_{50} 小于人可能摄入量的 10 倍时则放弃，即不允许用于食品。

三、安全性毒理学评价的注意事项

受试物的安全性毒理学评价是根据受试物的毒性试验，分析试验结果后，对其安全性进行评价，评价结果的正确与否，受到试验设计、试验结果及其分析的影响，最终影响着该受试物对人类健康的危害性大小。所以，在进行安全性毒理学评价时必须注意以下问题。

（1）试验设计的科学性：安全性评价必须根据受试物的具体情况，充分利用国内外现有的相关资料，讲求实效地进行科学的试验设计。

（2）试验方法的标准化：毒理学试验方法和操作技术的标准化是实现国际规范和实验室间资料比较的基础。进行安全性毒理学评价的研究，必须要有严格规范的规定与评价标准。

（3）评价结论的高度综合性：在考虑安全性评价结论时，对受试物的取舍或是否同意使用，不仅要根据毒理学试验的资料和结果，还应同时进行社会效益和经济效益的分析，并考虑其对环境和自然资源的影响，充分权衡利弊，做出合理的评价，提出禁用、限用或安全接触和使用的条件以及预防对策等，为政府管理部门的最后决策提供科学依据。

Note

视频：11-2
动物源食品

任务三　动物源食品中兽药及化学残留

一、基本概念

1. 食品污染物　食品污染物指食品在生产中使用的化学污染物以及在食品加工、烹调、包装、储存和运输等环节中进入的各种化学性或生物性污染物，如兽药、重金属、毒素、工业污染物和微生物、寄生虫等。

2. 兽药残留　兽药残留又称药物残留或残留，是指给畜禽等动物使用药物后蓄积或储存在动物细胞、组织和器官内的化学物原形、代谢产物和杂质。

3. 暂行允许量　暂行允许量是指有关资料尚未完全成熟，规定只在一定期限内有效的允许残留量，在掌握新资料后再行修正。

4. 最高残留限量　最高残留限量是指对食品动物用药后，产生的允许存在于食品表面或内部的残留药物或其他化学物的最高含量或最高浓度。一般以鲜重计，表示为毫克/千克、微克/千克或毫克/升、微克/升。

5. 休药期　休药期指食品动物从停止用药到许可屠宰或其产品（包括可食组织、蛋、奶等）许可上市食用的间隔时间。

二、兽药及化学物残留现状

兽药残留是指在对动物进行疾病防治、诊断和调节畜禽生理功能时，所使用的血清、菌（疫）苗、诊断液等生物制品和兽用药材后蓄积、残存（以药物原形、代谢产物和药物杂质的形式）在动物细胞、组织或器官、食用产品（蛋、奶）中的现象。动物源食品中的化学物残留除兽药外，还包括重金属、工业污染物和生活垃圾焚烧产生的废物等。在食品动物生产过程中，为了保证动物能健康生长，因而会采用抗微生物药的亚治疗量来起到预防、治疗动物疾病的目的或曾为了促进动物生长、提高饲料转化率而掺入载体或者采用稀释剂的兽药预混物，如驱虫剂类、抑菌促生长剂类等，导致兽药残留已成为动物源食品最重要的污染源。

据不完全统计，在我国绝大多数食品动物在生长过程中都会长期接受 1～2 种兽药及药物添加剂，这是一种非常普遍的现象，但长期不合理用药已成为引起兽药残留超标的重要原因。具体来看包括：①动物屠宰前不遵守休药期规定、治疗过程中急宰，导致食品动物在可食性组织或其产品（肉、蛋、奶）中兽药残留超标；②不按兽医处方、药物标签或说明书，随意加大剂量、延长用药时间或改变使用对象，导致兽药残留严重超标；③在饲料中非法违规添加禁用药（如 β 兴奋剂、激素、镇静剂等）以提高饲料转化率和改善动物产品品质，导致动物源食品中兽药或有害物质残留超标。我国动物源食品出现过畜产品中 β 兴奋剂残留事件，出口禽产品中出现过氯羟吡啶、磺胺喹噁啉残留超标事件以及水产品氯霉素残留事件等。这不仅给我国的经济造成了巨大损失，更重要的是损害了人们的健康和我国在国际贸易上的声誉。因此，为有效避免兽药残留超标，必须严格合理用药、规范用药。

三、兽药及化学物残留的种类及危害

（一）引起残留的兽药及化学物种类

兽药种类繁多，由于其化学结构、理化性质、作用机理和药动学特征等各不相同，所以各种兽药的药理作用和毒性不尽相同。由于兽药的广泛应用，所以肉、蛋、奶等动物源食品中各种兽药的残留是不可避免的。从理论上讲，几乎所有兽药品种均能造成药物残留，只不过是在残留程度和危害程度上有差异而已。目前，受到公众关注的、产生残留的药物已经或者有可能危及人体健康的兽药及化学物品种有以下几类。

1. 禁用药物　如 β 兴奋剂（克仑特罗、沙丁胺醇、赛曼特罗等）、甲状腺抑制剂（甲巯咪唑等）、二

苯乙烯类及其衍生物(己烯雌酚、己烷雌酚等)、性激素与同化激素(群勃龙、睾酮、甲基睾酮、丙酸睾酮、苯丙酸诺龙、雌二醇、孕酮等)、雷索酸内酯(玉米赤霉醇等)、镇静剂(氯丙嗪、乙酰丙嗪、安定、利血平等)、硝基呋喃类、硝呋烯腙、氯霉素、硝基咪唑类(甲硝唑、地美硝唑、替硝唑、洛硝达唑)和皮质激素类(地塞米松、氢化可的松等)等。这类药物残留的危害最大,是国内外残留监控的重点。世界各国对上述药物的使用规定有所差别,这里的所谓禁用主要是指禁止用作药物添加剂和禁用于食品动物。

2. 毒性较大、休药期长的药物 如磺胺类(磺胺二甲嘧啶、磺胺喹噁啉、磺胺氯吡嗪等),喹噁啉类(卡巴氧、喹乙醇、乙酰甲喹等)、二氨基嘧啶类(甲氧苄啶等)、四环素类(金霉素、土霉素等)、苯并咪唑类(阿苯达唑、氟苯咪唑等)、左旋咪唑、阿维菌素类(伊维菌素、阿维菌素、多拉菌素等)、氯羟吡啶和杀虫剂(双甲脒、二嗪农等)。这类药物的毒性相对较大,在动物体内消除缓慢、残留时间较长,或者它们可能具有潜在的"三致"作用及对人体产生其他明显的有害作用。在实际使用上述这些药物过程中,又往往出现任意加大剂量和增加疗程,或不遵守休药期规定的现象。

3. 其他化学物 主要指农药、重金属、工业污染物和生活垃圾焚烧产生的废物等,它们在动物生产及产品加工、包装、储存和运输环节中直接或通过食物链间接进入动物源食品,如重金属残留等。

(二)兽药及化学物残留的危害

动物源食品中药物残留对人体的危害性主要表现有以下几方面。

1. 过敏反应 人类在用药过程中只有少数抗菌药(如 β 内酰胺类、磺胺类等)能致敏易感个体,因此避免过敏反应的发生及其危害,可通过不使用易引起过敏的药物进行避免。但动物源食品中药物残留引起人的过敏反应却难以避免,这在过去 50 年就有发生,如牛奶中残留的青霉素引起的过敏反应,轻者出现荨麻疹,重者引起急性血管性水肿、休克甚至死亡。

2. 毒性作用 外源化学物毒效应与染毒剂量、染毒时间密切相关。一般而言,动物组织中药物残留水平通常很低,只有极少数因残留浓度较高而发生急性中毒,如克仑特罗在动物肝、肺和眼部组织残留浓度较大,人体一次摄入超过 100 g 含克仑特罗的组织会引起中毒,表现为头痛、手脚颤抖、狂躁不安、心动过速和血压下降等,严重者可危及生命。绝大多数药物残留通常产生慢性、蓄积毒性作用。婴幼儿的药物代谢功能不完善,当在食用含某种药物残留的动物源食品后极易引起中毒。另外,动物体的用药部位和一些靶器官(如肝、肺)常含有高浓度的药物残留,人食用后出现中毒的机会增多。药物及药物残留更多的是引起食用者产生远期毒性作用及潜在的"三致"作用。例如,当氯霉素在动物源食品中的残留浓度达到 1 mg/kg 以上时,即可对食用者人和动物的骨髓细胞、肝细胞产生毒性作用,导致严重的再生障碍性贫血,并且其发生与使用剂量和频率无关。人体对氯霉素较敏感,尤以婴幼儿和老年人为甚,婴儿可出现致命的"灰婴综合征";四环素类药物作为药物添加剂使用时,可引起动物源食品中药物残留,对人产生毒性作用,主要表现为通过与骨骼中的钙结合,抑制骨骼和牙齿的发育,小孩会出现"四环素牙",治疗量的四环素类药物也可能具有致畸作用;苯并咪唑类药物干扰细胞的有丝分裂,具有致畸作用和潜在的致癌、致突变作用;"二噁英"主要是由工业废物、生活垃圾等焚烧以及汽车尾气产生,通过生物和食物链进入动物体内造成残留,人食入后可引起软组织、结缔组织、肺和肝肿瘤,产生生殖、发育毒性及致畸作用,对免疫系统和内分泌系统也有破坏作用等;黄曲霉毒素及相关化合物残存于动物组织中,人食用后会产生致突变和致癌作用,特别是诱发人的肝癌。

3. 激素(样)作用 性激素及其类似物主要包括甾类同化激素和非甾类同化激素。食品动物肝、肾和激素注射或埋植部位含有大量残留的同化激素,被人食用后可产生一系列激素(样)作用。主要表现为潜在致癌性(如己烯雌酚残留,可使孕妇所生女婴的黏膜产生癌变倾向)、发育毒性(儿童早熟)及女性男性化或男性女性化现象。

4. 耐药性 畜牧业生产中为了预防疾病的发生,长期使用亚治疗量抗菌药,或在治疗过程中对抗生素的滥用,同时又不遵守休药期,导致人与动物共享的抗菌药在动物源食品中大量残留。长此

以往必然会严重威胁人类健康，具体表现如下：第一，人食用了动物源食品中残留的抗菌药后，诱导耐药菌株的产生，并通过食物链在动物、人和生态系统中的细菌相互传递，出现致病菌对抗菌药耐药，最终导致人类和动物感染性疾病治疗的失败；第二，人食用了动物源食品中残留的抗菌药后，可干扰肠道内的菌群和诱导产生耐药菌株。据研究资料显示，动物源食品中抗菌药的残留可使人胃肠道内的部分敏感菌受到抑制，破坏原菌群平衡状态，使得条件性致病菌趁机繁殖，或使体外致病菌易于侵入，引发疾病。

四、监控和防范残留的措施

1. 加强并完善兽药残留的立法及相应的配套法规 1987 年颁布的《兽药管理条例》中对兽药的生产和销售已有立法规定。近几年农业农村部相继发布了允许使用的添加剂品种目录，但对兽药违法经营、使用及药物残留超标等的处罚尚未立法或打击力度不够。

2. 加强兽药及添加剂的管理 严格规定和遵守兽药及添加剂的使用对象、使用期限、使用剂量以及休药期等；禁止生产、经营、使用违禁药物和未被批准的药物及人兽共享的抗菌药或可能具有“三致”作用和过敏反应的药物，尤其是禁止将它们作饲料添加剂使用；对允许使用的兽药要遵守休药期规定，特别是药物添加剂必须严格执行使用规定和休药期规定。

3. 加强兽药残留分析的研究 建立和发展简单、快速、准确、灵敏、便携化的筛选性多残留分析技术和高效、高灵敏的联用技术及残留组分确证技术，实现对食品中化学物的残留能够随时随地进行检测，并通过加强分析过程的自动化或智能化，提高分析效率，降低成本。

4. 加强检疫监督工作 建立有效的检验检疫制度，对饲料、饲料添加剂及动物胴体组织、牛乳等进行药物残留的检测，发现有违禁药物残留或残留超标者禁止其经营或使用，并给予相应的处罚。严格贯彻执行有关畜产品安全的法律法规和标准，使残留造成的劣质畜产品无经营市场。

5. 加大宣传力度，强化安全意识 通过各种方式向广大群众广泛宣传动物源食品安全知识，提高对兽药残留危害性的认识，使全社会自觉参与防范、监督残留的工作，自觉遵守兽药生产、使用、管理的法律法规。应用科普宣传、技术培训、技术指导等方式，向动物防治工作者和养殖者宣传介绍科学使用兽药的知识。通过动员全社会的力量才能更有效地防范、控制残留。

6. 建立并完善兽药残留监控体系和残留风险评估体系 我国政府有关部门已充分认识到控制兽药残留的重要性，在兽药残留方面做了大量的工作。加快国家级、部级以及省地级兽药残留机构的建立和建设，使之形成自中央至地方完整的兽药残留检测网络结构。建立适合我国国情并与国际接轨的兽药残留监控体系，实施国家兽药残留监控计划，力争将残留危害降到最低。建立残留风险评估体系，通过实施国家兽药残留监控计划和各省（市）定期进行兽药残留抽样检测，提供有关国内畜禽发生兽药残留危害的适时资料信息，并进行有针对性的跟踪调查，对兽药残留进行风险评估。

7. 开展兽药残留检测的国际合作与交流 积极开展兽药残留工作，加强与国际组织或国家的交流与合作，使我国的兽药监控体系、检测方法与国际接轨，保障我国出口贸易的顺利进行。

五、化学物残留分析

（一）分析样品的采集、制备和储存

涉及兽药残留分析的生物样品主要包括动物的血液、尿液、胆汁、动物组织（肌肉、肝、肾、皮肤及脂肪）、蛋、奶及其加工过的动物源食品等。生物样品的采集应根据具体需要，遵循代表性和随机原则。

1. 采样 采集全血时，牛、羊、猪等家畜可从颈静脉或前腔静脉，鸡、鸭等家禽可从翅静脉取全血加抗凝剂备用；尿样一般采集清晨饲喂前的动物尿；奶样是指刚挤下来的新鲜奶；从屠宰场或冷库中取组织样品时，宜取一个完整的解剖部分，如一个肝叶或一侧完整肾，小动物应摘取完整的脏器。样品采集后应立即密封，妥善保管和处理，为保证样品检验结果的可重复性或留样进一步仲裁，最好每个样品都分成若干个相同的小样（缩分），以备查验。

2. 储存 一般选择聚乙烯塑料容器和玻璃制品作为储存样品的容器，但在工作中应充分考虑各储存器的优缺点，根据实际情况灵活选择，如痕量的残留组分易被容器壁吸附；塑料易吸附脂溶性组分；玻璃表面易吸附碱性组分。样品通常于－20 ℃以下储存，理想的储存温度为－80～－40 ℃。

3. 制备 样品的制备主要是指采样后至化学分析前试样的准备工作，包括样品匀浆、过筛、离心、过滤、防腐和抑制降解等过程。在采集血样的同时或预先在容器中加入肝素等抗凝剂，离心分离血浆；如采血时不加抗凝剂所分离得到的便是血清，因此，根据试验目的在实际测定中选择使用。尿液在收集过程中容易受细菌污染而发生酸败，所以，尿样采集后应立即冷藏(4 ℃)，最好及时处理和测定，必要时加入氯仿或甲苯进行防腐。某些生物样品(如肝、肾、血浆和奶等)中由于含有各种酶，能不断地降解样品中的待测物，因此将采集的样品应立即深度冷冻(－80～－40 ℃)，避免待测物组分被降解。另外，微波照射、加入蛋白质变性剂(如甲醇、稀盐酸、三氯乙酸、高氯酸)或加入酶活性抑制剂(如氟化钠)可阻止样品中待测物组分的降解。对于新的待测物，必要时可测定其在溶液、样品或标准添加样品中的稳定性，如在不同储存条件下进行间隔采样和测定。

(二)样品的处理

生物样品中含有多种化合物，如蛋白质、脂肪、糖类、氨基酸、核酸、维生素、激素、色素、无机盐、水分及人工添加的各种物质等，这些样品基质的存在不仅干扰待测物的检测，而且污染仪器，使仪器设备的使用寿命降低，所以生物样品在分析前必须进行处理过程，将待测物组分从样品基质中分离出来，并达到仪器能够监测的状态。样品处理通常包括提取、净化、浓缩和衍生化四个基本步骤。提取是指用物理或化学的手段破坏待测物组分与样品成分间的结合力，将待测物从样品中释放出来并转换到易于分析的溶液状态；净化是指将提取液中的待测物组分与提取过程中一起进入的杂质分离的过程；浓缩是指通过减少样品溶液中的溶剂或水分使组分的浓度升高；衍生物是指利用化学反应将样品中难于分析检测的待测物组分定量的转化成另一种易分析检测的化合物后，通过对其进行分析检测，对待测物组分进行定性和定量分析。分离和组分转移是样品处理过程中的核心问题。设计样品处理方法必须考虑待测物组分的理化性质、存在状态、样品基质的组成、可能的干扰物、处理方法对待测物稳定性的影响及所采用的测定方法等。

(三)残留分析原理

残留分析的目的是分离待测残留物，并对待测残留物进行定性和定量检测。分离和检测是残留分析方法的两个组成部分，其基本原理是用物理或化学的方法将待测残留组分从样品中释放溶出，并根据待测残留物的理化性质，使用多种分离方法进行净化过程，除去干扰杂质，使待测残留物处于易于分析的溶液状态；利用待测残留物的光学和波谱学特性，如旋光性、紫外可见、红外、荧光等，借助仪器进行定性或定量检测。

(四)分析方法

1. 色谱分析方法 色谱分析方法具有分离效能高、分析速度快、检测灵敏度高和选择性强的特点，是一种目前使用广泛和有效的分离、分析方法，广泛应用于石油化工、农业、医药卫生及环境保护等领域。色谱分析法的原理是根据不同组分在两相之间分配系数的差异，当两相做相对运动时，组分在两相中反复进行分配，随着流动相的流动，不同组分移动距离的差异越来越大，从而使组分分离，再通过检测器检测和识别被分离的组分，并用色谱图记录下来。色谱方法根据流动相不同，分为气相色谱、液相色谱和超临界流体色谱。

2. 免疫分析方法 以抗原抗体的特异性、可逆性结合反应为基础的分析技术，主要包括放射免疫测定法、酶联免疫测定法、荧光免疫测定法和免疫电镜技术等，其中在残留分析中应用最多的是酶联免疫测定法(ELISA)和放射免疫测定法(RIA)。药物残留分析中能合成出稳定、具有良好免疫原性的药物与载体蛋白结合物是关键。

3. 微生物学检测方法 该检测方法的主要原理是根据抗微生物药对特异微生物的抑制作用来

定性或定量确定样品中抗微生物药的残留。微生物学检测法包括四平皿试验法、纸片法、杯碟法和拭子试验法，其中拭子试验法又分场内拭子试验法、耐储存拭子试验法、活体动物拭子试验法和磺胺类药拭子试验法。目前，在兽药残留分析中，微生物学检测方法通常用于快速筛选，尤其是活体样品（如奶、尿、血）中抗菌药残留的快速检测。

LD_{50}的计算方法

巩固训练

复习思考题

附　录

常用药物配伍禁忌表

分类	药物	配伍药物	配伍使用结果
青霉素类	青霉素钠、钾盐； 氨苄西林； 阿莫西林	喹诺酮类、氨基糖苷类（庆大霉素除外）、多黏菌类	效果增强
		四环素类、头孢菌素类、大环内酯类、氯霉素类、庆大霉素、利巴韦林、培氟沙星	相互拮抗或疗效相抵或产生副作用，应分别使用或间隔给药
		维生素 C、B 族维生素、罗红霉素、磺胺类、氨茶碱、高锰酸钾、盐酸氯丙嗪、过氧化氢	沉淀、分解、失效
头孢菌素类	头孢系列	氨基糖苷类、喹诺酮类	疗效、毒性增强
		青霉素类、洁霉素类、四环素类、磺胺类	相互拮抗或疗效相抵或产生副作用，应分别使用或间隔给药
		维生素 C、B 族维生素、磺胺类、罗红霉素、氨茶碱、氯霉素、氟苯尼考、甲砜霉素、盐酸强力霉素	沉淀、分解、失效
		强利尿药、含钙制剂	与头孢噻吩、头孢噻呋等头孢类药物配伍会增加毒副作用
氨基糖苷类	卡那霉素、阿米卡星、核糖霉素、妥布霉素、庆大霉素、大观霉素、新霉素、巴龙霉素、链霉素等	抗生素类	本品应尽量避免与抗生素类药物联合应用，否则会增加毒性或降低疗效
		青霉素类、头孢菌素类、洁霉素类、甲氧苄胺嘧啶（TMP）	疗效增强
		碱性药物（碳酸氢钠、氨茶碱等）、硼砂	疗效增强，毒性也同时增强
		维生素 C、B 族维生素	疗效减弱
		氨基糖苷同类药物、头孢菌素类、万古霉素	毒性增强
	大观霉素	氯霉素、四环素	拮抗作用、疗效抵消
	卡那霉素、庆大霉素	其他抗菌药	不可同时使用
大环内酯类	红霉素、罗红霉素、硫氰酸红霉素、替米考星、吉他霉素（北里霉素）、泰乐菌素、乙酰螺旋霉素、阿奇霉素	洁霉素类、麦迪霉素、螺旋霉素、阿司匹林	降低疗效
		青霉素类、无机盐类、四环素类	沉淀、降低疗效
		碱性物质	增强稳定性、增强疗效
		酸性物质	不稳定、易分解失效

续表

分类	药物	配伍药物	配伍使用结果
四环素类	土霉素、四环素(盐酸四环素)、金霉素(盐酸金霉素)、强力霉素(盐酸多西环素、脱氧土霉素)、米诺环素(二甲胺四环素)	甲氧苄啶、三黄粉	稳效
		其他药物	四环素类药物不宜与其他药物混合使用
		含钙、镁、铝、铁的中药如石类、骨类、钒类等,含碱类、鞣酸的中成药,含消化酶的中药如神曲、麦芽、豆豉,含碱性成分较多的中药如硼砂等	不宜同用,如确需同用应至少间隔两小时
氯霉素类	氯霉素、甲砜霉素 氟苯尼考	喹诺酮类、磺胺类、呋喃类	毒性增强
		青霉素类、大环内酯类、四环素类、多黏菌素类、氨基糖苷类、氯丙嗪、洁霉素类、头孢菌素类、B族维生素、铁制剂、免疫制剂、环磷酰胺、利福平、氟喹诺酮类	拮抗作用、疗效降低
		碱性药物(碳酸氢钠、氨茶碱)	分解、失效
喹诺酮类	"沙星"系列	青霉素类、链霉素类、新霉素、庆大霉素	疗效增强
		洁霉素类、氨茶碱、金属离子(如钙、镁、铝、铁离子等)	沉淀、失效
		四环素类、氯霉素类、呋喃类、罗红霉素、利福平	疗效降低
		头孢菌素类	毒性增强
磺胺类	磺胺嘧啶、磺胺二甲嘧啶、磺胺甲基异噁唑、磺胺对甲氧嘧啶、磺胺间甲氧嘧啶、磺胺噻唑	青霉素类、酸性药物	沉淀、分解、失效
		头孢菌素类	疗效降低
		氯霉素类、罗红霉素、喹诺酮类、四环素类、维生素C	毒性增强
		TMP、制霉菌素	疗效增强
	磺胺嘧啶	阿米卡星、头孢菌素类、氨基糖苷类、利卡多因、林可霉素、普鲁卡因、四环素类、青霉素类、红霉素类	配伍后疗效降低或抵消或产生沉淀
抗菌增效剂	二甲氧苄啶、甲氧苄啶(三甲氧苄啶、TMP)	参照磺胺类药的配伍说明	参照磺胺类药的配伍说明
		磺胺类、四环素类、红霉素、庆大霉素、黏菌素	疗效增强
		青霉素类	沉淀、分解、失效
		其他抗菌药	与许多抗菌药配伍可起增效或协同作用,其作用明显程度不一,使用时可摸索规律

续表

分类	药物	配伍药物	配伍使用结果
林可霉素类	盐酸林可霉素(盐酸洁霉素)、盐酸克林霉素(盐酸氯洁霉素)	氟喹诺酮类、TMP等抗菌增效剂	协同作用
		大环内酯类、氯霉素	疗效降低
		磺胺类、青霉素类	沉淀、失效
多黏菌素类	多黏菌素	磺胺类、甲氧苄啶、利福平	疗效增强
	杆菌肽	青霉素类、链霉素、新霉素、金霉素、多黏菌素	协同作用、疗效增强
		喹乙醇、土霉素、金霉素	拮抗作用、疗效抵消,禁止并用
抗病毒类	利巴韦林、金刚烷胺、阿糖腺苷、阿昔洛韦、吗啉胍、干扰素	抗菌类	无明显禁忌,无协同增效作用。合用时主要用于防止病毒感染后再引起的继发性细菌性感染,但有可能增加毒性
		其他药物	无明显禁忌记载
抗寄生虫药	苯并咪唑类(达唑类)	长期使用	易产生耐药性
		联合使用	易产生交叉耐药性并可能增加毒性,一般情况下避免同时使用
	其他抗寄生虫药	长期使用	此类药物一般毒性较强,应避免长期使用
		同类药物	毒性增强,应间隔用药,确需同用应减少用量
		其他药物	容易增加毒性和产生拮抗,应尽量避免合用
助消化与健胃药	乳酶生	酊剂、抗菌剂、鞣酸蛋白、铋制剂	疗效减弱

食品动物中禁止使用的药品及其他化合物清单

(农业农村部第 250 号公告,2019 年 12 月 27 日)

中华人民共和国农业农村部公告第 250 号

为进一步规范养殖用药行为,保障动物源性食品安全,根据《兽药管理条例》有关规定,我部修订了食品动物中禁止使用的药品及其他化合物清单,现予以发布,自发布之日起施行。食品动物中禁止使用的药品及其他化合物以本清单为准,原农业部公告第 193 号、235 号、560 号等文件中的相关内容同时废止。

农业农村部

2019 年 12 月 27 日

序号	药品和其他化合物名称
1	酒石酸锑钾(Antimony potassium tartrate)
2	β-兴奋剂(β-agonists)类及其盐、酯
3	汞制剂:氯化亚汞(甘汞)(Calomel)、醋酸汞(Mercurous acetate)、硝酸亚汞(Mercurous nitrate)、吡啶基醋酸汞(Pyridyl mercurous acetate)
4	毒杀芬(氯化烯)(Camahechlor)
5	卡巴氧(Carbadox)及其盐、酯
6	呋喃丹(克百威)(Carbofuran)
7	氯霉素(Chloramphenicol)及其盐、酯
8	杀虫脒(克死螨)(Chlordimeform)
9	氨苯砜(Dapsone)
10	硝基呋喃类:呋喃西林(Furacilinum)、呋喃妥因(Furadantin)、呋喃它酮(Furaltadone)、呋喃唑酮(Furazolidone)、呋喃苯烯酸钠(Nifurstyrenate sodium)
11	林丹(Lindane)
12	孔雀石绿(Malachite green)
13	类固醇激素:醋酸美仑孕酮(Melengestrol acetate)、甲基睾丸酮(Methyltestosterone)、群勃龙(去甲雄三烯醇酮)(Trenbolone)、玉米赤霉醇(Zeranal)
14	安眠酮(Methaqualone)
15	硝呋烯腙(Nitrovin)
16	五氯酚酸钠(Pentachlorophenol sodium)
17	硝基咪唑类:洛硝达唑(Ronidazole)、替硝唑(Tinidazole)
18	硝基酚钠(Sodium nitrophenolate)
19	己二烯雌酚(Dienoestrol)、己烯雌酚(Diethylstilbestrol)、己烷雌酚(Hexoestrol)及其盐、酯
20	锥虫砷胺(Tryparsamile)
21	万古霉素(Vancomycin)及其盐、酯

参考文献

[1] 陈杖榴.兽医药理学[M].3版.北京:中国农业出版社,2009.
[2] 杨庆稳.动物药理[M].重庆:重庆大学出版社,2021.
[3] 贺生中,李荣誉,裴春生.动物药理[M].北京:中国农业大学出版社,2011.
[4] 梁运霞,宋冶萍.动物药理与毒理[M].北京.中国农业出版社,2006.
[5] 李继昌,哈斯苏荣.兽医药理学[M].北京:中国林业出版社,2014.
[6] 孙志良,罗永煌.兽医药理学实验教程[M].2版.北京:中国农业大学出版社,2015.
[7] 王云云.药物制剂技术[M].重庆:重庆大学出版社,2016.
[8] 张红超,孙洪梅.宠物药理[M].2版.北京:化学工业出版社,2018.
[9] 周翠珍.动物药理[M].2版.重庆:重庆大学出版社,2011.
[10] 贾林军,许建国.动物药理学[M].北京:中国轻工业出版社,2017.
[11] 宋冶萍.动物药理与毒理[M].北京:中国农业出版社,2014.
[12] 王开贞,于天贵.药理学[M].7版.北京:人民卫生出版社,2014.
[13] 邱深本.动物药理 [M].3版.北京:化学工业出版社,2020.
[14] 任玲,谢拥军.兽医基础[M].北京:化学工业出版社,2010.
[15] 刘红.动物药理[M].北京:中国农业大学出版社,2021.
[16] 张红超,孙洪梅.宠物药理[M].北京:化学工业出版社,2012.
[17] 李荣誉,樊国燕.宠物药理学[M].重庆:重庆大学出版社,2018.
[18] 钱峰,秦嘉艺.动物药理[M].重庆:重庆大学出版社,2021.
[19] 沈建忠.动物毒理学[M].2版.北京:中国农业出版社,2011.
[20] 冯志华,黄文峰.动物药理与毒理[M].北京:中国农业大学出版社,2021.
[21] 裴秋玲.现代毒理学基础[M].北京:中国协和医科大学出版社,2008.